JN172276

初めて学ぶ

都市計画 第二版

Town Planning

饗庭 伸・鈴木伸治　編著

阿部伸太・大澤昭彦・清水哲夫・
根上彰生・野澤康・牧紀男　著

市ケ谷出版社

「初めて学ぶ　都市計画（第二版）」発行にあたって

本書が出版される2018年は，1868年の明治維新から150年目の年にあたる。

江戸時代の長い鎖国が終わり，近代化の大きな転機となったのが明治維新であった。江戸時代後半の150年間の我が国の人口は3000万人で安定していたが，そこから150年間で1億人の人口が増加し，2018年1月の人口は，総務省の発表では1億2659万人を数えた。つまり，私たちはこの150年間で1億人が暮らす新しい都市をつくってきたことになる。

都市をつくってきたのは，私たち自身である。快適な生活をしたい，よい仕事をしたい，こうした単純な必要性に基づいて，私たちはこの150年間，都市をつくり続けてきた。しかし，私たちの全てが独自の考えで都市をつくってしまうと都市空間は混乱してしまう。そこに都市計画が登場する。

明治維新以降に導入された都市計画は，江戸時代までの都市計画と区別して「近代都市計画」と呼ばれる。近代都市計画は150年間を3つの時期に区切るようにして発展してきた。

最初の時期は，1919年の都市計画法制定までの50年間であり，江戸期の都市計画から近代都市計画への転換期へと位置付けられる。

次の時期は，第二次世界大戦を挟んで新しい都市計画法が制定される1968年までの50年間である。戦前の経済成長，戦災からの復興，戦後の経済成長の中で勢いよく形成される都市を最低限の基準でもって，つくりきった時期と位置付けられる。

そこから今日にいたるまでの50年間は，都市空間が量から質へと転換していった時期であり，政府主導から民間主導，市民主導の都市計画への転換期でもあった。

さて，次の50年はどういう時代であろうか。

人口減少，地球環境の変化，災害の発生という大きな前提ははっきりしているものの，経済のさらなるグローバル化とそれに伴なう人口移動，都市に関わる様々な技術やサービスの高度化など，予測できない未来が私たちの前に広がっている。これからの都市計画に携わる専門家には，様々に起きる可能性と課題に対して，創造的に答えをつくり続けることが求められる。

我が国の都市計画は，150年かけてつくり出されてきた体系を持っている。もちろんその制度には様々な課題があるが，これから求められる創造的な取り組みの基礎であることには変わりはない。

本書はこのような，我が国の都市計画の基礎を学ぶ人たちに向けて執筆されたものである。

2018年2月

編修・執筆代表
饗庭　伸

本書の構成と使いかた

本書は2008年に出版された「初めて学ぶ　都市計画」を大幅に改訂したものである。

初版から10年が経ち，都市問題の深化や法制度の改正に対応する必要があったことが改訂の動機であるが，あわせて旧版の構成を大きく変更した。

旧版では「現況と展望編」と「制度と技術編」の2編構成をとっていたが，2つの編に内容が分かれて使いにくかったこと，「制度と技術編」に初学者には高度な内容が含まれていたことから，本書では「現況と展望編」の内容に「制度と技術編」の一部を書き加える形で一つの章にまとめ，「制度と技術編」の多くを「用語集」としてまとめなおした。また，実際の都市を歩いて都市計画を学習することを重視し，全国24の「事例ガイド編」を新たに書き起こした。

内容は11の章と24の事例で構成されている。

大学の標準的な授業は，12～15回程度であるが，1つの章を1回の授業にあて，さらに事例ガイド編を使って実際の都市に出ることを想定している。

事例ガイド編には，町歩きのルートを示しているが，それぞれ2～3時間程度で歩き終わるように設定した。

また，各章の終わりには「こんな問題を考えてみよう」として，各事例の終わりには「歩き終わったらこういうことを議論してみよう」として，学生たちの議論を通じて，学習した内容を反復できるような問いを示した。

用語集は，専門的な用語の意味を深く知りたいとき，あるいは都市計画の実務の現場で分からない用語に出会った時に参照していただきたい。また，用語集には本文の流れで説明しきれない内容も一部含まれている。

本書を有効に活用していただくことを執筆者一同祈念しています。

次世代に継承する都市をつくるために（初版発行時）

社会にたいする愛情―これを都市計畫といふ

（『私達の都市計画の話』石川栄耀著 1948 年より）

都市計画を，このように格調高く説いた人がいました。太平洋戦争の大空爆で日本各地の都市が破壊されてまだ 3 年，戦後日本の復興に向かう時代のことです。説くだけではなく，焼け野原となってしまった東京の街を再建し復興する実際の指揮をした都市計画家です。新生日本を背負う中学生のために，教科書副読本として書いたのでした。

それから 60 年後の今，日本の都市は理想と現実の狭間でどのようなものとなったでしょうか。私たちの生活している現代の都市は，戦後の人口増加と経済成長を続けてきた，20 世紀日本の都市計画の成果であるといえます。

21 世紀日本は，経済は安定期へ，人口は減少期へ，地球レベルの環境問題の顕在化など，20 世紀とは大きく異なる社会になろうとしています。20 世紀の延長上ではなく，違う局面に立つ 21 世紀型の社会システムとしての都市計画が求められているのです。次の世代に安心して継承してもらう都市をどうつくるか，わたくしたちは重大な転換点に立っているのです。

◆初めて都市計画を学ぶ学生たちのために

この本を使っていただきたいのは，大学の建築系あるいは工業高等専門学校の建築系の学生を主な対象としていますが，造園系，住居系，土木系，環境系等の関連分野の学生，そしてまた一般教養としての都市問題に興味のある学生たちにも読んでいただきたいのです。

次世代を支える人たちが，これからどう都市社会をつくっていくのか，都市計画を専門とするのでなくても，都市計画を通じて社会のあり方を学んでいただくことを期待しています。

都市は，市街地あるいは単に街といいかえてもよいのですが，誰もが生まれたときから都市で暮らしているのです。その都市をどのように造りどのように使うか，つまりそれが都市計画なのですから，都市計画は日常生活に密接する身近なことなのです。

その都市計画を体系的かつ入門的に学んでいただくことで，人々の生活空間を豊かにする都市づくり，つまり社会に対する愛情ある都市計画を次世代の人々に期待して，本書をつくりました。

◆まちづくりに関心ある社会人のために

本書は，地域で活動する社会人たちも対象としてつくりました。全国各地で起きている「まちづくり活動」は，大きく変ろうとする時代に対応する地域社会をつくろうとするもので，都市計画の動きなのです。自分のまちは自分たちでつくり，直し，守っていこう，それが現代の都市計画であり，まちづくりと言い換えることもできます。まちづくりに参加している，あるいは参加しようと考えている一般市民の人たちにも，「まちづくり基礎知識集」として，ぜひとも読んでいただきたいものです。

21 世紀はこれまでよりも違う局面で都市化が進み，新たな都市問題に立ち向かうことになるでしょう。地域社会を支える市民・住民たちが，そして次代を背負う若者たちが，自分たちのための都市計画として自ら何をするべきか，それに本書が役立つことを期待しつつ，都市計画の各分野の第一線にいる専門家たちの衆知を集めて本書を編修・執筆したのです。

2008 年 3 月　　　　編修・執筆代表　伊達美徳

「都市計画（第二版）」

目　　次

第5章　地区スケールの計画・ルール …52

第6章　都市の再生と交通システム ……65

第7章　都市と自然 ………………………77

第8章　市街地開発事業と都市再生 ……90

第9章　都市と防災 ……………………100

第10章　都市の景観まちづくり ………113

［執筆担当］

本文

第 1 章　饗庭　伸
第 2 章　根上　彰生
第 3 章　饗庭　伸
（旧著作者　柳沢厚）
第 4 章　大澤　昭彦
第 5 章　野澤　康
第 6 章　清水　哲夫
第 7 章　阿部　伸太
第 8 章　饗庭　伸
（旧著作者　伊達美徳）
第 9 章　牧　紀男
第 10 章　鈴木　伸治
第 11 章　饗庭　伸
（第 3 章，第 8 章については大幅に加筆した）

事例

事例 1　星　卓志
事例 2　池ノ上真一
事例 3　村上早紀子
事例 4　小地沢将之
事例 5　中島　伸
事例 6　田中　暁子
事例 7　泉山　塁威
事例 8　鈴木　伸治
事例 9　大澤　昭彦
事例 10　樋口　秀
事例 11　佐野　浩祥
事例 12　阿久井康平
事例 13　中野　茂夫
事例 14　高取　千佳
事例 15　阿部　大輔
事例 16　嘉名　光市
事例 17　栗山　尚子
事例 18　西成　典久
事例 19　今川　朱美
事例 20　後藤智香子
事例 21　黒瀬　武史
事例 22　志賀　勉
事例 23　田中　尚人
事例 24　小山　雄資

第1章　都市計画を学ぶ

1・1　都市計画を学ぶ

あなたの暮らす都市，あなたの生まれた都市，あなたの好きな都市，どこかを頭の中に思い浮かべてみよう。あるいは教室を出て，高いところに登り，そこから教室の周りに広がるまちを見渡してみてもよい。あるいはパーソナルコンピューターやスマートフォンを使って世界の都市の航空写真を閲覧してみてもよい。

そこに何があるのかをじっくり見てみよう。都心では高い密度の建物，地下鉄の駅，ちょっとした公園が広がっているだろう。郊外では戸建ての住宅地や農地が広がっているかもしれない。小さなお店が連なる商店街や，歴史的な街並みが残っているかもしれない。そこには住宅，商店，工場，農地，オフィス，道路，鉄道，駅，ゴミ処理施設，公園，緑地，河川といったものが組み合わさって存在している。これらの全てが「都市」と呼ばれるものである。

少し視点をかえてみよう。あなたがもし都市を「設計してほしい」，あるいは現在の都市を「改善してほしい」と頼まれたらどういったことを考えなくてはいけないだろうか。住宅と商店をどのように混ぜ合わせるか，駅とまちをどのようにつなげるか，小学校はどこに配置するか，道路網をどう張り巡らせるか，災害が起きても壊れにくいまちをどうつくるか，水や緑をどのように都市の中につくり込むのか。

都市を設計，改善するためには沢山のことを考えなくてはならず，沢山のことを知らないとその考えを深めることが難しい。こうした，都市の設計や都市の改善のために専門家が身につ

図1・1　山形県鶴岡市の景観

人口13万人の山形県鶴岡市を，市の景観のシンボルでもある金峯山頂から眺めた写真である。中央にある緑がかつて城郭のあったところで，そこから右手に江戸時代の城下町を基盤とした中心市街地が広がる。その周囲を戸建て住宅が中心となった住宅地が囲み，さらにその周囲が田園で囲まれている。正面に見える鳥海山までの庄内平野に点々と市街地が形成されていることがわかる。（提供：山形県鶴岡市役所）

ける知識を体系的にまとめたものが本書である。

1·2 都市の要素と設計

都市の要素を分けて考えてみよう。地球上にあるもののうち人間がつくりあげたものは，ビルト・エンバイロメント（Built Environment）と総称される。そして都市におけるビルト・エンバイロメントは，大きく二つに分けることができる。一つは建物であり，住宅，商業施設，工業施設，業務施設など，私たちは必要性に応じて多くの建物を作り出してきた。もう一つは道路，公園，河川，上下水道，ゴミ処理施設，防災施設といった，個々の建物を支えるような構築物であり，これらはインフラストラクチャーや社会基盤と呼ばれる。

地震によって倒れないよう建物の構造をどのように組むか，雨風をしのぐため屋根をどうかけるか，部屋をどう配置するか，こういったことは建物を設計する技術として建築学科などで体系的に学ぶ。道路のネットワークをどう組み立てるか，水道の水質をどのように管理するのか，橋梁をどう設計するか，こういったことはインフラストラクチャーを設計する技術として，土木学科などで体系的に学ぶ。このような都市の要素を個別に設計する技術に習熟した技術者，専門家が社会の中で広く活躍している。

しかし，このように個別の技術に習熟した技術者が，自分の持ち場だけで設計を進めたらどうなるだろうか。個々の敷地ごとに立派な建物が建っているが，ある建物は道路に背中を向け，別の建物は道路に面していない，という都市が出来上がってしまう可能性がある。あるいは自動車交通を速く走らせることだけを優先した道路が，魅力的な小さな路地で構成されている商業地域を壊してしまう可能性もある。「合成の誤謬（ごびゅう）」という言葉があるが，個別の要素が素晴らしく設計されたとしても，それが集合した時によいものになるとは限らない。よい都市をつくるために，一つ一つの要素を都市の全体を考えて設計する，一つ一つの要素を周辺との関係をつくりながら設計する，都市全体の視点から一つ一つの要素を調整する，その時に登場するのが「都市計画」の仕事である。

都市計画の仕事は，建築と土木にまたがる専門分野であるが，個々のビルト・エンバイロメントの詳細を設計する仕事ではなく，全体を調和的に統合していく仕事である。その時に，個々のビルト・エンバイロメントがどのような根拠で設計されているかを理解しておく必要がある。すべての技術に精通することは一人の専門家の手に余るが，個々の技術の概略は理解しておく必要がある。個々の技術を概説し，それら同士の関係をつくったり，調整する根拠や技術を解説するのが本書の構成であり，具体的には以下のようなことが扱われる。

都市と都市計画（第２章）

都市計画の対象は都市であり，都市を制御しようとする法や制度が都市計画である。第２章の前半では，まず都市がどのようなものか，その定義，とらえかた，歴史について，学説を整理して解説し，ついで都市計画の定義，歴史を解説する。古くから都市計画は行われていたが，そのうち私たちが学ぶのは近代以降に確立された近代都市計画であり，その基礎となる理論について解説する。後半では，我が国の都市計画制度の概略を解説する。

第３章以降では課題ごとに都市計画制度を講義するが，ここではその全体像を理解するために，制度形成の歴史，現在の制度体系とその内容を解説する。

都市の構成と土地利用計画（第３章）

都市計画の立案は，都市における土地がどのように使われているのか，それがどのように変化しているのか，おおまかな構造と変化をつかむことからスタートする。農地が住宅地に変化しているのか，住宅地の内部でどのような変化が起きているのか，商業地の商圏はどう変化し個々の商店はそれにどう対応しているのか，工業はどこに立地し，そこで働く労働者はどこからやってくるのかといったことを把握する。土地所有者の権利が強いわが国では，土地利用の変化のすべてを細かくコントロール出来るわけではないが，その変化の流れを整え，大まかに方向付けることによって，都市空間を整えていく役割をもっているのが土地利用計画と呼ばれる制度である。

第３章では我が国の市街地の成り立ちと構成を解説した上で，土地利用計画のつくりかたと制度の全体像を解説する。

建築物のコントロール（第４章）

第３章で解説した土地利用計画は，一つ一つの建物の建て方をコントロールすることにより実現される。低密度の落ち着いた環境の形成が望ましいところでは建物の高さや大きさを低く抑え，活気が必要なところでは建物の密度をあげ，商業で使える建物の建設を誘導する。

第４章ではこういった個々の建物のコントロールの方法や制度を解説する。具体的には，一つ一つの建物をコントロールする基本的な視点として，「用途」「密度」「高さ」「配置」の４点をあげ，その理論を整理した上で，それぞれの具体的なコントロールの手法を解説する。

地区スケールの計画・ルール（第５章）

個々の建物が集まって構成する，広がりを持ったエリアは「地区」と呼ばれる。商業が盛んな地区，落ち着いた住宅地区，歴史的な建物が多く残る地区，住宅と工場が混在した地区など，都市は個性のある様々な地区の集合である。

第４章で解説した個々の建物の建て方のコントロールに加えて，都市と建物の中間にある「地区」を単位として計画やルールを定め環境を整えていくことにより，よりよい都市計画を実現することができる。我が国の都市計画は，こうした方法や制度が発達しており，第５章では，建築協定，地区計画をはじめとする制度とその作り方を解説する。

都市の再生と交通システム（第６章）

第６章では，都市における暮らしや仕事を支える交通システムの導入方法や制度を解説する。ビルト・エンバイロメントのうち，インフラストラクチャーや社会基盤にあたるものである。多くの建物は個人や企業が所有しており私的な性格がつよいが，交通システムは公的な性格がつよく，都市計画が関与する。

交通システムの質は，人々の暮らしや仕事の質にも大きく影響するものであり，交通システム単独ではなく，建物，地区，都市のあり方と密接に連携させながらその整備が行われる。

都市と自然（第７章）

公園などの都市緑地も都市における暮らしや仕事を支える重要なインフラストラクチャーである。歴史的に見ると，都市は自然や農地といった緑地を蚕食（さんしょく）するように広がったものであるが，都市の内部に緑地を残したり，あるいは新たな緑地を創出するような取り組みが，都市計画の長い歴史の中で行われてきた。

第７章ではこうした都市にある緑地＝都市緑地の機能と効果を解説し，欧米や日本の都市緑地の計画や整備の歴史を解説した上で，都市緑地計画制度や方法を解説する。

市街地開発事業と都市再生（第８章）

建物や道路や公園といった都市の個別の施設

をつくるだけでなく，それらを含む都市の空間を総合的に整備することを「市街地開発事業」という。我が国においては，多くの人の所有する土地や建物を再編成し，新しい空間に作り変える様々な方法や制度が開拓されてきた。人口が増えていた時代には新しい都市を丸ごと作ってしまう巨大な市街地開発事業もあったが，現在はすでに出来上がった都市の部分を再編成することによって都市の課題を解決したり，新しい価値を生み出していく「都市再生」と呼ばれる取り組みが主流になってきた。

第８章ではこういった市街地開発事業のあゆみを解説した上で，市街地開発事業が直面している課題を整理し，市街地の種類ごとにその都市再生の展望を解説する。

都市と防災（第９章）

都市には多くの人が集中して暮らしているため，ひとたび災害が起きれば大きな被害を受ける。どのように安全で安心な空間を作っていくのか都市計画の取り組みが重ねられている。例えば道路には火災の延焼を防ぐという機能が持たされているし，都市緑地には災害時の避難場所になるという機能が持たされているなど，都市計画で作られるあらゆるものに，防災の考え方は共通に組み込まれている。

また，災害は必ず発生するために，発生後の復旧，復興も都市計画の重要な課題である。大規模な災害であれば，都市の構造をつくり直すほどの復興都市計画が５年，10年といった時間で取り組まれる。第９章では，この「防災」と「復興」の都市計画について，方法や制度を解説する。

都市の景観まちづくり（第 10 章）

個々のビルト・エンバイロメントが美しくデザインされたとしても，それが集合した都市は美しくないことがある。それぞれのビルト・エンバイロメント同士が調和していない，さらにはそれらと自然環境が調和していないことがあるからである。調和の手がかりとなる考え方が「景観」であり，都市の景観の保全や育成の方法，新しく景観を形成する方法が蓄積されてきた。石造の文化がルーツにある「変わりにくい景観」を持つ諸外国の都市と異なり，我が国の都市は木造の文化をルーツにもつ「移ろいやすい景観」を持つ。「移ろいやすさ」とどのように付き合っていくかが景観づくりの基本にあり，そこで考案されてきた様々な方法や制度を第 10 章では解説する。

参加・協働のまちづくり（第 11 章）

第 10 章までは都市空間の要素や求められる性能ごとにその方法や制度を解説しているが，第 11 章ではこれらを実行していくときの方法や制度を解説する。PC やスマートフォンに例えると，第 10 章までは機能に特化した「アプリケーション」であり，第 11 章はそれらを動かす「OS」である。かつての都市計画は政府が主導した上位下達のものであったが，現在は政府と市民，政府と民間，市民と民間が協力，協働しながら進めるものとなっている。

第 11 章ではこうした進め方の方法や制度を解説する。

1·3 あなたの街の都市計画を知る

都市計画はどのように実行されているのだろうか。

日本は土地の私有制度をとっており，都市の中にある殆どの土地は，誰かの所有物である。それぞれの所有者が，思い思いの使い方をしてしまったらよい都市を作ることができない。もし仮に，都市に住む人が50人くらいであったら，全員が話し合うことによってよい都市をつくることは可能かもしれないが，都市には全員で話し合える人数をはるかに超えた多数の人たちが暮らしている。

そのために「全員が守る約束事」としてあるものが法律であり，都市計画も，都市計画法を中心とした様々な法律によって「全員が守る約束事」となっている。法を厳しくし過ぎると，都市をつくる人たちの自由な活動の妨げとなるし，緩くし過ぎると，無秩序な都市ができてしまう。自由と秩序のバランスをとるようにして都市計画の法は定まっているが，我が国の都市計画法は，諸外国に比べるとそれほど厳しいものではない。そのため，日本の都市は，市民や行政や企業が自由につくり出した都市空間が多く，法に基づく都市計画がすべての都市空間をつくり出しているわけではないが，そのことを念頭においた上で，都市計画法に基づく都市計画を見てみよう。

次ページに示すカラフルな図1・2は「都市計画図」という地図である。都市計画を行っている全国の自治体が作成し，常備されているもので，一般向けに販売をしている自治体も，インターネットを介して閲覧できるようにしている自治体もあるので，興味を持った都市の都市計画図を取り寄せてみてもよい。なお，図1・2は東京近郊の八王子市の都市計画図である。

都市計画図に描かれたものを見ながら，都市計画を理解していこう。

(1) 都市計画区域

都市計画区域は，都市計画法が適用される範囲を示している。都市計画区域の外側は農村や山林が大半であり，国土の全てが都市計画区域でないことは覚えておくとよい。多くの人が思い浮かべる「都市」はほぼ都市計画区域の内部である，なお，八王子市は全域が都市計画区域であり，図では茶色の太い線で示されている。

(2) 区域区分

都市計画区域の内側には，「市街化区域」と「市街化調整区域」を区分する線が引いてある。原則的に市街化を推進する区域とそうでない区域の境界であり，市街化調整区域ではいくつかの条件をクリアしない限り，新しい建物を建てることができない。この線は人口の増加予想に基づいて何度も引き直されており，いわば都市の成長をコントロールしてきた線である。図では斜めのハッチがついた赤線で示されている。

図1・3　市街地化区域と市街化調整区域
市街化調整区域（奥）では建設が禁止され，緑が残されている（八王子市）

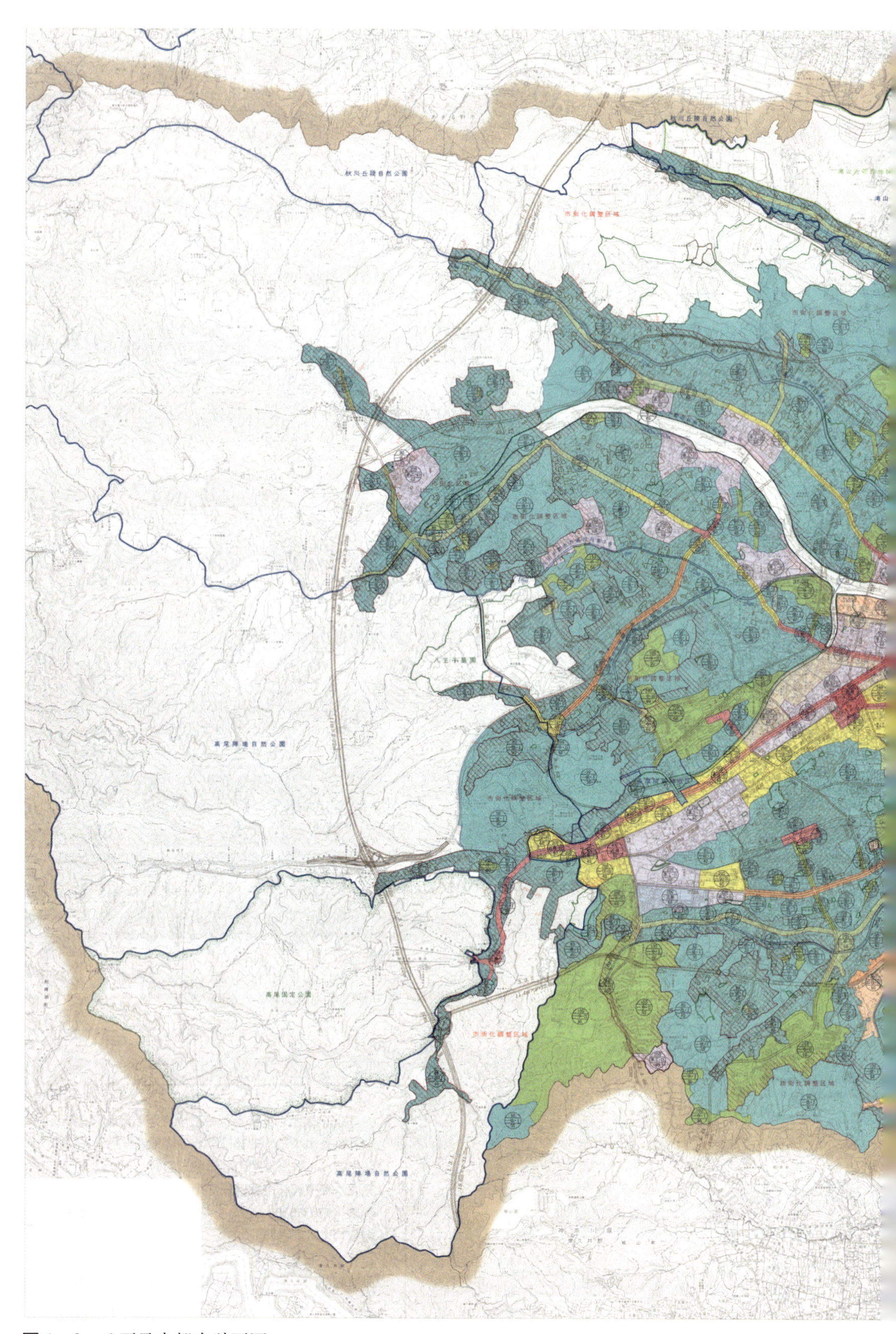

図1・2　八王子市都市計画図

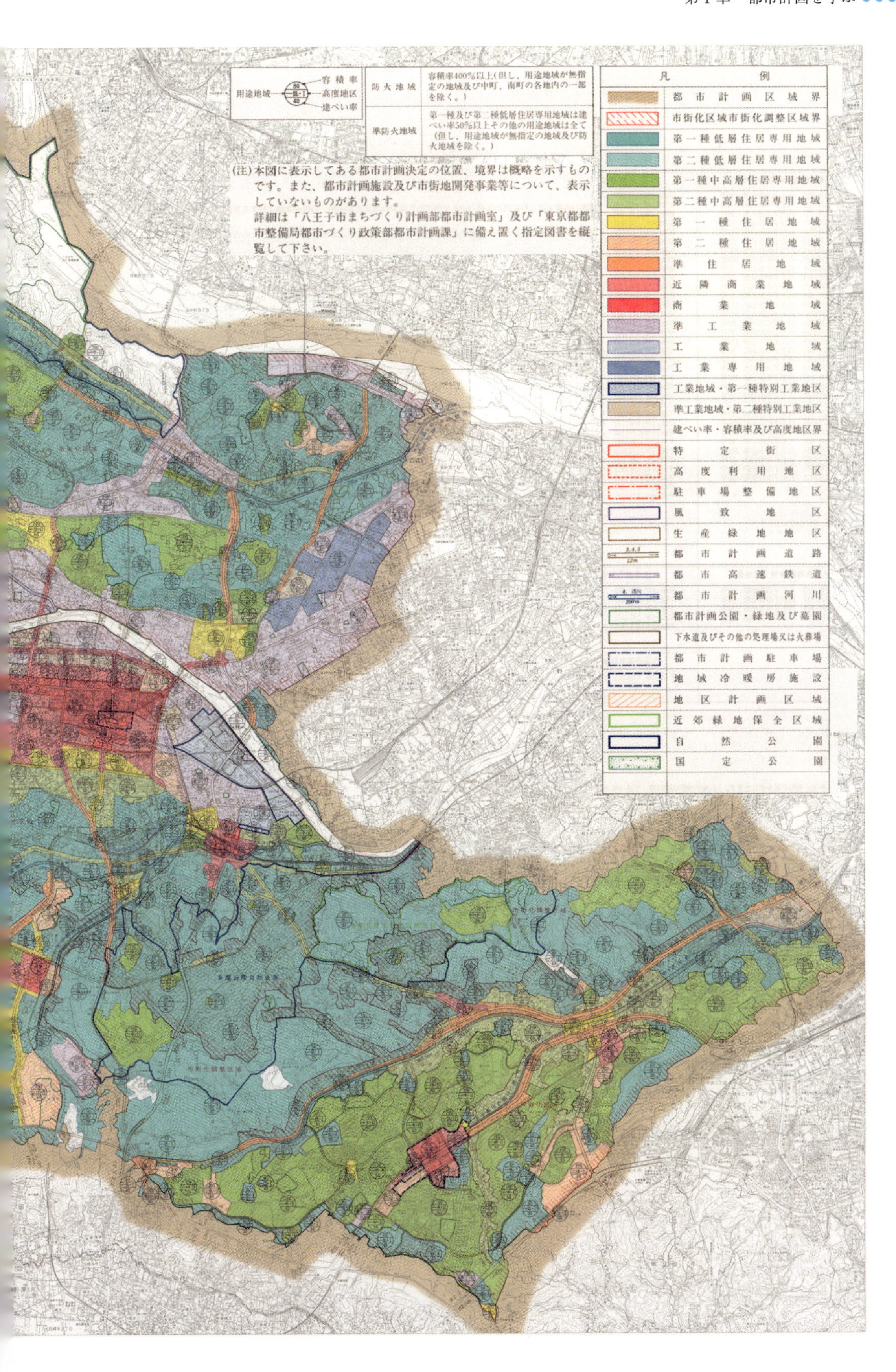
用途地域
容積率
高度地区
建ぺい率
防火地域
容積率400%以上（但し、用途地域が無指定の地域及び中町、南町の各地内の一部を除く。）
準防火地域
第一種及び第二種低層住居専用地域は建ぺい率50%以上その他の用途地域は全て（但し、用途地域が無指定の地域及び防火地域を除く。）
(注) 本図に表示してある都市計画決定の位置、境界は概略を示すものです。また、都市計画施設及び市街地開発事業等について、表示していないものがあります。
詳細は「八王子市まちづくり計画部都市計画室」及び「東京都都市整備局都市づくり政策部都市計画課」に備え置く指定図書を縦覧して下さい。
凡例
都市計画区域界
市街化区域市街化調整区域界
第一種低層住居専用地域
第二種低層住居専用地域
第一種中高層住居専用地域
第二種中高層住居専用地域
第一種住居地域
第二種住居地域
準住居地域
近隣商業地域
商業地域
準工業地域
工業地域
工業専用地域
工業地域・第一種特別工業地区
準工業地域・第二種特別工業地区
建ぺい率・容積率及び高度地区界
特定街区
高度利用地区
駐車場整備地区
風致地区
生産緑地地区
都市計画道路
都市高速鉄道
都市計画河川
都市計画公園・緑地及び墓園
下水道及びその他の処理場又は火葬場
都市計画駐車場
地域冷暖房施設
地区計画区域
近郊緑地保全区域
自然公園
国定公園

(3) 道路や鉄道

道路や鉄道が都市計画として指定されている。どちらも人や荷物を運ぶものとして都市には欠かせないものである。都市計画図は「計画図」であり，すでに出来上がった道路と将来の計画の両方が示されていることに注意してみていただきたい。図では細い茶色の線で示されている。完成していない道路は多くあり，長い時間をかけてそれらは着々と作られ続けている。また，都市計画として指定されるのはすべての道路ではなく，生活道路と呼ばれるような小さな道路は都市計画には指定されない。

図 1・4　整備中の都市計画道路
既にあった建物を除去して道路が整備される（東京都港区）

(4) 公園緑地

公園や緑地も都市には欠かせないものである。道路や鉄道が「ネットワークのようにつながっていること」を前提として計画されているのに対し，公園や緑地は都市の中に暮らすすべての人に公平に環境を提供しなくてはならないので，「均等に配置されること」を前提として計画されている。図では緑色の線で示されている。

図 1・5　都市計画公園
このようにまとまった公園緑地が都市計画で作り出される（八王子市）

(5) 用途地域

カラフルな色は「用途地域」と呼ばれる土地利用の規制である。これはその土地に建てられる建物のボリュームや用途を規制するもので，地域の特徴にあわせて 13 種類の用途地域が指定されている。赤色系が商業系の用途地域，青色系が工業系の用途地域，緑色系が住宅系の用途地域であり，商業と住宅，商業と工業，工業と住宅がまちの中で混ざってしまわないように，都市の中が塗り分けられている。

(6) 地区計画

用途地域だけではきめ細かい都市の空間の制御が難しいため，場所によっては「地区計画」と呼ばれる詳細な都市計画が定められている。これは土地の使い方や道路や公園の位置を細かく定めたもので，そこに住む住民や土地所有者の意見を細かく聞きながら作られる。図ではオレンジ色のハッチで示されている。

図 1・6　地区計画のある街並み
整然とした街並みを維持するために地区計画を定めている（八王子市）

(7) 市街地開発事業

駅前などの中心地区には「市街地再開発事業」と呼ばれるプロジェクトが実施されている。これは都市の土地と建物を集約して高度に開発し，拠点性を高めるプロジェクトである。

郊外の地区には「土地区画整理事業」と呼ばれるプロジェクトが指定されている。これは土地の形を整えながら道路や公園を整備して，乱雑だったり未開発だったりする土地を質の高い都市空間へと変えていくプロジェクトである。このように，都市の空間を集中的に整備する方法も，都市計画の一つである。なお，八王子市の都市計画図には，市街地開発事業は示されていない。

図1・7　市街地再開発事業で整備された建物
都市の拠点性を高めるため市街地再開発事業が行われる（東京都中央区）

1・4 都市計画で何ができるか？

ここまで紹介したことは，「全員が守る約束事」としての都市計画であるが，先述の通り日本の都市は市民，行政，企業が自由に作り出せる余地が多く，法に基づく都市計画がすべての都市空間を作り出しているわけではない。では，どのように自由なことが可能なのだろうか。この本には読者が実際に歩いて回れるよう「事例編」がつけてある。事例編では全国の先進事例が紹介されており，いくつかを以下に紹介しておこう。

青森県の黒石市では，「こみせ」とよばれる，街路に面した家の軒先がつながる歩行者のための空間を活かした都市計画が行われている。こみせが残る街並みは伝統的な建造物の保存地区に指定され，そこを訪れた人は，こみせを歩きながら，魅力的な店舗が並んだ小さな広場や，古くから続く銭湯の建物を改修した交流施設を訪れることができる。このエリアを育てる「NPO 法人横町十文字まち育て会」も設立され，黒石まち歩きツアーや食のプロモーション等，独自の活動を展開している。

図1・8　黒石市の「こみせ」

札幌市の中心部では，それぞれ特色のある4本の「骨格軸」となる街路が設定され，骨格にあわせて交流拠点，広場，地下歩行空間といった人のための公共空間が整備されている。特に1871 年に整備された大通公園は，札幌の最も重要なオープンスペースであり，長い時間をかけて育まれた都市計画の蓄積が現代に活かされている。エリアメネジメントを推進するための組織として，二つのまちづくり株式会社が発足し，収益をあげながらまちづくり事業が活発に展開されている。

図 1・9　札幌市大通公園

1995 年に阪神・淡路大震災の大きな被害にあった神戸市では，土地区画整理事業を中心とした復興都市計画に取り組んだ。その中の野田北部地区では，住民が中心となって設立した協議会が復興をリードした。災害から 20 年が経過した現在でも，復興の拠点となった教会，延焼を防ぎ復興のシンボルとなった公園，細街路整備と景観形成を進めた街並みなど，復興から現在につながる生き生きとした都市計画の実践を見ることができる。

図 1・10　野田北部地区で整備された細街路

東京郊外にある多摩ニュータウンは，1960 年代より 40 年かけて建設が進められた人工都市であり，我が国の都市計画の歴史の中でも最大級のプロジェクトの一つである。地形，道路，水路といった基盤だけでなく，公園緑地や歩行者道路のネットワーク，学校やコミュニティセンターといった公共施設，商店街や住宅にいたるまで，土木計画，都市計画，建築計画の粋を集めた都市空間は，現在の視点から見ても刺激的である。

図 1・11　多摩ニュータウン

これら都市計画で作られた都市空間は，そこに住む人にとっては，馴染みのある当たり前のように存在する空間ばかりである。こうした当たり前の空間を時間をかけて実現するのが，都市計画であるともいえる。

1･5 専門家の役割とこれからの都市

都市計画の専門家にはいくつかの呼び名がある。都市プランナーと名乗る人もいれば，都市デザイナーと名乗る人，都市計画家と名乗る人もいる。いずれにも共通するのは，プロフェッショナルとして他者のための都市計画を進めること，そしてどのような都市においても都市計画を提案する，ということである。

こういった専門家は自分の知らない都市において，初めて会う人たちに対して何を根拠に都市計画を進めていくのだろうか。

その「根拠」には「計画学の知識」,「都市づくりを担う人や組織」,「計画を決定するプロセス」の三つの種類があり，専門家はこの3つの根拠を組み合わせ，組み立てながら都市計画を進めていく。例えば小学校区は人口10000人くらいが望ましい，といった自分の知っている知識に基づいて都市計画を進める，ということが「計画学の知識」を根拠にするということであり，この教科書の大部分，第2章から第10章まではこうした知識の解説にあてられている。

しかし，都市空間は行政だけでなく，市民や民間の組織もつくるものである。こうした人や組織が「できること」「できないこと」を考え，対話を繰り返しながら都市計画を進める，ということが「都市づくりを担う人や組織」を根拠にするということである。この教科書の第11章ではこうした進め方を解説している。

日本は民主化された自治のシステムを持っており，行政組織や議会における決定の手続き，地域住民との合意形成の手続きなどを踏んでいかないと都市計画を決定し，実行することができない。こうした決め方，合意形成の手順を組み立て，そこでの決定に沿って都市計画を進める，ということが「計画を決定するプロセス」を根拠にするということである。

都市計画の専門家の仕事は，新しい都市に行き，そこの人々の暮らしや仕事，都市の地形，空間の成り立ちなどを読み解きながら，都市づくりをする人と組織を見極め，計画を決定するプロセスを組み立て，計画学の知識を元にして計画を提案し，実現していくことである。

これから人口が減少していく我が国の都市においては，人口の流れを見極め，すでにある都市空間を最大限再活用することになるだろうし，まだまだ人口が増加して新しい産業が興っているような海外の都市においては，スピードの速い都市の変化に対して時には荒っぽく，時には鋭く都市計画を実現していくことになるだろう。この教科書はその時の仕事の根拠となるだろう。

第2章 都市と都市計画

2·1 都市について理解する

(1) 都市とは

「都市とは何か」について考えてみよう。今日，わたしたちの多くは都市で生活をしている。週末や休暇には都市（都会）を離れて自然の豊かな地域でリフレッシュすることもある。この場合の都市とは，人々が集中して日常生活を営む地域を指し，森林や農山漁村などの多自然地域と対比してとらえている。人が集まって住む地域を集落とよび，その産業の違いにより，食糧生産にかかわる産業（第一次産業）に従事する人々が多い農山漁村集落（村落）と，商工業（第二次産業，第三次産業）に従事する人口が多い都市的集落に分けることができる。

また，家屋の連担や商業，業務施設の集積，交通機関の発達などの都市的土地利用の卓越した地域として都市をとらえることもできる。このように，人口の集中度合（密度）や産業の違い，土地利用の状況などにより区分した地域の一類型として**都市地域**（Urban Area）を定義する。しかし，都市地域＝都市ではなく，一般的には，政治，経済，文化の中心としての機能（中心性）を有し，まとまってある程度以上の人口規模を有する都市地域を「都市」と呼ぶ。行政区域としての「市」や「町」は，その内部に非都市的地域を含む場合があり，すべてが都市地域の概念には該当しないが，自律的な運営主体としての地方自治体＝都市と呼ぶこともある。

ヨーロッパなどの都市では，城壁によりその範囲が明確に限定されている場合も多いが，日本の都市の多くは農村との境は明確でない。都市の拡大過程で生まれた宅地と農地が混在した市街地の存在や，都市と都市との連担，モータリゼーションによる飛び地的な市街地形成などにより都市の形態は複雑である。また，情報通信手段の発達の結果，農村の生活様式は都市と同一化し，人口は常に流動しているなど，都市を単純にとらえるには難しい状況にある。

都市は，その国や地域の歴史・文化と関連しながら常に変化を続けており，その形や構成も複雑である。地理学，社会学，経済学，人口学など都市を対象とする学問は多く，それぞれに定義を試みている。日本建築学会編「建築学用語辞典」（1993年）では，都市を次のように定義している。「都市 city；town 地域の社会的，経済的，政治的な中心となり，第二次，第三次産業を基盤として成立した人口，施設の集中地域。行政区分上は郊外を含む場合も多い。」

(2) 都市の起源と都市化

都市についてより深く知るには都市の歴史について知るとよい。都市の起源は文明の発祥とかかわり，文明の発達にともない機能や形を変えて今日に至っている。都市の起源と近代までの都市化の過程について概観する。

都市の歴史は人類の歴史と同じといわれ，その起源をたどると人間が集団生活を始めたころまでさかのぼり，農耕と定住により形成された集落が，都市の原初的な形態と考えられる。やがて農耕技術の発達により生み出される余剰食糧を背景に，食糧生産に従事しない人口を擁することが可能となるにつれ，政治，行政，商業，手工業生産，防衛等の機能を有するようになり，集落が空間的にも拡大していく。その結果，政治，経済，文化の中心としての都市や，商業中心としての都市などが発達することになる。

紀元前の四大文明発祥の地に古代都市が形成されたことが知られているが，それらの都市は，宗教的，政治的中心であり，神殿が置かれ城壁で囲まれていた。

その後も，古代ギリシアの都市国家や中世ヨーロッパの城郭都市，日本の城下町や門前町など，宗教的，政治的，軍事的性格を持った都市が世界各地で建設される。工業化が進展する前の18世紀までは都市の数もそれほど多くなく，その拡大，発展の過程も緩やかであった。

都市化が急速に進行するのは19世紀にイギリスで始まった産業革命以降のことである。都市の拡大，発展の過程を都市化（Urbanization）という。工業生産技術の発達とそれを背景とする資本主義の発展は，都市への人口流入を加速し，**大都市**，**巨大都市**へと成長する。交通手段の発達はこれをさらに加速する。

最初に産業革命が起こったイギリスのロンドンでは，19世紀初頭に100万人程度であった人口が20世紀初頭には400万人に達した。著しい人口の集中と工場の集積により住宅が不足し，生活環境は劣悪となり，疫病が発生するなどの都市問題に悩まされる。その解決に向けての試みが近代都市計画誕生のきっかけともなる。

(3) 都市の地域構造と都市圏

19世紀から20世紀にかけ，欧米の諸都市は近代的都市化を経験することになるが，その過程で都市の内部空間は変容し，機能や空間の利用度合（建物の階数など）によって空間の分化が見られるようになり，一定の地域構造（都市構造）を形成する。都市の地域構造については，1920年代ごろアメリカにおいて実証的に研究が行われ，幾つかの都市モデルが提唱されている。

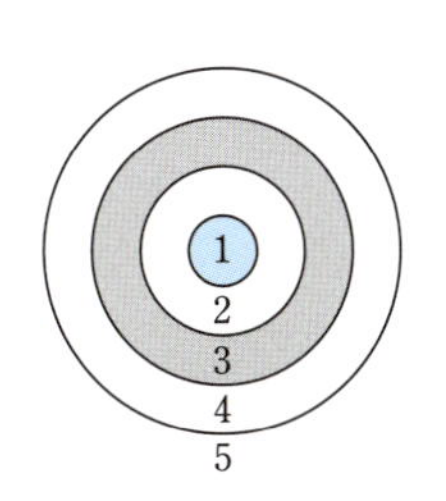

1 中心業務地区（CBD）
2 推移地域
3 労働者住居地域
4 中産階級住居地域
5 通勤者住居地域

1 中心業務地区（CBD）
2 卸売り・軽工業地域
3 低級住宅地域
4 中級住宅地域
5 高級住宅地域

同心円モデル（Burgess, 1925）　扇形モデル（Hoyt, 1939）

図2・1　都市の地域構造モデル

都市は，その周辺にその都市と密接に関係する範囲（都市圏）を形成する。都市の内部空間構成や都市圏の範囲は，都市の規模や発達段階によって様々であるが，概略的にみると，日本の大都市の場合は下図のような構成となっている。

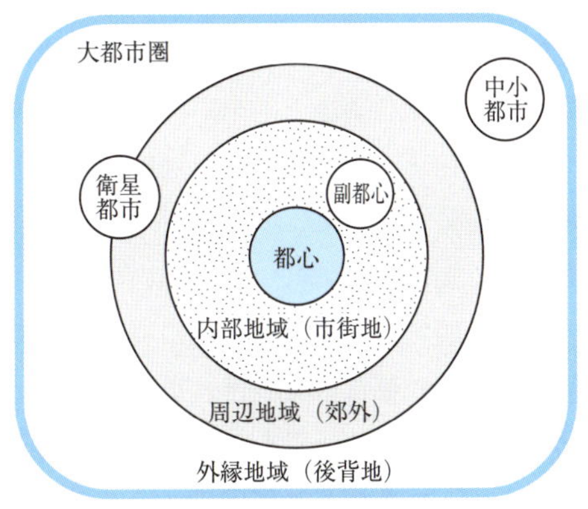

図2・2　日本の大都市圏の地域構造

都市は，建築物が連担して形成する市街地の広がりとしてとらえることができる。一般に「市街地」と呼ばれる範囲を内部地域といい，その中に人や物資の流動の中心であり，行政，商業，業務などの中心機能を持った都心（中心地区，中心市街地，中心業務地区：Central Business District；CBD）がある。

内部地域の周囲には，農村的空間と都市的空間が並存した周辺地域（郊外）が広がる。さらにその外側には，都市と機能的につながりをもつ外縁地域（後背地）が広がる。

都市には，その都市（母都市）と機能的に関連する範囲があり，この都市の圏域を都市圏（Metropolitan Area）という。都市圏の中には，通勤・通学などで母都市に依存する中小都市や，ニュータウンなどの**衛星都市**も含まれる。大量交通手段の発達により都市圏は拡大し，大都市圏や連担都市圏（メガロポリス：Megalopolis）が形成されるようになる。

都市化の過程において，市街地が周辺地域へ向けて拡大する現象をアーバン・スプロールと呼び，都市の拡大期においてはこれにともない無秩序な市街地形成などの都市問題が発生する。また，市街地の拡大と併行して市街地内部の空間の変容・変質（高層化・高密化・機能変化等）も進行する。

20 世紀中期以降，都市への集中が一段落すると，モータリゼーションの進展により都市の外延化が進行する。都市の中心部が空洞化する現象（ドーナツ化現象と呼ぶ）や，幹線道路沿道やインターチェンジ周辺など飛び地的な市街地の形成が見られるようになる。

郊外化による密度の低い市街地の拡大は，今日の社会問題である中心市街地の衰退とも深く関係している。都市の成長と衰退の過程は，集中期である都市化の段階から，外延化の段階を経て，都市が縮小する反都市化又は逆都市化の段階に移行し，さらに再都市化に至るという説がある（クラッセンらの都市循環仮説）。

現在，日本は人口減少期に入り，都市の市街化圧力は急速に低下した。今後は多くの都市が縮小に向かう。

(4) 都市の範囲

現実の都市の空間的な範囲は常に変化しており境界も明確でないが，建築を設計する場合にまず敷地を確定する必要があるように，都市を計画する場合にもその範囲を明確に規定する。都市計画にあたっての都市の範囲には，「行政区域としての市町村の範囲」と「都市計画法上の都市計画区域」がある。都市を自律して運営する単位としてみた場合は，自治体としての都市すなわち市町村であり，その範囲が都市の範囲になる。「地方自治法」では，「市」の要件として，(1) 人口規模（5 万人以上），(2) 人口集中（戸数の 6 割以上が中心市街地内），(3) 産業（人口の 6 割以上が都市的業態従事者とその家族），(4) その他（都市的施設等），の 4 点をあげている。市についてはすべてが都市に該当すると考えてよいが，町村の場合には実態により判断する必要がある。

都市計画法においては，空間的な一体性や計画意図を考慮して，その対象範囲である「都市計画区域」を「市又は人口，就業者数その他の事項が政令で定める要件に該当する町村の中心の市街地を含み，かつ，自然的及び社会的条件並びに人口，土地利用，交通量その他国土交通省令で定める事項に関する現況及び推移を勘案して，一体の都市として総合的に整備し，開発し，及び保全する必要がある区域」と定義し，複数の行政区域にまたがる場合もあるとしている。行政区域としての市町村には農村地域も含み，都市計画区域には計画意図を反映して市街化を抑制するための緑地や市街化予定地を含む。一方で，行政サービスの対象範囲を定める場合や消費需要を把握する場合には，人口の集中した都市化地域のみを抽出してその範囲を明確にすることが必要になる。そのための統計上の定量的基準として国勢調査に導入されている指標が**人口集中地区（DID）**である。

2·2 都市計画の意義について考える

(1) 都市計画とは

「都市とは何か」についてみてきたが，次は「都市計画とは何か，なぜ都市計画が必要か」について考えてみよう。

「計画」とは，ある意図をもって物事を行う場合に，その方法や手順を決めていくこと（その一連の行為をさす場合と，決めた内容やそれを表現した図書類をさす場合がある）である。そこには必ず計画の意図や目的がある。

現在私たちが生活している都市をつくり，維持していくための技術や仕組み（制度）を都市計画と定義すると，その対象となる都市は大きく複雑なため，計画の意図も単純ではない。現在やこれからの都市計画の意義や役割について考える前に，まず，歴史の中で都市を計画的に建設してきた意図や目的について考えてみよう。

(2) 都市計画の歴史

人間が定住を始めたころは，豊かな土地に自然発生的に集落が形成されたであろう。しかし，農耕や生活に欠かせない水を安定的に確保し管理するためには，水路を整備する土木的な技術や建設・管理のための共同の仕組みが必要になり，それが意図を持って生活空間をつくった萌芽であったと推測できる。

宗教が生まれると，神殿や伽藍の配置に一定の構成原理を考えるようになり，古代都市においては，宗教施設を中央に配置し，城壁を設け，格子状の街区割りを行うなど，明らかに計画的な意図により建設を行うようになる。中国の風水思想などに影響された日本の平城京や平安京も，このような計画都市の一例である。

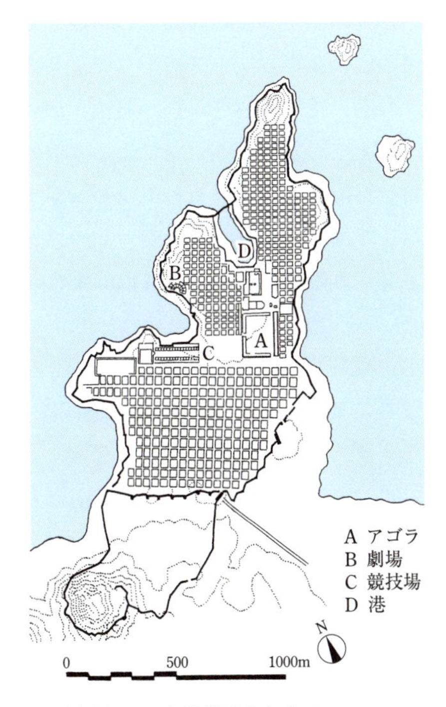

図2・3　ギリシアの古代都市ミレトス

中世ヨーロッパ（5～14 世紀）には，強固な城壁に囲まれ，内部には不規則な狭い街路網をもつ都市が多く建設されるが，これらは主に防衛上の理由による。人口が増加すると，城壁の外側にさらに城壁を建設して都市を拡大する。

ルネッサンス期（14～16 世紀）には，建築家などにより具体的な理想都市提案がなされるようになり，銃器の発達という軍事上の理由から幾何学的な都市が提案されている。

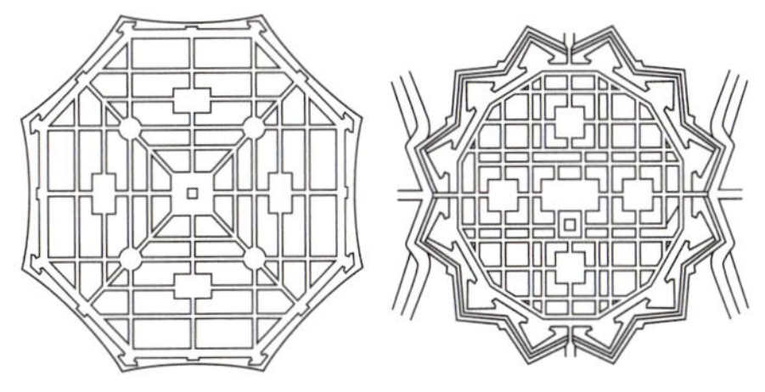

図2・4　ルネッサンスの理想都市

バロック期（16～18 世紀）には，それまでの都市を改造し，権力の象徴として広幅員街路やモニュメントを配置した威風堂々とした街並みを持つ都市が建設される。ロンドン，パリ，ウィーンなどの主要都市はこの時期に改造計画が実施されている。

近代が都市化の時代であったことは既に述べたが，近代以降に形成された都市は，それまでの都市と比べ規模や構成要素（建築や交通手段など）が大きく異なる。現在の都市計画の技術や仕組みは主に近代に確立されたものであり，「近代都市計画」と呼びそれまでの古典的な都市計画と区別している。

その黎明期には，資本主義の進展にともなってもたらされた劣悪な都市環境や貧困の問題を解決するために，空想的社会主義者と呼ばれるロバート・オウエン，シャルル・フーリエ，サン・シモンらが社会改良的な立場から都市提案を行い，自ら，あるいはこれに共鳴した工場主たちがモデル・タウンを建設しようとする動きを19世紀後半の西欧において展開した。

このように，近代都市計画の発達の過程では，幾つかの理想都市提案や都市計画に関する理論が大きな役割を果たしてきた。次は，特に重要な近代から現代にかけての代表的な都市計画に関する理論や思想についてみてみよう。

2･3 都市計画の理論・思想

(1) 田園都市（Garden City）

イギリスの社会改良家エベネザー・ハワード（Ebenezer Howard, 1850–1928）は，1898年に発表した著書（後に「明日の田園都市；Garden City of To-morrow」と改題しその表題で知られる），で都市と田園の長所を併せもった理想都市を提案した。

その提案は，都市の広がりを物理的に制限するための恒久的な農地の配置，人口規模の制限，土地の公有，開発利益の社会還元，自給自足などであり，人口3万2千人の小都市が交通機関で結ばれ，最終的に25万人の都市郡となるモデルをダイアグラムとして表現した。

ハワードの提案は現実的，具体的なものであり，自ら田園都市協会を設立し，**レッチワース，ウェルウィン**の2つの田園都市を開発する。ハワードの田園都市は好評を博し，田園都市運動は世界各地に広がりをみせ，その思想は後の世界の都市計画に大きな影響を与えた。

(2) 機能主義の都市計画

ハワードの田園都市と並び後世に大きな影響を与えた理想都市提案として，建築家ル・コルビュジェ（Le Corbusier, 1887–1965）によるものがある。彼は，1922年に「300万人のための現代都市」を発表し，平面的に小都市郡が広がるハワードの田園都市とは対照的な，垂直型の摩天楼群による大都市の姿を理想都市として提示した。

工業化社会，自動車社会の到来を前提に，発

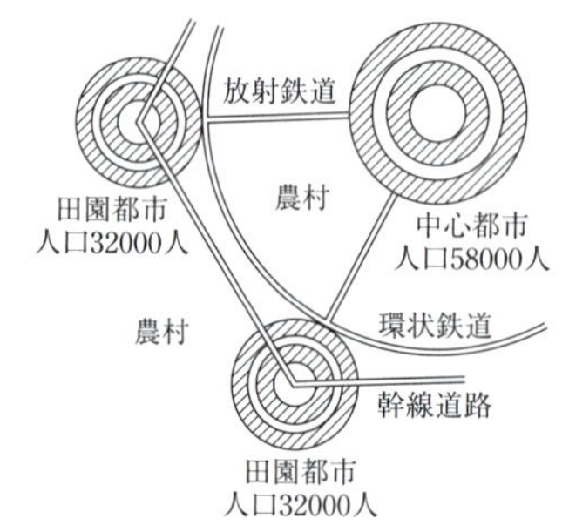

田園都市の全体構成

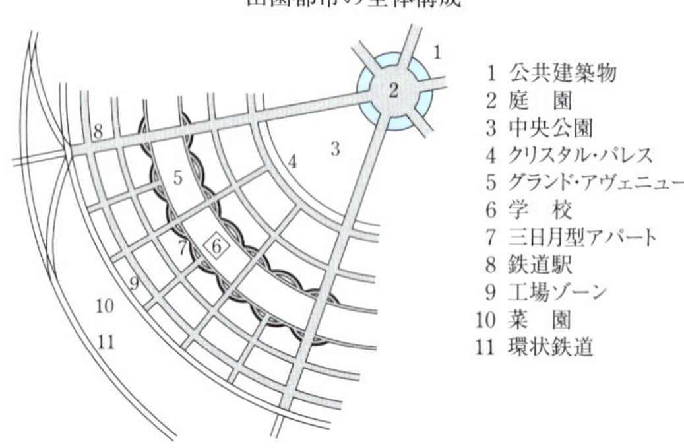

田園都市の市街地の構成

図2・5　ハワードによる田園都市のダイアグラム

達した技術力により機能的に都市問題の解決を図ろうとしたもので，建ぺい率が高く薄暗いパリの市街地の改造を意識して，計画人口を当時のパリ市とほぼ同じ300万人としている。

建ぺい率わずか5%の超高層ビル群とそれを取り囲む広大なオープンスペースにより市街地に緑，太陽，空気を取り入れ，明確な機能配置とそれらを結ぶ立体高速道路による直線的な空間構成が特徴となっている。コルビュジェの提案はパリでは実現しなかったが，その思想は南米やアフリカの新都市の計画に取り入れられている。

1928年に，コルビュジェの思想を支持する建築家らによってCIAM（近代建築国際会議）が組織され，1933年には居住，労働，余暇，交通の四つの機能を軸とした都市計画の考え方をアテネ憲章として発表している。

(3) 生態的・科学的都市計画

生物学者であるパトリック・ゲデス（Patrick Geddes, 1854–1932）は，観察による生物学の手法を都市計画の分野に応用し，既存都市の人

口，雇用，生活などの地域特性を調査，分析し，植生が適する環境に広がるように都市の発展の方向性を見出すことで都市問題の解決に結びつけようとした。

1915年に「進化する都市；Cities in Evolution」を発表し，その中で進化論的都市論を展開，調査や統計資料にもとづく科学的都市計画の必要性を説いた。都市の実態を客観的に調査分析し，都市問題の解決や都市の将来像の提案につなげる今日の都市計画手法の理論的基礎を築いたものといえ，ハワードと並び近代都市計画の祖と称される。

(4) 近隣住区論

アメリカの都市計画研究者であるC.A.ペリー（Clarence Arthur Perry, 1872-1944）は，ニューヨーク大都市圏の地域調査の結果をもとに，1929年，その報告書において**近隣住区単位**（The Neighborhood Unit）の概念を発表する。自動車時代を迎えたアメリカ社会において，歩行者の安全を確保し，衰退しつつあったコミュニティを蘇生するための住区の構成原理として，6つの原則を提案した。

①小学校1校に対応する人口を住区の単位とする。
②住区を幹線道路によって囲み通過交通を排除する。
③住区内に必要なオープンスペースを確保する。
④公共施設を中心部にまとめて配置する。
⑤店舗を隣接する住区と接する交差点付近に配置する。
⑥内部の街路網を，住区内の交通利便を促進し通過交通を排除するものとする。

この理論は，ニュータウン開発などで住宅地の構成原理として採用され，日本でも千里ニュータウン（1957～）を始め多くのニュータウンが近隣住区論を採用した。

ニューヨーク郊外のラドバーンに建設されたニュータウンにおいて，近隣住区論の通過交通

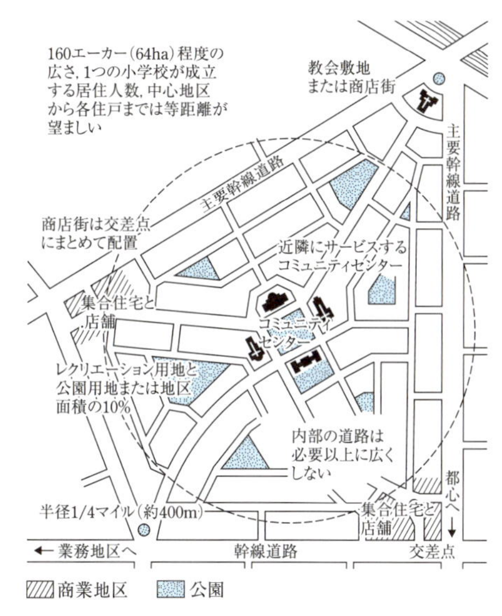

図2・6　ペリーの近隣住区のダイアグラム

排除の考え方をさらに発展させて平面的に歩車完全分離を図った交通システムは**ラドバーン・システム**とよばれ，自動車時代の住宅地のモデルとして脚光を浴びた。

(5) 反機能主義の都市論

ル・コルビュジェらの機能主義や近隣住区論は，都市再開発や大規模ニュータウンの建設により実現したが，それにより生み出された都市空間は，単調で人間的な魅力に欠け，犯罪の発生やコミュニティの衰退などの社会問題も惹き起こす。

アメリカのジャーナリスト・都市論者であるジェーン・ジェイコブス（Jane Jacobs, 1916-2006）は，1961年の著書「アメリカ大都市の死と生；The Death and Life of Great American」で，機能主義に基づく近代都市計画を批判，都市には多様性が必要であるとして4つの原則を主張した。

①都市を構成する地区には複数の機能があること。
②街路は狭く折れ曲がりブロックが短いこと。
③古い建物が多く残っていること。
④人口密度が十分に高いこと。

(6) 伝統回帰と持続可能な都市

1980年代後半，過度の車依存型社会となったアメリカでは，郊外化にともなう都心部の活力低下，コミュニティの変質，交通渋滞，大気汚染など都市問題，社会問題に悩まされる。

それに対し，歩行中心の生活やヒューマンスケール，伝統的コミュニティなどの価値を見直そうとする動きが起こる。1991年にピーター・カルソープら6人の建築家が提唱したアワニー原則がきっかけとなり，ニューアーバニズム（New Urbanism）として広がり，そのコンセプトにもとづく住宅地開発や都市再開発プロジェクトが実施される。

そのコンセプトは，歩行者優先の都市構造，公共交通重視，複合的土地利用，職住近接，ヒューマンスケール，中低層の住宅市街地，多様な住宅タイプなどであり，アーバンビレッジ（Urban Village）や**コンパクトシティ**（Compact City）とよばれる都市理念とも共通している。

2·4 都市計画制度の沿革

(1) 近代都市計画の成立と制度化

次は，都市計画の制度が生まれ発展した過程についてみてみよう。都市の構成要素を構築する建築や土木，造園等の技術は古代からそれぞれ発展し，その技術を用いて都市づくりが行われてきたが，社会的な制度としての都市計画が成立したのは近代に入ってからである。

産業革命による工業化と資本主義社会の発展が都市の姿を大きく変えた。一方で，近代は市民革命により市民社会が成立した時代であり，封建制から市民が解放され，都市も絶対君主の都市づくりの理想から解放され，その結果，無秩序に拡大し，深刻な都市問題が発生する。都市の空間秩序は，自由に任せていて予定調和的に形成されるものでないことが明らかになる。

このような状況に対し，19世紀中頃から，都市の公衆衛生の改善などの目的で，建築の制限や都市施設の基準を定める社会的な仕組みが導入されるようになる。

イギリスで1848年に公衆衛生法が制定され住居法へと発展するなど，建築や土地利用規制に関する法制度が19世紀後半から20世紀前半にかけて制定される。このような個別法の積み重ねをとおして，次第に体系的な都市計画制度へと発展する。

各国において現在の都市計画制度の体系が整うのは第二次世界大戦後のことである。イギリスの都市農村計画法（Town & Country Planning Act）の制定が1947年，ドイツの連邦建設法（Bundesbaugesetz）の制定が1960年，日本の都市計画法（現行法）の制定が1968年である。

(2) 日本の近代都市計画制度の沿革

日本における近代都市計画は，明治維新以降の近代国家建設の要請により，欧米の近代都市計画技術を導入して都市建設を図ったことに始まる。日本の都市計画制度の発展過程で大きな役割を果たした三つの代表的な法制を中心にその変遷を概観してみよう。

①東京市区改正条例：1888年公布

日本最初の都市計画法制といわれ，東京を近代国家の首都として改造するための国策として制定した。東京のみを対象（後に他の大都市にも準用）とし，計画区域も旧江戸城の皇居を中心とする限られた範囲であった。内容は道路，運河，橋梁，公園の建設など，土木を中心とする公共事業を目的とした。

②「都市計画法（旧法）」と「市街地建築物法」：1919年公布

急速な経済発展の中で，市街地の拡大や産業の発展に対応した都市整備が必要になり，「都市計画法（旧法）」と，現在の建築基準法の前身である「市街地建築物法」を制定した。この法律において都市計画区域，地域地区制，土地区画整理事業，建築線の指定などの制度が導入された。適用都市は内務大臣の指定により拡大できることとし，後に大都市だけでなく他の主要都市にも適用した。

③「都市計画法（現行法）」：1968年公布

1919年法を全面的に改正して制定し，地方自治の観点から都市計画の決定権限は大臣から地方自治体の長に委譲し，住民参加の手続きも導入した。また，市街地のスプロールを抑制する手段として市街化区域・市街化調整区域の制度と開発許可制度を導入，地域地区制も大幅に改正した。その後，地区計画制度（1980年），市町村の都市計画マスタープラン策定制度（1992年）導入，準都市計画区域の創設（2000年）などの改正を経て現在に至っている。

2・5 都市計画法の体系

（1）都市計画法と関連法

都市計画制度の体系は，基本となる都市計画法と多くの関連法規から構成され，運用されている。都市計画法では，都市計画の内容，都市計画を決定する主体や計画策定の手順，都市計画にともなう制限や計画実現の手段の一部とそれを遂行する組織や財源などを定め，具体的な計画の実現手段の詳細については関連法にゆだねている。

（2）都市計画の目的と基本理念

都市計画法では，第1条で法の目的，第2条で都市計画の基本理念を定めている。法の目的を，「都市計画の内容及びその決定手続，都市計画制限，都市計画事業その他都市計画に関し必要な事項を定めることにより，都市の健全な発展と秩序ある整備を図り，もって国土の均衡ある発展と公共の福祉の増進に寄与すること」とし，基本理念として，①農林漁業との健全な調和を図ること，②健康で文化的な都市生活及び機能的な都市活動を確保すべきこと，③適正な制限のもとに土地の合理的な利用が図られるべきこと，の3点を挙げている。

（3）都市計画の適用範囲

都市計画の立案においては，まず計画の対象とする都市の区域を確定する必要があり，都市計画法ではそれを都市計画区域として定めている（都市計画法第5条）。

都市計画区域は，市又は一定の要件に該当する町村の中心市街地を含み，自然的条件や社会的条件を考慮して「一体の都市として総合的に整備し，開発し，保全する必要がある区域として指定する」としており，実態としての都市域をもとに計画的な意図を持ってその範囲を定めるものである。また，新たに開発する住宅都市，工業都市などについても指定する。したがって，行政区域とは異なり，市町村の一部である場合もあり，複数の市町村にわたる場合（広域都市計画区域と呼ぶ）もある。

都市計画の適用範囲は，原則として，都市計画区域内である。例外的に都市計画区域外において都市計画を適用するものとして，「準都市計画区域」と，1ha以上の大規模開発に対する開発許可及び都市施設を定める場合とがある。

準都市計画区域は，高速道路のインターチェンジ周辺や郊外幹線道路沿道などで開発が進行し，放置すると環境の悪化が予想される区域を指定し，都市計画法の一部の規定を適用する（都市計画法第5条の2）。

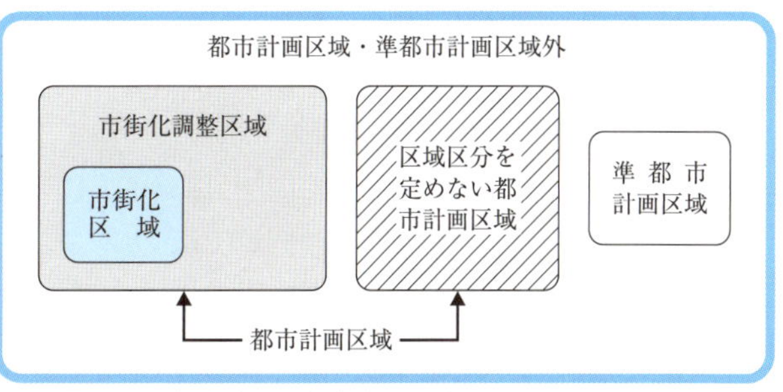

図2・7　都市計画で指定する区域

(4) マスタープラン

都市計画には，土地利用や交通，公園緑地など多くの関連分野があり，その実現のための計画や事業も多岐にわたる。多くの計画や事業を一貫した考えのもとで遂行するためには，長期的な見通しに立って都市の将来像を示し，それを実現するための基本的な方針を明らかにする必要があり，その役割を担うのがマスタープランである。都市計画法では，都道府県が都市計画区域を対象に定める**都市計画区域マスタープラン**と，市町村が市町村の区域について定める**市町村マスタープラン**があり，2層構造になっている。

マスタープランは，一般的には，20年程度先を目標年次とし，その間の人口や社会，経済動向の見通しにたって計画目標を設定し，土地利用計画の方針や都市施設の整備方針などを定める。

マスタープランは，長期にわたって安定した計画であることや，分野別計画や関連計画の指針となることが求められ，総合性や柔軟性があり，かつ実現可能な計画である必要がある。また，計画の実現に向け関係機関や市民の合意形成や参画を促すための計画でもあり，わかりやすく創意工夫に富んだものであることも要件である。マスタープランは，一般的には，分野別の計画図と，都市全体にわたって分野別計画間の関係を示した総括図を含む計画図書により構成する。

(5) 都市計画の内容

都市計画法では，「都市計画」の定義を「都市の健全な発展と秩序ある整備を図るための土地利用，都市施設の整備及び市街地開発事業に関する計画」としており，①土地の使い方を定める土地利用に関する計画，②道路や公園などの都市施設に関する計画，③面的に市街地を整備する市街地開発事業に関する計画，の3種類を基本とし，11種類を都市計画の内容として定めている（都市計画法第2章第1節）。

本書の内容のうち，第3章「都市の構成と土地利用計画」および第4章「建築物のコントロール」は土地利用の計画に，第5章「地区スケールの計画・ルール」は土地利用の計画の中の⑧地区計画等に，第6章「都市の再生と交通システム」および第7章「都市と自然」は都市施設の計画に，第8章「市街地開発事業と都市再生」は市街地開発事業の計画に該当する。第9章「都市と防災」，第10章「都市の景観まちづくり」，第11章「参加・協働のまちづくり」は横断的な内容である。

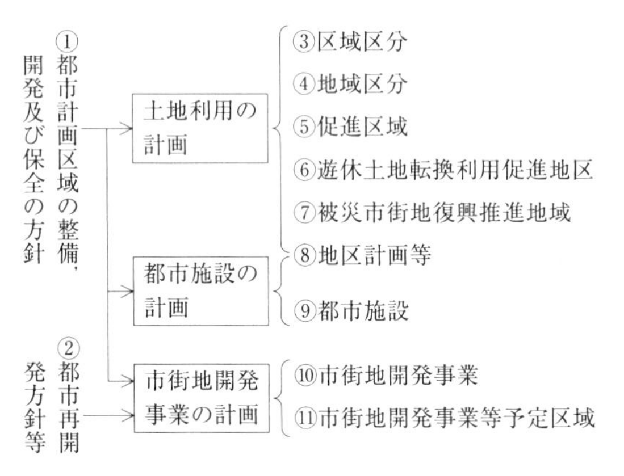

図2・8　都市計画の内容

(6) 都市計画の決定者と手続き

都市計画の決定権限は都道府県と市町村が分担して担う。例外として都市計画区域が複数の都府県にわたる場合は国土交通大臣が決定する。都道府県，市町村それぞれが決定する都市計画の種類は法で定めている。（都市計画法第15条及び第22条）

都道府県が定める都市計画は，①都市計画区域の整備，開発及び保全の方針，②区域区分，③都市再開発方針等，④臨港地区等の地域地区，⑤広域的見地から定める必要がある地域地区，広域的又は根幹的都市施設，⑥市街地開発事業，など市町村の範囲を超える広域的な計画にかかわるもので，そのほかは市町村が定めることと規定している。市町村の定める都市計画は，都道府県が定めた都市計画に即して定め，内容が抵触した場合は都道府県が定めた都市計画が優先する。

私権の制限を伴う**都市計画の決定**には，公平性と透明性が要求され，社会的に意思決定をする法手続きが必要になる。法定都市計画は，都市計画法に定める手続きにそって都市計画が決定されて，始めて効力を発揮する。

都市計画の決定手続きについては，住民意見の反映や関係機関との調整，第三者機関による協議などを法に定めている。

また，土地の所有者等が，一定の条件を満たした場合に，都市計画の決定や変更の提案をすることができる都市計画の提案制度がある

都市計画に住民や利害関係人の意見を反映するために，都道府県または市町村が都市計画の案を作成しようとするときには必要に応じ公聴会や説明会を開催，作成した都市計画の案を2週間公衆の縦覧に供し，住民や利害関係人はそれに対し意見書を提出することができるなどの手続きを法で定めている（都市計画法第16条～第20条）。ほかにも，上位計画との整合性の調整，関係機関との協議，第三者機関である**都市計画審議会**の審議などの手続きを定めている。

また，土地の所有者，まちづくりNPO，民間事業者等が，一定規模以上の一団の土地について，土地所有者の3分の2以上の同意など一定の条件を満たした場合に，**都市計画の決定や変更の提案**をすることができる（都市計画の提案制度）。

(7) 都市計画制限と都市計画事業

都市計画の実現手段には，都市計画制限によって実現を図るものと，都市計画事業によって実現するものがある。

前者は，規制や誘導手段によるもので，計画に沿わない行為は公権力によって禁止したり制限を加えたりし，計画意図に沿ったものには恩恵を与えるなどで計画の実現を図る。

都市計画法では，土地利用計画を実現するための開発行為や建築行為の規制のほか，都市計画で決定した都市計画施設等の事業区域内において円滑に事業を遂行するための建築行為の規制などの都市計画制限を定めている。

後者は，公共団体や事業組合等が主体となって土地を買収し，事業費を投入してより積極的に事業を遂行するものである。都市施設の整備及び市街地開発事業のうち，原則として，市町村が都道府県知事の認可を受けて施行するものが都市計画事業である。都市計画事業は，公共性が高い事業として，土地収用法を適用して強制的に用地を取得する権限も与えられている。

2·6 こんな問題を考えてみよう

(1) あなたの理想都市を提案する

2・3では，近代の代表的な都市計画の理論や思想を取り上げて解説した。これらの中から興味を持ったものを複数挙げ，それらの特徴や異なる点などを整理し，現在の都市にどのような影響を与えてきたか考察してみよう。そのうえで，あなたが考える理想の都市を提案してみよう。提案に当たっては，その理念を掲げ，ダイアグラムを用いるなど表現を工夫してみよう。

(2) マスタープランを調べてみよう。

あなたのまち（住んでいる，通学しているなど身近な市区町村）のマスタープランをWEBなどで調べ，その構成と主な内容をまとめ，感想や問題点の指摘，提案などについて自由に論じなさい。

用語集

用語１　都市地域

２・１においては都市的土地利用の卓越した地域として「都市地域」を定義したが，都市計画制度においては，法律上の用語として「都市地域」の定義がある。日本の国土全体の土地利用計画である土地利用基本計画において，土地は都市地域，農業地域，森林地域，自然公園地域，自然保全地域の５地域に区分され，それぞれ関連法により土地利用規制等が行われる。都市地域は，「一体の都市として，総合的に開発し，整備し，及び保全する必要がある地域」として規定され（国土利用計画法第９条第４項），都市計画法上の都市計画区域に該当し，都市計画立案の対象区域となる。

用語２　大都市・巨大都市・世界都市

明確な定義はないが，居住人口数十万人から百万人程度の都市を大都市，数百万人以上の都市を巨大都市と呼ぶ。メトロポリス（Metropolis）とも呼ばれる。巨大都市の都市圏が連担し巨大な都市圏が形成された姿をフランスの地理学者G. ゴットマンはメガロポリス（Megalopolis）と命名した（日本語では巨帯都市）。また，概ね人口が１千万人以上の都市をメガシティ（Megacity）と呼ぶ。

ギリシァの都市計画家ドクシアディス（1913-1975）は世界人口が2～300億人となり世界の都市が連担した究極の姿をエキュメノポリス（Ecumenopolis）と命名した。世界都市とも訳されるが，単に人口規模だけではなくグローバル化が進み金融，文化等の分野で世界の中心的な役割を果たす都市を世界都市と呼び，その影響力や競争力の強さを示すものとして，複数の機関から「世界都市ランキング」が公表されている。

用語３　衛星都市

大都市・巨大都市の周辺に位置し，それらを母都市として機能的に密接な関係を持って発達した中小都市のことを衛星都市と呼ぶ。母都市に通勤や通学をして商業・業務機能は依存し，居住機能が中心の住宅衛星都市（ベッドタウン）のほか，工業都市，学園都市としての衛星都市もある。大都市の周辺に計画的に配置するニュータウンも衛星都市である。ハワードの田園都市論の影響を受けたイギリスのG.R.テーラーが1915年に工場や人口の分散を意図したSatellite Cityを提唱したのが最初といわれる。

用語４　人口集中地区（DID；Densely Inhabited District）

総務省統計局では人口集中地区を次のように定義している。①「原則として人口密度が１平方キロメートル当たり4,000人以上の基本単位区等が市区町村の境域内で互いに隣接して，②「それらの隣接した地域の人口が国勢調査時に5,000人以上を有する地域」。「基本単位区」とは，通常，四周を道路で囲まれた最小の市街地空間（街区）であり，国勢調査結果を集計する場合の最小単位である。つまり，40人／ha以上の人口密度を有する最小単位が隣接しあって塊となり，その塊全体の人口が5,000人以上となる場合，その塊の区域がDIDの区域ということになる。

都市内の市街地として認識されているところは，工場地帯などを除いてほとんどDIDに該当する。農村集落などは，通常は人口密度では40人／haを十分に超えているが，そのまとまりが小さくDIDとはならない。DIDの時系列的な変化を見ることにより，市街地の拡大状況などを把握することができる。利用価値の高い基礎資料として様々な計画作成に活用されている。

用語５　ニューラナーク（New Lanark）

スコットランドのグラスゴー近郊にある村。ユートピア社会主義者のR.オウエン（1771-1858）が，義父のD.デイルが設立した紡績工場を買い取り，共同経営者とともに理想の工場コミュニティを実現しようとした。工場と住宅のほか，教育施設を設立し教育に力を入れ，当時の工場労働者の貧困や劣悪な労働環境を改善した。一時は数千人が居住する工場村として順調に経営し，その後の理想都市提案に影響を与えた。2001年に世界遺産（文化遺産）に登録されている。

用語６　レッチワース（Letchworth），ウェルウィン（Welwyn）

E.ハワードが設立した田園都市株式会社により建設された田園都市。レッチワースは，R. アンウィンとB.パーカーの設計により1903年からロンドン郊外に建設された最初の田園都市。計画人口約３万人で，工場や店舗，農場を備え自給自足を目指した。レッチワースは1919年から開発が進められた第２の田園都市で計画人口５万人，その後ニュータウン法に基づくニュータウンとしても指定されている。これらの都市開発の成功により，田園都市は各国の都市開発や都市政策に大きな影響を与えた。

用語７　近隣住区単位

C.A.ペリーによって体系化された住宅地を構成する計画単位（近隣住区単位ともいう）。一般には小学校１校が成立する人口と，その人口が必要とする諸施設を備えて，日常生活を完結することができる範囲として設定する。近隣住区より小さな範囲を近隣分区として保育園や集会所などを設置したり，複数の近隣住区をまとめた「地区」に中学校，高等学校，病院，鉄道駅などを配置したりするなど，住区の段階構成による住宅地の計画論へと発展し，ニュータウンなどの構成原理として各国で多く採用された。日本では千里ニュータウン（1960～），イギリスではハーローニュータウン

(1947～) が代表例である。その後，近隣住区により計画されたニュータウンは都市性に欠けるとの批判を受け，ニュータウンの中心部に大きなセンターを配置するワンセンター方式のニュータウンが計画された。

用語8　大ロンドン計画 (Greater London Plan)

人口が集中するロンドンの過密化への対応と第二次世界大戦の戦災からの復興のため，イギリス政府の要請を受けて都市計画家P.アバークロンビー (1849-1957) が1944年に作成したロンドン大都市圏の計画。半径約50kmを計画区域とし，中心から内部市街地，郊外地帯，緑地帯，周辺地帯の4地域に区分し，郊外地帯では開発を抑制，緑地帯では開発を禁止し，周辺地帯では人口の受け皿として既存都市を拡張したり8か所のニュータウンを建設したりするという案であった。1946年にはニュータウン法 (New Town Act) が制定され，スティブネージやハーローなどのニュータウンが建設された。その後計画区域は拡張されている。

日本において1956年に制定された首都圏整備法に基づいて策定された首都圏整備計画は，グリーンベルトや衛星都市の配置など大ロンドン計画に強い影響を受けている。

用語9　ラドバーン・システム (Radburn Syatem)

アメリカのニュージャージー州において1920年代に開発されたラドバーンニュータウンで採用された歩車分離による住宅地の設計手法。ラドバーンニュータウンは，H.ライトとC.スタインの設計により，近隣住区論を採用して計画された。住宅街区はスーパーブロックで構成し，通過交通を排除するため住宅街区内の自動車道はクルドサック（袋地）とし，歩行者は専用道路によって車路を横切ることなく学校や書店などの施設に行くことができる。他のスーパーブロックへの移動以外は歩車を平面で完全分離したことに特徴がある。

その後多くのニュータウンで採用されたが，1970年代ごろから，歩車を分離するのではなく，住宅地内では車を減速させるなどの工夫をして歩車共存を図る方式（オランダで最初に試みられ，オランダ語で生活の庭を意味するボンネルフと呼ばれる）も採用されるようになる。

用語10　コンパクトシティ

都市の無秩序な拡散を防止し，密度の高い効率的な市街地を形成し，中心市街地の衰退などの問題を解決しようという考え方やその都市の姿。1970年代にアメリカのG.B.ダンツィクとT.L.サーティが著書「Compact City」において提唱したのが最初といわれる。その後，環境問題の深刻化や中心市街地の衰退に伴いヨーロッパ各国の都市政策の理念として採用されたり，1980年代のアメリカの「ニューアーバニズム」の動きへと展開したりするなど，先進諸国共通の目指すべき都市像として定着する。

日本では，2006年の「まちづくり三法」の改正時に目指すべき都市の姿として議論され，青森市や富山市が具体的な取り組みを展開した。国土交通省が目指すべき都市像として「集約型都市構造」を掲げたことで，多くの都市がマスタープランにおいてその考え方を採用している。

共通する要素は以下のような点である。①郊外部への都市の拡散を防止して密度の高い効率的な市街地を形成し，インフラなどの維持管理コストを低減する。②中心市街地を再生して都市の賑わいを生み出す。あわせて街なか居住を推進したり，中心市街地に残る伝統的な町並みや伝統文化の保存を図ったりする。③自動車の利用を抑制し，公共交通重視の環境負荷の低い都市構造とする。「歩いて暮らせるまちづくり」というキャッチフレーズも良く使われる。

用語11　都市計画区域マスタープラン

「都市計画区域の整備，開発及び保全の方針」が都市計画法上の名称であるが，通称「都市計画区域マスタープラン」又は「都道府県マスタープラン」と呼ぶ。都市計画法第6条の2の規定に基づき都道府県が定める。

都市計画法で定める事項として規定されているのは以下の3点である。

①区域区分の決定の有無と，区域区分を定める場合はその方針

②都市計画の目標

③土地利用，都市施設の整備，及び市街地開発事業に関する主要な都市計画の決定の方針

都市計画区域において定められる個別の都市計画は，都市計画区域マスタープランに即して定める必要がある。

用語12　市町村マスタープラン

市町村が，都市計画法第18条の2の規定に基づいて定める市町村の都市計画に関する基本的な方針。通称「市町村マスタープラン」と呼ぶ。都市計画マスタープランといった場合これを指す場合が多い。市区町村が市町村マスタープランを定める場合，議会の議決を経て定められた「市町村の建設に関する基本構想」（地方自治法の規定により市町村が定める）及び，都市計画区域マスタープランに即して定める（都市計画法第15条第3項）。また，市町村が定める都市計画は，市町村マスタープランに即したものでなければならない。

市町村マスタープランは都市計画決定を必要とせず，その内容についても法の規定はなく，市町村の創意工夫により自由な内容とすることができる。策定にあたっては，公聴会の開催等住民の意見を反映させるために必要な措置を講ずる必要があり，策定過程での住民

参加が欠かせない。アンケートやパブリックコメントの実施，説明会の開催や協議会における検討，イベントやワークショップの実施などいろいろな参加の手法が試みられている。

市町村マスタープランは，一般的には，「まちづくりの理念や目標，まちの将来像」「分野別方針」「地区別構想」などから構成され，計画図やダイアグラム，イラストなども交え市民にわかりやすく冊子形式でまとめる。

用語 13　都市計画決定

都市計画の決定権を持つ者（決定権者）が，都市計画を決定することをいう。決定権者は，都市計画の種類によって都道府県または市町村（例外的に 2 以上の都府県の区域にわたる都市計画は国土交通大臣と市町村が協議して定める）である（都市計画法第 15 条）。都市計画に住民や利害関係人の意見を反映するために，都道府県または市町村が都市計画の案を作成しようとするときには必要に応じ公聴会や説明会を開催，作成した都市計画の案を 2 週間公衆の縦覧に供し，住民や利害関係人はそれに対し意見書を提出することができるなどの手続き（図 2・9 参照）を定めている（都市計画法第 16 条〜第 20 条）。ほかにも，上位計画との整合性の調整，関係機関との協議，第三者機関である都市計画審議会の審議などの手続きを定めている。都市計画決定にあたっては，都市計画審議会の議を経ること，関係する自治体との協議や同意を得ることが求められ，市民向けの説明会や公聴会も開催される。

用語 14　審議会・都市計画審議会

審議会は，国や地方自治体がある政策を立案したり，運用したりするときに設けられる組織である。国や地方自治体から，ある課題についての「諮問」を受け，それに対して審議を行って「答申」する。

都道府県は，都市計画に関する事項を調査審議するために「都道府県都市計画審議会」を置く。市町村は，市町村都市計画審議会を置くことができる。学識経験者と議員を含むメンバーから構成され，市町村都市計画審議会においては住民を構成員とすることもできる。都市計画審議会では，都市計画の案が行政部局から説明，提案され，それに対する質疑を行い，答申をまとめていくのが一般的であるが，関係行政機関に建議もできる。都市計画法第 77 条に定めがある。

用語 15　都市計画の提案制度

都市計画の案は通常は行政が作成するものであるが，地域の住民や地権者や NPO などが都市計画の決定や変更を提案することができる。提案を提出するには，政令で定める一定規模以上の一団の都市の区域について，その区域の 2／3 以上の地権者の同意などの条件を満たす必要がある。提案を受けた行政は，遅滞なくその計画提案を受け入れるかどうかの判断をし，受け入れる場合は案の作成を，受け入れない場合はその理由を通知しなくてはならない。都市計画法第 21 条の 2，3，4，5 にその定めがある。

なお，地区計画等においては，住民から都市計画の決定や変更，案の内容となるべき事項を申し出る制度（申し出制度）がある（都市計画法第 16 条第 3 項）。

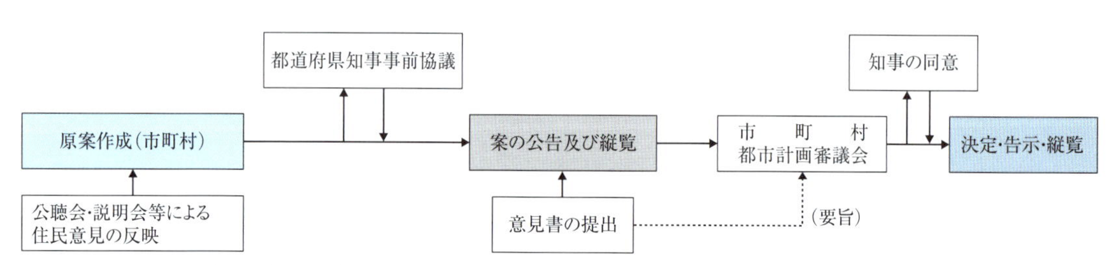

図 2・9　都市計画の決定手続き（市町村が決定する場合）

第3章 都市の構成と土地利用計画

3・1 はじめに

都市は，多くの人が集まって作り上げるものであるが，集まった人によって形成された市街地には，建物が乱雑に建ち並び，公共空間が不足するといった問題が起きることがある。それに対する計画的な介入の手法が都市計画である。

本章は，①都市の基本的なできかたや構成を解説した上で，②その分析の仕方を解説し，③土地利用計画とよばれる市街地の基本的な構造を規定する都市計画の制度を解説する。

3・2 都市はどのように形成されたか

日本の都市は，江戸時代以前の城下町，門前町を起源としたり，近代に入って整備された港湾都市や軍都などを起源とするものが多い。その後の変化，人口の増加，自動車社会の到来や地球環境問題のような新たな課題，建設技術の発展等へと対応するために，既にあった都市に上書きするように都市計画が作られ，実行されてきた。既に多くの人が住んでいる都市から人を追い出して，ゼロから都市をつくることはできないために，どのような都市も，自然発生的，非計画的に作られた部分と都市計画によって作られた部分のせめぎ合いで作られている。

まず，日本の都市の第二次世界大戦後の形成パターンを解説する。

(1) 戦災復興と土地区画整理事業

我が国の戦後の都市計画は，戦災復興からのスタートであった。第二次世界大戦の末期に多くの都市が空襲や原爆によって焼失した。住むところがなくなった人たちのために，都市を計画的に形成することが急務であったが，その時に多くの都市で**戦災復興土地区画整理事業**が行われた。土地区画整理事業は，1923年の関東大震災の復興で大々的に用いられた手法で，土地を多くの人が所有したまま，それぞれの土地を入れ替え，土地を少しずつ道路や公園用地として提供してもらうことによって，整った都市空間をつくりあげる手法である。これによって多くの都市に残っていた江戸時代からの都市空間が，近代的な都市空間に生まれ変わった。しかし，空襲等で焼失した都心部における土地区画整理だけでは人口増加を捌くことができず，同時並行的にその周辺に非計画的な市街地が形成されていった。その「スプロール市街地」をみてみよう。

(2) スプロール市街地

1950年代の，日本経済の急速な発展に伴い，都市部，とりわけ**三大都市圏への人口集中**が激しくなり，宅地開発が活発化する。それは「乱開発」と言ってもいい状況だった。当時，宅地造成に関する法規制は乏しく，わずかに建築基準法の接道規定があるのみであり，それすら守らない違法宅地造成も横行した。農地法による農地転用許可制度も農地転用を押しとどめる役割を十分に果たせず，また宅地が備えるべき技術的な基準を課すものでもなかった。その結果，都市郊外の平地部に，農道やあぜ道を介して宅地がまき散らされたような市街地が出現した。それがスプロール市街地であり，次のような問題を抱えていた。

① 農地と宅地の混在

農地と宅地が混在したため，両者の摩擦が顕在化した。農地側にとっては，家庭雑排水の農業用水への混入に代表される営農環境の劣化が深刻な問題となり，一方で住宅地側は，耕作や農薬散布・施肥など営農活動に伴うホコリや臭気に悩まされることとなった。

② **劣悪な住宅地の質**

自家用車はまだほとんど普及していなかったとはいえ，緊急車も通行できない細い道路を頼りに宅地が散在する状態であった。上水道は井戸水でまかない，下水道は存在せずトイレは汲み取り式で，家庭雑排水は垂れ流しであった。

③ **傾斜地の危険性**

傾斜地が造成された地域では，擁壁や排水設備が不完全な住宅地が出現した。そこでは，大雨や地震などで擁壁が崩れ，土砂が流出する可能性が高く，被害は周辺地域にまで及ぶことにもなる。

④ **自治体財政への圧迫**

人口が増えれば，居住環境改善のための公共投資が必要となり，市民から，道路，下水道，公園の整備を強く求められる。また，農地が宅地化すると，雨水貯留機能が失われ，洪水の危険が高くなるため，下流の河川整備が必要となる場合が多くある。

また，世帯増は児童増をまねき，義務教育施設の整備も必要になる。こうした必要に対応して，スプロール市街地に公共投資をするのは，悪効率の投資を強いられることであり，多くの人口急増都市の自治体財政が圧迫された。

こうした課題に対処するため，**宅地造成等規制法**（1961年），**住宅地造成事業に関する法律**（1964年）が定められ，1968年には新都市計画法が定められ，スプロール市街地の発生を規制する区域区分制度と，開発許可制度が登場する。自治体レベルでは，開発事業者に負担を求める**宅地開発指導要綱**の制定が広がっていった。

(3) 大規模ニュータウン

スプロール市街地対策と並行して，居住地を計画的に整備する**ニュータウン開発**が取り組まれた。1960年代には，大阪の千里ニュータウン（約1160ha）を皮切りに，泉北（約1560ha大阪府），高蔵寺（約702ha愛知県），多摩（約3000ha東京都），千葉（約2900ha千葉県）などの主要なニュータウンの開発が開始されている。

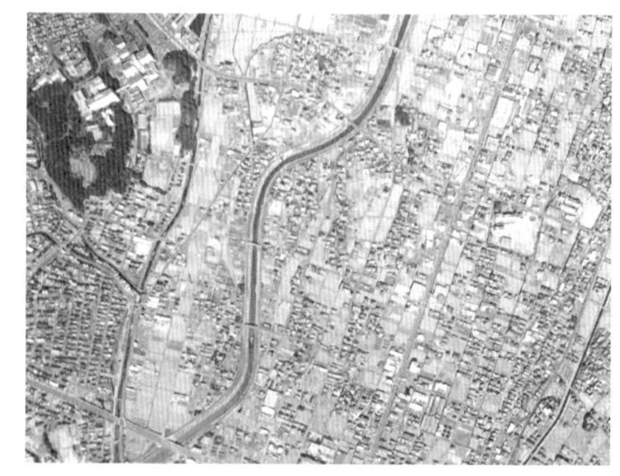

図3・1 スプロール市街地（浜松市郊外）

ニュータウンは，居住地として十分な環境と利便性を整えた住宅地を，独立採算によって実現するものである。住宅地に必要な学校，病院，商業施設等の施設，道路，公園，水道整備のみならず，地区外の幹線道路に至るアクセス道路整備や下流域の河川改修などの費用についても，ニュータウン事業の中で調達する。そうなると，計画規模は大きい方が望ましく，計画地は通勤可能な範囲で地価の安いところが望ましいため，大規模ニュータウンはいずれも大都市近郊の丘陵地に計画された。こうして開発された大規模ニュータウンは，自然環境に恵まれた，公共施設や利便施設が計画的に整備された近代的な住宅を持つものであり，しばらくの間，都市住民の羨望の対象となった。

(4) 民間電鉄会社による沿線開発

公共主導で行われたニュータウン開発に対して，民間電鉄会社による沿線開発が，大都市の市街地形成のもう一つの大きな柱であった。居住者がマイホームを求める際に，通勤上の利便と住宅の広さと価格の安さの3要素を重視する。民間電鉄会社は，自ら鉄道を改善できる立場にあることから，沿線開発に精力を注ぎ，購買力の高い居住者層をターゲットとした質の高

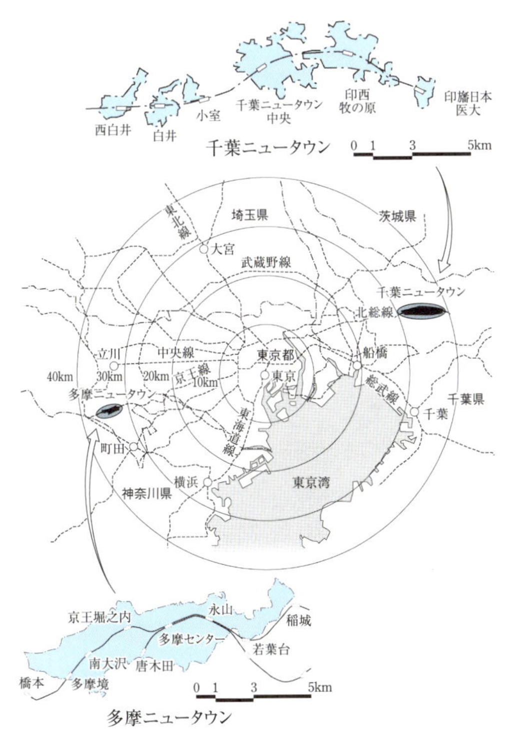

図3・2　首都圏の多摩NTと千葉NTの位置・区域図

い住宅地が形成された。成功例としては，阪急電鉄の宝塚開発（兵庫県宝塚市）や東急電鉄の多摩田園都市開発（川崎市・横浜市の北西部）などをあげることができる。

(5) 土地区画整理事業と公団・公社の団地開発

ニュータウン開発や沿線開発が進行する傍らで，多くの自治体は，開発適地に計画開発を誘導してきた。その方法は，自治体自ら，あるいは土地所有者と協力して土地区画整理事業を実施するか，**日本住宅公団**や住宅供給公社（住宅・宅地の供給を目的として都道府県や政令市が出資して設立した法人）の手を借りて新規団地建設をするかである。土地区画整理事業は，戦災復興でも使われた手法であるが，郊外部の土地所有者がお互いに協力して新しい，比較的環境の整った住宅団地を作り出した。

(6) 民間デベロッパーによる開発

1968年に新都市計画法が制定された以降は，民間デベロッパーが開発許可を得て建設する住宅団地が登場する。開発許可は市街化区域内で

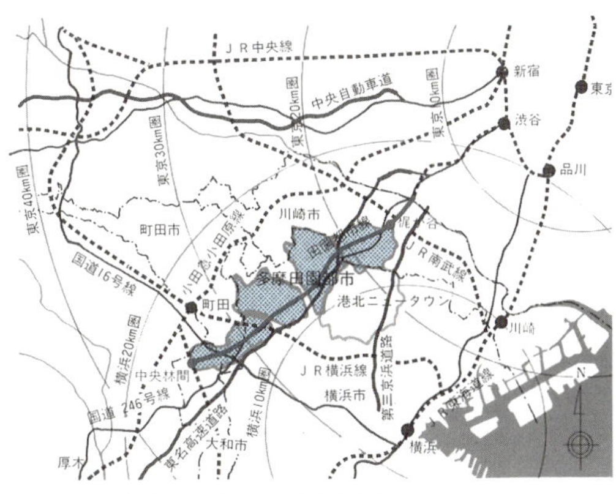

図3・3　多摩田園都市の開発区域

あれば技術基準さえ満たせば許可される。しかし，市街化区域内では小規模な細切れ開発が許され，地価が高いこともあり，住宅団地として整った環境を整備することが難しい。一方，市街化調整区域は地価が相対的に安く，まとまった開発適地が確保しやすい。市街化調整区域でも，開発区域面積20ha以上の良好な開発許可されたため，多くの民間デベロッパーの開発が大規模で行われることとなった。仙台市の泉パークタウン（約1070ha）は，このタイプの住宅団地としては最大級のものである。

(7) 人口減少と市街地の再編成

2000年代に入ると，人口減少社会の到来がはっきり意識されるようになった。人口増加に伴って拡がった都市をどのように再編成するか，そして地方都市の中心部などに先行的に現れてきた，空き家や空き店舗，空き地の集中エリアをどのように再生していくかについての取り組みと制度改正が行われる。1998年の中心市街地活性化法，2002年の都市再生特別措置法によって中心市街地に公共投資と民間開発を誘導する枠組みが整えられた。富山市や青森市では「コンパクトシティ」という言葉を使って先進的に計画が作られ，2014年の都市再生特別措置法の改正によって立地適正化計画制度が創設された。以後多くの都市でその計画づくりと実践が取り組まれている。

3·3 都市の把握の方法

このように，形成された都市を改善したり，方向付けたりするものが都市計画であり，特にその中の「土地利用計画」がその中心を担ってきた。ここからは，土地利用計画を立案する方法について，都市の把握の方法，土地利用計画を支える方法と制度の順に解説する。

(1) 都市の密度を把握する

都市を把握するにあたってまず把握するのは，都市の**密度**である。

都市には住宅，学校，公園，病院，工場，事務所，店舗，劇場，市役所などがつくられ，そこで人々は住み学び，生産活動をし，消費活動を行っている。これらの活動が支障なく行われるためには，各活動に関連する人・物・エネルギー・情報の流れが円滑になされなければならない。そのために，具体的には，道路，上下水道，廃棄物処理施設，電気・ガス，通信等の施設を，その市街地での必要度に応じて整る。

これらの施設の必要度は，都市における人口密度や建築密度，そしてそれらの密度の高い区域の広がりと密接に関連する。密度が高くその区域が広いほど施設の必要度が高く，利用効率が良い。一般的には，公共投資では費用対効果（b/c＝benet by cost）が大きく，民間投資では事業採算性が高い。一方で密度が高いと日照などの環境が悪くなったり，交通が混雑するという問題も発生する。つまり，適切な密度の配分が都市計画の役割となる。

このため，都市計画や開発事業を検討するに当たって，対象区域の市街地の密度とその広がりがどのようになっているかを見きわめることが重要になる。この必要にこたえるため，1960年の国勢調査から人口集中地区＝DIDが登場し，都市計画立案の基礎的な指標となっている。

(2) 都市と後背地の関係を把握する

次いで，都市の大きな構造を「後背地」や「圏域」という概念を使いながら把握する。

都市と後背地には二種の関係がある。まず，市街地に集積する各種施設（医療施設，教育施設，商業施設，文化施設等）とそのサービスを受け止める後背地との関係である。それらの施設の“お客さん”の居住地の広がりといってもよい。当然それは施設の種類や規模等によって異なってくるが，そうした要素を平均化して最大公約数的にとらえたものが「生活圏」と呼ばれる圏域である。平均化せず要素別にそのつながりの強さを見ようとする場合は，それぞれ通院圏，通学圏，商圏などと呼ばれる。

もうひとつの関係は，都市の活動を支える人や物資を供給する後背地との関係である。人口の都市集中とモータリゼーションが進展した現代では，都市勤労者の通勤範囲は電車や車により1〜1.5時間（距離にして20〜50キロ）の範囲に拡大し，「通勤圏」と呼ばれる大きな通勤後背地を形成している。

(3) 都市の構造を把握する

密度と後背地との関係を把握したら，次は都市の内部の構造を把握していこう。把握するのは「用途」，つまり都市の各部分が担っている活動についての把握である。都市における人々の活動は，大まかには，居住すること（住宅），働くこと（工業・業務），遊び消費すること（商＝小売，飲食，遊興）となる。ここでの「業務」とは「商」以外のサービス業のことであり，金融，貿易，建設，不動産，デザイン等の業を指す。それらの業務を入れる器は，通常「事務所ビル」と呼ばれ「商」と混在して立地する。また，同じ「業務」でも大型トレーラ等が出入りする倉庫業などの流通系業務は，多くの場合「工業」と近接して立地する。

そこで，一般的には市街地は住宅地，工業地（流通を含む）及び商業・業務地に区分してとらえる。さらに細区分する場合は，住宅地は低層住宅地，低層高密住宅地，中高層住宅地，住商混在市街地等と，工業地は装置型工業地，流通業務地，都市型工業地区，家内工業地区等と，商業・業務地は近隣商業地，中心商業・業務地区，飲食・遊興地区等とする場合がある。こうした区分に基づいて作成されるのが「土地利用概念図」や「土地利用現況図」と呼ばれる地図であり（図3・4，図3・5），多くの都市で都市計画の立案の際に作成されていることが多い。

図3・4　土地利用現況図の例（東京都世田谷区の都市整備方針より）

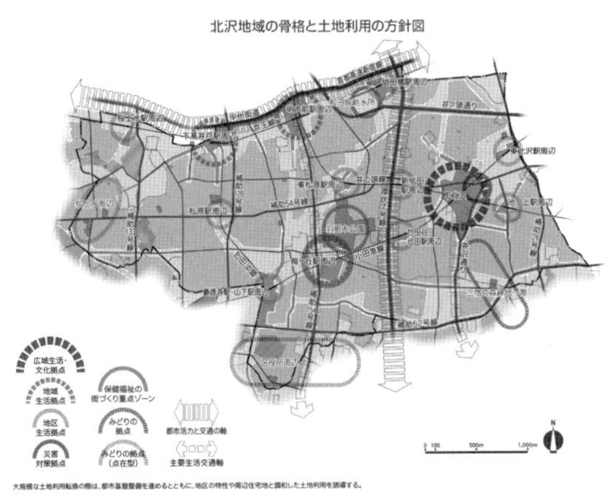

図3・5　市町村マスタープランの例（東京都世田谷区の都市整備方針より）
図3・4の現況を踏まえて，こうした計画図が作成される。表3・1の市町村マスタープランに相当する。

(4) 都市核・都市軸で市街地の構造を分析し，方針を考える

土地利用概念図だけでは，用途区分されたそれぞれの市街地の相互関係が判然としない。市街地相互のつながりの強弱，後背地の観点から「主」がどこで「従」がどこなのか等を理解すれば，都市の構造がより立体的に見え，方針立案につながる。このために用いられるのが，都市の中に拠点や核となる地区＝都市核，そして突出した同質空間の連続＝都市軸を見出すという手法である。

都市核については，都市全体の土地利用の現況から，商業・業務施設の集積度合を目安として，中心核，地域核，生活核といったように，階層的に設定する。中心核は建築物が集積し，高層・高密度な市街地となっている。広い範囲から人や物が集散するので，鉄道や道路によるアクセス性に優れ，そのことが都市型ホテル，高級物販店，文化施設等の，より広域的な後背地を必要とする施設の立地を可能とさせる。

また，商業・業務を主体としない核や拠点もある。例えば，美術館，博物館，劇場等の集積するエリアは「文化交流核」と名付けられることがある。

都市軸は，具体的に軸状の空間が存在することを前提に表現される場合と，抽象的に表現される場合がある。前者は，道路や水路等の軸状の空間を媒体として，共通した特性が醸成されている区域を抽出する。例えば，ある通りの両側にデザインやファッション系の店や事務所が連なっているとき，その通りを「オシャレ軸」としたり，河川に沿って散策路や公園・緑地，グラウンド，レストランや喫茶店などが配されている一帯を「環境・交流軸」などとしたりする。後者は，将来の方向性について共通性の高いエリアを串刺しにして，その方向性を強調する場合に用いられることが多い。例えば，研究開発型の研究所や工場が，線上にしかし飛び飛びに立地しているような場合に，「研究開発軸として育成する」と表現する。

3・4 土地利用計画の方法と制度

このように，密度，後背地との関係，用途の配置，都市核と都市軸によって都市の構造を把握したら，いよいよ計画である。本項では「土地利用計画」と呼ばれる計画の方法と制度を解説していこう。

土地利用計画という言葉は，土地の使い方にとどまらない広い意味で用いられている。土地が建築用地となるか農地や山林としてとどまるか，住宅用地，商業用地，工業用地あるいは流通業務用地などのいずれになるか，さらに，その建築物の具体用途やボリューム（容積率，高さなど）がどうなるかまでをも含む。

土地利用計画は，こうした土地利用の将来のあるべき方向を示す計画であるが，それだけでなく，計画を実現するために私権制限が伴う。つまり土地の所有者は自分のやりたいように土地を利用するのではなく，土地利用計画に従わなくてはならない。

土地利用計画に関する都市計画制度は，概括すると**表３・１**のような５区分でとらえることができる。５区分のうち，市町村マスタープラン等については第２章に，地区計画等については第５章で詳しく述べているので，ここでは残る三つの区分について解説する。

表３・１ 土地利用計画に関する都市計画制度

	制度の役割	制度名
1	都市の将来像を示す	市町村マスタープラン 都市計画区域マスタープラン
2	都市内で将来的に市街地とすべき区域の設定	区域区分 開発許可
3	市街地及びその予定地の土地利用の基本的方向の決定	用途地域に代表される地域地区
4	特定の地区・街区についての詳細な土地利用の決定	地区計画 特定街区
5	都市内で将来的に都市機能と居住機能を誘導すべき区域の設定	立地適正化計画

（1）区域区分と開発許可

1950年代からのスプロール市街地の形成といった課題を背景として，1968年の新都市計画法制定において登場したのが区域区分と開発許可である。

「区域区分」とは，都市計画区域を「**市街化区域**」と「**市街化調整区域**」とに区分し，それぞれの区域の性格に即した開発規制を課す仕組みである。都市計画区域を二つの区域に区分する線を引くので，俗に「線引き制度」とも呼ばれている。その目的は，市街化調整区域内での開発を抑制し，市街化区域内の計画的市街化を誘導することにある。開発特許とは具体的には，立地基準により市街化調整区域内の**開発行為**を原則的に禁止し，**技術基準**により開発行為によって造られる宅地群の質的水準を一定レベル以上に保つというものである。立地基準と技術基準の適用関係は表３・２のようになっている。

表３・２ 区域区分と適用基準

	市街化区域	市街化調整区域
立地基準 （法34条）	適用なし	原則適用
技術基準 （法33条）	原則適用	立地基準をクリアした開発行為に適用

線引きの際には，両区域が全く異なる扱いを受けることになるため，その区域分けの根拠が厳しく問われる。区域分けは，おおむね向こう10年間にどの程度の面積の市街化区域が必要か，そしてその面積は都市の中のどの部分に確保するのが適切かを示すことによってなされる。具体的には，①**市街化区域の必要面積の算定**，②**開発適地の選定**，③**計画的な開発の担保**の三つの事項の検証を経て，市街化区域候補地が設定される。

区域区分は，日本の人口増加に対処する制度として登場した。しかし，2000年の都市計画法改正で大きく転換され，区域区分制度の採否は原則として各都道府県が判断することになり，すでに区域区分制度を採用している都市においてもそれを廃止できるという選択肢が用意された。この改正を受け，香川広域都市計画区域（高松市，坂出市，丸亀市等）など一部の都市計画区域では，区域区分を廃止している。

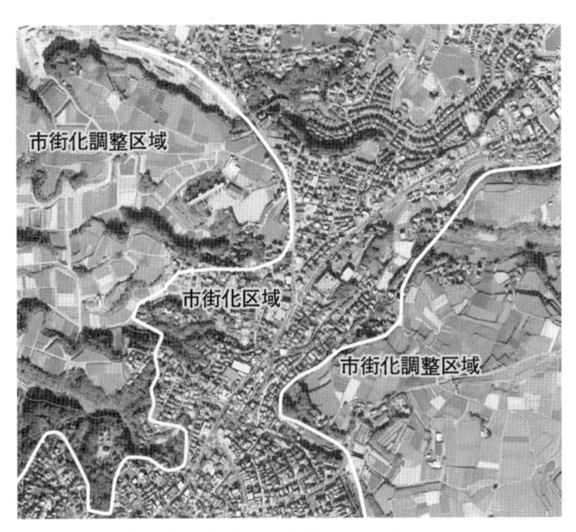

図3・6　区域区分例（神奈川県三浦市）

(2) 用途地域に代表される地域地区

都市内の限りある土地を，どのような用途に振り向けるべきか，また建築用地にどのような建築物を配置すべきかについて，基本的な方向を示すのが地域地区の役割である。2017年4月時点で地域地区は**表3・3**のとおりである。これらの地域地区の目的に則して区域内の土地に利用制限が課せられる。

表3・3の1〜8の地域地区は，主に建築物のあり方（用途，高さ，配置，床ボリューム，防火性能，形態・意匠等）について制限するもので，制限の根拠とその執行に関する規定は，建築基準法に定められている。

9〜13は地区内の建築物等に対して制限を課する点では1〜8に共通するが，関連する行政施策を実施する対象エリアとしての役割も同時に担っている点で性格が異なる。これらの地区の制限などは，それぞれ対応する関係法令で規定されている。

14は，都市内の緑豊かな区域において，土地の所有は民有地のままでその緑を積極的に保全するための制度である。

1〜14の地域地区は必要に応じて指定され，場所によって複数の地域地区が重ね合わされて指定されている。実際に開発や建築を行う時には，それらをすべてチェックして，すべてに適合する計画や設計が必要である。

地域地区の中で，最も一般的に活用されており，大きな影響力を持っているのは，用途地域である。

用途地域は，都市計画区域内で現に市街地となっている区域及び将来的に市街地となる可能性の高い区域（区域区分制度を採用している都市では市街化区域）を対象に定められる。13種の地域が用意されており，これらの内からその都市に必要なものを選択的に採用して定めることになる。

都市計画で用途地域が定められると，**表3・4**のように建築基準法と役割分担して，それぞれの地域に，指定の目的に沿った土地利用制限が課される。

用途地域は，市街地の骨格的な土地利用構造を誘導するためのツールである。そのため，人々の生活実感に近いミクロな市街地環境の誘導には必ずしも有効ではない。この点を補うツ

表３・３　地域地区一覧

1	用途地域（13 地域） 第一種低層住居専用地域 第二種低層住居専用地域 第一種中高層住居専用地域 第二種中高層住居専用地域 第一種住居地域 第二種住居地域 田園住居地域 準住居地域 近隣商業地域 商業地域 準工業地域 工業地域 工業専用地域
2	（用途地域内に定められる地区） 特別用途地区 高度地区 高度利用地区 高層住居誘導地区 特例容積率適用地区
3	特定用途制限地域
4	特定街区
5	都市再生特別地区
6	防火地域／準防火地域
7	特定防災街区整備地区
8	景観地区
9	駐車場整備地区
10	臨港地区
11	流通業務地区
12	伝統的建造物群保存地区
13	航空機騒音障害防止地区／同特別地区
14	（地域制緑地制度） 風致地区 歴史的風土特別保存地区 第一種／第二種歴史的風土保存地区 緑地保全地域 特別緑地保全地区 緑化地域 生産緑地地区

表３・４　用途地域に関する両法の役割分担

都市計画法に規定	建築基準法に規定
・用途地域の種別 ・用途地域の目的 ・用途地域に関し都市計画に定めるべき事項（用途地域の種別，区域，容積率・建蔽率等のメニューの選択） ・都市計画決定の手続き ・規制法の位置付け	・用途地域の種別ごとの制限内容（用途，容積率，建蔽率，高さ，外壁後退距離，敷地面積） ・制限遵守に関する仕組み（建築確認，違反是正等）

ールとして地区計画や建築協定があり，自治体独自の開発協議ルールもある。これらについては，第５章で詳述する。

(3) 立地適正化計画

人口減少社会を見据えて，2014 年に都市再生特別措置法において新たに創設された土地利用計画の制度である。市街化区域の中に都市機能を集約する「都市機能誘導区域」と，住宅を誘導する「居住誘導区域」を指定する。「都市機能」とは，病院，文化施設，福祉施設といった都市核を構成する施設であり，何を都市機能とするかは自治体によって自由に指定することができる。都市機能誘導区域外に当該都市機能が立地する場合に，自治体は事前調整や勧告を行うことができる。「居住誘導区域」を指定すると，その外側の区域において新規に一定の規模以上の住宅開発を行おうとする時に，自治体は事前調整や勧告を行うことができる。強制力があまり無い制度ではあるが，人口減少社会における今後の市街地の形を規定していく重要な制度である。

3･5 こんな問題を考えてみよう

(1) 用途地域は狙い通りか？

あなたの暮らすまちの用途地域を調べて，実際のまちが用途地域の狙い通りに作られ，よい環境を実現しているのかを考えてみよう。例えば，準工業地域や商業地域といったところは，本来は工業や商業を誘導したいエリアであるが，そこに住宅が混在していることが多くある。

(2) 空き家や空き地はどのようなところに発生しているか？

用途地域は建物を作る時に空間をコントロールする制度であるが，空き家や空き地の発生など，建物をつくらない時には空間をコントロールすることができない。商業地域なのに空き店舗が多いまちはないか，空き家が多い住宅地がないか，実際にまちを歩いてみて探し，市街地の密度がどのように変化してきたのか，都市核や都市軸といった都市構造の変化が空き店舗や空き家の発生にどのように影響しているのかを考えてみよう。

用語集

用語１　戦災復興土地区画整理事業

第二次世界大戦の末期に，アメリカ軍の空襲や艦砲射撃によって，木造建築物を主体とした日本の主要な都市は焼失した。終戦直後に「戦災復興院」が発足し，特別都市計画法を制定して，土地区画整理事業の手法による戦災復興が取り組まれることとなった。当初は全国115の市町村，656km^{2}で取り組まれる予定であったが，財源の不足からその規模は縮小し，最終的には112の市町村，195km^{2}で実施された。全国の主要な都市の中心部の骨格を作り上げた重要な事業である。

用語２　三大都市圏への人口集中

三大都市圏とは，東京圏（東京都，神奈川県，埼玉県，千葉県），大阪圏（大阪府，兵庫県，京都府，奈良県），名古屋圏（愛知県，岐阜県，三重県）を指すが，厳密な定義はなく，首都圏，中京圏，近畿圏と呼ばれることもあり，どこまでの周辺県を含むかの考え方も異なる。上記の都道府県の人口を見ると，高度経済成長期が終わる1970年の初頭まで，年間あたり40万人から65万人ほどの人口が三大都市圏に流入し続けた。1970年代に入ると，大阪圏，名古屋圏への流入は落ち着くが，東京圏には現在でも年間あたり10万人ほどの人口が流入している。

用語３　宅地造成等規制法（1961）と住宅地造成事業に関する法律（1964）

都市の拡大期には，農地や山林が切り崩され，宅地となっていった。宅地をつくったのは多くは民間の事業者であり，土砂崩れなどの防災面において，あるいは道路の幅や勾配といった交通安全面において問題のある宅地も多く造成された。宅地造成等規制法は，宅地造成に関する工事等について必要な規制を行う法律であり，宅地造成工事の規制を行う区域の指定，災害の防止のための措置等を定めたものである。住宅地造成事業に関する法律は，都市近郊の開発行為をコントロールする法律であり，1968年に都市計画法が制定されるまで機能した。

用語４　宅地開発指導要綱

人口増加期における都市近郊の乱開発は，大都市近郊自治体の財政を圧迫し，自治体はその対策に頭を抱えることとなった。国による対策が遅れたため，「宅地開発指導要綱」は，こうした問題に対処する緊急避難的な措置として，自治体が作り出したもので，原因者である開発者に必要な負担を求めることなどを盛り込んだものである。1967年に兵庫県川西市が全国に先駆けて定めた。

用語５　ニュータウン開発

イギリスの社会事業家エヴェネザー・ハワードの著作「明日の田園都市」（1898年）で提唱された田園都市論に影響を受け，世界中で大都市の過密を緩和するために，郊外での新都市の建設が進んだ。ニュータウンは狭義にはこうした新都市を指し，わが国では戦前からその考え方は知られていたものの，本格的なニュータウンが建設されたのは，1960年代の後半以降である。既存の都市がないところに作られる新しい都市であり，わが国では常に時代の最先端をいく実験的な都市設計が行われた。ニュータウン建設は2000年代まで続けられたが，人口減少時代を前にその役割を終え，わが国では災害復興時などを除いて，新規に建設されることはない。

用語６　日本住宅公団

公団とは，行政機関の一部として設立された公法人であり，日本住宅公団とは，国民に住宅を供給するために1955年に設立された公団である。1981年に住宅用の宅地を供給する宅地開発公団と一緒になった「住宅・都市整備公団」が設立されるまで続いた。俗に「公団住宅」とよばれる住宅は，日本住宅公団や住宅・都市整備公団が建設したものを指す。住宅が不足する時代には大量供給型の画一的な住宅を供給したが，1970年代の後半ごろからは，量から質への転換をはかった。どの時代においても，時代を先導するモデルとなるような住宅を建設し，タウンハウスやコーポラティブハウスの取り組みを先駆的に行った。またニュータウンの開発においても大きな役割を果たした。

住宅・都市整備公団は1999年に都市基盤の整備に関する事業をより重点的に展開するために「都市基盤整備公団」へと改組し，その後の2004年に地域振興整備公団の地方都市開発整備部門と統合し，独立行政法人都市再生機構（UR）となった。都市再生機構は新規の住宅建設は行わず，既成市街地の再生の推進や賃貸住宅の管理，災害復興事業等を担っている。

用語７　密度

都市計画における「密度」には様々な尺度がある。人口密度は，面積あたりの人口の多寡を示すものであり，DIDは人口密度を尺度とした概念である。一方で，人口が収まる側の「都市空間」についても，様々な尺度が考案され，都市計画の法制度にも反映されてきた。代表的なものは建ぺい率（建物が建つ面積が敷地に占める割合），容積率（建物の延べ床面積が敷地に占める割合）であり，この二つの密度は都市計画法，建築基準法において採用され，日本の都市空間の密度をコントロールする主要な手法となってきた。他に，戸数密度（面積あたりの戸数），棟数密度（面積あたりの建物棟数），緑地率（面積あたりの緑地面積），道路率（面積あたりの道路面積），不燃領域率（面積あたりの公共空地と耐火建築物敷地面積）などがあり，目的に応じて使われている。

用語 8　都市計画基礎調査と民間の調査

都市計画の立案のためには都市の中の土地がどのように使われているのかの実態把握が必要である。国勢調査などでは土地の調査が行われないので，都市計画法（第 6 条）では「都市計画基礎調査」の実施を定めている。これは都道府県が実施する調査で，人口規模，産業分類別の就業人口の規模，市街地の面積，土地利用，交通量等を調査するものであり，その成果は紙の地図や GIS（地理情報システム）にまとめられる。標準的には 5 年に一度行われることになっているが，すべての都道府県で実施されているわけではない。近年は民間の地図業者による調査も行われているので，そのデータを購入して調査を進めることもある。

用語 9　市街化区域

市街化区域は「すでに市街地を形成している区域及びおおむね 10 年以内に優先的かつ計画的に市街化を図るべき区域」である。区域内では，開発事業者が開発行為をするに当たって技術的基準を満たすことは要求されるが，開発行為自体が抑制されることはなく，税制（農地の宅地並み課税）等のインセンティブによって積極的な宅地化が期待されている。あわせて，自治体による道路，公園，下水道等の公共投資は市街化区域に重点的に投入される。そのため主要な都市計画制度は市街化区域において重点的に活用されなければならない。すなわち，市街化区域には，用途地域及び都市施設（道路，公園及び下水道）を定めるほか，市街地開発事業を必要に応じて定めることとされている（都市計画法 13 条）。

用語 10　市街化調整区域

市街化調整区域は「市街化を抑制すべき区域」である（都市計画法第 7 条）。区域内の開発行為は原則的に禁止され，自治体による公共投資も抑制される。原則として用途地域は定めず，市街地開発事業は定めることができない。ただし，都市施設は，調整区域といえども一定の居住者がおり，また道路のように広域のネットワークを必要とするものもあり，必要に応じて定めることになる。

用語 11　開発行為

開発行為とは「主として建築物の建築又は特定工作物の建設の用に供する目的で行う土地の区画形質の変更」をいう（都市計画法第 4 条第 12 項）が，要点は次の 2 点である。①土地の区画形質の変更であること，②建築物又は特定工作物を造ることが，その区画形質変更の主目的であること。

用語 12　開発許可の対象

開発許可は，一定規模以上の開発を市街化区域，市街化調整区域のそれぞれにおいてコントロールする制度である。市街化区域の中においては一定規模以上の開発行為を，市街化調整区域においては全ての開発行為を対象として，開発行為が備えなければならない道路や公園等の技術基準と，どういった場所でなくてはいけないかを定めた立地基準を示し，それらの基準に適合した開発を許可する，という制度である。

開発許可の対象となる開発行為はその開発がどこに立地するかによって異なる。具体的には，表 3・5 の通りである。

用語 13　開発許可の技術基準

技術基準の主要事項を概括的に示す。

表 3・5　開発許可の対象

<table>
<tr><td rowspan="3">都市計画区域</td><td rowspan="2">線引き都市計画区域</td><td>市街化区域</td><td>1000m^2（三大都市圏の既成市街地，近郊整備地帯等は 500m^2）以上
※開発許可権者が条例で 300m^2 まで引き下げ可</td></tr>
<tr><td>市街化調整区域</td><td>原則として全ての開発行為</td></tr>
<tr><td colspan="2">非線引き都市計画区域</td><td>3000m^2 以上
※開発許可権者が条例で 300m^2 まで引き下げ可</td></tr>
<tr><td colspan="3">準都市計画区域</td><td>3000m^2 以上
※開発許可権者が条例で 300m^2 まで引き下げ可</td></tr>
<tr><td colspan="3">都市計画区域及び準都市計画区域外</td><td>1ha 以上</td></tr>
</table>

① 予定建築物用途の用途地域等への適合：開発行為を行う区域に都市計画により用途地域等の制限が定められている場合には，予定される建築物または特定工作物の用途は，それらの制限に適合しなければならない。
② 道路・公園・排水施設・給水施設等の適切な整備：開発区域に形成される市街地が所定の水準を確保できるよう，都市基盤施設を適切に整備しなければならない。
③ 地区外の道路への接続：開発区域内の主要な道路は，地区外の相当規模の道路に接続しなければならない。
④ 切盛土によって生ずるガケ等の適切な防災措置：災害危険区域等は開発区域に含まないこととする他，切盛土によって生ずるガケについては，崩落や滑りが生じないよう適切な防災措置を講じなければならない。

用語 14　市街化調整区域の原則と例外

市街化調整区域では，通常の開発行為はすべて禁止される。しかし，調整区域で生活し，あるいは生産活動をしている人々も少なくなく，そうした人々のための住居や生産施設，日常生活のための物品販売・サービス施設は認められなければならない。また，調整区域の環境や資源を活用するような，調整区域でなければできない施設も必要に応じて許容されるべきである。法律は，こうした要請にこたえる必要から一定の例外を定めている（法第29条第1項各号及び第34条各号）。

用語 15　市街化区域の指定根拠①：市街化区域の必要面積の算定方法

市街化区域の指定にあたっては，目標年次までの人口増加，産業活動の増大等を予測し，それらの受け皿として既成市街地以外にどれだけの土地面積が必要かを算出する。例えば，住宅市街地の場合，その必要面積（Sn）は次式で求められる。密度算式としてはいたって簡単なものであるが，これらの各数値を合理的に予測するためには，相当量の検討作業が必要となる。

$Sn = (Pt - Pp - Pc)/Rn$

Pt：その都市計画区域の将来人口
Pp：Ptのうち既定の市街化区域内に居住すると見込まれる人口
Pc：Ptのうち市街化調整区域内に居住すると見込まれる人口
Rn：新規市街化区域における想定人口密度

用語 16　市街化区域の指定根拠②：開発適地の選定

市街化区域の開発適地の条件は以下の2点である。第1は，市街地としての基礎的な条件を備えていること。すなわち，幹線的道路又は鉄道のサービスが得られること等により，基本的なアクセス条件が確保できることであり，かつ災害発生のおそれがない，その可能性があっても技術的に解決できることである。第2は，他の土地利用要請との調整が可能であること。宅地開発の立場からは未利用地であっても，通常その土地は農地，山林，緑地，自然景勝地等として別の利用に供されている。そうした従前の土地利用を廃止して，その場所を市街地とすることの妥当性について，関係方面の理解が得られなければならない。

用語 17　市街化区域の指定根拠③：計画的な開発の担保

計画的な開発の見通しがないままに市街化区域編入をした場合，小規模開発の集積によって再び劣悪な市街地が出現する可能性がある。そのため，市街化区域編入後，迅速かつ確実に計画的な宅地開発が行われる見通しがあることが求められる。具体的には，土地区画整理事業，開発許可による開発行為など計画的な開発が保証された事業が一定期間内に実施される見通しが問われる。

用語 18　用途地域指定の考え方

用途地域指定の考え方を概念的に表現すると図3・7のようになる。まず，その市街地の土地利用の現況と趨勢を把握する。次に，市街地の骨格構造や環境水準について，将来的にどのように改変すべきか，あるいは改変すべきでないかを検討する。この二つの作業を経て用途地域作業案ができるが，この作業案を次の二つの要素からチェックする。一つは，市街地内に将来的に供給されるべき建築床量との関係であり，もう一つは，道路，上下水道等の都市基盤施設の整備見通しとの関係である。これら二つの事項に対して作業案が適切なものであるかどうか，将来必要な建築床量を抑え込んでしまうことにならないか，建築床量増に伴う交通需要増に対し道路容量がパンクすることにならないかなどの技術的チェックを経て，用途地域案ができる。

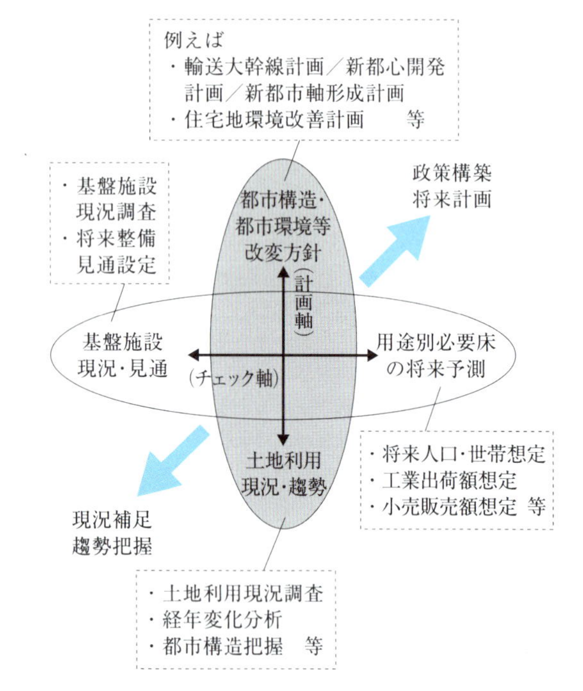

図3・7　用途地域指定の考え方

第4章　建築物のコントロール

市街地は常に新陳代謝を繰り返し，その姿を変えていく。既成市街地（すでに形成された市街地）の道路構成や街区パターンは維持されることが比較的多いものの，個々の敷地は分割，若しくは隣接する敷地と統合され，敷地に建つ建築物は建て替えや増築等によって更新される。こうした変化は，都市に欠かせないダイナミズムや活力をもたらす。その一方で，急激な市街地環境の変化や無秩序な変化は，安定的な住環境を損なう恐れがある。そこで，建築物や敷地のあり方を考え，コントロールする必要が生じてくる。具体的には，個々の敷地の大きさやそこに建つ建築物の使い方（用途），密度（建蔽率，容積率，敷地面積），高さ（絶対高さ制限，斜線制限等），配置等を適切に規制することになる。

本章では，建築物が市街地の形成にどのように影響を与えるのか，その見方とともに，建築物の具体的な規制手法を解説する。

4·1　市街地の構成

第1章でみたように，市街地を構成する要素は都市基盤施設（インフラストラクチャー。以下，インフラ）と建築物に分けることができる。

インフラとしては，道路及び上下水道等のライフライン，公園・緑地，河川・水路，その他の公共施設があげられる。

インフラの一つである道路によって区分された部分が街区（block）である。これは町割とも呼ばれる。街区の大きさや形状は，市街地の成り立ちによって異なる。たとえば，計画的につくられた中高層住宅地団地では，おおむね街区が大きく整っているが，自然発生的に宅地化した住宅地などでは街区が小さく，不整形であるものが少なくない。

それぞれの街区の中は画地（lot）に細分化され，これを建築敷地（以下，「敷地」）ともいい，それぞれの敷地に建てられるものが建築物である。

建築物の大きさや形状は，それが建つ敷地の規模や形状（間口・奥行）と密接にかかわっている。住宅地を考えてみると，敷地が大きければ，庭や駐車場を空地に設けた比較的大きな戸建て住宅が立ち，敷地が狭ければ**ミニ戸建て住宅**が建つことが多い。

このように，建築物の機能や形は，それが建設される敷地や街区，そこでの活動を支えるインフラとのかかわりの中で決まってくる。これらは相互に関連し合いながら市街地を形成しているわけである。

4·2　建築物が形づくる市街地の姿

おおまかな市街地の構成を理解したところで，建築物の用途，密度，高さ，配置といった要素が，どのように市街地の姿に影響するのかをみてみよう。

(1) 建築物の用途

用途とは，敷地や建築物の使い方のことである。建築物は，その目的に応じて様々な機能を担う。住まいの機能であれば住宅，働く場であればオフィス，物やサービスを提供する機能は店舗，工業製品等の生産の場であれば工場となる。住宅が多く立地すれば住宅地，工場や倉庫が集積すれば工業地となる。商店が立ち並ぶと商店街が形成され，オフィスが集まる場所は業務地を形づくる。このように建築物の用途は市街地の性格を大きく方向づける。

それぞれの建物は，その用途にふさわしい市街地環境の中で立地することが望ましい。したがって，静かな環境が求められる病院の隣に騒音を出す工場が建てられたり，閑静な住宅地に風俗営業が行われたりすることで，都市の環境は大きく損われてしまう。また，地価の高い都心のオフィス・商業エリアに戸建て住宅地をつくることは，土地利用の方法としては効率的とはいえない。

それゆえ，市街地の特性に応じて建築物の用途を適切に誘導することが求められるのである。

(2) 建築物がつくる密度

ゆとりある市街地と建て詰まった市街地の違いは，建築物がつくる密度の違いによるものである。密度と一口にいっても様々な捉え方があるが，ここでは住宅の戸数密度（土地面積に占める住戸数の割合）の視点からみてみよう。

① 戸建住宅地の戸数密度の違い

たとえば，1ha（10,000m^2）の土地に住宅地をつくることを考えてみる（図４・１）。道路に使われる土地の面積を全体の 25% と仮定すると，住宅が建てられる土地は 7,500m^2 となる。1戸当たり 250m^2 の敷地であれば，7,500m^2 ÷ 250m^2 = 30 戸の住宅が並ぶ。つまり，戸数密度が 30 戸／ha の住宅地となる（図４・１左）。これは，比較的ゆとりのある住宅街といえる。一方，1戸当たり 100m^2 とした場合，7,500m^2 ÷ 100m^2 = 75 戸の住宅ができるものの，住宅地としては建て詰まった印象を与えるかもしれない（図４・１右）。

つまり，1戸当たりの敷地面積を小さくすれば住宅の数を増やすことができるが，市街地の建て詰まり（過密化）が助長され，住環境の水準は低下する恐れがある。敷地面積が小さければ，建物と建物の間隔が狭くなり，空地面積も少なくなる。日照や採光，通風が遮られ，火災時に延焼する恐れも高まるだろう。

敷地の大きさや敷地の中における空地の割合は市街地環境を考えるうえでは重要な意味を持つ。

② 建築物の立体化・高層化による高密度化

先に述べたとおり，敷地面積を小さくすれば戸数を増やすことができるものの，それも自ずと限界がある。そこで建築物の立体化・高層化が図られることになる。住宅であればマンションなどの集合住宅の形をとることで，高い戸数密度を保ったまま，建て詰まりを防止できる。

図４・２を見ると，低層・中層・高層建築物がそれぞれ並んでいる。形は異なるが，いずれ

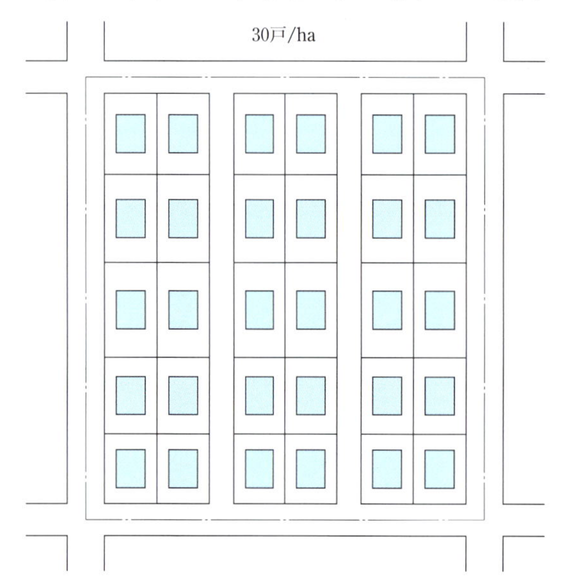

75戸/ha

図４・１　住宅地における戸数密度の比較

の戸数密度も前述の戸建て住宅地（図４・１右）と同じ75戸／haである。

低層型は，個々の庭が取れるほか，高い建築物がないため圧迫感なども少ないものの，街区内にまとまりのある空地は取れなくなり，建て詰まりを感じさせるかもしれない。一方，高層型は住宅を一つの大きな建築物に集約しているために，まとまった空地や公園，駐車場を取ることができる。中層型は，高層型と中層型の中間的なタイプで，ある程度まとまりのあるオープン・スペースを確保しつつも，ヒューマンスケールな街区を形成しているといえる。

この3つのタイプのうち，どれが優れていて，どれが劣っているのかという問題ではなく，求める住環境の嗜好の違いが市街地の形態

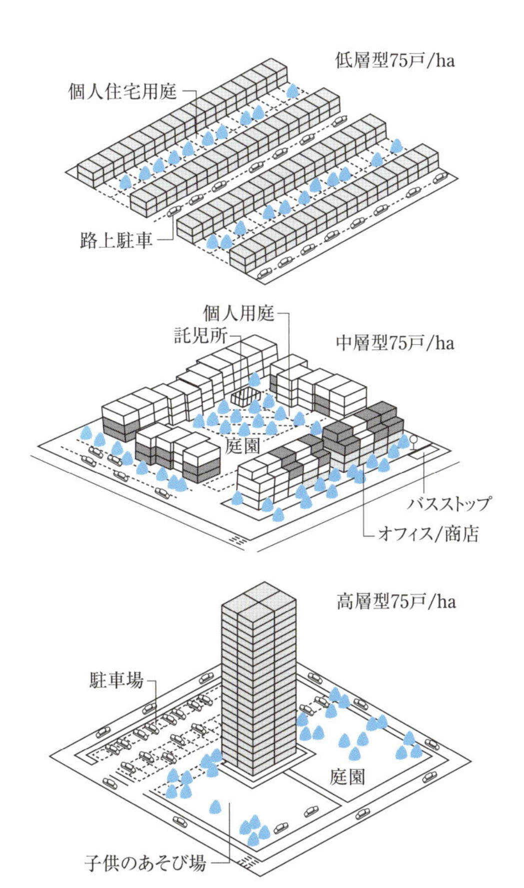

図4・2　建築物の形態と戸数密度の関係
（いずれも同じ密度）（出典：福川裕一他（2005）「持続可能な都市」）

として表現されているといえるだろう。

ただし，立体化・高層化によって密度を高めることができるといっても限度はある。市街地内の建築物が増え，密度が高まるにつれて，それを利用する人の数も増加する。その結果，道路や上下水道といったインフラへの負荷も大きくなる。人や自動車の利用がインフラの容量を超えれば，交通混雑が発生し，住環境の悪化を招くだろう。それゆえ，市街地は適切な密度に抑えることが求められるわけである。

(3) 建築物の高さ・配置

① 道路と建築物がつくる街路空間

街路に面して建築物が立ち並ぶことを考えてみよう。道路の幅（道路幅員）が30mの街路に，高さ15mの建物が並ぶ場合と，高さ30m，高さ60mの建物が並ぶ場合では，街路の印象は大きくことなるだろう（図４・３）。沿道に建つ建築物の高さが高くなれば，街路空間に太陽の光が入りにくくなり，通りを歩く人に圧迫感を与えるかもしれない。

ただし，高い建物が建っても，道幅が広ければ圧迫感等はあまり感じられないかもしれない。つまり，街路空間の採光や圧迫感，囲まれ感は，沿道の建物の高さと道路の道幅との関係で変わってくる。街路空間の囲まれ感を示す指標として，D／H（D：街路の幅，H：沿道建物高さ）がよく用いられる。研究では，D／H＝1～1.5付近に適度な囲まれ感があるとされている。

道路の幅自体を変えることはなかなかできないものの，沿道の建物の位置を道路境界線から離すことで実質的な街路空間を広げ，D／Hを大きくすることができる（図４・３右）。その意味で，建築物の配置も街路空間や歩道環境に大きく作用する。

② 隣り合う建築物同士の関係

今度は，隣り合う建築物同士の関係をみてみよう。たとえば，高さ15mの集合住宅が隣り合う団地を考えてみる。図４・４の左は，隣棟

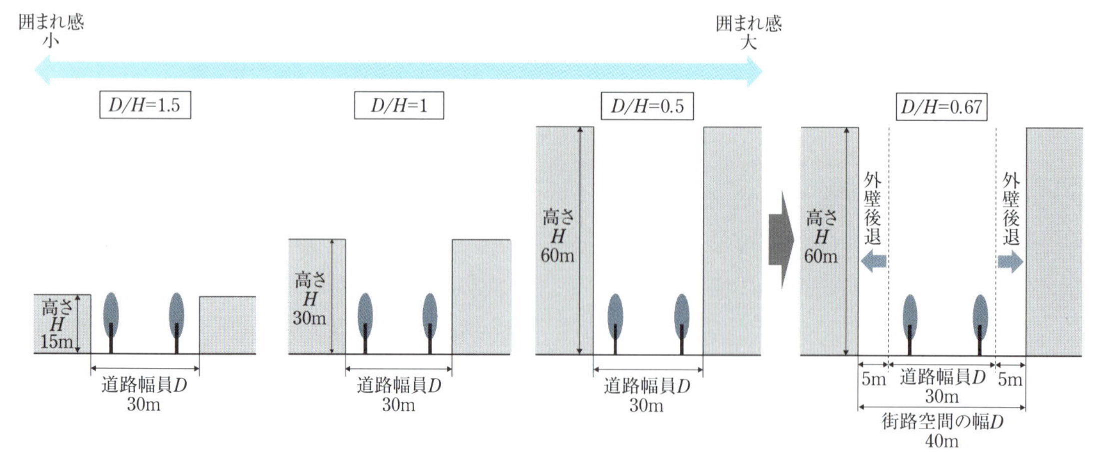

図４・３　道路と建築物がつくる街路空間

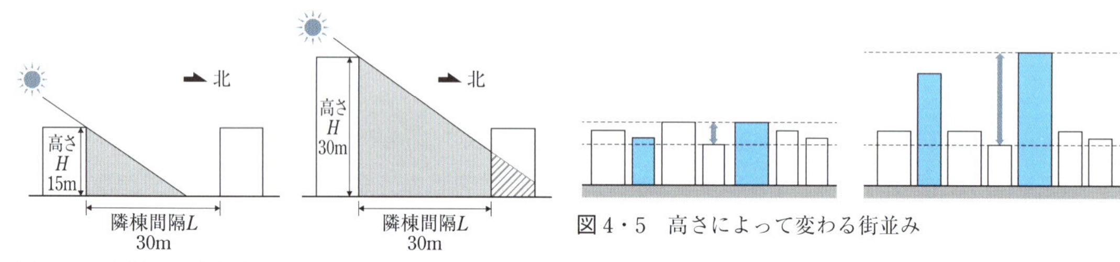

図４・４　隣接する建築物の関係

図４・５　高さによって変わる街並み

間隔が十分にあるために日照は確保されている。ここで，左の住棟が２倍の高さを持つ30mの建築物に建て替えられたと仮定する。北側に隣接する住棟の日照や採光が遮られ，圧迫感がもたらされるかもしれない（図４・４右）。高い階から下の家の中が覗き込まれて，プライバシーを侵害される恐れもある。このように，隣接する建築物の関係を踏まえると，高さは重要な影響を及ぼす。

しかし，隣棟間隔を広くとれば解決することもある。だが，十分な間隔をとれるほど敷地規模が大きいとは限らない。そこで，隣棟間隔を踏まえながら建築物の高さを考える必要が出てくるわけである。

③ 建築物群がつくる街並み

ある程度高さが揃った調和のとれた街並みの中に周囲から突出した高層建築物がつくられることで，景観や市街地環境が損われてしまうことも考えられる（図４・５）。また，地域のランドマークとなるような山や建造物（天守等）を望む眺めがシンボル的な景観を成している場合，そのランドマークの周囲に高層ビルが置かれることで眺望や景観が確保できなくなることもある。

したがって，良好な住環境や景観を守るために，周囲の市街地の高さとの調和を意識する必要がある。

4・3 建築物の用途・密度・形態を規制する

以上を踏まえると，建築物のあり方は，市街地の姿に大きく影響することが理解できるだろう。その影響がマイナスに作用することもあり得るため，建築物を適切にコントロールすることが求められる。

つまり，良好な住環境や景観を維持・保全・形成し，土地の合理的な利用を実現するためには，建築物の使い方（用途），密度，配置，高さといった様々な要素を地域の特性や土地利用の方針に基づいて規制しなければならない。

そこで，以下では都市計画法及び建築基準法に基づく建築物の規制手法をみていきたい。

(1) 規制手法の構成

都市計画法・建築基準法に基づく規制の枠組みを単純化すると，大きく二つの段階に分けることができる。

一つが用途地域によるベースの規制，もう一つが用途地域を補完するオプションの規制（用途地域以外の地域地区や地区計画）である。

① ベースの規制手法：用途地域

第3章でみたように，各自治体は土地利用の方向性を見据えた上で，都市計画法に基づく用途地域を指定する。ただし，具体的な建築物の規制内容は建築基準法で規定される。用途地域では，用途の制限のほか，建蔽率，容積率，敷地面積，高さ，壁面位置などの具体的な制限がかかる。規制項目や規制値は，13種類の用途地域ごとにメニュー化されており，自治体がメニューの範囲内で選択することになる。これが都市計画における建築物のコントロールのベースとなる。

② オプションの規制手法：用途地域の補完

広域的に指定される用途地域はマクロ的な観点から決められているため，場所によっては目指すべき市街地像と乖離していることも少なくない。また，13種類の用途地域ごとに決められたメニュー以外の規制を行うことができないことから，きめ細かいルール運用がしにくい。

そこで，用途地域を補完し，きめ細かな空間のコントロールを図るために，特別用途地区や高度地区，風致地区，景観地区といった地域地区制度や地区計画制度（地区計画制度については第5章で詳述）が用意されている。用途地域がベースの規制とすれば，それ以外の地域地区は，自治体が必要に応じて選択，活用できるオプションの規制ということができる。

これらの制度は，特定の制限項目に限定して規制を強化，若しくは緩和する手法と，特定の目的を実現するために複数の制限項目（高さ，壁面位置，敷地面積等）を総合的に補完（強化ないし緩和）する手法に大別できる。前者としては，用途制限に特化した特別用途地区制度，高さ制限に特化した高度地区制度等があげられる。後者としては，景観の保全・形成を意図した景観地区制度，都市内の風致の維持を目的とした風致地区制度，都市再生の推進を目指す都市再生特別地区等がある。

以下では，建築基準法で規定された各制限事項（敷地と道路，用途の規制，密度の規制，配置の規制，高さの規制）について，その目的や規制内容の特徴についてみてみよう。

(2) 敷地と道路

道路は，各敷地と市街地をつなぐ存在として欠かすことができない。日常的な移動の場であるばかりでなく，災害時の避難路であり，消防・救助活動のアクセス路にもなる。それらの活動を円滑に行うためには，道路は一定以上の幅を持つことが必要となる。

そこで，建築基準法では，建築敷地は，原則幅4m以上の道路に2m以上の長さで接道していなければならず，この要件を満たさなければ，敷地内に建築物をつくることはできない。これを**接道義務**といい，公道か私道かは問わない。

(3)「用途」の規制

異なる用途や機能の建築物が混在すると，生活環境の悪化や都市活動の利便性の低下をもたらすおそれがある。できるだけ類似した用途の建築物を集めることで，地域内の環境が保護され，効率的な活動を行うことができる。そこで，建築物の使い方や機能をコントロールするために**用途規制**が必要となる。

用途規制は，都市計画法に基づく用途地域で行われる。用途地域は計13種類あり，住居系（8種類），商業系（2種類）及び工業系（3種類）に分けられる。それぞれの用途地域の目的

表4・1　用途地域の種類と目的

	用途地域の種類	目的
住居系	第一種低層住居専用地域	低層住宅に係る良好な住居の環境の保護
	第二種低層住居専用地域	主として低層住宅に係る良好な住居の環境の保護
	第一種中高層住居専用地域	中高層住宅に係る良好な住居の環境の保護
	第二種中高層住居専用地域	主として中高層住宅に係る良好な住居の環境の保護
	第一種住居地域	住居の環境の保護
	第二種住居地域	主として住居の環境の保護
	準住居地域	道路の沿道としての地域の特性にふさわしい業務の利便の増進と，これと調和した住居の環境の保護
	田園住居地域	農業の利便の増進と，これと調和した低層住宅に係る良好な住居の環境の保護
商業系	近隣商業地域	近隣の住宅地の住民に対する日用品の供給を行うことを主たる内容とする商業その他の業務の利便の増進
	商業地域	主として商業その他の業務の利便の増進
工業系	準工業地域	主として環境の悪化をもたらすおそれのない工業の利便の増進
	工業地域	主として工業の利便の増進
	工業専用地域内	工業の利便の増進

（表4・1）とともに建築することができる用途と建築できない用途が定められている（**用語集表4・2**）。

たとえば，第一種低層住居専用地域であれば，住宅や小・中・高校を建設することはできるが，大学や店舗をつくることはできない。また，工業専用地域では，工場や倉庫等の立地を想定しているために，住居系用途や学校，病院等の建設は不可となっている。

全体的に，準工業地域における用途規制が最も緩く，建築できる用途の種類が多い。逆に，住居系用途地域のうち，とりわけ低層住居専用地域では建築可能な用途が限定されている。

ただ，用途地域による用途規制では，地域の特性や課題に対応できない場合もありうる。高齢化が進む戸建て住宅地を例にとってみると，自宅から歩いて行ける場所にコンビニエンスストア等があればお年寄りには便利だろう。ところが，こうした住宅地は，第一種低層住居専用地域に指定されていることが多く，法律上，店舗を設置することができず，生活のニーズと用途規制が合致しないことになる。そこで，地区計画制度（詳細は第5章）や地域地区の一つである特別用途地区制度を用いることで，用途規制を緩和することができる。もちろん，用途規制の緩和だけではなく，強化することもできる。強化の例としては，商業地域内であっても，近隣に小学校がある場合に風俗営業の店舗の立地を禁止することなどがあげられる。

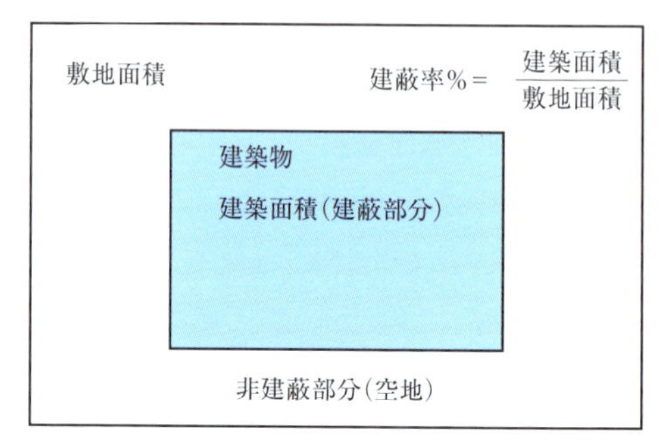

図4・6　建蔽率制限のイメージ

（4）「密度」の規制

建築物の過度な密集によってもたらされる問題を防止するための手法として，用途地域による**建蔽率制限**と**容積率制限**がある。

①建蔽率制限：敷地内の空地

建築物の敷地は，建築物によって占められる部分（建蔽部分）と建築物で覆われない空地部分（非建蔽部分）に分けられる。

建蔽率は，敷地面積に対する建蔽部分（建築面積）の割合で示される（図4・6）。たとえば，建蔽率60％の制限であれば，敷地面積100m^{2}の敷地に建てる建築物の建築面積は

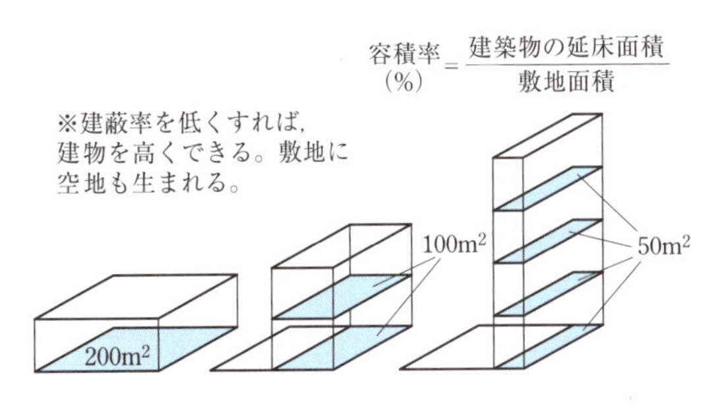

図4・7　容積率制限のイメージ

図4・8　第1種低層住居専用地域・指定容積率 80%

図4・9　商業地域・指定容積率 1300%

図4・10　近隣商業地域・指定容積率 300%

$60m^2$以下にする必要がある。逆に言えば，敷地内に占める空地（非建蔽部分）が$40m^2$以上生まれることになる。したがって，建蔽率制限は，個々の敷地内に一定の空地を設けるための重要な手法となる。

それでは，なぜこのような制限が必要になるのだろうか。市街地内に建蔽率の高い建物が密集すれば，空地が少なくなり，衛生環境は悪化する。逆に，空地があれば建物に日の光を導き入れることができるばかりでなく，風通しも良くなる。一定以上の空地を設けることで建物の建て詰まりを防ぎ，通風，採光等を確保するだけでなく，延焼防止や避難，植樹のための空間を設けることもできる。

建蔽率の規制値は，用途地域ごとに定められている（**用語集表４・３**）。住宅地では，住環境保護の観点からとりわけ空地の確保が求められるため，住居系用途地域では厳しい制限値が設定される。

用途地域の建蔽率制限は，風致地区や地区計画等を用いることで強化できる。

②容積率制限：建築物の床面積の量

容積率は，建築物の規模・ボリュームをコントロールする手法の一つである。敷地面積に対する建築物の延べ面積（建築物内の床面積の総量）の割合で示される（**図４・７**）。

なぜ，建築物の規模を規制する必要があるのだろうか。建築物の規模（床面積）が大きくなるほど，その建物を利用する人の数が増える。周辺の道路が歩行者や自動車で混雑し，上下水道の利用量も増加するだろう。したがって，ビルの規模が大きくなれば，地域のインフラへの負荷が増大するため，広い道路や十分な処理能力を持つ上下水道等が必要となる。

そこで，地域内の道路や上下水道等のインフラ施設の供給・処理能力に応じて，建築物の床面積の総量を規制するために容積率制限を行うわけである。つまり，地域におけるインフラ施設の容量と建築物群の規模のバランスを図ることを目的とした制限といえるだろう。また，この制度の目的には，採光，日照，通風，開放感等の市街地環境の確保も含まれる。

用途地域で定められる容積率は，50% から1300% までの間で，おおむね 100% 刻みでメニュー設定されている（用語集表４・４）。容積率 100% とは，敷地面積と同じ面積の床面積の建築物をつくることができることを意味し，1000% であれば敷地面積の 10 倍の床面積を持つ建築物を建てることが可能となる。

図４・７を見るとわかるように，同じ 100% の容積率でも，建て方によって建物の形態は変化する。建蔽率を低くすれば建物は高くなり，建蔽率を高くすれば高さは低くなる。

住宅地では，日照や通風等に恵まれた良好な住環境を保護する必要があるために，建物のボリュームは低く抑えることが求められる。そのため，住居系用途地域の容積率は，相対的に小さいものが設定される（図４・８)。一方，商業・業務地などは，地価も高く，土地の高度利用を図るべき地区であることから，ある程度ボリュームの大きな建物を許容することが求められる。したがって，商業系用途地域では比較的大きいものが設定できる。(図４・９)。ただし，同じ商業系用途地域であっても，近隣商業地域のような住宅地と混在した地区では，住居系用途地域なみに容積率を抑える必要から，容積率は低い数値となっている（図４・10）。

③敷地面積の最低限度

敷地面積が大きいほど，空地を持つゆとりある建築物をつくることができる。逆に，敷地規模が小さいと建て詰まりが生じることもある。つまり，一定程度以上の敷地面積を確保することで，敷地の細分化やミニ開発を防止することにつながる。

そこで，用途地域内では，良好な市街地環境を確保するために必要な場合に限って，敷地面積の最低限度を定めることができる（ただし，最低限度として規定できる数値は $200m^2$ 以下)。

景観地区や地区計画等を活用することでも，敷地面積の最低限の制限は可能である。その場合，$200m^2$ 以下という制限値の上限はない。

(5)「配置」の規制

これは敷地の中における建築物の位置を制限するものである（図４・11)。前面に接する道路側の開放性や隣接する建物との距離を確保することで，日照，通風，採光等が保持できる。

民法では，隣接する敷地の境界から 50cm 以上離して建築物を建てることとされている（第 234 条)。しかし，それだけでは不十分である場合，用途地域では，第一種・第二種低層住居専用地域内と田園住居地域に限定されるものの，外壁後退距離（外壁，若しくは柱の面から敷地境界線までの距離）を 1.5m 又は 1m 以上に制限できる。

景観地区や風致地区，地区計画等を活用すれば，第一種・第二種低層住居専用地域と田園住居地域以外の用途地域でも壁面位置の制限が可能である。風致地区では 1m から 3m 以下の間で自治体が制限値を定められる。また，景観地区では，道路側の境界線からの後退距離を定めることができる。景観地区の配置の規制が道路側のみである理由は，制度の目的が街路空間の景観の保全・形成であるため，道路から直接見えることが少ない隣接敷地との関係を考慮する必要がないためである。

(6)「高さ」の規制

高い建築物が建つと，周囲に日影を落としたり，風通しを遮ったりするだけでなく，圧迫感を与え，景観を阻害する恐れがある。それゆえ建築物の高さを適切にコントロールする必要が生じる。その方法としては，絶対高さ制限，斜線制限，日影規制に大別できる。

①絶対高さ制限

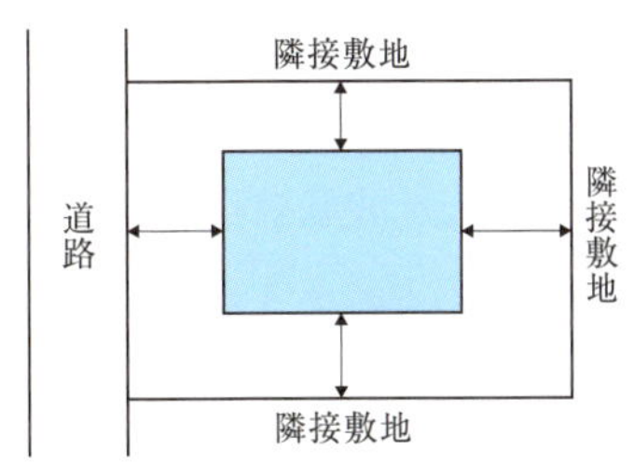

図4・11　壁面位置の制限のイメージ

絶対高さ制限は，建築物の最高部分の高さを規制するものである（図４・12）。一定の高さ以下に抑えることで，過度に突出した建築物を防ぎ，日照，採光，通風の確保のほか，圧迫感の軽減，景観の保全を図ることが可能となる。

用途地域では，第一種・第二種低層住居専用地域，田園住居地域のみで制限されている。戸建て住宅や低層集合住宅を主としたエリアであるため，10m ないし 12m に規制される。つまり２階，３階程度のものが許容されることになる。

低層住居専用地域と田園住居地域以外の用途地域では絶対高さ制限はかかっていないものの，後述する各種斜線制限や日影規制が実施されている。しかし，それだけでは住環境や景観の維持・保全ができないこともあるため，高度地区や地区計画等の制度を用いることで，絶対高さ制限を実施することができる（図４・13）。

②斜線制限

斜線制限は，図４・14 のように斜めの勾配でかかる制限であり，**道路斜線制限，隣地斜線制限，北側斜線制限**に分けられる。

まず，道路斜線制限についてみてみよう。道路斜線制限は，道路の反対側の境界線から一定の勾配（斜線）の範囲内に建築物をおさめる規制である（図４・14 左）。建築物が面する道路の幅員が大きいほど，道路に面して高いものが建てられることになる。この規制の目的は，大きく二つある。一つは，道路とその周辺の上空の空間の広がりを確保し，道路を挟んだ対向建築物に対する日照，通風，採光等に支障がないようにすること。もう一つは，公共空間としての道路における採光，通風，開放感といった環境を確保することである。

隣地斜線制限は，隣地境界からの距離に応じて建築物の高さを一定角度内におさめるものである（図４・14 中）。隣接する建築物同士の通風，採光の確保や圧迫感の軽減を意図している。

北側斜線制限は，建築物の高さを北側に向って徐々に低くなるように一定の角度内に制限するものである（図４・14 右）。大きな建物が建つと，その北側の敷地に影が落ちて日照が遮られる恐れがあるため，太陽の光ができるだけ北側の敷地にあたるように制限するものである。この制限は，第一種・第二種低層住居専用地域と田園住居地域，第一種・第二種中高層住居専用地域に限って規制されている。

以上の制限については，必要に応じて高度地区や地区計画等の制度を用いれば規制の強化とともに，**街並み形成のための斜線制限の緩和**が可能である。また，**天空率**（道路上から見た時に空が見える割合）が，斜線制限と同程度の採光や通風が確保できる場合には，各種斜線制限を緩和することができる（**用語集図４・19**）。

③日影規制

上記の絶対高さ制限や斜線制限では十分な日照の確保が難しいことも考えられる。そこで，建築物を建てることで生じる影の時間を直接的にコントロールする**日影規制**という手法もある（**用語集図４・20**）。これは，自治体が必要と判断した場合に，条例を定めることによって規制できる。用途地域ごとに日影の時間等の基準のメニューが示されているが，住環境の保全が目的であるため，住居系用途地域は日影を落とすことができる範囲や時間が厳しい。なお，商業地域内は，基本的に業務・商業系の土地利用を想定した場所であるため，日影規制の対象外である。

(7) 規制緩和による市街地環境の誘導

以上，用途地域をはじめとする様々な規制内容をみてきた。これらは良好な市街地環境を維持，形成するために必要なものだが，個々の開発のなかには，一部の規制に適合していなくても，市街地環境上問題がないケースもあるだろう。むしろ，ある規制に適合しなくても，総合的にみて市街地環境の向上に寄与する建築物であれば，その規制を緩和する方が合理的である場合もあり得る。

そこで，敷地内に不特定多数の人が利用できる公開空地を設けたり，緑や公園を設置したりする等，公共貢献が認められる建築物に対しては，容積率や斜線制限等を緩和する制度が設けられている。具体的な制度としては，敷地単位で適用される**総合設計制度**（建築基準法。図4・15）のほか，街区・地区単位を対象とした特定街区制度，都市再生特別地区（都市計画法・都市再生特別措置法）等があげられる。

これらの制度は，規制緩和をインセンティブとして，市街地内のオープン・スペースの創出や地域に貢献する機能を導入することに眼目がある。

4・4 こんな問題を考えてみよう

(1) 制限内容は実態と合っているのか？

あなたの暮らす地域で，どのような目的でどのような規制がかかっているのか確認しよう。容積率や高さ制限等の内容が，実際の市街地の実態に合っているのか，街を歩きながら調べてみよう。もし規制内容が実態と合っていない場合，市街地にどのような変化が生じる可能性があるのか考えてみるのもよいだろう。

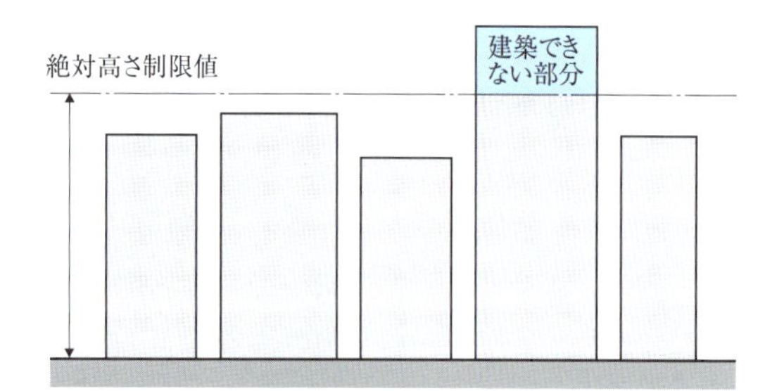

図4・12　絶対高さ制限のイメージ

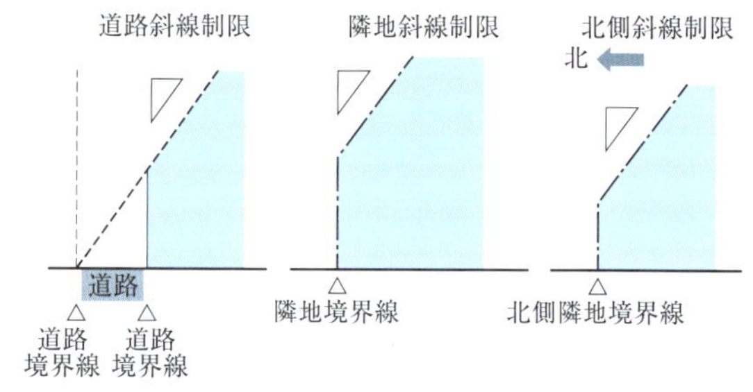

図4・14　斜線制限のイメージ

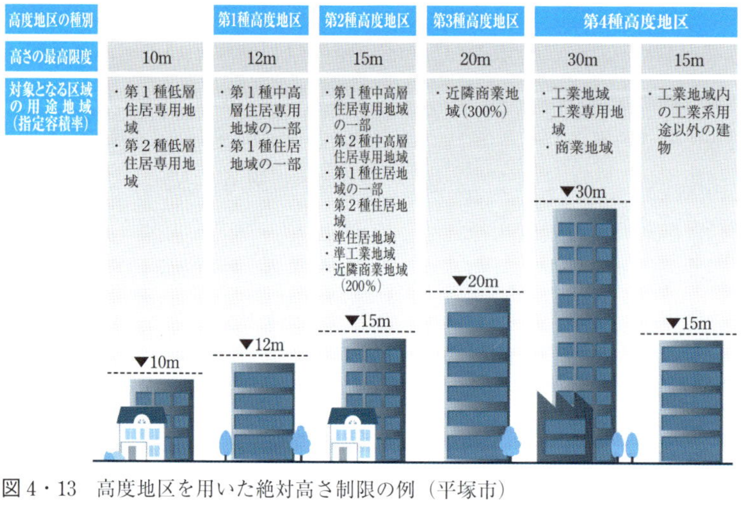

高度地区の種別		第1種高度地区	第2種高度地区	第3種高度地区	第4種高度地区	
高さの最高限度	10m	12m	15m	20m	30m	15m
対象となる区域の用途地域（指定容積率）	・第1種低層住居専用地域 ・第2種低層住居専用地域	・第1種中高層住居専用地域の一部 ・第1種住居地域の一部	・第1種中高層住居専用地域の一部 ・第2種中高層住居専用地域 ・第1種住居地域の一部 ・第2種住居地域 ・準住居地域 ・準工業地域 ・近隣商業地域（200%）	・近隣商業地域（300%）	・工業地域 ・工業専用地域 ・商業地域	・工業地域内の工業系用途以外の建物

▼10m　▼12m　▼15m　▼20m　▼30m　▼15m

図4・13　高度地区を用いた絶対高さ制限の例（平塚市）

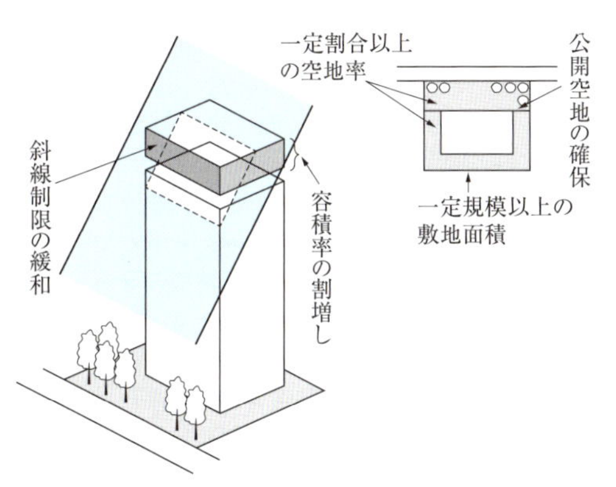

図4・15　総合設計制度のイメージ

(2) 規制緩和でどのような環境がつくられたか?

総合設計制度等の規制緩和制度を活用した建築物の実例を探してみよう。その建物が規制緩和を受けるためにどのような工夫をしているのか調べてみよう。また，その開発によって，どのような地域貢献がもたらされたのか，若しくは，どういった問題が生じているのか考えてみよう。

用語集

用語1　ミニ開発，ミニ戸建て住宅地

明確な定義があるわけではないが，一般的には，一団の開発規模が小さく，かつ，各敷地面積が小さい戸建ての住宅地開発を指すことが多い。具体的な大きさとして，開発面積が1000m^{2}未満の一団の土地で，100m^{2}未満に区画を分割するものと定義されることもある。

用語2　高層・中層・低層建築物

明確な定義があるわけではないが，低層1～2階程度，中層4～5階建て程度，高層6～7階建て以上とされる（建築大辞典）。第一種・第二種低層住居専用地域が10mないし12mに制限しているのは，1階から3階建て程度を想定しているためである。消防法では31m以上の建築物を高層建築物とし，防火性能の確保や防火管理上の措置を義務付けている。31mという数値は，1970年に建築基準法が改正されるまで住居地域以外の用途地域で規定されていた絶対高さ制限値に由来する。もともとは100尺（約30.3m）だったが，メートル法に置き換わった際に，31mとなった。この数値は現在も建築基準法の隣地斜線制限等でも用いられている。

なお，以前の建築基準法では高さ60mを超えるものを超高層建築物としていた。

用語3　D／H

街路の幅（D：Distance）と高さ（H：Height）のプロポーションによってもたらされる街路空間の印象の指標となるもの。街路の幅を街路沿道に立つ建物の高さを除することで求める。既往研究によると，D／H＝1～1.5付近（街路の幅が高さと同程度から1.5倍）で適度な囲まれ感や空間の均整があるとされ，D／H＝4以上（街路の幅が高さの4倍）では空間のまとまりの印象や囲まれ感が消失する。ただし，あくまでもヒューマンスケールな幅の街路において適用できる指標であり，同じD／Hであっても，高さや街路幅を拡大するとバランスが崩れることもあるため，非常に幅の広い街路や高層ビル街などでは単純に適用することができないともいわれる。また，日本の街路空間の場合は，ヨーロッパの都市と異なり，沿道の建物の高さが不揃いであることが多いため，Hの値を定めることが困難である。

用語4　接道義務（建築基準法第42条，第43条）

敷地に接する道路の幅は原則4m以上必要となる（法第42条第1項）。それぞれの敷地は，幅4m以上の道路に2m以上有効に接続していなければならない（法第43条第1項）。

ただし，古い市街地等で既に建築物が立ち並び，幅員4mを確保することが困難なケースも少なくない。そこで，一種の救済措置として，建築基準法施行時，若しくは都市計画区域指定された時点で既に道路沿道に建築物が建ち並んでいた場合で，特定行政庁が指定した道路は，幅員4m未満であっても法律上の道路となる（同法第42条第2項）。法律の第42条の第2項に位置付けられていることから，「2項道路」と呼ばれることが多い。ただし，建築物を建て替える際は，道路の中心線から2m以上離す必要がある。

用語5　用途規制（建築基準法第48条）

市街地の土地利用の方向性に基づいて，建築物の用途や機能を制限する手法である。類似する用途を持つ建築物を集めることで，用途の混在に伴う環境の悪化を防ぎ，土地利用の効率を図ることを目的とするものである。

用途規制は，都市計画法に基づく用途地域によって行われる。用途地域は，住居系（8種類），商業系（2種類）及び工業系（3種類）の計13種類あり，それぞれ建築可能な用途，若しくは建築不可の用途が定められている（表4・3）。

建築可能な用途を明示する方法は，基本的に戸建て住宅地に指定される第一種・第二種低層住居専用地域や，中高層の住宅地を対象とする第一種中高層住居専用地域等，目指すべき市街地像が比較的明確である地域で採用されている。

その他の大半の用途地域では，目標とする市街地の姿が必ずしも明確ではない市街地に指定されることが多い。そのため，建築不可となる用途を定める方法が用いられており，市街地の環境や利便を阻害する等，許容すべきではない用途を規制している。

この用途規制は，各地域の土地利用が均質で，かつ安定している時には効果を発揮するが，実際には場所によっては不必要に厳しい制限になっている場合や，時間の経過に伴い土地利用の状況が変化し，合理的な規制ではなくなっている場合もある。そこで，規制内容と実態とのギャップを埋めるために，用途規制の例外許可制度がある。用途地域の目的に反しない建築物（住環境に害を与えない，商業・業務・工業等の利便を損わない等）であると認められ，あらかじめ利害関係者の意見を聴き，建築審査会の同意を得たものが許可される。

用語 6　建蔽率制限（建築基準法第 53 条）

建築物の建築面積の敷地面積に対する割合（建蔽率）を制限する手法である。建蔽率を抑えることで敷地内に多くの空地をつくり，敷地内の環境のみならず，市街地環境の確保を目的とした制限である。用途地域やその他の地域地区，地区計画等の都市計画で定められた数値以下に規制される（表 4・3）。防火地域内の耐火建築物や街区の角地（角にある敷地）では緩和される。

表 4・2　用途地域における用途規制の内容　　□建てられる用途　■建てられない用途

建築物の用途
(1)当該用途に供する部分が 600m² 以下の場合に限る。
(2)当該用途に供する部分が 2 階以下，かつ，1500m² 以下の場合に限る。
(3)当該用途に供する部分が 3000m² 以下の場合に限る。
(4)当該用途に供する部分が 10,000m² 以下の場合に限る。
(5)地域で生産された農作物を販売する店舗等の用途に供する場合に限る。
(6)物品販売店舗および飲食店は禁止されている。
(7)用途地域無指定区域（市街化調整区域を除く）では 10,000m² を超えるものは建築できない。
(8)食品製造業に限り建築することができる。
(9)都市計画による位置の決定等の手続きが必要である。

建築物の用途 ＼ 用途地域の種類			第一種低層住居専用地域	第二種低層住居専用地域	第一種中高層住居専用地域	第二種中高層住居専用地域	第一種住居地域	第二種住居地域	準住居地域	田園住居地域	近隣商業地域	商業地域	準工業地域	工業地域	工業専用地域
住居系	住居，共同住宅，寄宿舎，下宿														■
住居系	老人ホーム，身体障害者福祉ホーム等														■
住居系	兼用住宅のうち店舗・事務所が一定規模以下のもの														■
公益施設系	神社・寺院・教会等														
公益施設系	巡査派出所，公衆電話所等														
公益施設系	保育所，公衆浴場，診療所														
公益施設系	老人福祉センター，児童厚生施設等		(1)	(1)						(1)					
公益施設系	幼稚園，小学校，中学校，高等学校													■	■
公益施設系	大学，高等専門学校，専修学校等		■	■						■				■	■
公益施設系	図書館，博物館等														■
公益施設系	病院		■	■						(5)				■	■
商業系	店舗・飲食店等(7)	床面積の合計が 150m² 以下の一定のもの	■							(5)					■(6)
商業系	店舗・飲食店等(7)	〃　500m² 以下の一定のもの	■	■											■(6)
商業系	店舗・飲食店等(7)	上記以外の店舗・飲食店等	■	■	■	(2)	(3)	(4)	(4)	■				(4)	■(4)(6)
商業系	事務所等		■	■	■	(2)	(3)			■					
商業系	ボーリング場，スケート場，水泳場等		■	■	■	■	(3)			■					■
商業系	ホテル，旅館		■	■	■	■	(3)			■				■	■
商業系	自動車教習所，畜舎（床面積の合計が 15m² 以上のもの）		■	■	■	■	(3)			■					
商業系	マージャン屋，ぱちんこ屋，射的場，勝馬投票券売場等(7)		■	■	■	■	■	(4)	(4)	■				(4)	■
商業系	カラオケボックス等		■	■	■	■	■			■					
商業系	自動車車庫	2 階以下，かつ床面積の合計が 300m² 以下のもの	■	■						■					
商業系	自動車車庫	3 階以上，又は床面積の合計が 300m² 超のもの（一定規模以下の付属車庫等を除く）	■	■	■	■	■	■		■					
商業系	営業用倉庫		■	■	■	■	■	■		■					
商業系	劇場，映画館，演芸場，観覧場(7)	客席部分の床面積が 200m² 未満のもの	■	■	■	■	■	■		■				■	■
商業系	劇場，映画館，演芸場，観覧場(7)	〃　200m² 以上のもの	■	■	■	■	■	■	■	■				■	■
商業系	料理店，キャバレー，ナイトクラブ，ダンスホール等		■	■	■	■	■	■	■	■	■			■	■
商業系	個室付浴場業に係る公衆浴場等		■	■	■	■	■	■	■	■	■		■	■	■
工業・農業系	工場	作業場の床面積の合計が 50m² 以下，かつ危険性・環境悪化のおそれが非常に少ないもの	■	■	■(8)	■				■					
工業・農業系	工場	作業場の床面積の合計が 150m² 以下，かつ危険性・環境悪化のおそれが少ないもの	■	■	■	■	■	■	■	■					
工業・農業系	工場	作業場の床面積の合計が 150m² 超，又は危険性・環境悪化のおそれがやゝ多いもの	■	■	■	■	■	■	■	■	■	■			
工業・農業系	工場	危険性が大きい又は著しく環境を悪化させるもの	■	■	■	■	■	■	■	■	■	■	■		
工業・農業系	自動車修理工場	作業場の床面積の合計が 50m² 以下のもの	■	■	■	■				■					
工業・農業系	自動車修理工場	〃　150m² 以下のもの	■	■	■	■	■	■		■					
工業・農業系	自動車修理工場	〃　300m² 以下のもの	■	■	■	■	■	■	■	■					
工業・農業系	自動車修理工場	〃　300m² を超えるもの	■	■	■	■	■	■	■	■	■	■			
工業・農業系	日刊新聞の印刷所		■	■	■	■	■	■	■	■					
工業・農業系	火薬類，石油類，ガス等の危険物の貯蔵・処理施設	量が非常に少ないもの	■	■	■	(2)	(3)			■					
工業・農業系	火薬類，石油類，ガス等の危険物の貯蔵・処理施設	量が少ないもの	■	■	■	■	■	■	■	■					
工業・農業系	火薬類，石油類，ガス等の危険物の貯蔵・処理施設	量がやゝ多いもの	■	■	■	■	■	■	■	■	■	■			
工業・農業系	火薬類，石油類，ガス等の危険物の貯蔵・処理施設	量が多いもの	■	■	■	■	■	■	■	■	■	■	■		
工業・農業系	農作物の生産，集荷，処理，貯蔵施設		■	■	■										
工業・農業系	農業の生産資材の貯蔵施設		■	■	■										
特殊建築物	卸売市場・と畜場・火葬場・処理施設		■	■	■	(9)	(9)	(9)	(9)	■	(9)	(9)	(9)	(9)	(9)

用語7　容積率制限（建築基準法第52条）

建築物の延べ面積（建築物の各階の床面積の合計）の敷地面積に対する割合（容積率）を制限する手法である。建築物の規模を規制することで，道路，公園，下水道等の都市基盤施設との均衡を図ることを意図したものである。用途地域やその他の地域地区，地区計画等の都市計画ごとに定められた数値以下に規制される（表4・4）。

容積率制限は，用途地域の種類に応じて決まるだけでなく，敷地に面する道路の幅の大きさに応じて規制される。高い容積率が設定されているにもかかわらず敷地の前面道路の幅員が狭い場合，道路に多くの人や自動車などが通行し，交通混雑や事故を起こす危険性がある。そのため，建築物に面する道路の幅員が12m未満の場合には，その幅員に応じて容積率が制限される。具体的には，幅員1mに対し60%（住居系用途地域は40%）を乗じた数字が実際に制限される容積率となる。たとえば，商業地域で800%の容積率が指定された地区内で，前面道路幅員が10mだった場合，その敷地で使える容積率は600%（10m×60%）が上限となる。

用語8　敷地面積の最低限度制限（建築基準法第53条の2）

建築物の敷地面積の最低規模を規制する手法である。自治体が都市計画によって敷地の最低面積を定めることになるが，その場合の制限値は200m^{2}を超えることはできない。ただし，既に最低限度を下回る敷地に対して適用することは制限導入時に現存する敷地については，敷地分割を行わない限り，適法に建築できる。

もともとこの制限は，住宅地を中心に進行していた敷地分割によるミニ開発を防止するために，第一種・第二種低層住居専用地域に限定して設けられた措置であった（1992年法改正）。ところが，それ以外の地域においても，ミニ開発が進み，市街地環境上問題のある建て詰まりが発生していたことから，現在ではすべての用途地域において適用できることとなっている（2002年法改正）。

用語9　道路斜線制限（建築基準法第56条第1項第一号）

道路斜線制限は，道路の反対側の境界線から一定の勾配（斜線）の範囲内に建築物をおさめる規制である。この制限の目的は，①道路とその周辺の上空の空間の

表4・3　用途地域別に定めることのできる建蔽率

	用途地域の種類	30%	40%	50%	60%	70%	80%
住居系	第一種・第二種低層住居専用地域	○	○	○	○	－	－
	第一種・第二種中高層住居専用地域	○	○	○	○	－	－
	第一種住居地域，第二種住居地域，準住居地域	－	－	○	○	－	○
	田園住居地域	○	○	○	○	－	－
商業系	近隣商業地域	－	－	－	○	－	○
	商業地域	－	－	－	－	－	○
工業系	準工業地域	－	－	○	○	－	○
	工業地域	－	－	○	○	－	－
	工業専用地域内	○	○	○	○	－	－
	用途地域無指定	○	○	○	○	○	－

表4・4　用途地域別に定めることのできる容積率

	用途地域の種類	50% 60% 80%	100%	150%	200%	300%	400%	500%	600% 700% 800% 900% 1000% 1100% 1200% 1300%
住居系	第一種・第二種低層住居専用地域	○	○	○	○	－	－	－	－
	第一種・第二種中高層住居専用地域	－	○	○	○	○	○	○	－
	第一種住居地域，第二種住居地域，準住居地域	－	○	○	○	○	○	○	－
	田園住居地域	○	○	○	○	－	－	－	－
商業系	近隣商業地域	－	○	○	○	○	○	○	－
	商業地域	－	－	－	○	○	○	○	○
工業系	準工業地域	－	○	○	○	○	○	○	－
	工業地域	－	○	○	○	○	○	－	－
	工業専用地域内	－	○	○	○	○	○	－	－
	用途地域無指定	○ （60%除く）	○	－	○	○	○	－	－

広がりを確保し，道路を挟んだ対向建築物に対する日照，通風，採光等に支障がないようにすることと，②公共空間としての道路における採光，通風，開放感といった環境を確保すること，である。

斜線の勾配は，住居系用途地域の方が厳しくなっており，住居系の用途地域では水平距離 1m につき高さ 1.25m の勾配，商業系及び工業系の用途地域では，1m につき 1.5m の勾配となっている（図 4・16 左）。建築物が面する道路の幅員が大きいほど，道路に面して高いものが建てられることになる。なお，この制限には緩和措置があり，建物全体を前面道路の境界線から後退させた場合は，その後退した距離の分だけ，前面道路の対向する敷地の境界線が反対方向に移動したものとみなされるために，道路斜線制限が実質的に緩和されることになる（図 4・16 右）。

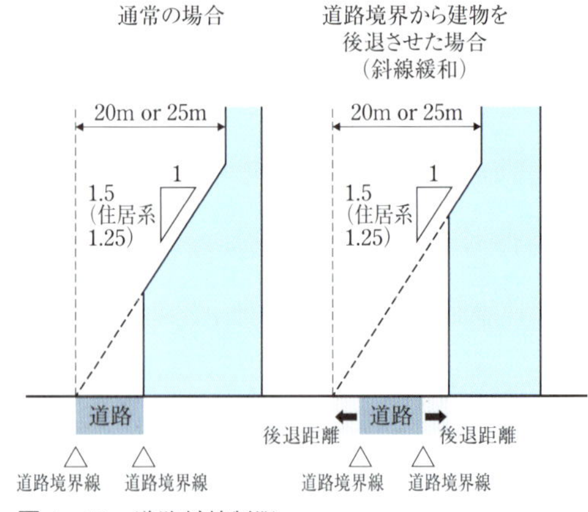

図 4・16　道路斜線制限

用語 10　隣地斜線制限（建築基準法第 56 条第 1 項第二号）

隣地斜線制限は，隣地境界線からの距離に応じて建築物の高さを一定角度内に収めるものである。隣地境界線付近において，隣接敷地に建つ建築物相互間の通風，採光の確保や圧迫感の軽減を目的としている。

用途地域では，住居系用途地域とそれ以外の用途地域で制限値が異なる。住居系の制限の方が厳しく，住居系は立ち上がりが 20m で，水平距離 1m につき高さ 1.25m であるのに対し，商業系は 31m，1m につき 1.5m の勾配となっている（図 4・17）。ただし，第 1 種・第 2 種低層住居専用地域では絶対高さ制限によって 10m または 12m に抑えられているために，隣地斜線制限は適用されない。

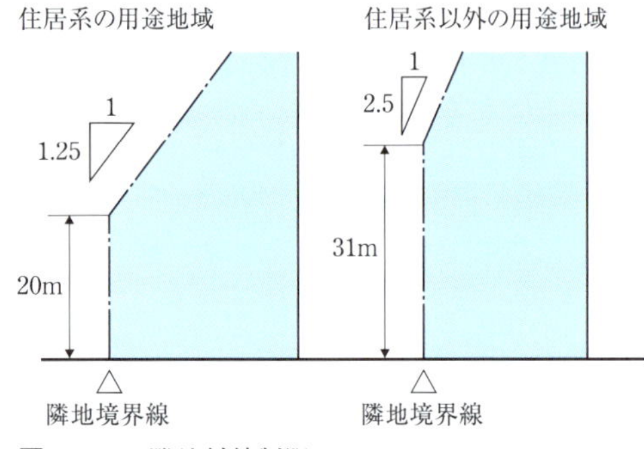

図 4・17　隣地斜線制限

用語 11　北側斜線制限（建築基準法第 56 条第 1 項第三号）

北側斜線制限は，太陽の光が北側の建物にある程度あたるように，北側に向って低くなる角度で高さを制限する手法である。大きな建物が建つと，その北側の敷地に影が落ちて日照が遮られる恐れがある。そのため，住宅地で建物をつくる際は，北側の敷地に配慮した高さが求められる。

用途地域では，第一種・第二種低層住居専用地域，田園住居地域，第一種・第二種中高層住居専用地域における日照を確保するために設けられている。隣地境界線又は当該部分から前面道路の反対側の境界線までの真北方向の水平距離の 1.25 倍に 5m（中高層住居専用地域の場合は 10m）を加えたものによって，建築物の各部分の高さが制限される（図 4・18）。

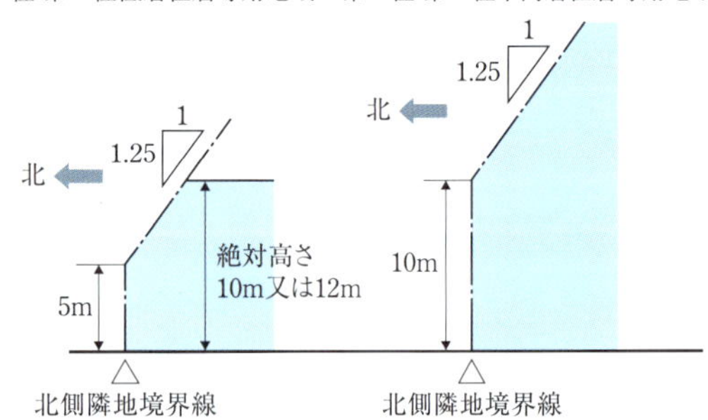

図 4・18　北側斜線制限

用語 12　街並み形成のための斜線制限の緩和

道路斜線制限は，道路境界線から離して建築物を配置すると，その分，斜線制限が緩和されるため，壁面の位置や高さが個別の敷地ごとにバラバラになり，街並み景観を乱す要因ともなっている。また，道路側の部分で隣地斜線制限や北側斜線制限がかかる場合でも，建物が斜めにセットバックすることで街並みが不揃いになることもある。そこで，景観の保全・形成を特に意図した制度である街並み誘導型地区計画（都市計画法第 12 条の 10）や景観地区（景観法第 61 条第 1 項）を活用した地区においては，建築物の絶対高さや壁面位置を制限する代わりに，斜線制限が適用除外となる（建築基準法第 68 条の 5 の 5 第 2 項）。これにより街路沿いに立つ建物の高さや壁面位置を揃えることが可能となる。街並み誘導型地区計画については第 5 章用語 10（P60）と事例 5・3（P63）。景観地区については用語 7（P122 ～ 123）を参照。

用語 13　天空率制限（建築基準法第 56 条第 7 項）

斜線制限と同程度以上の採光，通風等を確保する建築物について，「天空率」により採光，通風等を評価し，斜線制限の適用を除外とする制度である（図 4・19）。「天空率」が通常の斜線制限に適合する建築物における天空率以上である場合には，通常の斜線による高さ制限を適用しないことになる。

天空率 Rs＝（As－Ab）／As

As：想定半球（＝地上のある位置を中心としてその水平面上に想定する半球）の水平投影面積

Ab：建築物及びその敷地の地盤を As と同一の想定半球に投影した投影面の水平投影面積

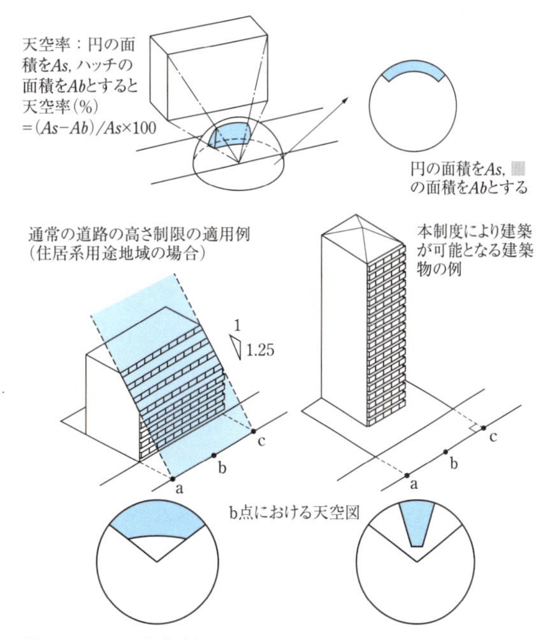

図 4・19　天空率制限

用語 14　日影規制（建築基準法第 56 条の 2）

建築物を建てることにより生ずる日影時間を制限する手法である。一年のうちで南中時における太陽の高度が最も低くなる冬至において，決められた高さの測定面に生ずる日影を，一定時間以下かつ一定の距離を超える範囲に生じさせないようにする規制である（図 4・20）。この規制は，自治体が必要と判断した場合に条例を定めることによって実施される。

用途地域ごとに規制内容は異なっており，規制の対象建築物や測定面の高さ，敷地境界線からの距離別の日影時間が定めることになる（表 4・5）。第一種・第二種低層住居専用地域であれば，対象建築物は軒高 7m 超又は地上 3 階以上，測定平面の高さは 1.5m となっている。敷地外に投影できる日影の時間については，敷地境界線から 10m 以内は 3 時間，4 時間，5 時間，10m 超は 2 時間，2.5 時間，3 時間の 3 種類から自治体が選択する。

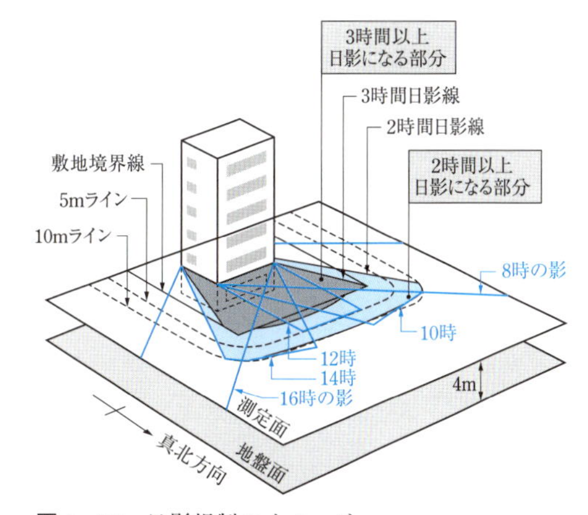

図 4・20　日影規制のイメージ

表 4・5　用途地域別の日影規制の基準

用途地域	対象建築物	測定平面（平均地盤面からの高さ）	敷地境界線からの水平距離別の日影時間	
			10m 以内	10m 超
第一種・第二種低層住居専用地域，田園住居地域	軒高 7m 超又は階数（地階除く）3 以上	1.5m	3 時間 4 時間 5 時間	2 時間 2.5 時間 3 時間
第一種・第二種中高層住居専用地域	高さ 10m 超	4m 又は 6.5m	3 時間 4 時間 5 時間	2 時間 2.5 時間 3 時間
第一種住居地域，第二種住居地域，準住居地域，近隣商業地域，準工業地域	高さ 10m 超	4m 又は 6.5m	4 時間 5 時間	2.5 時間 3 時間
用途地域無指定	軒高 7m 超又は階数（地階除く）3 以上	1.5m	3 時間 4 時間 5 時間	2 時間 2.5 時間 3 時間
	高さ 10m 超	4m	3 時間 4 時間 5 時間	2 時間 2.5 時間 3 時間

第5章 地区スケールの計画・ルール

5・1 地区スケールの計画・ルールの必要性と背景

現在，私たちが使っている都市計画法は1968年，建築基準法は1950年にそれぞれ制定されたものである。主にこれら2つの法律によって，私たちが生活する都市空間が規定されている。これらの制定当初から，都市計画法では都市スケールの大きな空間を，建築基準法では建築物・敷地スケールの個別の空間を規定しており，その中間のスケールについては，建築基準法のいわゆる**集団規定**の部分で建築物と建築物相互間の相隣環境を規定したり，地区スケールで建築協定を締結する仕組みしかなかった。

こうした仕組みだけでは，例えばひとつの町丁目程度の広さの市街地で，良好な居住環境を守るためにその地区の将来像を計画し，それを実現していくためのルールを付加するといった，きめ細かなまちづくりはやりにくかった。また，1970年代から徐々に住民参加型まちづくりが広がり始めたこともあり，地区スケールの計画策定・ルールの先駆けとして，それを可能とする地区計画の制度が，1980年の法改正で都市計画法に組み込まれた。

以下では，建築協定及び地区計画を中心とした，地区スケールのルールについて解説する。

5・2 地区スケールの計画・ルールの種類と特徴

(1) 建築協定

建築協定は，建築基準法の第4条に位置付けられ，一定の地区の土地所有者や借地権者の全員の合意で，地域の環境を守るために，建築の敷地や種類・構造などについて，法令で一般的に定められた規制よりも厳しい制限を規定することができる制度である。

住宅地の環境の維持や商店街の利便の向上，あるいは土地の環境を維持・改善するために，建築物の敷地，位置，構造，形態，意匠又は建築設備に関する基準で必要なものを定めることができる。

建築協定は，あくまでも土地の所有者等や地域住民による自主的な協定であり，特定行政庁の認可によって，法律上の位置付けを有するものになる。したがって，その運営についても住民の主体的・自発的活動が不可欠である。一般的には，協定区域内の住民による「建築協定運営委員会」を設け，協定地区内での建築物の計画が協定の内容に合致しているかどうかの審査や，工事完了後のチェックをするなどの役割を担う。

また，協定締結には全員の合意が必要である。新規分譲の住宅地などでは，開発業者が購入者の決定前に協定をつくり，購入者はその協定が付随していることを条件として購入し，協定を守り，運営していく，いわゆる一人協定として締結することが比較的容易である。一方で，既成市街地の中では全員合意することが難しく，面的な広がりの中で合意できなかった敷地のみがはずれ，最初から穴抜きの形で建築協定を締結したり，途中で建築協定を更新する際などに離脱する土地所有者が出てきて，その結果，穴抜きになってしまったりしている建築協定も見受けられる。

建築協定は，10年などの有効期間を設けることになっており，さらに更新する合意が得られれば更新していく。前述の一人協定を全員合意型の協定に移行して更新する事例もあれば，運営業務が負担となっているために更新せずに地区計画へ移行したり，場合によっては建築協定が失効して規制が何もなくなってしまったり

表5・1　地区スケールの計画・ルールの比較

	建築協定	地区計画	景観協定	緑地協定
根拠法令	建築基準法	都市計画法	景観法	都市緑地法
決定主体	区域内の土地の所有者及び借地権者（全員の合意）	市区町村（区域内の土地所有者の合意形成を図る）	区域内の土地の所有者及び借地権者（全員の合意）	区域内の土地の所有者及び借地権者（全員の合意）
対象区域	全域（都市計画区域外含む）	都市計画区域内	景観計画区域内	都市計画区域・準都市計画区域内
計画事項	建築物の用途，敷地面積，建蔽率，容積率，高さ，壁面の位置，形態・意匠，構造，設備，垣・柵など	地区施設，建築物の用途，敷地面積，建蔽率，容積率，高さ，壁面の位置，形態・意匠，垣・柵など	建築物・工作物の形態意匠，敷地，位置，規模，構造，用途，設備，屋外広告物に関する基準，樹林地，装置，農用地の保全に関する事項など	保全又は植栽する樹木等の種類，樹木等を保全又は植栽する場所，保全又は設置する垣・柵の構造，樹木等の管理に関する事項など
決定手続き	区域内土地所有者等（全員の合意） →特定行政庁・市町村への認可の申請 →公告・縦覧，意見書の提出 →公聴会の開催 →特定行政庁の認可・公告 →当該市町村長への送付	市区町村（住民等による提案も可） →原案縦覧や意見聴取 →利害関係者意見 →案の縦覧 →住民等の意見 →一定の事項について知事の同意 →市町村決定・告示・縦覧	区域内土地所有者等（全員の合意） →景観行政団体の長への認可の申請 →公告・縦覧，意見書の提出 →景観行政団体の長による認可 →認可した旨の公告，協定の縦覧，区域内への明示	区域内土地所有者等（全員の合意） →市町村長への認可の申請 →公告・縦覧，意見書の提出 →市町村長による認可 →認可した旨の公告，協定の縦覧，区域内への明示
効力の範囲	協定者全員（協定の許可・公告後に土地所有者等になったものにも効力が及ぶ）	対象地区内の敷地，建築物，都市施設など	協定者全員（協定の認可・公告後に土地所有者等になったものにも効力が及ぶ）	協定者全員（協定の認可・公告後に土地所有者等になったものにも効力が及ぶ）
運営主体	一般的に，地元の建築協定運営委員会	市区町村	地元の運営委員会	特に位置づけられていない
違反に対する措置	一般的に，地元の建築協定運営委員会が行う	市区町村が行う	協定で定める	協定で定める
適用期限	協定で定める期間	期限なし	協定で定める期間	協定で定める期間

※条例に基づくまちづくり計画や任意の協定・憲章などは，その事例ごとにこの表で示す各項目が異なるので，ここでは省略する。

表5・2　地区計画で決めることができる内容

注）次の内，必要なものを決めることができる，選択制

1. 地区施設の配置及び規模	
	主として地区の住民が利用する道路，公園，緑地，広場などの公共空地の配置及び規模を決める。
2. 建築物等に関する事項	
	ア．建築物や工作物の用途
	イ．容積率の最高限度または最低限度
	ウ．建ぺい率の最高限度
	エ．敷地面積や建築面積の最低限度
	オ．壁面の位置の制限
	カ．建築物などの高さの最高限度または最低限度
	キ．建築物等の形態，デザイン
	ク．垣またはさくの構造
3. 土地利用の制限に関する事項	
	現存する樹林地や草地を保全することを定める。

表5・3　地区計画のフォーマット

<table>
<tr><td colspan="3">名　称</td><td>○○地区地区計画</td></tr>
<tr><td colspan="3">位　置</td><td>○○市○○町○丁目</td></tr>
<tr><td colspan="3">区　域</td><td>計画図表のとおり</td></tr>
<tr><td colspan="3">面　積</td><td>○○ ha</td></tr>
<tr><td rowspan="4">区域の整備・開発及び保全の方針</td><td colspan="2">地区計画の目標</td><td></td></tr>
<tr><td colspan="2">土地利用の方針</td><td></td></tr>
<tr><td colspan="2">地区施設の整備の方針</td><td></td></tr>
<tr><td colspan="2">建築物等の整備の方針</td><td></td></tr>
<tr><td rowspan="5">地区整備計画</td><td rowspan="3">地区施設の配置及び規模</td><td rowspan="2">道路</td><td>区画道路○号　幅員○m，延長○m</td></tr>
<tr><td>区画道路○号　幅員○m，延長○m</td></tr>
<tr><td>公園</td><td>地区公園○号　面積○○m²</td></tr>
<tr><td>建築物等に関する事項</td><td>建築物等の用途の制限
・
・
・</td><td>表2の項目の中から，選択してルールの内容を表現する</td></tr>
<tr><td>土地利用の制限に関する事項</td><td></td><td></td></tr>
</table>

する事例もある。国土交通省によると，2007年3月時点での有効な建築協定の数は，全国で約2,800地区であるとされている。

(2) 地区計画

①地区計画の概要

都市計画法では，「地区計画等」として，地区計画のほかに，**防災街区整備地区計画**，歴史的風致維持向上地区計画，沿道地区計画，集落地区計画を定めることができるとしている。国土交通省によると，2013年3月時点での地区計画等の策定数は，全国で約6,500地区，面積は全国の市街化区域面積の合計の10%を超える約152千haに及んでいる。以下では，主に「地区計画」について解説する。

地区計画は，地区スケールの将来市街地像を描き，これに即して地区施設（道路，公園，緑地など）の配置及び規模，建築物の用途・形態など（用途，建蔽率の最高限度，容積率の最高・最低限度，敷地面積・建築面積の最低限度，壁面の位置の制限，壁面後退区域の工作物の設置の制限，形態・意匠，緑化率の最低限度など）の制限を，一体的かつ詳細に規定し実現していくための制度である。既述の通り，1980年の都市計画法改正で位置付けられたもので，用途地域制および開発許可制度や**建築確認**制度の狭間を補完し，当時の無秩序な市街化の進行を背景として，良好な市街地環境を形成・維持するために創設されたものである。

また，市町村主体で決定できる都市計画であり，市町村マスタープランや用途地域等よりも具体的かつ詳細に将来市街地像を規定し，秩序ある開発行為や建築等を規制誘導することができる。市町村マスタープランの地域別構想の具体的な実現手法のひとつとしても用いられる。

②制度創設時の意図と緩和型地区計画の登場

この制度が創設された時には，地区計画は都市計画で定められている規制内容を強化し，地区の住環境を守ることが目的とされていた。現在でもこの考え方が基本であるといえる。

しかし，社会経済状況の変化により，1980年代以降，国の規制を緩和して民間が自由に事業をできるような市場主導型に転換する流れが強まり，都市計画や都市開発の分野でも規制緩和が行われ，民間活力の導入が進んだ。そのような流れの中で，1988年の「再開発地区計画」（現在は，住宅地高度利用地区計画と統合して「**再開発等促進区を定める地区計画**」）を皮切りにして，以降，用途，容積率，建蔽率，斜線制限などの一般規制を緩和することも可能な地区計画の特例が次々と創設される。**誘導容積型地区計画**，**街並み誘導型地区計画**，**用途別容積型地区計画**などである。

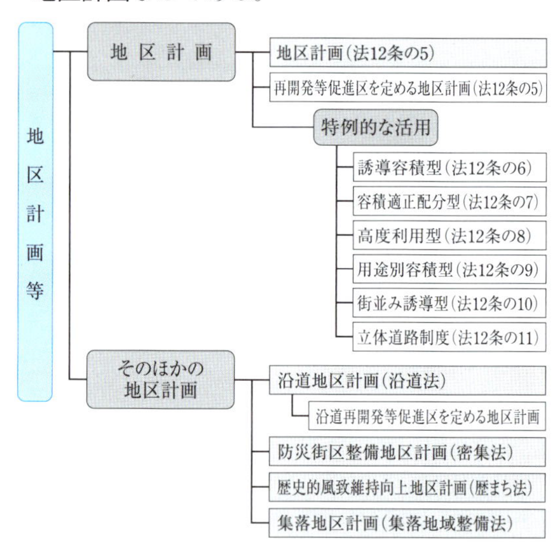

図5・1　地区計画の種類

③地区計画が用いられる様々な文脈

地区の住環境を守る

計画的に開発された戸建て住宅地などで，開発当初の空間や良好な環境を維持するために用いられる。アパートや店舗などの用途を制限したり，**事例5-1**のように，敷地の細分化を防止するために，敷地面積の最低限度を定めたりする事例が多く見られる。

歴史的な市街地を保全・継承する

都市計画法や建築基準法が制定される以前に形成された歴史を有する市街地では，現在の規制内容に合っておらず，それを無理に合わせようとすると，その地区の歴史・文化が継承できなくなる。特に，狭隘な路地で構成される地区などでは，現行法制度に合わせて道路拡幅すると，これまでその地区にはぐくまれてきた歴史的景観が継承できなくなる。こうした地区では，街並み誘導型地区計画などを活用して，路地の景観や雰囲気を守りながら，地区住環境の改善，災害時の安全性向上などを図る試みがなされている。

密集市街地の改善を図る

密集市街地を改善して，災害時の安全性を高めることは，東京のような大都市では急務である。一方で，現在住んでいる住民が立ち退くことなく，そこに住み続けられる「居住の継続性」を確保することも重要である。土地区画整理事業や都市計画道路事業などの事業を実施する方法に比べて，計画した将来像の実現までに時間がかかるが，地区計画の中に不足している道路や公園などの地区施設を位置付け，建て替えに合わせて密集市街地の改善が緩やかに進む方法を採っている地区も多い。**事例5-2**のような一般的な地区計画を用いる他に，誘導容積型地区計画や街並み誘導型地区計画を活用する場合もある。よりスピーディに将来像を実現する必要がある地区では，防災街区整備地区計画を用いる方法も採られる。

魅力的な商店街を創出する

全国各地で商店街が衰退してきている。これは都市計画的な問題ばかりではなく，むしろネット通販の普及などによる購買行動の変化や，個人商店の後継者不足といった問題のほうが大きいといえる。商業的な魅力に加えて，空間としての魅力も持った商店街を形成するために地区計画を活用する場合がある。歩行者（買い物客）がゆったり歩くことのできる空間を確保するために，1階部分の外壁後退を規定した**事例5-3**は有名であるが，この事例では，その他にも1階部分の用途の制限を加えて，住宅になってしまうことや商店街にとって好ましくない業種が出店することを防ぎ，商店街の魅力の維持・向上につなげている。

再開発などで良好な都市空間を創出する

一体的かつ総合的な再開発等を行う際には，主に再開発等促進区を定める地区計画を活用する。これにより，**事例5-4**のように，地区内のオープン・スペースや街路などの公共施設整備を担保したり，段階的な整備をしながらも当初計画の空間イメージが実現できるように用途の制限や容積率制限を規定したりすることで，良好な開発を誘導することを可能としている。

（3）その他の地区スケールの諸制度

ここまでに解説した建築基準法に基づく建築協定や，都市計画法等に基づく地区計画等の他に，景観法に基づく景観地区の指定・景観協定の締結（①），都市緑地法に基づく緑地協定の締結（②）などの法に位置付けられた仕組みや，地方自治体の条例に基づく仕組み（③），住民等による任意の仕組み（④）について概説する。

①景観地区・景観協定

景観法に基づく景観計画が定められた区域よりも，より積極的に良好な景観形成を誘導しようとする地区には，都市計画として「景観地区」を指定することができる。景観地区では，建築物の高さ，壁面の位置などの規制項目を設定することができる。また，住民間のルールとして景観協定を締結することにより，ソフト面までをも含めた景観に関わる項目を定めることができる。

②緑地協定

都市緑地法の中で，地域の良好な環境を確保するために，全員合意により緑地の保全又は緑化に関する協定を締結することができるものとしている。協定の中では，保全又は植栽する樹木等の種類や場所，保全又は設置する垣又は柵の構造，管理に関する事項を定めることができる。協定は市町村長が認可して発効し，有効期間も協定で定めるが，一般的には5～30年で設定する。

③条例に基づくまちづくり計画

2000年4月の地方分権一括法の施行に伴い，まちづくり分野でも条例制定の動きが加速した。いわゆる「まちづくり条例」で規定している内容は，自治体によって千差万別ではあるが，市町村が認定した「まちづくり協議会」などが中心となって，将来の目標・方針を地区住民の中で共有したり，地区の将来像を描いて計画を策定したり，さらにそれを実現するためのルールをつくって，計画と合わせて提案したりすることができる仕組みが条例で位置付けられている。こうして提案された計画やルールが市町村長に認定されると，条例で位置付けられた計画やルールとなり，基本的にこれに沿っていない建築物は建てられないことになる。

こうした条例に基づく計画やルールを，法律で位置付けられている前述の「地区計画」策定のための中間段階と位置付けているまちづくり条例も多い。

④任意の協定や憲章

ここで言う「任意の協定」とは，地区のまちづくりに関する合意事項を協定として定めるもので，これは民間どうしの契約事項である。申し合わせ，環境協定，住民協定，街並み協定，まちづくり協定等，名称は様々である。こうした名称に，住民の意図や思いが込められている場合もある。当事者間の合意に基づいて成立するものであり，地域の独自性を反映したルールをつくるこが可能である。民間どうしの契約であるため，違反した建築物に対してそれを取り締まる力は弱いが，手続きは比較的簡単で，まちづくりのあり方について周知を図る方法としては有効であるといえる。**事例5-3**の中で紹介している「元町通り街づくり協定」は，この一例である。

また，地区の将来像あるいは基本的なまちづくりへの姿勢を宣言するものとして，住民憲章やまちづくり憲章などと呼ばれるものもある。これは，まちづくり活動の初期の段階で発する宣言であり，ここから具体的な将来像の議論などが始まっていくスタート地点であると位置付けられる。

こうした任意の協定や憲章にも，建築協定の一人協定と同様に，郊外の戸建て住宅地などの開発・分譲時に開発者側が住宅地の価値を高めるために，あらかじめ協定や憲章を定めた上で販売しているものが見られる。

以上，様々な地区スケールの計画・ルールを紹介してきたが，これらのルールは，単独で用いられる場合もあれば，複数のルールを組み合わせて運用する場合もある。重要なのは，住民の多くが参加して，自分たちのまちの将来像を議論し，それを実現していくためにはどのようなルールが必要であるかを，十分に考え議論することである。それがあって初めて，どの手法を用いるのが適切であるかを決めることができるのであり，決して「手法ありき」で議論するべきではない。

5・3 地区スケールの計画・ルールづくりのプロセス

地区スケールの計画をつくり，それを前項で紹介したような制度を用いてルール化する場合，住民の参加を得ながら進めて，合意形成していくことが求められる。

第一段階としては，地区の現状を把握して，資源と課題を整理する。それをもとに地区の将来像の検討をしながら，目標を定めていく。第二段階としては，目標を実現するためにやるべきことを具体的に議論していく。これによって，具体的な将来像を明確にすることができる。最後の段階として，この将来像を実現するために各種制度を用いたルールに落とし込む。必要に応じて，行政と連携しながら土地区画整理事業や市街地再開発事業，道路事業などの各種の整備事業へと進めて，将来像の実現を図っていく。

こうした各段階を進めるためには，ワークショップを開催したり，アンケート調査や意向調査を実施したりしながら，合意形成を進めていく。段階を踏むごとにより具体的になっていくため，参加への意識も高まると同時に，合意形成が難しくなることもある。住民どうしだけでは難しいこともあり，その際には，行政の支援により専門家派遣をしてもらい，助言してもらいながら進めることも有効である。

将来像を共有して，ルール化できたとしても，地区のまちづくりはそれで終わりではない。地区の状況は経年的に変化していく。一度つくったルールを変更することは難しいかもしれないが，時代に合わせて地区の将来像やルールの見直しを行い，より良いものに更新していくことも必要であろう。

5･4 地区スケールのルールのメリットと限界

地区のまちづくりは，基本的にはその地区に住んだり，土地や建物に関わる権利を持ったりしている市民が担っていくものである。しかし，全国各地で地区の高齢化は進み，まちづくりの担い手不足も深刻な状況となっている。「地区のルールを地区計画としてしまえば地元の手を離れるから助かる」といった声も，最近しばしば聞くことがある。果たしてそうであろうか。地区計画を定めても，地区の変化に応じて地区計画を変更する必要もあるだろうし，何よりそうしたニーズに最初に気づくのは地元の住民のはずである。まちづくり活動の継続性は重要である。地元住民だけで難しければ，行政の支援や専門家とのコラボレーションも検討してみると良い。「継続は力なり」であり，災害発生時などもこうした日常的な活動が継続していることが力を発揮する。

また，まちづくり条例の運用事例などを見てみると，合意形成の方法や数的な目安の問題も顕在化しつつある。まちづくりに限らず，賛成・反対を明確にしない人は一定の比率でいる。無関心層もその中に含まれる。また，土地や建物の所有者に限定するのか，賃借人も含めるのか，不在地主には誰がどのように連絡を取るのかといった合意率計算の分母の問題も難しい。さらに，最終的に何％以上であれば合意が形成されたと判断するのか。まちづくり条例の中には具体的な数値を規定しているものもあるが，その適切性については，まだこれから議論が必要である。

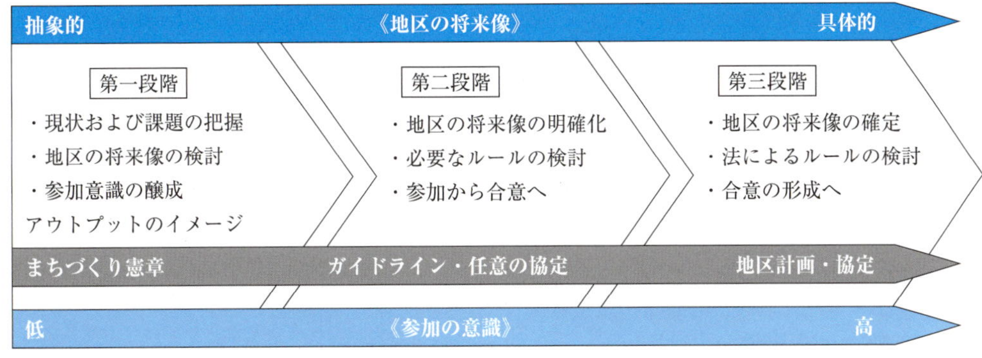

図5･2　地区スケールのルールづくりの展開イメージ

5・5 こんな問題を考えてみよう

(1) 身近なまちで地区計画などの地区スケールの計画・ルールが作られている事例について，どのような内容が定められているかを読み取り，実際にその地区を訪れて，そうした計画・ルールがどのように影響し，反映されているのかを確認してみよう。

(2) 市町村が定めているまちづくり条例の事例を読み込み，自分がそこの市民だった場合に，その条例を活用して，どのようなまちづくり活動ができるのかを考えてみよう。

用語集

用語 1　市街地建築物法

1919 年に定められた現在の建築基準法の前身にあたる法律。同年には都市計画法も定められ，これら 2 つの法律によって，初めて用途地域制が制度化された。また，道路の定義や建築線制度についてもこの法律で定められた。

用語 2　単体規定と集団規定

建築基準法の規定のうち，建築物そのものに関する事項（例えば，構造，設備，防火に関する事項など）を総称して単体規定，建築物と建築物との関係や建築物と敷地との関係に関する事項（例えば，容積率，建蔽率，斜線制限，日影規制，敷地規模など）の総称を集団規定と呼ぶことがある。

用語 3　建築確認

建築物の新築，増改築，大規模修繕や模様替え，用途変更をする際（規模によって要・不要がある）には，設計図書を付して建築主事に建築確認を申請しなければならない。申請を受けた建築主事は，建築基準法等に合っていることを確認し，工事に着手する前に確認済証を交付する。

以前は地方自治体の建築主事のみがこの業務にあたっていたが，1999 年の改正建築基準法の施行によって，指定確認検査機関（民間確認機関）に属する建築基準適合判定資格者（いわゆる民間主事）が同等の権限を持って，審査，確認を行うことができるようになった。近年では，地方自治体の建築主事が扱う建築確認は，全体の 1 割程度となっている。

用語 4　特定行政庁

建築確認や違反建築物の是正命令など，建築行政全般を司る行政機関。一般に，建築主事を置く市町村の区域では，当該市町村長のことで，その他の市町村の区域については都道府県知事のことを指す。

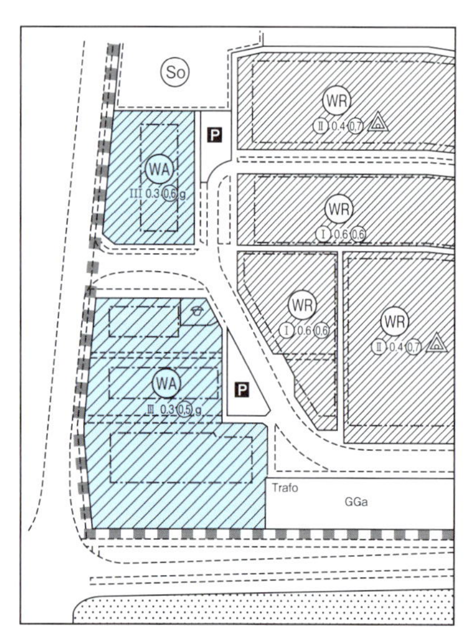

図 5・3　B プランの例
（[出典] H. W. E. Davies：Planning Control in Western Europe，HMSO，1987）
川上光彦「都市計画　第 3 版」（森北出版）

用語 5　B プラン

（ドイツの地区詳細計画，Bebauungsplan の略）

日本で地区計画制度をつくる際にモデルにしたものといわれている。土地利用計画（F プラン，Flachennutzungsplan の略）の方針に従って，それを実現するための地区ごとの計画を描き，建築物の用途制限や密度制限などを定めるもの。市町村が議会の議決を経て決められるもので，これに沿っていない建築物は原則として建てられない。

用語 6　地区整備計画

地区計画は，表 5・3 に示すように，区域の整備・開発及び保全に関する方針，地区整備計画の 2 つで構成される。このうちの地区整備計画には，道路や公園などの地区施設の配置及び規模，建築物等に関する事項，土地利用の制限に関する事項から，その地区に必要な事項を定める。これは，地区計画の目標・方針を実現するための，より具体的な方策であるといえる。特に，建築物等に関する事項などは，区市町村の建築制限条例に定めることによって，建築基準法の建築確認でもチェックされ，より確実に制限内容を実現していくことが可能となる。

用語7　防災街区整備地区計画

都市計画法及び密集市街地における防災街区の整備の促進に関する法律（密集法）に位置付けられている地区計画。地震・火災の発生時に，延焼防止機能や避難路確保などが十分ではない密集市街地に適用して，道路などの公共施設を速やかに整備し，地区の防災性能を向上させ，健全な土地利用を図ることを目的とする。

延焼防止と避難経路の安全性を確保するため，建築物の開口率の最低限度や高さの最低限度を定めることができる。

用語8　再開発等促進区を定める地区計画

都市計画法に位置付けられている地区計画のひとつ。まとまった低・未利用地など相当程度の広さの区域で，円滑な土地利用転換を推進し，土地の合理的かつ健全な高度利用と都市機能増進を図ることを目的としている。

この制度を用いて，**事例5-4**のように一体的かつ総合的な市街地の再開発（または開発）を実施すべき区域を定め，地区内の公共施設整備と併せて，建築物の用途，容積率等の制限を緩和することにより，良好なプロジェクトを誘導する。

主に再開発事業地区において用いられていた再開発地区計画と，主に低・未利用地において，合理的かつ健全な高度利用をなされた良好な中高層住宅地を開発整備する際に用いられた住宅地高度利用地区計画が，2002年に統合された制度である。

用語9　誘導容積型地区計画

都市計画法に位置付けられている地区計画のひとつ。主に道路などの公共施設が未整備の区域において，暫定的に適用する低い容積率（暫定容積率）とその地区の特性に応じた目標となるより高い容積率（目標容積率）の二段階の容積率を定め，道路などの公共施設の整備の進捗状況に応じて目標容積率まで使用可能とする。これによって，道路などの公共施設の整備を促進し，同時に土地の有効利用を可能としていく。通常の

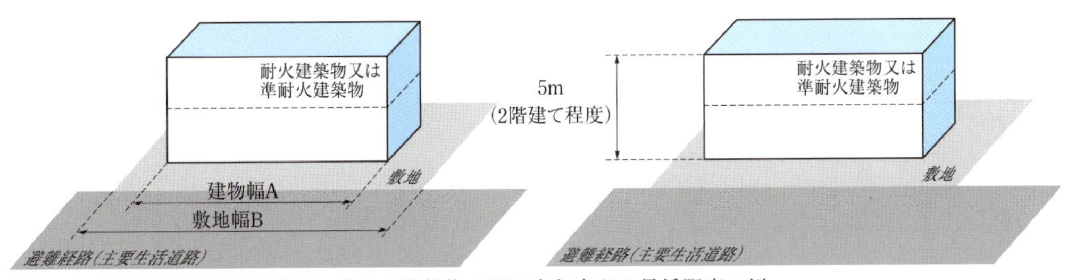

図5・4　防災街区整備地区計画に定める建築物の開口率と高さの最低限度の例（北区HPより）

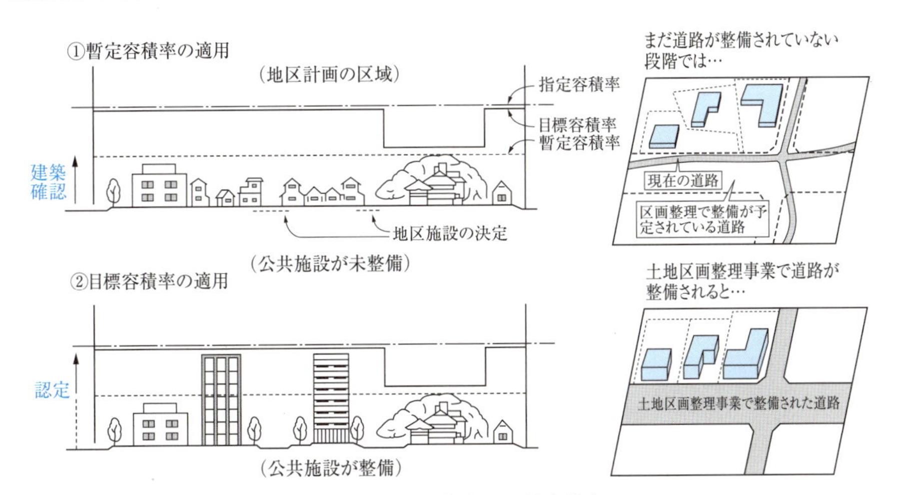

図5・5　誘導容積型地区計画に定める暫定容積率と目標容積率

建築確認では暫定容積率までしか建てられないが，特定行政庁が建築計画を認定することで，目標容積率までの建築が可能となる。

用語 10　街並み誘導型地区計画

都市計画法に位置付けられている地区計画のひとつ。地区整備計画で建築物の壁面の位置の制限や高さの最高限度，容積率の最高限度などを定め，さらに地区計画建築条例でそれらを定めた場合，特定行政庁が一定の条件で認定した建築物について，前面道路幅員による容積率制限と斜線制限の適用を除外することができる。

これにより，建築物の壁面の位置や高さなどを一定の範囲内に誘導し，土地の有効利用を可能にするとともに，良好な街並みを形成することが可能となる。

用語 11　用途別容積型地区計画

都市計画法に位置付けられている地区計画のひとつ。地区の特性に応じた合理的な土地利用を促進するため，特に住宅立地を誘導するために用いられる。図に例示するように，住宅用途とする容積率に応じて，全体の容積率の最高限度を緩和する規定をつけることができ

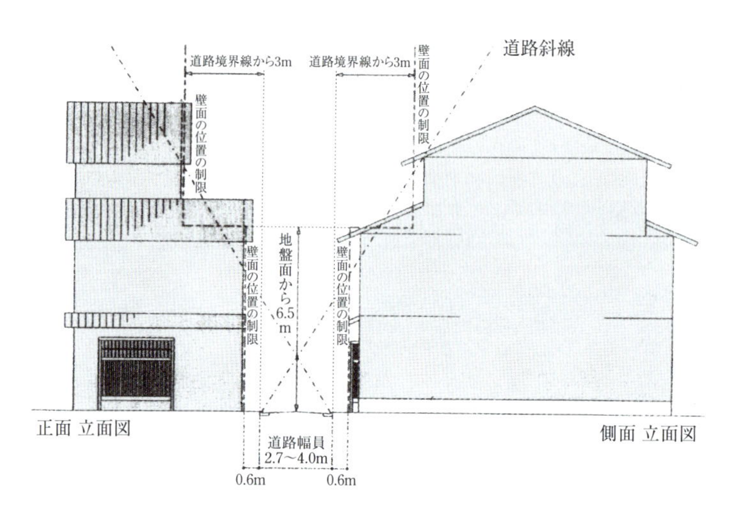

図 5・6　京都市祇園南側地区街並み誘導型地区計画の例（国土技術政策総合研究所資料 No.368 より）

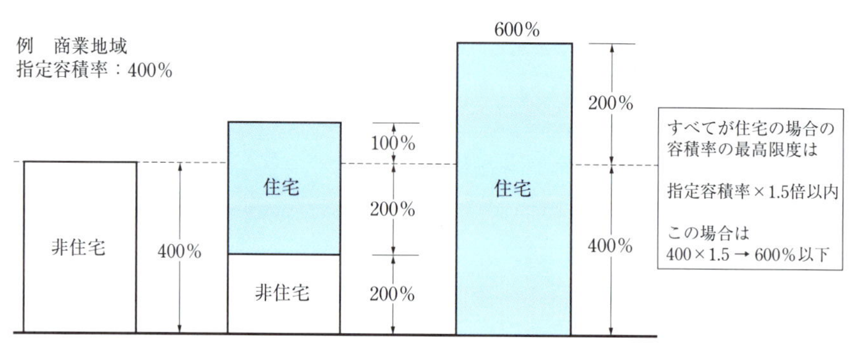

一般的な算定方法

$U/N+R/H \leqq 1$　かつ　$A=U+R$

U：住宅以外の用途に供する部分の容積率

R：住宅の用途に供する部分の容積率

N：建築物の用途がすべて非住宅である場合の容積率の最高限度

H：建築物の用途がすべて住宅である場合の容積率の最高限度

A：建築物全体の容積率

図 5・7　用途別容積型地区計画に定める容積率の割増しの例
日本都市計画学会・編
「都市計画マニュアルⅠ〔土地利用編〕地区計画」（丸善）p. 127

る。

この地区計画は1990年につくられたものであり，当時は大都市都心部から住宅がどんどん減少していたという時代背景があった。

そこで，特定行政庁が二項道路に指定した道路に面する敷地では，道路中心線から2m後退したところに道路境界線があると見なして，建築行為を可能としている。

用語12　二項道路

建築基準法第42条第2項に定めれれていることから，このように呼ばれている。

建築基準法では，幅員4m以上ないと道路とは扱われないが，特に建築基準法施行以前から市街化した地区では，4m幅員に満たない道が多くある。4m未満の幅員では建築物を建築することができないことから，建て替え・更新が進まないことになり，災害時の危険性や居住環境が改善されない。

用語13　三項道路

建築基準法第42項第3項に定められていることから，このように呼ばれている。

土地の状況によって，4m幅員すら確保できない場合に，特定行政庁は道路中心線から2m未満1.35m以上（つまり，道路幅員としては4m未満2.7m以上）の範囲内で道路を指定することができる。これによって，道路中心線からの後退距離が少なくてすむことになる。

事例5・1　地区の住環境を守る：小田原市城山地区

住宅市街地の住環境は，いつ，どのような形で壊されるかはわからない。そのために，自分たちの意志と地域の活動によって守っていくことは重要である。小田原市城山地区は，小田原城に近接する高台にある落ち着いたたたずまいの住宅地である。近隣に高層マンション建設計画が持ち上がったことなどをきっかけとして，地区住民が地区の住環境を維持・保全するためにまちづくりの活動をスタートし，話し合いを重ねて，住民の多数の同意を取りつけて，小田原市に地区計画案を提出した。いわゆる都市計画提案制度（都市計画法第21条の2）を活用したもので，その後，市が正式に地区計画として決定している。

活動は，徐々に広がっていき，当該地区では，城山三丁目地区地区計画（2期に分けて決定），緑城山地区地区計画が決定されている。

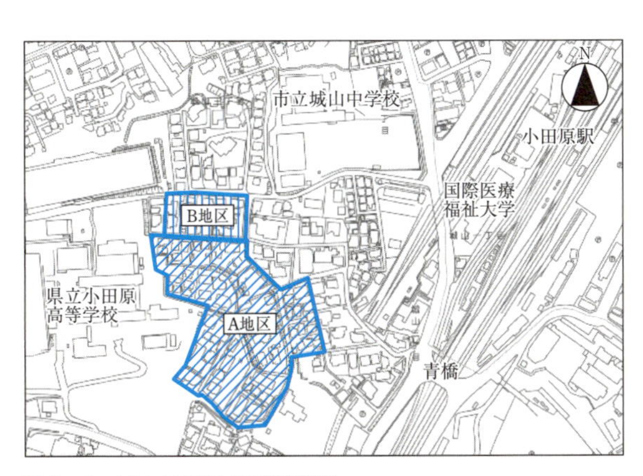

図5・8　城山三丁目地区概要図
（小田原市HPより）

図5・9　城山三丁目住宅地の様子

事例５・２　密集市街地の改善を図る：東京都中野区平和の森公園周辺地区

密集市街地の改善にあたって，単に不燃化や道路拡幅を推進するだけではなく，住み続けられる住環境を実現しながら，防災性能を高めて，地区中央部の公園に広域避難場所としての機能を付与するべく，1993年11月に決定された地区計画である。用途地域の変更で一部容積率等を緩和して，地区計画で部分的に強化する方法を採っている。また，不燃建築物への建替えを促進するために，地区計画に加えて，密集系の補助事業も適用している。

現在であれば，街並み誘導型地区計画や防災街区整備地区計画などを活用することができる事例ではあるが，当時まだそうした制度がなかったため，一般的な地区計画を用いている。

密集市街地では，新設の地区施設道路を実現するのは極めて難しいが，この地区では２路線ができあがっている。

防災街区整備地区計画の事例としては，同区内に南台一・二丁目地区防災街区整備地区計画の事例がある。

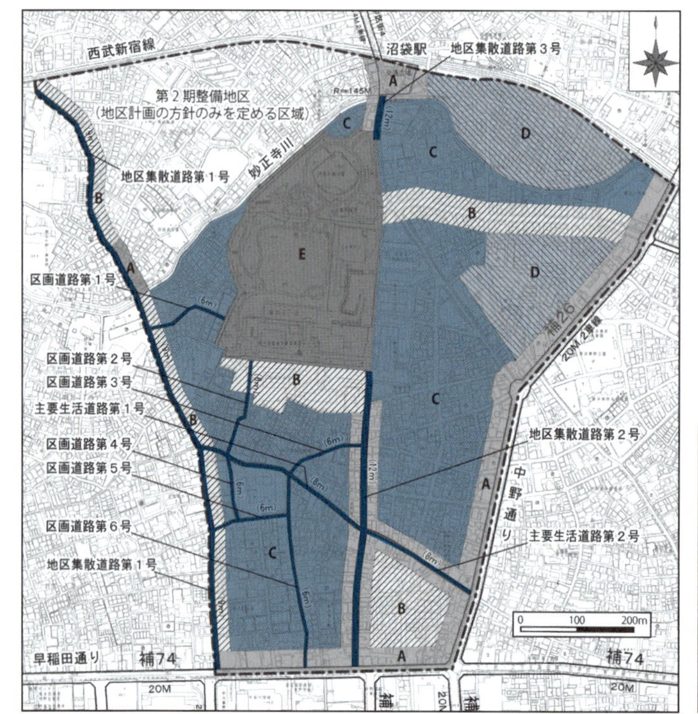

図５・10　平和の森公園周辺地区地区計画　計画概要図（中野区HPより）

図５・11　区画道路第１号（新設）

図５・12　区画道路第４号（新設）

事例5・3　魅力的な商店街を創出する：横浜市元町地区

横浜元町通りは，歴史ある商店街として全国的にも有名である。商店街としての歩行者環境向上のために，1955年に通り沿いの店舗の1階部分の壁面線を指定した。この時の取り組みが現在も「元町通り街づくり協定」などに継承されて，快適な商店街空間を維持している。元町地区地区計画では，こうした建物形態には言及していないが，1階部分に適切な商業用途を誘導するような用途の制限を定めている。また，隣接する元町中通り街並み誘導地区地区計画では，元町通りの一筋山手側の元町仲通り沿道建物の1階部分の壁面後退を規定するとともに，道路斜線制限の緩和と絶対高さ制限の導入という街並み誘導型の特例によって，統一感ある街並みを誘導しようとしている。

このように，元町地区では，地元が先行してつくったまちづくり憲章や街づくり協定に加えて，地区計画を策定し，街づくり協議地区，山手地区景観風致保全区域などにも指定して，それらを運用しながら多面的なまちづくりを展開している。

図5・13　元町商店街の様子

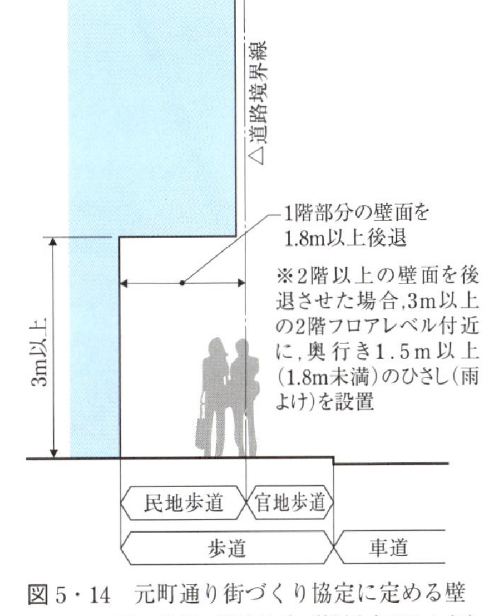

図5・14　元町通り街づくり協定に定める壁面の後退（断面図）（横浜市HPより）

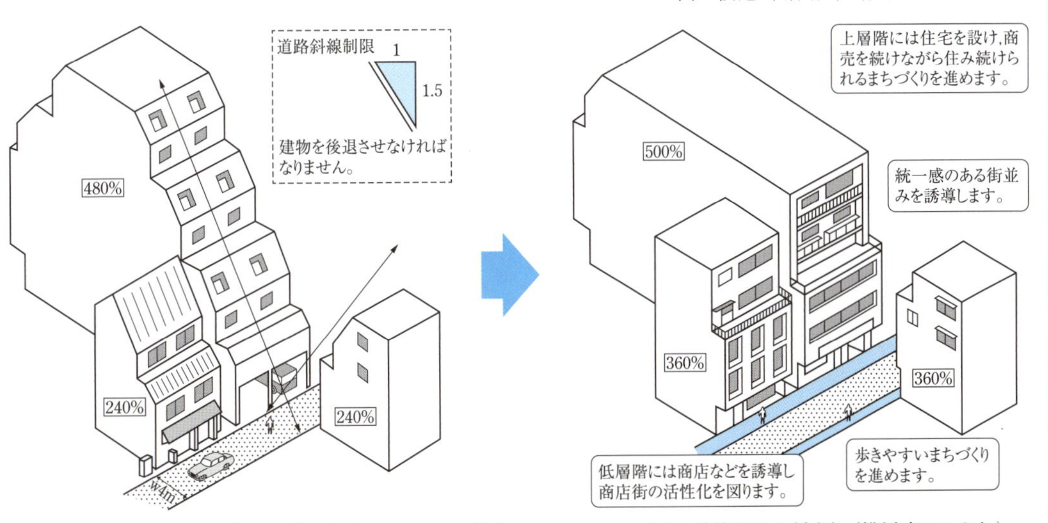

図5・15　元町仲通り街並み誘導地区計画に定める街並みルールの図（道路斜線制限の緩和）（横浜市HPより）

事例５・４　再開発などで良好な都市空間を創出する：東京都新宿区西新宿五丁目

密集市街地を，市街地再開発事業などによって大きくまちを改造することによって，安全でたくさんの人が生活できる空間を創出した事例である。この事例では，西新宿五丁目中央北地区地区計画として，再開発促進区を定める地区計画を活用している。狭小敷地と低層住宅が密集していた地区を不燃化・高度化し，地区計画によって位置づけられた道路，公園などが短期間で整備された。

このタイプの地区計画は，誘導のために用いられるのではなく，再開発事業の絵を描くのと同時並行に策定が進められるのが一般的である。土地の高度利用がひとつの目的とされることから，高さや容積率が大きく緩和されることも多く，周辺地区との調整が難しくなる場合もある。

なお，この地区と隣接する地区においても，市街地再開発事業と地区計画策定が進んでいる。

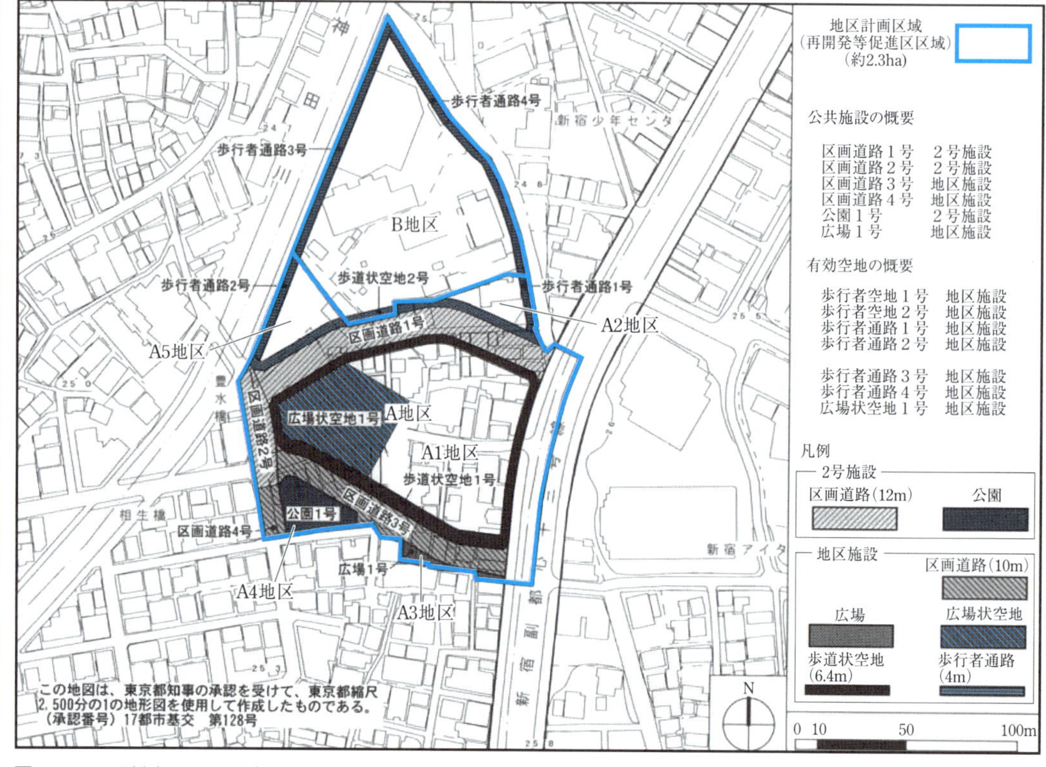

図５・16　西新宿五丁目中央北地区地区計画　地区施設配置図（新宿区 HP より）

図５・17　市街地再開発事業で創出された公園(広場状空地１号)

図５・18　幹線道路沿いの公開空地と店舗

第6章 都市の再生と交通システム

本章では，よりよい都市を作り上げていくために不可欠な交通システムの最新動向と，その背景について解説する。

交通システムは，車・路・ターミナルの3つの要素で成り立っている。「車」は自動車や列車のことを指し，これら「車」に対応する「路」はそれぞれ道路と線路である。道路のうち都市計画法で位置づけられたものを街路という。ターミナルは異なる交通流を接続する施設のことであり，それぞれ駅と交差点である。ヒトやモノが安全・確実に効率的に流動するために，3つの要素を運用する技術手段として施設整備・運用管理・政策導入を考えなければならない。本章で学ぶ事柄もこれら手段のいずれかに位置づけられる。なお，公共交通は簡単に言えば「不特定多数の人が利用する交通システム」のことであり，その反対は私的交通と呼ばれる。

第二次世界大戦後，私的交通が飛躍的に増加するモータリゼーション現象が先進国で見られ，都市のかたちに大きく影響を与えてきた。モータリゼーションは世界中で都市を急速に郊外化し，これがさらに一層のモータリゼーションを引き起こした。その結果，富裕層が郊外に流出し，多くの先進国の都心部は急速に衰退し，一方で自家用車を持てない貧困層が都心部に居住し，犯罪の多い市街地へと変貌した。

その反省から，20世紀後半になって，よりよい都市のかたちづくりのために重要な概念やアイデアが提案されている。6・1では，街路上で自動車の力を弱めて歩行者や自転車の立場を強固にし，魅力ある都市空間を創出するための取り組みを解説する。6・2では，駅などの交通拠点地区を高質化して，ヒトやモノのより高度な交流を実現する取り組みを解説する。6・3では，都市の無秩序な拡大を防止し，環境負荷の小さい都市構造を実現するための，公共交通を優先しつつもバランスのとれた交通体系を実現する動きを解説する。6・4では都市交通の計画技術について解説する。

6・1 街路からの都市づくりと再生

(1) 街路の歩行安全性確保の考え方

モータリゼーションの進行は，例えば多摩ニュータウンのようなニュータウン等の計画的街区において，ラドバーン（Radburn）方式と呼ばれる自動車と歩行者の動線を分離する歩車分離型のネットワークを生み出した。

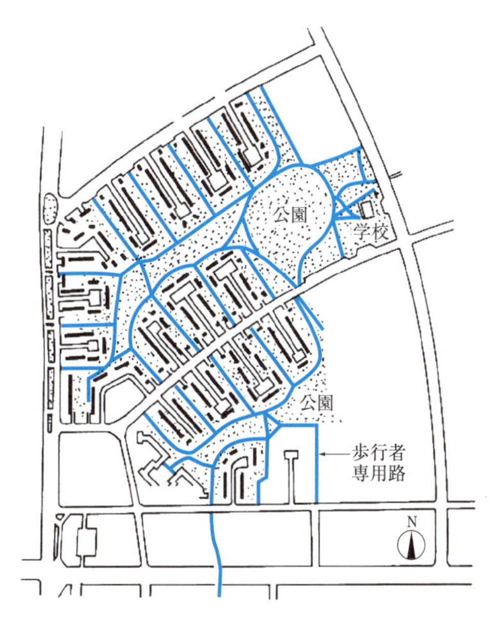

図6・1 ラドバーン方式の例
歩行者専用道が張り巡らされ，歩行者が車道を通過することなく地区内や地区外への移動が可能となっている。

しかし，両者の動線を完全に分離することで，防犯や利便性の問題も生じた。最近では住宅街路でも自動車を受け入れ，居住者の利便性を確保するとともに，設計上・運用上の工夫で自動車を低速走行させて歩行者の安全性を高める歩車共存型の街路が主流となっている。オランダのデルフトで適用された「ボンエルフ」(Woonerf) はその代表例である。

ヨーロッパ都市の歩車共存型街路ネットワークでは，地区全体で最高速度を規制し，併せて流入自動車交通を物理的に抑制するようなゾーン型規制が，1990 年代から多く実施されるようになった。日本の住区内道路では，幹線道路の渋滞を回避する車両が多く入り込むことにより，交通事故が世界的に見て多い。そのため 1990 年代後半から，通行方向規制と街路構造改良を組み合わせた面的交通安全対策事業を実施してきたが，合意形成や費用の面で普及が進まなかった。そこで現在は速度規制を柱とするゾーン 30 が取り組まれている。

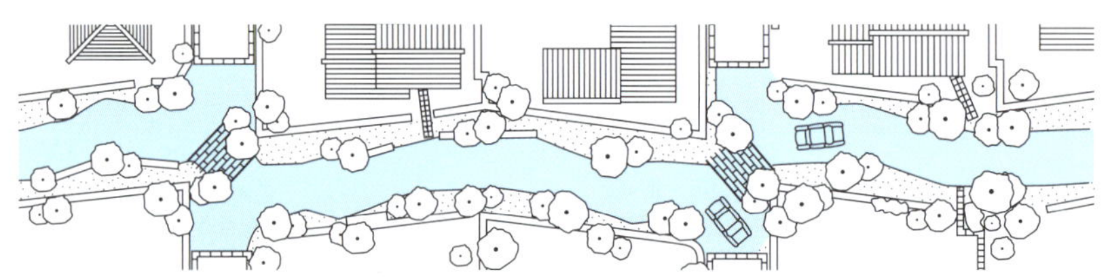

図 6・2　ボンエルフの例　　車道をわざと屈曲させ，障害物を設置するなど，車両の走行速度が低くなるような設計上の工夫がなされている。

(2) 都市における自転車利用の新たな展開

自転車は古くから都市交通の一翼を担ってきたが，その拡がりは限定的であった。しかし，環境や健康への関心から，世界中で都市の自転車利用が爆発的拡がりを見せている。

欧米の都市は，自転車の交通機関分担率が概して高くはないが，それでも，街路上に自転車専用通行空間を積極的に導入し始めている。幅員に余裕がある都市内幹線道路では，歩道や車道と完全に分離した自転車専用通行空間を導入する事例が多々みられる。さらには，自転車空間を相互に接続してネットワーク化したり，自転車の高速・長距離利用のための Bicycle Highway を導入したりする事例も登場している。いずれも，自転車を主要利用交通機関として積極的に位置付ける都市交通政策に基づいている。

一方，日本では，自転車の交通機関分担率は概して高い状況が続いてきたにもかかわらず，都市内街路の幅員が十分に確保できない場合が多く，自転車専用通行空間の整備は十分に進んでこなかった。加えて，自転車の通行位置に関するルールが徹底されてこなかったため，自転車と歩行者が歩道上で高密に混在するような運用を強いられてきた箇所が多い。この問題に対して，将来的には完全分離の専用空間化を目指しつつも，高幅員の歩道の一部を自転車通行空間化したり，車道の端にカラーマーキングを施したりするような暫定的対応がなされている。

図 6・3　自転車専用通行空間とライドシェアシステムの例（イギリス・ロンドン）
歩道や車道と物理的に分離された自転車専用通行空間が積極的に導入され始めている。併せて，街中には多数のサイクルポートが設置され，ICT をベースとした貸出・料金収受システムを通じて，レンタルサイクルを気軽に安価に利用することができる。

(3) 自動車優先の見直しによる商業地区活性化

日本では，モータリゼーションの進行によ

り，都市郊外の幹線道路沿いに大規模な駐車場を有する大規模商業施設が立地した。逆に，駐車場を十分に供給できない既存都心部の商業地区は，相対的に魅力が低下し，来訪客数が徐々に減少した結果，多くの商店が廃業した。

一方，ヨーロッパの都心商業地では，都心部商店街への自動車乗り入れを極力制限し，道路の歩行者専用化，トランジットモール化等の工夫を行っている。「トランジットモール」とは，商業地区の街路において，自家用車による通行を禁止し，Light Rail Transit（LRT：軌道上を軽量の車両が走行するシステム）やバス・タクシーなどの公共交通だけを通行させることで，歩行回遊性の高い街路環境を実現することを目的とした空間のことである。これに併せて郊外部の土地利用コントロールを厳しくして，大規模施設を立地させない努力も行っている。

日本では，1990年代後半から高齢者を中心として郊外から都心に移住する“都心回帰”現象が見られる。若年世代でも“自動車離れ”により歩いて暮らせる都市への関心が高まっている。そのため，彼らの日常生活を支えるべき都心商店街の再活性化が喫緊の課題となっており，公共交通でのアクセスを容易にするとともに，歩行回遊性を高めることが，都心商店街の魅力向上のために不可欠である。

図6・4　トランジットモールの様子（オーストリア・グラーツ）
歩行者が行き交い，沿道レストランが街路でサービスを提供するすぐ横の空間をLRTが走行する。

(4) 憩いの空間としての街路

道路が持つべき機能は，移動のための交通機能とともに，防災，景観形成，ライフライン（エネルギー，通信，供給処理等の配線・配管類）収容等の機能も備えていなくてはならない。特に，人々の暮らしに楽しみや憩いや癒しを与えてくれる生活機能は重要である。

欧米都市の街路や広場空間において，オープンカフェ，市場，数々のアクティビティーを見ることができ，都市での生活に潤いを実感する。

コラム ●●● ITSによる自動車流入抑制システム

街路やゾーンの歩行環境を改善するために自動車の流入を完全に禁止することは，一般的に合意形成が難しく，物流や公共交通，住民の車両までを禁止することは現実的でない。この場合，これら車両のみの流入を許可するルールを導入すればよいが，その完全な運用は難しく，許可車以外の流入を完全に防ぐことは難しかった。近年，許可車両とボラードが通信し，その接近時にボラードが自動的に路面に収納され，通過後にそれが再度路面からせり上がるライジングボラードがヨーロッパで導入され，許可車両以外の流入を物理的に抑制することが可能となっている。しかし，強行突破を図る車両による重大事故とシステムの故障のリスクがあり，日本では弾力性素材を使ったソフトライジングボラードが提案され，新潟市古町商店街を始め，複数地区で実運用されている。

図6・5　ライジングボラードの様子（イギリス・ケンブリッジ）
許可車両が接近するとボラードが自動的に路面に収納される．中心市街地への自動車の流入を物理的に抑制する。

アジア諸都市においても，計画的意図はないが，街路に露店や飲食屋台が数多く営業しており，市民の憩いと交流の場となっている。

日本の街路空間は，交通機能の充実がより重視されており，生活機能はほとんど顧みられてこなかった。街路上で商店の営業活動は原則禁止であったが，2003年に規制を緩和し，全国でオープンカフェの社会実験が実施された。2011年には道路占用許可の特例制度が登場し，オープンカフェの設置基準の緩和や路上イベントの許可取得の容易化が図られている。

図6・6 街路空間での店舗利用の様子（イタリア・ローマ）
ちょっとした街路でもレストランが街路にテーブルを置いて営業している。

(5) 駐車・荷捌き需要のマネジメント

商店街や商業地区を運営していくためには，商品を搬入するための物流車両等の一定の自動車需要は想定しなければならない。

この場合，駐車をどこで許可するかが問題となる。日本では，商業系用途では商業施設の規模や立地に応じて駐車・荷捌きスペース（附置義務駐車施設）を提供する義務を負う。近年開業した大規模商業施設は大規模な駐車場を併設しており，大店立地法による附置義務への対応だけでなく集客も目的とする。なお，欧米ではオフィス用途や住宅用途でも駐車場の附置が義務づけられていることが多い。

しかし，商店街の小規模店舗は，駐車・荷捌きスペースを用意するほどの床面積を有さず，その結果，商店街には十分な駐車スペースがないことが多い。荷捌きスペースを共同で整備しても，使い勝手が悪く機能しない。そのため，短時間の路上駐車に対する需要が必然的に高い。

日本の都市内道路でも，円滑性や安全性を損なわない箇所であれば，パーキングメーター形式の路上駐車場が設置されていることがある。しかし，現行の駐車場法では，路上駐車場は路外駐車場が整備されるまで暫定的に許可されるという位置付けであり，積極的に展開する方向にはない。一方で路外駐車場は，空き地が一時的に駐車場として利用され，およそ計画的ではないが数量的には増加傾向にある。

この状況で2006年道路交通法が改正され，路上駐車の取り締まりがより強化された。幹線道路での路上駐車は渋滞や交通事故の原因となり，積極的に規制すべきであるが，商店街等の非幹線道路では低速走行を強制した上で，街路構造を工夫して駐車スペースを一定数設け，荷捌きや配送のための短時間駐車需要に対応していくなど，メリハリのある施策が必要である。

6・2 交通拠点を核とした都市づくりと再生

(1) 鉄道駅の再生とまちづくり

鉄道駅は都市の重要な“顔”である。多くの人々が行き交う空間であり，都市の活力を体現する代表的な施設である。

ヨーロッパ諸都市での鉄道駅は，歴史的に元の城壁の外側に作られることが多かったため，鉄道駅は中心部からは遠くなり，鉄道駅を中心に都市を開発する動機に乏しかった。一方，日本の諸都市では私鉄を中心にターミナル駅に百貨店を併設するなどの都市開発が多く実施された。

日本のような鉄道駅を中心とした都市開発が，世界でも注目されるようになった。1970

年代のパリのレ・アル地区における商業施設と公園と駅の一体開発は代表例の一つである。日本では京都駅の駅舎と商業施設等の一体開発，東京駅丸の内側の駅舎復元と駅前広場再整備が代表例である。

かつて，発着駅近辺に大規模な操車場を設置することが鉄道運営に不可欠であった。しかし，近年のモータリゼーション化で物流構造の変化により，その多くがその役割を終えた。大都市中心部の操車場跡地は，ターミナル駅に近接しているため，大規模な都市開発地区として高いポテンシャルを発揮することになった。東京では汐留や品川，さいたま新都心，大阪では梅田がその代表例である。

図6・7　復元された東京駅駅舎
東京駅開業100周年に向けて，建設当時の姿に復元された。駅舎上空の開発権は広場を挟んだ高層ビルに移転され，その収益を事業費に充てる工夫がなされた。

(2) 港湾空間を活用したまちづくり

近年，国際物流ではコンテナ化が進み，その船がますます巨大化し，世界の港湾は，それに対応するためにコンテナ船が接岸するコンテナバースの水深を深くする必要に迫られている。旧港湾地区の機能を，大水深バースを有する新港湾地区へとそっくり移転するような動きも盛んに見られる。こうして空いた空間は，都市再開発地区としての高いポテンシャルをもつ。オランダのロッテルダム港やロンドン・ドックランズの港湾地区での都市再開発が代表例である。

日本でも，かつては横浜港や神戸港は世界一，二を争う取扱量を誇っていたが，近年は中国，韓国，台湾の港湾の台頭と，大深度バース整備の遅れにより競争力が低下している。この流れと並行して，港湾地区に立地する工業も世界的な産業構造の転換とともに衰退を余儀なくされ，都市的利用への転換の可能性が模索されようとしている。

図6・8　旧港湾地区の都市開発事例（イギリス・ロンドン）
かつての埠頭上にホテルや集合住宅が開発されている。荷揚げ用のクレーンはモニュメントとして残されている。

コラム ●●● 日本の駅前広場整備の事情

鉄道駅とその周辺との間の人々の移動は，バス，自家用車，自転車，徒歩，タクシーなど，多様な交通手段がある。これら特性の異なる交通機関と鉄道との乗り継ぎを円滑にするために駅前広場が欠かせない。日本では，戦後に駅前広場の整備にかかる費用を鉄道事業者と都市が一定の割合で負担する世界的にもめずらしい制度を導入した。

駅前広場は利用客数の予測値に応じてその必要面積を算定するルールがある。しかし，物理的に必要面積を確保できない場合には，例えば仙台駅のようにペデストリアンデッキを設置して二層構造とする場合もある。また，郊外を中心として戸建て住宅の多い東急田園都市線の駅前広場では，送迎自家用車を円滑に処理するためのKiss & Ride施設が備わっているところが多い。

従来にない大規模駅前広場の整備事例が新宿駅に登場した。甲州街道のJR線跨線橋を耐震化するとともにその南側に人工地盤を作り，その上に歩行者空間，長距離バスターミナル，タクシー乗降場の3層構造の駅前広場と商業施設が整備され，新宿の新たな玄関口として機能している。

6・3 持続可能な都市構造と交通システム

(1) 都市内における交通機関の機能分担

都市の交通システムを合理的に計画し，効率的に運営していくために，各交通機関がどの距離帯や輸送密度を最も得意としているか理解することが重要である。

鉄道や地下鉄は大量の乗客を遠くまで短時間で輸送できるが，その整備費用は莫大であり，沿線人口密度が高くないと事業が成立しない。一方自動車は1台当たりの乗車人数がたかだか1.5人程度で数十メートルの道路区間を占有するため輸送密度は低くなる。利用距離は近距離から遠距離まで幅広い。バスは鉄道と自動車の中間的な位置を占める。徒歩は非常に短い距離でさまざまな輸送密度をカバーする。二輪車は徒歩よりは長い距離の輸送を担うが，高い輸送密度は期待できない。一時は輸送密度が中程度より上で近距離から短距離をカバーする適切な交通機関がなかったが，1970年代以降に登場した新交通システムがその役割を担うことになった。近年登場したLRTやBus Rapid Transit (BRT) は，バスと新交通システムの中間的な利用者密度とトリップ距離をカバーする。

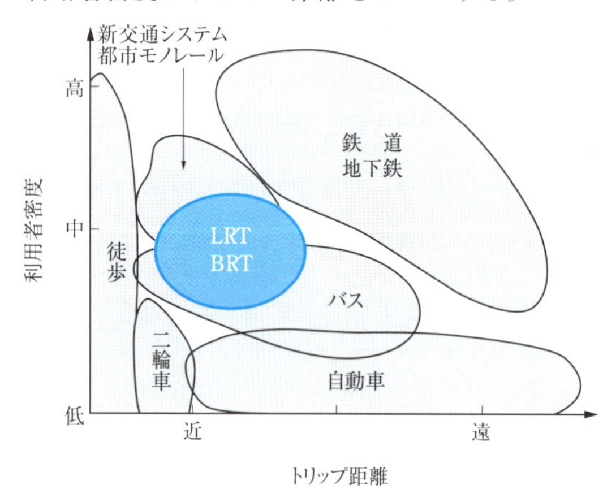

図6・9　都市における交通機関の守備範囲

これは先進国の一般的な状況であり，開発途上国の大都市では，二輪車への過度の依存やパラトランジットの存在など，事情が大きく異なる。

図6・10　LRTの整備事例（フランス・ニース）

車両技術の発展に伴い，都市景観上重要な区間については，架線を排除し，蓄電池による走行を可能としている。鉄輪ではなくゴムタイヤで走行するタイプも登場した。

(2) 公共交通指向型都市開発とコンパクトシティ

1993年にピーター・カルソープ (Peter Calthorpe) が公共交通指向型都市開発 (transit oriented development：TOD) の概念を提唱した。これは，公共交通のターミナル付近で高密度の都市開発を行い，これらの拠点と都心を相互に連結するような考え方であり，自動車に大きく依存しない都市構造を実現できる。開発の軸線を明示し，そこに鉄道等の大量高速輸送機関を整備し，各駅では極力徒歩圏内で高密居住をさせ，スプロールを防止する発想である。

ロサンゼルスなど米国の都市の多くは極度に自動車に依存した低密度な都市構造である。近年急速に発展しているアジア諸国の大都市も，軌道系輸送機関の整備が本格化する前に自動車やオートバイが急速に普及し，郊外のスプロール的開発と，低い道路密度に起因する深刻な交通渋滞に苦しんでいる。

一方，東京は鉄道が都市を成長させた世界的にもまれな都市である。明治時代以降，私鉄が都心と郊外を結ぶ鉄道路線を開設し，同時に沿線の宅地開発を行い，東京の圏域の拡大に大きく寄与した。第二次世界大戦後，近郊ではニュータウン開発が積極的に行われてきたが，沿線の住宅地開発と並行して鉄道路線を建設しており，これもTODの先行例である。これらの事実が，東京が世界的に見て人口当たりの私的交通機関エネルギー消費量が他の先進国都市に比べて小さい理由である。

日本の地方都市ではコンパクトシティの概念が脚光を浴びており，主として公共交通の軸線上に人口と都市機能を集約して，公共交通を優先した歩いて暮らせるまちづくりへの関心が高まっている。例えば，富山市はこの考え方に基づいて2006年に日本初のLRTを開業した。

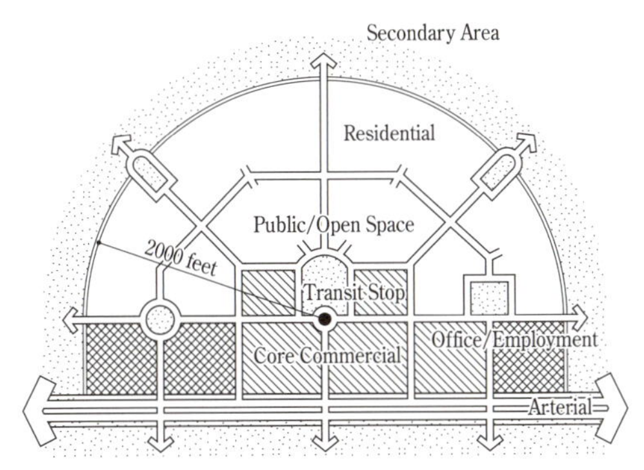

図6・11　TODの概念図
Calthorpeの著作“The Next American Metropolis Ecology, Community and the American Dream”で紹介されている。

(3) 地域公共交通の活性化

地域の様々なステークホルダーの移動権を担保するために公共交通の充実は欠かせない。特に高齢化が高度に進行した地域では，地域の足としてその維持が喫緊の課題である。

かつて，地域公共交通事業は強い規制に守られていたが，非競争環境下でのサービス悪化が問題となり，1990年頃から世界各国で民営化や規制緩和が進んできた。それでも地域公共交通は“儲からない”のが常識であり，例えばヨーロッパの多くの都市では，地域公共交通の提供は地方自治体の責務と捉え，一定の補助金支給を前提として，定められたサービス水準を確保できる事業者を入札により選定している。

一方，日本では，事業者ベースで独立採算性を確保することが求められ，不採算路線は主として採算路線との間の内部補助の中で維持されてきた。しかし，2000年の規制緩和政策により不採算路線からの撤退が容易になると，市民生活に影響の大きい不採算路線については，行政からの補助金による委託運行が行われるようになった。多くの自治体では，行政担当者，交通事業者，住民代表者により構成する，地方公共交通会議や協議会を組織し，公共交通のサービス水準や，路線網計画について協議を行っている。その後，2007年に地域公共交通活性化再生法が制定され，まちづくりと連携した路線網形成の計画が制度化された。

(4) 都市における道路ネットワーク形成

健全な都市成長のためには公共交通とともに道路ネットワークの形成も同様に重要である。

コラム ●●● バスネットワークによるTOD

TODを実現するためには，軸線の交通機関として鉄道が絶対に必要というわけではなく，バスも立派に候補になりうる。その代表例はブラジルのクリティーバ市である。

最近では，軌道の敷設がいらないBus Rapid Transit（BRT）というような新たな交通システムも登場している。BRTはLRTと比べて都市軸の変化に柔軟に対応できる強みを持ち，今後の都市における中量輸送機関の主役となるかもしれない。

図6・12　クリティーバのバスシステム
（写真：横浜国立大学　中村文彦教授）
都市軸を形成する幹線道路の中央部にバス専用軌道を設置し，連接バスが走行している。

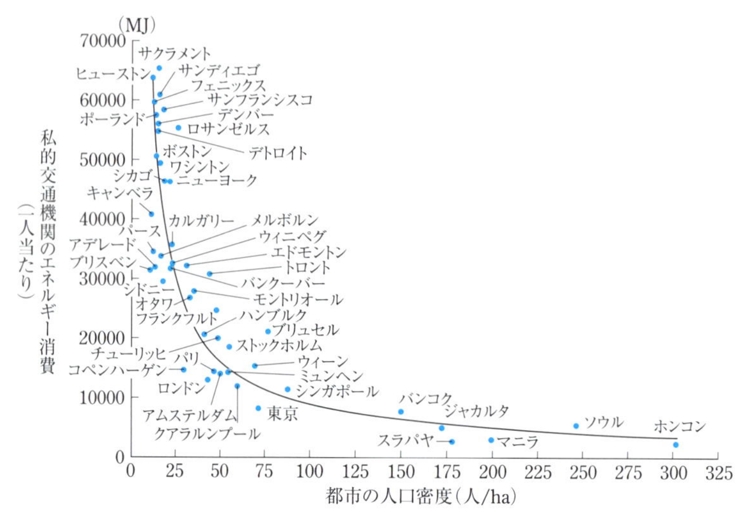

図6・13　人口密度と交通エネルギー消費の関係

Katie Williams 編 "Archiving Sustainable Urban Form", E & FN SPON 2000 より引用。高密居住が大量輸送機関の供用を可能とし，必然的に交通エネルギー消費量が飛躍的に減少する。

道路のネットワーク構造としては，放射環状型，格子型，ラダー（梯子）型等がある。東京を含め，世界の大都市は，放射環状型であることが多い。郊外と都市中心部を多数の放射線で接続した結果，中心部での交通渋滞が激化して，中心部に用のない交通を迂回させるために環状線を後で整備してきた。

大阪，京都のような歴史都市，札幌のような計画都市は格子型の場合が多い。単純で分かりやすいが，道路間で役割分担が不明確になる欠点がある。なお，日本の大都市や米国では都心部まで高速道路が直結しているが，欧州では高速道路は都市の外延部や環状高速道路の部分まで供用され，都心部と直接接続されていない。

道路ネットワークの構成で注意すべきことは，各道路の持つべき機能を明確にして，これらを効果的に組み合わせることである。住区内や商業地内の道路は，速度や利便性を犠牲にして安全性を確保しなければならない。これらの地区から発生した需要を補助幹線道路（コレクター道路）に集めて，大量の需要が高速かつ快適に移動できる幹線道路や高速道路へと導く。残念ながら，日本の都市内の道路は，幹線道路でも生活道路的な機能を有していたり，バイパスの沿道に大規模商業施設が立地し駐車場待ちの行列を発生させたり，幹線道路での渋滞を避ける車が住区内道路へと入り込み交通事故を引き起こしたりしている。一方，英国等ではバイパスはきちんと都市の外縁部に建設され，都市間の幹線道路沿いには施設立地が制限されている。

6・4 都市交通システムの計画技術

(1) 市民参加型の交通計画手法

交通システムづくりは，まちづくりと比べて受益者が不特定多数で広範に分布する。一方で，交通システムは迷惑施設であり，それが整備される近隣コミュニティーでは，常に生活環境の悪化が問題となる。すなわち，受益者と被害者の対立が深刻となり，計画策定に当たっては，いかにこのような対立を解消していくかが実務的な課題となる。

幹線交通施設の計画策定では，その公益性からより受益者を重視せざるを得ないのが実態である。このときに用いられる手法がパブリック・インボルブメント（public involvement：PI）である。これは，中長期間で受益者が広範に渡る交通施設整備事業において，行政主導のもとに施設近隣コミュニティーや利用者などの利害関係者の意見を取り込んで議論を尽くした上で，計画・事業案を策定していく一連のプロセスのことである。米国のインターステートハイウェイやパリの環状高速道路 A86 号線の計画・整備に活用され，日本でも東京外かく環状道路の大泉～砧区間の都市計画変更・事業化手続など，多くの幹線道路整備事業で用いられた。

また，近年盛んに実施されている市民参加型の交通計画手法として，社会実験がある。これは，社会的に大きな影響を与える可能性のある施策を導入する場合，市民による参加を前提として，場所や期間を限定して，事前にそれを試行・評価する仕組みである。2002 年に道路の補助事業として実施されており，これまでに，観光地の交通渋滞対策，商業地のトランジットモール化，街路のオープンカフェ化，荷捌き空間の創出，有料道路の通行料金割引，舟運活性化プロジェクトなどが取り組まれてきている。

(2) 交通需要予測手法

都市圏での交通システムの計画では，都市圏の人口規模・分布と交通機関の機能分担を考慮して，最も費用対効果が大きい交通機関の組み合わせと，そのネットワーク形状を考えることが重要である。交通システムの整備費用を極力押さえつつ，その利便性を向上させるために，交通システムの利用数をできるだけ正確に予測することが需要予測の目的となる。

1950 年代に米国シカゴ都市圏の交通調査において「四段階推定法」（four-step modeling）が用いられたのが，交通需要予測技術の最初の導入事例である。四段階推定法では，ヒトやモノの移動を「出発の決定」，「目的地の決定」，「交通機関の決定」，「経路の決定」の 4 つの決定段階に分割し，それぞれ計量モデルを構築する。現況や過去の需要パターンからモデルを構築して，将来（＝予測年次）時点の人口などの社会経済変数をモデルに入力して将来交通需要を推計する。推計のデータとして，パーソントリップ調査が用いられることが多い。

なお，将来の社会・技術環境が現況のそれを著しく異なる場合は，分析精度が低下することに注意が必要である。特に，将来予定する都市・人口構造が実現しない場合には，交通需要の実績値と予測値に大幅な乖離が生じるため，あらかじめ，予測値に幅を持たせておくなどの工夫が必要となる。

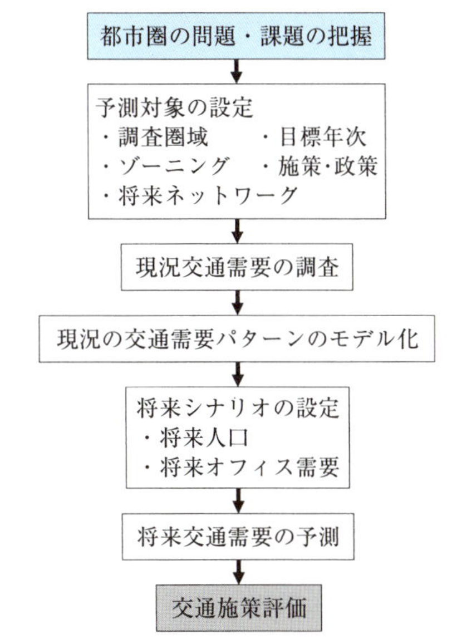

図 6・14　交通需要予測の流れ
実際には複雑な解析作業であり，優に数年間掛かる。

(3) 都市交通プロジェクトの環境影響評価手法

大規模な交通プロジェクトは，その周辺環境に大きな影響を与えるため，その影響の程度を事前に調査・予測・評価することを法律で義務づけている国は多い。

日本では，環境影響評価法に基づき，環境影響評価（environmental impact assessment：EIA）を実施している。プロジェクトの実施者自体が環境影響評価を実施するため，評価結果の客観性に対する批判が強く，さらに，環境基準を満たさない場合には対策措置を課すものの，事業自体を中止する拘束力を持たない。また，あくまで個別事業に対する評価であって，他の関連事業を含めた総合的な評価は実施されない。そのため，上位の計画段階から実施の有無を含めた総合的評価を実施する「戦略的環境アセスメント」（strategic environmental assessment：SEA）の制度化が提唱されている。

大規模な集客施設整備が実施されると，そこを発着する巨大な交通需要が周辺交通システムに大きな負荷をかける。交通インパクトアセスメント（traffic impact assessment：TIA）の役割は，開発による交通負荷を定量的，定性的に把握し，駐車場の配置と運用，接続道路対策，周辺交差点の信号対策等の必要な対策を講じることである。

米国と韓国では，厳格な土地利用規制を通じて，交通マスタープランの段階で交通負荷を制御するとともに，施設単体のTIAにも力を入れている。日本では，規制緩和により開発の自由度が相対的に高い一方で，概して周辺街路ネットワークが貧弱であることが多く，施設周辺の交通負荷が常に問題となっている。TIAとしては，大規模開発地区周辺での公安委員会による先行的な対策，交通計画マニュアルの策定，大規模店舗立地法における交通対策の法的根拠の提示が行われている。

本章では都市再生にかかわる交通システム整備の動向と計画技術の現状を解説してきた。取り扱った内容の多くは，自動車に過度に依存しない，ヒトが復権を果たすための地域・都市の実現を目指す一連の体系に位置付けられると言ってよい。もちろん，すべての移動需要を公共交通で賄うことは幻想であるが，近年はICT技術の進展によりシェアライドのような準公共交通的なサービスが世界中で登場するなど，公共交通の概念が変化する可能性がある。地域では限られた車両とドライバーを上手に運用するために，貨客混載といった従来にない発想が登場しつつある。さらに，今後期待される電気自動車技術や自動運転技術の進展は，都市や地域の交通システム体系に圧倒的な進化をもたらし，都市や地域の構造自体を変革する可能性を秘めている。グローバリゼーションやダイバーシティの進行に対応するためのユニバーサルデザイン等の取り組みや，観光振興への貢献など，依然として残された課題も多い。読者の積極的な研究への参入を期待したい。

6·5 こんな問題を考えてみよう

1）あなたが住んでいる街やよく行く街で，どこに歩行者や自転車の優先空間を導入すると魅力的な空間となるか？

2）あなたが住んでいる街をよりコンパクトに作り替えていくために，どのような交通システムが必要か？

用語集

用語1　派生需要と本源需要

交通による移動はそれ自身が目的ではないのが普通であり，目的地での活動目的に付随して移動が発生することから，派生需要（derived demand）と言う。一方，ドライブやクルーズトレインのように移動自体にも目的がある場合は本源需要（elemental demand）と言う。前者は移動の速達性，安全性，信頼性がより重視され，後者は快適性やアメニティーがより重視される。

用語2　交通整備財源

交通インフラ整備に掛かる費用は「受益者負担」が原則である。整備には巨額の費用が掛かるため，近年では民間資金調達による整備事例も登場しているが，公的資金への依存は相変わらず大きい。

受益者が不特定多数に及ぶ都市内街路や一般道路については，税金を用いることが一般的である。日本では登録，燃料，保有，車重に課せられる税金がその整備原資となっている（道路特定財源制度は2009年に廃止）。一方，有料道路については受益者が利用者に限定されることから，整備費用を料金で回収する。

都市鉄道整備費用は運賃で回収することが原則であ

るが，相対的に建設費用の大きい地下鉄整備，ニュータウンなど都市開発途上地域での先行的路線整備，収益増をもたらさない利便増進対策，などには補助金が提供されている。

用語3　ハンプ

住宅地内の街路ネットワークにおいて，主として横断歩道や無信号交差点の手前で，車両の走行速度を低下させるために設置する凸型の設備のことである。通過時に，乗客や荷物にショックやダメージを与え，騒音を発生させる可能性があり，それらを抑制する形状が研究されてきた。最近では，錯覚現象を応用したイメージハンプも登場している。

用語4　TDM

Travel Demand Managementのことで，交通システムの限られた容量を効率的に利用する考え方の総称である。容量を超えた交通需要が到達すると混雑が発生する。かつては，容量拡大が混雑軽減の主要な手段であったが，それには時間がかかり，かつ容量を拡大してもそれを上回る需要が発生して，混雑がなかなか解消されなかった。この場合，超過需要を非混雑時間帯にシフトさせる施策を実施して需要を平準化させたり，不要不急の移動を避けさせたりすることで，あらゆる時間帯で需要を容量以下にコントロールできれば，追加投資なく交通システムを効率的に運用できる。なお同種の概念として，交通システム利用者への積極的コミュニケーションを通じて社会的に望ましい移動を実現するMobility Management（MM）が登場している。

用語5　ITS

Intelligent Transport Systemsのことで，主として電気通信技術を活用して，ヒトとモノの移動を支援する交通体系のことである。1990年代から登場し始め，交通情報提供や料金収受が既に実装され，現在は自動運転技術の開発が中心課題となっている。車や通信デバイスだけでなく，インフラのITS化も数多く取り組まれている。

用語6　移動円滑化支援

高齢者，障がい者，ベビーカー利用者など，特別に移動支援が必要な交通システム利用者に対して，バリアフリー化の措置を講じることである。民間の交通事業者にとっては，このような措置は費用が掛かる一方で収入が増加する訳ではなく，実施のインセンティブは概して低い。そのため，法律で義務化したり，支援制度を導入したりすることによって，実施を促進している。

用語7　需給調整規制

交通事業は公益性が高く，民間にその運営を任せる場合に，過当競争やサービス水準悪化に陥らないように，事業者の参入や便数を制限してきたことを指す。世界的な規制緩和の流れの中で，これを撤廃したり緩和したりする国は多い。日本でも2000年頃から需給調整規制は原則撤廃された。しかし，観光バスやタクシー事業では，その撤廃による事業環境の悪化や安全性低下への懸念が問題となり，規制強化の方向へと戻っている。

用語8　交通基本法

人々の交通による移動の権利を「交通権」や「移動権」と捉え，それを定義し，かつ保証するための法体系のことであり，世界各国で施行されている。日本では，2013年に「交通政策基本法」施行され，交通の基本理念，計画プロセスなどが法的に位置付けられた。しかし，権利の保障という側面よりは，個々に行われてきた施策の連携・総合化を図るための役割が強い法律となっている。

用語9　パラトランジット

補助的な交通機関のことを指し，主として開発途上国都市で，バスなどの公共交通サービスの供給が限られ，街路幅員が狭いエリアにおいて，小型の乗合車両により公共交通サービスが提供されている。比較的大きな車両では，フィリピンのジプニーが有名で，20人前後の乗車定員を持つ。タイのトゥクトゥクやインドのオートリクシャーなどは，三輪車が用いられている。オートバイタクシーはインドネシアやベトナムで普及しており，近年はICT技術を活用した配車サービスも登場した。

用語10　コミュニティーバス

公共交通空白地域のモビリティを確保するために，自治体等が運営に参画するバスサービスの総称であり，乗客数が大きくない，街路幅員が狭い，起伏があるなどの理由で大型バスによる運行が困難なエリアをカバーするために小型バスが用いられることが多い。自治体が交通事業者に運行を委託していることが多い。

用語11　交通機関分担率

地域内の全移動や地域間の移動について，各交通機関による移動者数を割合で示したものである。大都市えは鉄道の分担率が高くなり，人口密度の低いエリアでは自動車のそれが高くなる傾向にある。

用語12　都市計画道路

都市の基盤的施設となる道路・街路であり，都市計画の手続きを通じてその整備が決定される。都市計画道路は，交通処理機能だけでなく，ライフライン施設の収容機能，災害時の避難や火災の延焼防止のための防災・減災機能，良好な景観やアメニティーを提供する環境保全機能が求められる。高密な都市空間では，計画に位置付けられながら実現できない路線が多数存在し，事業の必要性を定期的に見直す仕組みが導入されている。

用語 13　都市高速道路

ヨーロッパでは都市内に高速道路はなく，米国では通常規格の高速道路がそのまま都市内に乗り入れている。一方日本では，首都高速道路や阪神高速道路など，大都市の大規模な自動車需要に対応するために高密な都市高速道路ネットワークを導入し，都市全体の道路交通容量を高めている。アジアの大都市でも都市高速道路の整備が進んでいる。

用語 14　道路構造令

日本では，道路法の中で道路構造の技術基準を「道路構造令」として定めており，道路の幅員，勾配，曲率等の線形要素の，安全上最低限確保すべき基準を規定している。道路をその立地，格，需要規模に応じて4つの種と5つの級に分類し，種と級に基づいて幅員と設計速度を定め，設計速度に基づいて勾配や曲率を定めている。1957年に制定され，その後順次改定が行われたが，2003年に初めて地域に応じた弾力的な運用の考え方が示された。

用語 15　パーソントリップ調査

都市におけるヒトの一日の動きを，トリップ（次の目的地への移動）に分解し，トリップごとにその出発時刻，利用交通機関，目的地での活動内容などの交通・活動特性情報を得るためのサンプル調査のことである。日本では，人口30万人以上の都市圏においておおむね10年ごとに実施されている。モノの移動を把握する調査として，日本では物資流動調査が行われている．いずれも都市圏の交通需要予測の基礎データとなる。多くの都市で，1日1人当たりの平均トリップ数はおおむね2.5となっている。

用語 16　非集計行動モデル

交通行動に内在する選択行動を離散選択確率モデルとして表現したものであり，コンピュータ処理能力の向上した1990年代頃から交通需要予測手法の中で用いられるようになった。選択肢の効用が確率的に変動する「ランダム効用理論」に則り，変動の確率分布にガンベル分布を仮定すると「ロジットモデル」と呼ばれる操作性の優れたモデルが導出され，実務で幅広く活用されている。

用語 17　費用便益分析

収益と費用を用いた企業会計の考え方のみで実施の是非を判断することに適さない，社会的影響の大きい交通プロジェクトに対応する経済評価手法の一つである。具体的には，プロジェクトの終了年次までに掛かる費用と発生する便益を比較して，その妥当性を評価する。日本では，道路，鉄道，空港などでその実施マニュアルが開発されており，費用は交通システムの建設費，用地費，補償費，維持管理費，除去費などを考慮し，便益は所要時間短縮，移動経費減少，交通事故減少，環境改善を貨幣換算する。便益を正確に計測するためには精度の高い交通需要予測が不可欠となる。

用語 18　成果に基づく交通計画の進捗管理

行政計画に基づく施策実施に公的資金を用いる場合，その投入による効果を示すことが強く求められる時代になっている。交通計画分野は，20世紀末に巨額の建設投資を強く批判されたことから，投入した費用額ではなく，その結果得られた成果により計画・事業を評価する試みを先駆けて実施した。

国全体の交通システム整備計画だけではなく，自治体の都市交通計画の策定でも，成果に基づく計画進捗管理の考え方が浸透し始めている。具体的には，交通計画の最終成果を，複数かつ多様の定量化可能な指標の目標値として設定し，事業進捗管理概念であるPDCAサイクルの考え方に基づき，目標値の達成度合いをモニタリングし，乖離した場合には施策を見直したり，目標値自体を見直したりする仕組みを導入している。

第7章 都市と自然

7・1 都市計画における公園整備・緑地保全の意義

(1) 都市における「自然」の多様性と本質

都市地域の環境を語る際に，樹林，並木，田畑をはじめとする植物などの自然的要素によって被覆されている土地は，一般的に，「緑」，「みどり」，「自然」などで表現されることがある。こうした土地，つまり「都市緑地」は，民有地の庭園・樹林・田畑，都市開発・整備に伴う公開空地，都市施設である公園・緑地等として保全・創出される。しかし，「緑はいやされる」，「緑は大切である」といわれる一方で，都市化の状況下において既存の「都市緑地」は減少していくことも多くある。その結果，例えば都市の温暖化や豪雨を多発させることにもなり，特にゲリラ豪雨は，想定以上の雨量により排水能力が伴わなくなり，様々な障害を発生させる。その原因は，地表面と上空の温度差が約40℃になると発生するともいわれており，この温度差を緩和するためには，今以上に市街地に都市緑地が必要になってくる。

本章では，人々が暮らす都市の計画を行っていく際に欠かすことのできない「都市緑地」の機能と効果，欧米及び日本における「都市緑地」の計画や整備の歴史や考え方を踏まえて，今日の日本における都市緑地計画の重要な柱である「都市公園」(7・5)，「緑の基本計画制度」(7・6) を解説する。

(2)「都市緑地」の効果

「都市緑地」の計画が扱う対象は，個人の庭から，公園・樹林・並木，更には都市の骨格となる丘陵・斜面緑地・河川など，様々なスケールがあり，私たちが生活していく場としてあらゆる場面でかかわってくる。「都市緑地」の機能は大きく二つに大別され，「存在効果」と「利用効果」がある（表7・1)。

表7・1　公園緑地の効果

存在効果	・都市形態規制効果 ・環境衛生的効果 ・防災効果 ・心理的効果 ・経済的効果
利用効果	・心身の健康の維持増進 ・子供の健全な育成 ・競技スポーツ，健康運動の場 ・教養，文化活動等様々な余暇活動の場 ・地域のコミュニティ活動，参加活動の場

「存在効果」のタイプ分けは，文献によってさまざまであるが本質的には同様といえる。ここでは，都市形態規制，環境衛生，防災，心理，経済的効果として整理する。特に近年は経済的効果もニーズが高まってきている。例えば，大規模集合住宅のエントランス周辺や緑豊かな中庭をデザインすることで物件の資産価値を高めたり，総合設計制度によって創出された公開空地において，樹木を植栽したデザインを行い，キッチンカーが入れる広場デザインを行うことで，単に**緑被率**の基準をクリアするだけのため以上の経済効果が期待できる。また，公園内に質の高いカフェやレストランを設置することも積極的に行われるようになってきており，例えば，富山市の環水公園にある外資系コーヒーチェーンのカフェは，当該企業の国内で最も美しい店舗ともいわれている（図7・1)。

図7・1　富山市環水公園のカフェ（中央）

7・2 イギリスにおける狩猟苑の開放による公園の誕生

現在のような「公園（Park）」が誕生したのは，産業革命時のロンドンにさかのぼる。ワットの蒸気機関の発明により，産業システムは大きく転換することになり，都市地域への人口集中や工場からの煤煙などによって，劣悪な都市環境を招く結果となった。

こうした状況の中，ハイドパーク，ケンジントンガーデンズ，セントジェームズパークといった狩猟苑などが市民へ開放された。そして，その後，市民のための利用を当初から想定した公園がつくられていくことになる。1830年代に開園したロンドン市内北部にあるリージェンツパーク，また，1847年のイギリス・リバプールにあるバーケンヘッドパーク（図7・2）は，その代表的公園である。

リージェンツパーク，バーケンヘッドパークは，いずれも都市施設として新設された初期の公園であるが，公園の周辺や敷地内にアパートメントを建設し，受益者負担の考え方によりその売却益を公園整備に当てた点が特徴である。この手法は，日本の公園整備史の初期には導入された事例もあり，例えば，京都の船岡山公園，福岡の大濠公園などにみることができる。

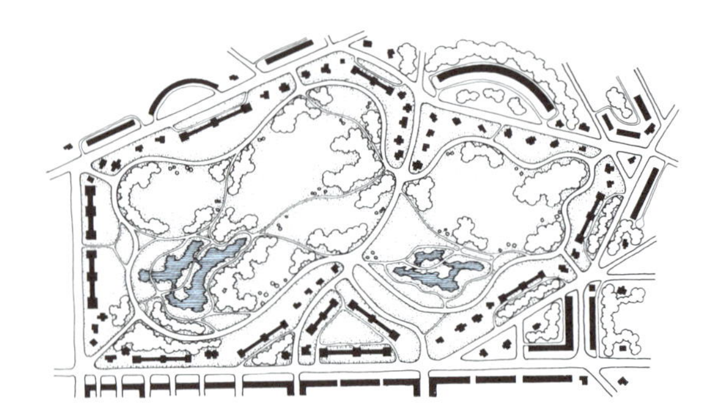

図7・2　バーケンヘッドパーク平面図

7・3 アメリカのパークシステムの展開と大規模公園

アメリカにおける公園のはじまりは，ヨーロッパからの移住によって栄えたボストンの中心部にあるボストンコモンとされており，その後，ボストンでは，公園・緑地や河川がネットワークされた「パークシステム（公園系統）」が形成されていった（図7・3）。ボストンコモンからのプロムナードの先に整備されたバックベイフェン，オルムステッドパーク，アーノルド・アーボリータム，フランクリンパークを整備することにより，樹木と水辺が連続したパークシステムが形成されていき，このボストンのパークシステムは，「エメラルド・ネックレス」と呼ばれている（図7・3）。このパークシステ

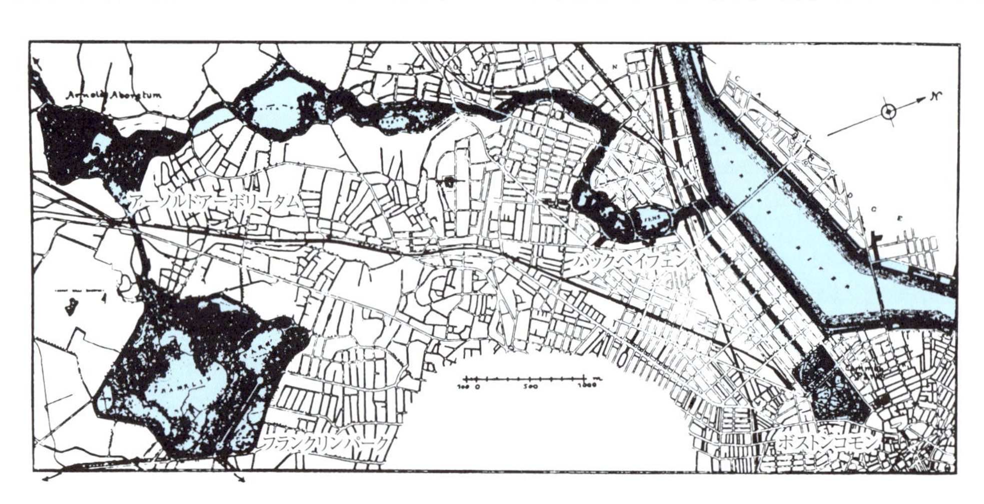

図7・3　ボストンのパークシステム（出典：Sibyl Moholy-Nagy, MATRIX OF MAN; An Illustrated History of Urban Environment, Praeger Publishers. Inc, 1968. に加筆）

ムの成功により，カンザスシティ，シカゴ，フィラデルフィアなど，全米に展開していくが，その機能は，市街地の拡大に対する先行的な自然地の保全，レクリエーションネットワークなど様々である。

一方，都市化が進展する中で，セントラルパーク（ニューヨーク），ジャクソンパーク（シカゴ）などの大規模公園が各地で整備されていった。

7･4　日本における公園整備，緑地保全の歴史

(1)「都市緑地」の歴史的積層性とまちづくり

今日の日本の都市緑地計画の柱である「都市公園」，「緑の基本計画」を効果的に都市づくりに活かすためには，過去の様々な取り組みを理解することが大切である。日本の公園整備や緑地保全の歴史は，明治期から東京をはじめ全国へ展開していった。この意味において，現在の東京に存在する公園・緑地には，歴史的積層性をみることができる。東京は明治期にはすでに世界屈指の大都市であったが，当時，“緑と水の美しい街”であったといわれていた一因でもある六義園，小石川後楽園，浜離宮庭園などの，江戸時代を代表する池泉回遊式の多くの伝統的日本庭園が，今日存在する。

江戸期には火除地，広小路，地方には福島・白河の南湖，または，開国後には函館，横浜，神戸，長崎などの港町には，居留地公園など，「公園」に相当する空間があったが，日本における制度としては，上野公園などのように1873年の明治政府の**太政官布達第16号**によって，これまで市民の行楽の地として親しまれていた場所を“公園”として位置付けたことに始まる。その後，東京の都市建設が急速に進む一方で，そのための法律の整備が求められるようになり，1888年に，「東京市区改正条例」が公布された。そしてこの中で公園計画が合わせて行われた結果，日本初の新設公園である日比谷公園が誕生した。

(2)「神宮の森」づくりと参道整備

大正期は，都市の骨格をなす公園系統，「線」の整備の萌芽期ともいえる。明治天皇崩御の後，神宮造営が行われ，また，これに合わせて明治神宮内苑南端から続く表参道，内苑北端から北西方向への西参道，及び外苑との連絡道路でもある北参道も整備され，これら参道等はその後には風致地区指定がされた（図7・4）。現在，東京の人気スポットのひとつである表参道はこうした背景のもとに創出され，表参道ヒルズ，ケヤキ並木のシルエットをファサードデザインのモチーフにしたTod' s，並木側ファサードを全面的に完全にガラス張りにし，並木景観と一体性のある店舗デザインにしたアップルストアなど，表参道の魅力を高める建築にも影響を与え続けている。

(3) 風致地区制度による「面」としての緑地保全

一方，1919年には，日本初の都市計画法が全国的に施行され，その第十条で**風致地区制度**が創設され，それまでの公園のような「点」としての整備にはなかった地域的広がりのある「面」としての制度が誕生した。

この制度は，地域の自然的条件にめぐまれている土地や歴史的・文化的に意義ある土地を“緑地”として指定し，開発をコントロールしながら地域を育成していくことを目的としている。風致地区制度は，地域制という民有地も含めた地域に，ゆるやかな規制（受忍義務の範囲内の規制）をかけることにより独自性のある緑地環境を形成していくことが特徴といえる。

そのため，指定した地区において居住者や行政をはじめとする地域にかかわる様々な主体により育成していくことにより，制度の実効性をより高めていく制度設計がなされていたといえる。特に名古屋の八事風致地区は，地区指定にとどまらず，コミュニティ育成の組織を設立

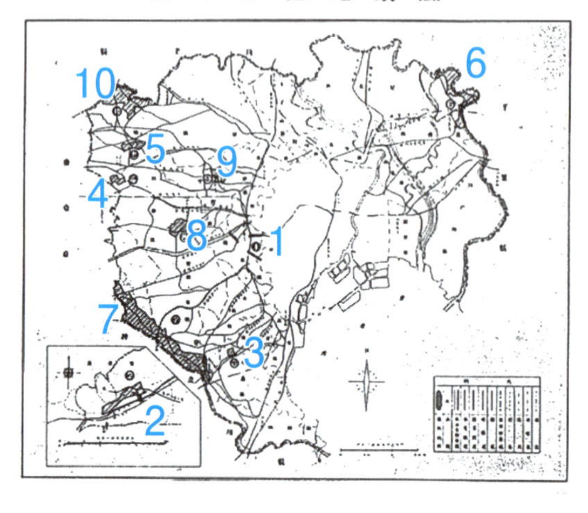

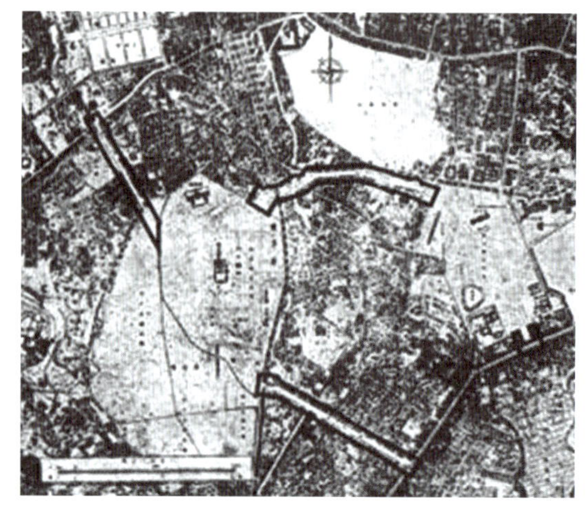

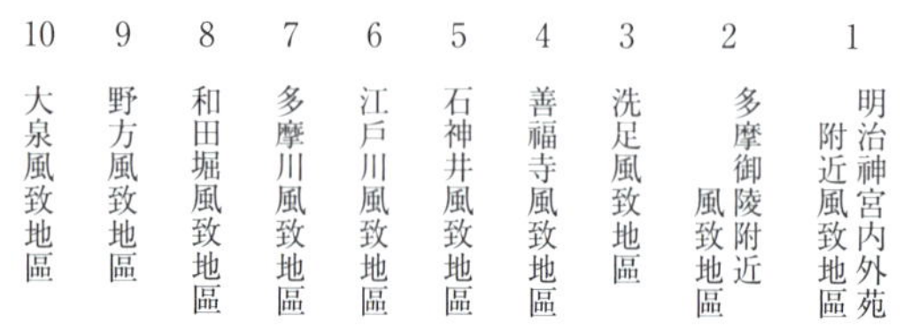

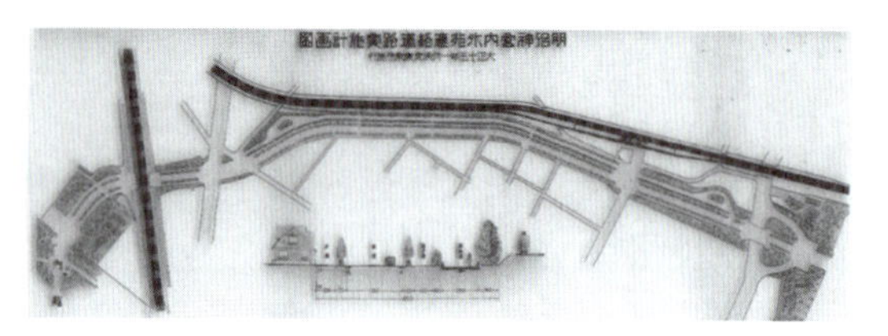

図7・4　明治神宮内外苑附近風致地区の位置図（左），指定区域図（右上），および北参道平面図（右下）

し，池におけるボート場運営などをはじめとする地域経営にも取り組んでいた。この地域づくりを支えた黒谷了太郎，そして，内務省名古屋地方委員会の石川榮耀は，レイモンド・アンウィンとの交流を通じて田園都市論の考え方を風致地区制度に展開していたと見ることができる(図7・5)。石川は，アンウィンとの交流を通じて「ライフ」の重要性を早くから認識しており，例えば目白の自宅に人々が集った「余談亭」にみられるように，早くから行政主導のトップダウン的地域づくりの限界を指摘し，市民からのボトムアップ型の「やわらかい都市計画」の必要性を唱え，これらの両輪による都市計画をイメージしていたとみることができる。

(4) 関東大震災後の震災復興公園と防災機能

大正後期には，公園機能の拡充が図られる出来事がおきている。1923年に発生した関東大震災は，東京の市域の約5割，横浜で約3割を焼失させ，約10万人の命を奪った。この時，公園によって一命を取りとめる防災機能も認識

図7・5　『明日の田園都市』掲載の育成組織概念図

され，震災後に隅田公園，浜町公園，錦糸公園の3大公園と元町公園など52ヶ所の小公園が，横浜では瓦礫を地盤とした山下公園などが建設されていった。特に浜町公園は，公園本体と市街地内の緑道とが一体となった敷地形状をしており，これは市街地からの避難路もあわせて整備している事例として注目すべき点である（図7・6）。また，52ヶ所の小公園は，小学校と併設され，これは，日常的に使っている場所であることが，発災時における避難地としての機能を発揮するという視点でも，また，日常的な地域コミュニティの拠点としての機能をも意図していたという点においても，都市地域における公園の新たなあり方を実現した点でも意味深いといえる。

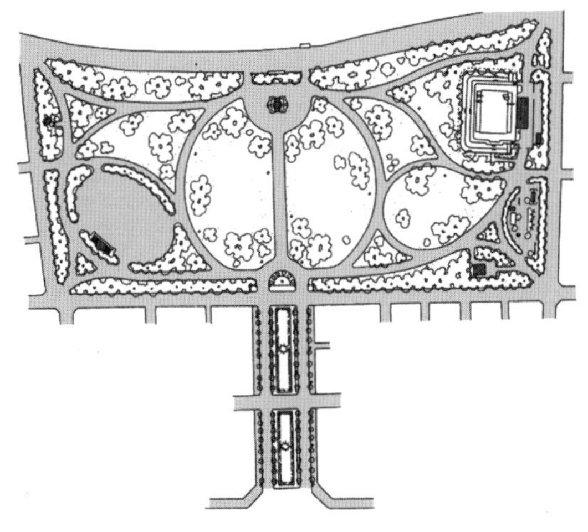

図7・6　浜町公園平面図

(5) 幻の環状緑地計画・東京緑地計画

1924年のアムステルダム国際都市計画会議では，**環状緑地帯（グリーンベルト）**による市街地の外延化抑制が議論されてる。こうした時代の中で東京緑地計画協議会による検討が重ねられ，1939年に「東京緑地計画」が立案された（図7・7）。この計画は，東京を中心とする半径50km圏域の公園・緑地の配置計画であり，特に現在の東京23区のフリンジに緑地帯が環状に位置付けられ，その数箇所から都心へ陥入する楔状の緑地を配置した放射環状型の骨格を，地形や河川などの東京の自然特性を読み込みながら計画していた。また，その緑地帯の要所には現在の水元公園（葛飾区），光が丘公園（練馬区），砧公園（世田谷区）などの大規模公園の原点が計画された。

実際には，この計画は，第二次世界大戦により首都を防衛する高射砲陣地の機能をもつ「防空空地」として指定されることになり，防空機能が必要なくなった戦後は，海外戦地からの引揚者の住宅地，食糧生産地の確保の必要性から，**緑地地域**として，東京緑地計画および防空空地とほぼ同様の範囲指定により継承された。

(6) 高度経済成長期の都市化における都市緑地制度

第二次世界大戦後の高度経済成長期における都市地域の自然環境の消失，風致の崩壊に対する危機感は強く，1965年前後から補償制度をもつ規制が開始されていくことになる。1962年には「**都市の美観風致を維持するための樹木の保存に関する法律**」（**樹木保存法**）が公布され，都市内の一本の樹木でも保存できるようになった。

一方，鎌倉・鶴ヶ岡八幡宮の背後の山林での宅地開発問題（御谷騒動）をきっかけに，「**古都における歴史的風土の保存に関する特別措置法（古都保存法）**」が，また，「首都圏近郊緑地保全法」及び「近畿圏の保全区域の整備に関する法律」を根拠として近郊緑地特別保全地区が創設，そして1973年には「都市緑地保全法」（現在は都市緑地法）による特別緑地保全地区制度が創設されことになった。

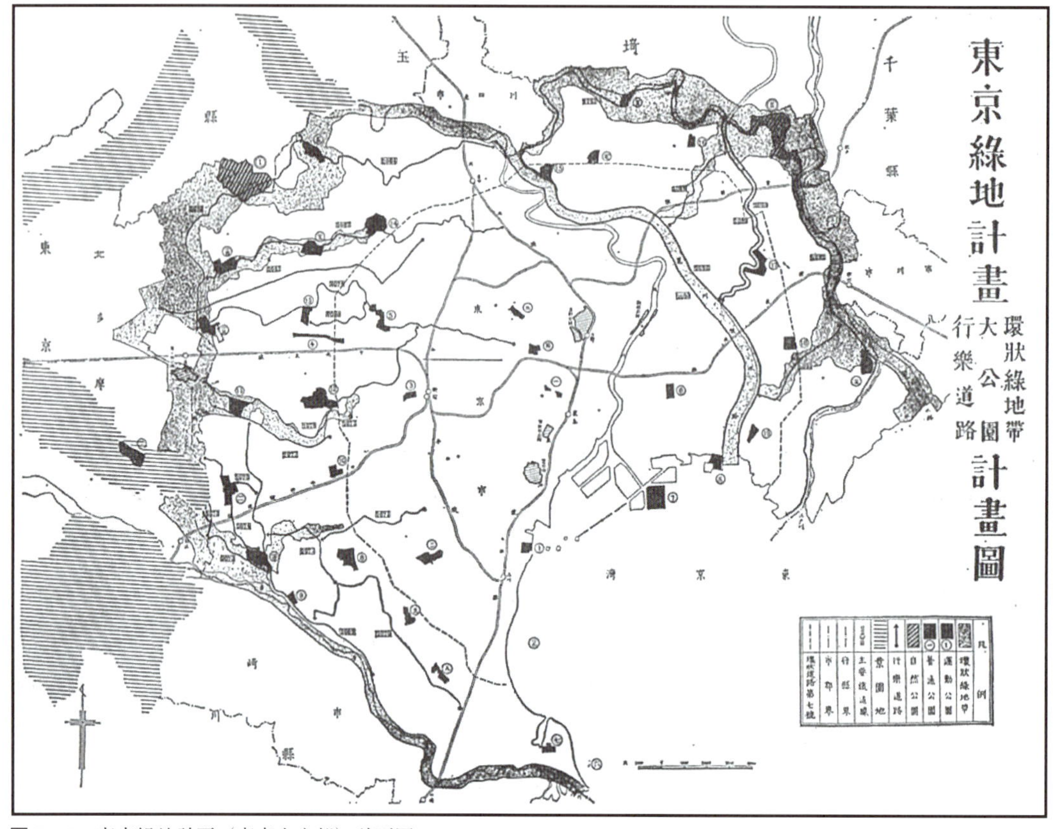

図7・7　東京緑地計画（東京中心部）計画図

7・5 「都市公園」の制度と背景

(1) 都市施設としての「公園」

私たちが日常的に「公園」と呼んでいる空間の制度上の名称は，都市公園法を根拠法とした都市施設としての「都市公園」であり，その敷地はすべて公有地になり，こうした公園を制度上は「営造物公園」と呼ぶが，一方で，国立公園や都道府県立自然公園などのような自然公園は，民有地も含むため「地域制公園」と呼ぶ。街中には「公園」のような空間は他にもある。例えば京都御苑や東京の新宿御苑などは，環境省の「国民公園」，身近にある小さな「児童遊園」は児童福祉法にもとづいており，また，東京・世田谷区にある馬事公苑のように民間施設も存在する。東京湾岸のお台場海浜公園，葛西海浜公園，大井野鳥公園などは，東京都の条例により設置された東京都港湾局所管の「海上公園」であり，「都市公園」とは区別される。

(2) 営造物としての「都市公園」の種別と配置標準

日本の都市における本格的な公園に関する法律は1956年に**都市公園法**が制定されたことにはじまっている。都市施設である都市公園は，市民が公共の福祉を平等に享受できるように，種別が設定され（表7・2），また，配置や面積に関する標準的な考え方がある。ただし，これは実際にはその都市や地域の実情にあわせて設定することになっている。

私たちにとってもっとも身近な「都市公園」は，「住区基幹公園」であり，これは，「街区公園（標準面積 0.25ha，誘致距離 250m）」，「近隣公園（標準面積 2ha，誘致距離 500m」，「地区公園（標準面積 4ha，誘致距離 1000m」によって構成されている（図7・8）。

表7・2　都市公園の種類および種別

種　類	種　別	
住区基幹公園	街区公園	
	近隣公園	
	地区公園	
都市基幹公園	総合公園	
	運動公園	
大規模公園	広域公園	
	レクリエーション都市	
国営公園		
緩衝緑地等	特殊公園	風致公園
		動物公園
		歴史公園など
	緩衝緑地	
	都市緑地	
	緑道	

※近隣公園は，近隣住区当たり1箇所を標準として配置する。近隣住区は，幹線街路等に囲まれたおおむね1km²（面積100ha）の居住単位

都市公園には都道府県や区市町村立のほかに，国が設置する都市公園もあり，特にこれは「国営公園」と呼ぶ。「国営公園」（図7・9）は，都道府県を越える誘致圏を想定した「イ号国営公園」と，記念事業として整備された「ロ号国営公園」とがある。

7・6　都市緑地法を根拠法とした「緑の基本計画」

(1)「都市緑地」の多様性と「緑の基本計画」

7・2，7・3での欧米における公園整備・緑地保全の手法は，日本にも影響を与え，7・4のように時代毎に様々な手法が生み出されてきた。そして今日，これらの手法と7・5の「都市公園」整備を核としながら「都市緑地」を総合的に計画していく手法として「緑の基本計画制度（**都市緑地法**第4条）」がある。

「都市緑地」には，行政所管でいう公園・緑地にとどまらず，例えば住宅の庭，学校の樹木，農地，河川沿いの緑地，街路樹，都市開発地における公開空地の緑地など，様々なタイプが存在し，行政の所管も様々である。こうした多様な「都市緑地」を総合的にその方向性と取組みを位置付けていく「緑の基本計画」は，2016年3月現在，策定済みの自治体は全国で688市町村（策定率50.1%），政令指定都市においては100%の策定状況となっている。

この計画は，多様な「都市緑地」を都市の独自性にあわせてネットワークさせていく計画手

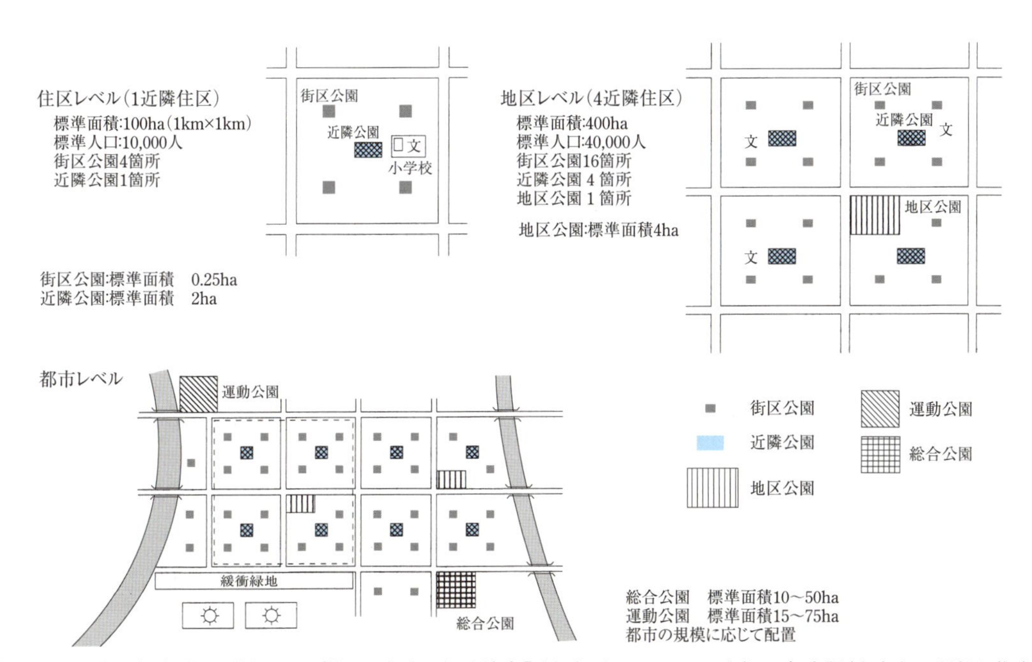

図7・8　日本の都市公園配置モデル（注．日本公園緑地協会「公園緑地マニュアル平成16年度版」をもとに阿部が作成）

図7・9　国営公園位置図

法（基本的には，環境保全・景観形成・レクリエーション・防災の4系統）で，例えば，都市内農地も，これまでは高齢化・後継者不足などの状況下における営農に関わる政策では様々な取り組みが行われてきたが，一方で自然的表面が都市地域に存在することによる温熱環境調節機能，雨水の地下浸透による水循環機能や一時保水性による洪水抑制機能，さらには，発災時の避難地，場合によっては食糧供給など，防災系統として意味付けられる可能性を持った土地であることがわかる。

福岡市や鎌倉市の緑の基本計画では，中心市街地を囲む丘陵地の緑地，市街地内の公園緑地，そして海浜を地域性のある視点で系統づけることで都市的魅力と自然的魅力を融合させることに成功している（図7・10）。また，都市緑地法は，2005年に全面施行となった景観法にあわせて改正され，都市緑地が都市景観上も重要な要素として法的にも位置付けられた。

(2) 計画策定にむけた与条件の整理

「緑の基本計画」策定において，対象地の状況を多面的にとらえることは，都市環境を健全に保ち独自性のある地域形成を行なっていく上で重要なことである。地形，土地利用などの地理情報を用い，広域的なスケールから詳細なスケールにいたるまで，様々なスケールで分析することによって，対象とする土地の状況を構造的にとらえることができる。その際，自然的条件・社会的条件など多角的な視点で網羅的に調

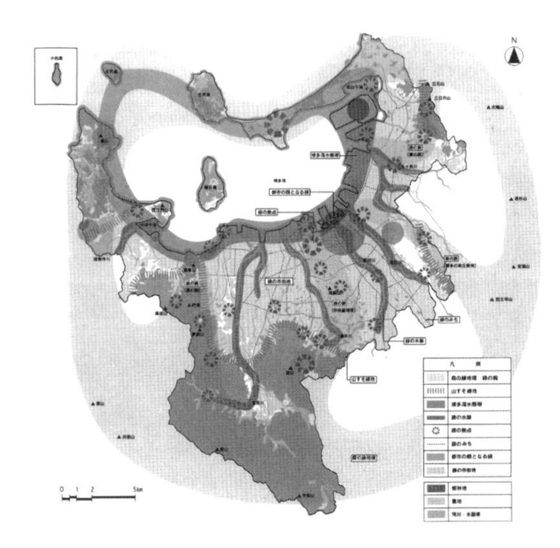

福岡市緑の基本計画
（出典：公園緑地協会「緑の基本計画ハンドブック2001年版」）

西公園風致地区（福岡市）　（写真：shin）

桜坂風致地区（福岡市）　（写真：shin）

図7・10　福岡市緑の基本計画将来像図（左）および都市緑地現況写真（右）

査し，その結果をマッピングし，総合的に考察することは，地域の実態により即した将来予測が行えるとともに，より多くの関係者の共感を得ることにつながる。

7·7 公園・緑地の整備・保全・創出のこれから

明治期以降，時代ごとの状況の中で様々な緑の保全，活用，創出のための法や制度の整備により，多様な「都市緑地」を都市づくりに活かせるようになり，更には「緑の基本計画」によってその地域のテーマ性を明確にし，実効性のある体制は整ってきたといえる。そうした中，今後の重要課題とされる主な点は，以下の通りである。

① ストックの活用と質の向上

街と公園・緑地と飲食施設が一体となったデザインの特徴を整理してみよう。前出の環水公園（富山市），都立駒沢オリンピック公園，上野公園（東京都），シップ・ガーデン（福岡市）など，近年，公園を活用した飲食施設が魅力を高めている。例えば南池袋公園（東京都豊島区）は，地元関係者との協働によりデザイン的にも，運営面においても街の更新効果を発揮している。

また，公園デザインにおいては，これまでのように，植栽や柵で囲まれた空間ではなく，敷地境界を視覚的，特に物理的連続性のあるデザインにすることで，街の賑わいの創出，緑あふれる街のイメージの演出が可能となる。これにより都市におけるオープンスペースの一体性が一層高まり，都市の魅力の醸成にも貢献することになる（図7・11）。

図7・11　プロムナードと連続性のあるニースの公園

② 公園・緑地における災害対応機能の強化

公園においては，発災直後における「避難」にはじまり，「復旧」，「復興」などの時系列に応じた機能の変化がある。関東大震災後の52ヶ所の小公園のように，発災直後に「避難」する場所は，日常的に行きなれている点が重要である。しかも，同時期に整備された3大公園のひとつである浜町公園にも見て取れるように，避難ルートの存在がなければ，避難地を整備しても無意味である。つまり，緑道や河川，並木道などはこうしたネットワークとしてセットで考えるべき空間といえる。また，日常的な利用を意図したデザインでありつつも，防災公園としても機能するように，例えば，「かまどベンチ」や「マンホールトイレ」などの施設なども配置した**シャドープラン**が重要である。さらには，2011年に発生した東日本大震災では津波に対する備えという，それまでの公園・緑地計画としてはあまり重視していなかった機能を，公園・緑地ネットワークとして考える必要性が顕在化した。当時の公園・緑地の中には，様々な要因により被害を食い止めることができなかった状況もあった一方で，命を救った公園・緑地があったことも事実である。こうした緑の事例を整理すると，津波に対応した，しかも日常的な機能および風景づくりも考慮した公園・緑地ネットワークのモデルが設定できる（**図7・12**）。

③　新たな「都市緑地」の創出

「都市緑地」の創出の点では，「借地公園制度」，「立体都市公園制度の活用」，そして，「総合設計制度による公開空地の活用」などは有効な手法の一つである。「借地公園制度」は，改正前に求められていた借地公園としての永続性が法改正により必要がなくなり，土地所有者の求めに応じて公園を解除できるようになったため，一時的になることは否めないが，少なくともその間は，地域の都市緑地の継承に貢献できることが期待されることになる。一方，総合設計制度（制度の詳細は第４章を参照）における公開空地は，近年では特に事業の収益性の面でも以前よりも有効になってきている。それまでは，事業における緑化基準をクリアするためだけに捉えられがちであったが，近年では例えばオープンカフェやキッチンカーの出店により，収益をあげることができうる空間として認識されるようになってきた。また，集合住宅などでは，エントランス前に１～２本程度の中木を植栽するだけでも，建物入口のゲート性・エントランス性が高まるだけでなく，ロビー空間からの景ともなることでコミュニティー形成ばかりでなく，物件の資産価値にも貢献する事例も見受けられるようになってきている。

立体都市公園制度については，プロジェクトの資産価値を高めるためにも，又は土地所有上も効果が期待できるといえる。2012 年に運用開始となったアメリカ山公園（横浜市）は，地下鉄駅と一体となった商業等の施設の上部を公園化し，密集した市街地における「都市緑地」の創出，それによる環境保全，観光ネットワーク形成をはかりつつ，収益性を発揮する事業となっている。

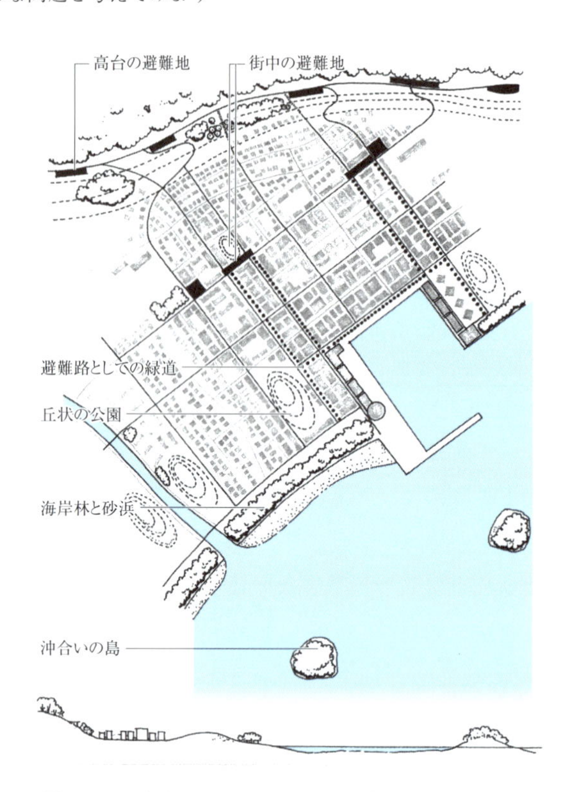

図７・12　津波に対応した都市緑地系統

7·8 こんな問題を考えてみよう

公園・緑地と一体となった都市のランドスケープデザイン（風景のデザイン）を考えてみよう。2017 年に実施された世田谷区本庁舎等整備基本設計プロポーザルコンペでは，その配置技術者のメンバーに「ランドスケープ担当主任技術者」を置くことが求められ，応募作品では地域の地形や周辺の「都市緑地」をはじめとする自然的文脈を読み込み，対象地内だけで完結するデザインではなく周辺とのネットワークを考慮した提案が多くされた。一方，大阪駅，難波パークス（大阪）では，隣接する公園や屋上庭園と一体となった駅空間が形成され，また，旭川駅では駅前広場と河川とが連続する開放的で美しい「北彩都あさひかわ」など街と公園・緑地の一体的整備が注目されるようになってきている。駅空間は市街地に存在する貴重なオープンスペースともいえ，例えば，パリのモンパルナス駅，レ・アールの商業施設と一体となった再開発，そしてオステルリッツ駅周辺でのパリ・リブ・ゴーシュ（Paris Rive Gauche）プロジェクトなど，大規模再開発において公園・緑地ネットワークが重要な位置をしめている。皆さんも，日本各地の駅周辺を対象にして，様々な公園・緑地の整備・保全手法を活用し，環境にも配慮し，経済的にも採算性のある公園・緑地と一体となったランドスケープデザインを考えてみよう。（対象事例：小樽駅，会津若松駅，上野駅，鈴鹿駅，松江駅，丸亀駅北口など）

用語集

用語1　都市緑地の効果

都市形態規制効果は，市街地の無秩序な連担防止など，都市の発展形態のコントロールや誘導の効果である。

古くは1800年代のイギリスにおいて，アーバークロンビーやレイモンド・アンウィンなどによって展開された，グリーンガードルやグリーンベルトの提案，さらには，エベネザー・ハワードの田園都市論にも通じる考え方である。都市地域の無秩序な外延化は，都市環境（温熱，風，一次産業の土地利用）の悪化を招くことになる。

環境衛生的効果は，都市化の中で発生する大気汚染防止改善効果など，都市の衛生環境の悪化によって市民の健康が損なわれる事態を抑制する効果である。そもそも，植物の存在により大気が形成されているように，植物の存在は，いきものの生存に関わる。今日的にはヒートアイランドの緩和など，都市の気温調節，騒音・振動の吸収効果などがますます期待されるようになってきている。

防災効果は，発災時の避難地，避難路，延焼防止などを狙いとしている。日本において公園に防災機能の必要性が論じられるようになったのは，関東大震災の影響がある。1923年に発生したこの地震は，市街地が密集した東京・横浜地域を中心に甚大な被害を与える結果となった。これをうけ，震災復興計画において，東京では3大公園（隅田公園，錦糸公園，浜町公園）と52ヶ所の小公園が設置された。また，札幌，仙台，名古屋などの大通り公園や各都市の広幅員の並木道は，延焼防止の機能も意図している。

心理効的果は，心理的安定効果，美しく潤いのある都市景観，郷土に対する愛着意識を高め養うことになる。“樹林”は“すみか”や“食”など，その地域で生きていくための生活環境を提供するものであった。その意味で“緑”は安全に暮らし，安定した食を提供する“場”の象徴であったといえる。

経済的効果は，地域が経済的に活性化していく効果，地域文化・歴史資産と一体となった「都市緑地」によって地域の付加価値の向上が図られる効果である。

また，2017（平成29）年に東京都の駒沢オリンピック公園にオープンした有機野菜を食材とするレストランは，都立公園における初の民設民営の飲食施設だが，その収益の一部は東京都の公園行政に還元するシステムとした試みにより，公園の管理運営財源の確保にも貢献している。また，海外においては都市に公園・緑地を配置することは医療費削減効果があるとの調査・試算もされており，健康維持増進が経済的効果にまで波及していることがわかる。

「利用効果」には，野外レクリエーション需要に対処するための場，心身の健康の維持・増進，子供の健全な育成，競技スポーツ・健康運動の場としての効果と，文化・コミュニティ活動の場としての教育・文化活動等のさまざまな余暇活動の場，地域のコミュニティ活動・参加活動の場としての効果がある。最近は少なくなったが，昭和30年代から50年代頃には，一般的に「三種の神器」としてブランコ，滑り台，砂場が設置された小さな公園が多く整備された。これらは子どもの発育の中で大切な，登る，滑る，揺らすなどの基礎的身体能力をはぐくむとともに，高いところに登った際の視点高の変化に伴う感性の醸成や，滑るという行為を通じた躍動感などの刺激を与えることにも貢献していた。

用語2　緑被率

ある地域や地区の中で緑被地が占める面積の割合のこと。緑被地とは，樹木，芝，草花などの植物で覆われた土地（水面を含む）をさす。樹木の場合は，樹冠部分の枝葉を水平面に投影した土地の部分が緑被地となる。地域の緑地環境を量的に把握，評価する指標として用いられる。（大澤記）

用語3　公園系統（パークシステム）

都市内の公園，河川，湖沼，都市林などの緑地を，並木のある広幅員街路や緑道などによってネットワーク化した公園配置のシステムのこと。19世紀半ばから20世紀初頭にかけて，アメリカの都市（ニューヨーク，ボストン，フィラデルフィア，ボルティモア，シカゴ，カンザスシティ，ミネアポリス，サンフランシスコなど）で発展した都市基盤整備手法を源流とする。（大澤記）

用語4　太政官布達公園

太政官布達第16号により，東京では，上野公園（寛永寺），浅草公園（浅草寺），芝公園（増上寺），深川公園（富岡八幡宮）の寺社境内地と飛鳥山公園の5ヶ所，地方では函館の函館公園，新潟の白山公園，大阪の住吉公園や浜寺公園，福岡の東公園などが都市施設の

「公園」として誕生した。

用語５　風致地区制度

風致とは，視覚的な対象のなかでも特に，快い感情を抱かせる対象や，それによって醸成される状態に対して使用する用語である（造園用語辞典より）。国土交通省では，「都市の風致」とは，都市において水や緑などの自然的な要素に富んだ土地における良好な自然的景観としている。

風致地区指定が始めてなされたのは，制度創設から8年後の1926年，明治神宮内外苑附近風致地区であった。その後，1930年に京都，東京，熊本で，翌1931年には高松，京都，横須賀で指定された後，風致地区指定の動きは全国に拡大していった。

この風致地区が積極的に指定されていた時期は，昭和初期の都市化が顕在化していく時期に相当する。特に東京・大泉風致地区のように良好な住宅地形成をも誘導していく積極的なとらえ方も存在していた点は，今日の風致地区行政に示唆を与えている。1934年に東京風致協会連合会が発行した「風致地区概要」に，当時の指定区域の状況が記載されている。最初の指定は，明治神宮内外苑を結ぶ連絡道路である北参道及び表参道，西参道，そして明治神宮外苑イチョウ並木の入口附近であった。

都市地域における自然的環境保全の手法である風致地区制度であるが，都市の緑の保全効果のほかに，土地に付加価値をつけていることは，現在，表参道が東京を代表する注目スポットになっていることからもわかる。2006年3月現在，全国で45都道府県に757の風致地区が指定されている。指定地の立地特性を土地利用との関係でみると，市街地を囲む丘陵地，続いて市街地内の寺社境内地，公園，住宅地が多くを占めている。

こうした風致地区指定地の立地特性は，その後の都市化による自然的環境の減少の中で，都市地域に貴重な緑地環境を提供するとともに，当該地域における骨格となる緑地環境を形成してきた。

用語６　緑地帯（グリーンベルト）

大都市の縁辺部（フリンジ）に帯状または環状に設けられた緑地帯。市街地の無秩序な拡大（外延化）の防止や都市環境の保全，農地の保護，公園等のレクリエーション用地の確保などの目的で設置される。1924年のアムステルダム国際都市計画会議で，既成市街地を取り巻くグリーンベルトの考え方が示されたことを契機に世界各地で展開していくことになる。具体例としては，ロンドンの市街地膨張の防止を目的に，幅約16kmの環状緑地帯を位置付けたグレーター・ロンドン・プラン（1944年）が知られる。

日本では，戦前の東京緑地計画（1934年）で環状緑地帯が計画されたほか，首都圏整備法に基づく第一次首都圏基本計画（1958年）では，都心から10～15kmの位置に「近郊地帯」として幅約10kmのグリーンベルトが計画された。だが，土地所有者や地元自治体の反発を招いたために土地利用規制等の実現策を講じることができず，グリーンベルト構想は放棄された。（大澤記）

用語７　緑地地域制度

緑地地域では，建蔽率を20%とする菜園付き住宅も提唱されたが，戦後の高度経済成長の中，1968（昭和43）年の都市計画法全面改正に伴い，東京のグリーンベルトとしての「緑地地域制度」は廃止されて全面的に指定解除となった。

しかし，この計画により環状緑地帯が指定されていた地域，特に世田谷区，杉並区，練馬区，足立区などには，他の特別区に比べて，都市内農地が多く存在し，これは，今日における温熱環境の安定化，発災時の緊急対応や食糧供給の場としても重要な意義をもつものといえる一方で，例えばアデレードやクライストチャーチのように都市を重厚な環状緑地帯（グリーンベルト）で囲む都市形成は幻に終わった。

用語８　都市の美観風致を維持するための樹木の保存に関する法律

街中で「保存樹木」と記載されたプレートを掲げた高木を目にする。1962年に公布されたいわゆる「樹木保存法」である。本法に基づいて指定されるのは，単木だけでなく，樹林や生垣も対象とする。

樹木は2005年度末現在，全国で約4000本，樹林は約80ha，保存樹木の指定が最も多い福岡市では約2000本が指定されている。また，自治体によっては独自の条例により保存樹指定を行っているところも多い。全国365都市において保存樹木が約70000本，保存樹林は4500haとなっている。

指定により，地域のランドマークとなる高木等が保存される一方で，落ち葉や高所での剪定作業の問題も含め，その存続には，所有者や地域の方々の理解と協力，そして，行政の積極的支援・管理体制が重要になってきている。

指定樹木等への支援として補助金が支給される場合であっても，業者に依頼した場合は自費での出費が相当額の負担をお願いする状況が多くあり，所有者にとっては維持管理が大きな壁となっていることが多い。

用語９　古都における歴史的風土の保存に関する特別措置法

1966年に公布されたいわゆる「古都保存法」である。議員立法により成案となった背景には，国民の共通認識である，京都，奈良，鎌倉のような歴史的な風土を継承する地域においても，高度経済成長による急速な都市化の中で緑地環境損壊の危機に直面したためである。法では保存区域を指定し，そこにおける行為の制限を定めている。

用語 10　都市公園法

1956 年に成立した日本の公園制度の根幹的法律で，その目的は都市公園の設置及び管理に関する基準等を定めて，都市公園の健全な発達を図り，それによって公共の福祉の増進をねらいとしている。それまで都市地域において，公園に関する法律は都市計画法などを根拠法としていたが，特に戦後の高度経済成長期に公園用地における建築物の設置が顕著になってきたことが背景にある。

1931 年に制定されていた国立公園法が民有地も含む地域制による公園制度であったのに対し，都市公園法は土地の権原が公共であることから制度的には営造物公園として区別されている。2004 年の改正によって，都市公園法では立体都市公園制度の創設と借地公園制度の見直しが行われ，多様化する都市の実状に応じて臨機応変に対応しながら都市地域の公園整備を積極的に行える体制を拡充した。

用語 11　都市緑地法

本法は，都市公園法とともに景観法の制定に伴い，それまでの都市緑地保全法として運用されてきた法が改正されたものである。

本法を根拠法として指定できる特別緑地保全地区は，風致地区制度と同様の地域制緑地制度でありながら，買取請求権などを認めた点で，都市緑地の担保性が高い制度となっている。同様の制度として首都圏近郊緑地保全法及び近畿圏の保全区域の整備に関する法律にもとづく近郊緑地保全区域及び同特別保全地区がある。

都市緑地法には，緑化地域，緑地協定，市民緑地，緑地管理機構などの制度も創設されており，都市化の中で多様化した緑地の存在形態への対応ができる仕掛けとなっている。中でも，第 4 条にある「緑地の保全及び緑化の推進に関する基本計画」は，緑の基本計画の法的裏づけである。「緑の基本計画」が創設される以前，都市地域の公園緑地に関する総合計画は「緑のマスタープラン」によって推進されていたが，法定計画ではなかったため，都市化が進行する中での実効性が伴わなかった。

「緑の基本計画」は，市町村が独自に目標，施策を定めるとともに，計画の公表に努めることを守るなど，地方分権や市民参加の社会的機運を積極的に導入した。策定にあたっては，プロセスや手法については自治体独自の手法が可能ではあるが，おおむね地域の現況を網羅的に調査分析・評価を行い，都市の将来像を想定，基本理念の設定を行っていくことが必要で，その後，基本方針，緑の将来像，施策の体系を設定することによって，より具体的なプランを策定していくことになる。

中でも緑の配置計画検討の際の基本的検討事項として系統計画の考え方がある。これは，緑地の機能を構造的に関連づける方法であり，例えば「環境保全系統」，「景観系統」，「防災系統」，「レクリエーション系統」などの系統別に検討を行うことで，地域の公園緑地を有機的に配置することを可能にし，市民の生活を本質的にサポートする緑地計画とすることができる点で有効な手法といえる。

用語 12　景観・緑三法（景観法）

景観法については，第 10 章で詳しく述べているが，ここでは本法が景観・緑三法として審議されてきた点を強調したい。つまり，本法とともに緑に関する法律については緑の基本計画の根拠法である都市緑地保全法を一部改正し，都市緑地法に改名，および都市公園法の一部改正，さらに，屋外広告物法の改正も行っている点である。

景観は，地域の歴史，経済，生活の現れであり，特に，樹木などの自然的要素は地域固有の景観を形成するうえで重要となってくる。こうした背景を踏まえた景観のあり方を検討することが，地域景観の独自性，持続性の面で重要となってくる。

用語 13　シャドープラン

原昭夫氏は，市街地や都市公園における大規模地震災害等の被害想定を前提にした被災時の活用計画であり，できるだけ早く被災前の生活を取り戻すことが重要であるとの観点から，仮設住宅，教育・文化・レクリエーション機能等を計画することとしている。

シャドウ・プランは危機時に備え，影のように寄り添う計画であり，時間の経過とともにその内容も変化するプロセスのプランニングである。近年，災害を完全に防ぐ防災から現実的な減災という考えにシフトしているが，復興をみすえ災害を転じて福となす転災（てんさい）や迎災（げいさい）までを視野にいれた計画づくりである。

用語 14　緑化率（緑化基準）

建築物の敷地面積に対する緑化された部分の面積の割合のこと。都市緑地法では，敷地内や建築物の屋上，壁面等に設けられる緑化施設（植栽，花壇，樹木，遠路，土留等）の面積が敷地面積に占める割合を緑化率と定めている（法第 34 条）。都市計画の緑化地域や地区計画によって緑化率の最低限度を規制することができるほか，総合設計制度等の容積率や斜線制限の緩和の許可基準として，一定以上の緑化率を義務付ける自治体も多い。（大澤記）

第8章 市街地開発事業と都市再生

8・1 市街地開発事業とは何か

(1) 市街地開発事業とは何か

第2章で整理したとおり，都市計画には「土地利用の計画」，「都市施設の計画」，「市街地開発事業の計画」の3つの実現手段がある。本章はそのうちの「市街地開発事業」を解説する。

市街地開発事業とはどのようなものなのか，「誰が実現するか」という視点から他のふたつの実現手段と比べてみよう。都市施設は行政が実現するもので，税を使って都市の中の土地を買い上げて道路や公園を作り出す。土地利用計画は，私有されている土地に規制をかけ，個々の敷地ごとの開発をコントロールすることによって，望ましい都市空間を実現する。空間をつくるのは民間であり，公共投資を必要としない。本章で解説する市街地開発事業はこの二つの混合であり，行政と民間が協力し，公共投資と民間投資の組み合わせで望ましい都市空間を作りだすものである。

具体的にはどのような取り組みであろうか。例えば，中心的な駅前には「再開発ビル」と呼ばれる開発があることが多い。開発された空間をよく見ると，単に商業ビルや高層マンションがあるだけでなく，駅から直結した歩行者用デッキが整備されていたり，図書館やホールが整備されていたりする。都市開発事業とはこのように都市の公共空間を整備するものである。

例えば，郊外部には「区画整理」と呼ばれる事業が行われたエリアがある。しっかりとした幅員を持つ道路がきちんとしたネットワークのもとに組み立てられ，公園も作られている。こういった公共空間の整った面的な都市空間を作り出すものも都市開発事業である。

もし，土地の所有者だけで都市の空間をつくるとしたらどうなるだろうか。自分の土地を自分のために最大限利用しようとする人も多いだろうから，お互いの調整が十分にできずバラバラの町並みを作り出してしまうだろうし，道路や公園や歩行者用デッキといった公共空間をお金を出し合って作ることも少ないだろう。誰もが使え，都市の全体を支えるような公共空間をつくりだすためには行政と民間が協力することが必要なのである。

また，例えば道路を新しくつくるときに，土地の買収のみでつくるとすれば，たまたまその道路用地にかかった土地の所有者は他に移転させられ，道路の恩恵は受けられない。ところが偶然その道路に接した位置の土地所有者は労せずにその恩恵を受けとることになり，これは社会的に不公平である。市街地開発事業はそのような不公平をなくし，面的に開発を行うことによって，負担を公平化し，道路の恩恵を地域全体に公平に分配しようとするものである。

つまり，行政と民間が協力しながら，公共空間を持った都市空間を面的に作り上げていき，地域全体の発展を目指すもの，それが市街地開発事業である。

(2) 市街地開発事業と都市再生

第3章でもすこし触れたとおり，民間電鉄会社や民間のデベロッパーが主導して都市を開発してきた歴史は戦前からある。しかし，戦後から1980年代にかけて行われた大規模な市街地開発の多くには行政や，住宅公団などの公的なデベロッパーが大なり小なり関与してきた。それは開発能力を持った民間事業者が十分に育っておらず，民間事業者だけでは市街地開発事業を担うことが出来なかったからである。しかし，戦後の経済成長期を通じて開発能力を持った民間事業者は増加し，徐々に市街地開発事業における民間の占める役割が大きくなり，入れ替わるように行政や公的なデベロッパーの役割が縮小しつつある。そして，市街地開発事業の役割も，戦後すぐの戦災復興や住宅不足といった課題に対応するための「空間をつくる」という役割から，経済成長期に一定のレベルで作り出された「空間を再生する」という役割へと変化し，それに対応してきめの細かい事業手法が作り出されてきた。こういった「空間の再生」を総称して「都市再生」と呼ぶ。

本章の前半部では，戦後から現在までの市街地開発事業の歴史を解説したうえで，現在の都市再生の課題を整理し，その課題に対応して多様化した手法を解説する。後半部では都市の中心核，木造住宅密集市街地，地方都市の中心市街地，団地，集合住宅，住宅地といった都市の空間別に，それらの都市再生がどのような手法で行われているのかについて解説する。

8·2 日本の市街地開発事業の歴史

都市計画法に基づく市街地開発事業は7つあるが，まずは代表的な，**土地区画整理事業**と**市街地再開発事業**を解説しておこう。先ほど例として示した「区画整理」と「再開発」は，正式には「土地区画整理事業」「市街地再開発事業」とそれぞれ呼ばれる事業であり，「土地区画整理法」と「市街地再開発法」に定められた方法で実行されている。日本の都市計画制度が，民間の力を活用し，土地所有者の合意を形成しながら都市空間を整備するために編み出した方法であり，都市計画法に基づく都市計画として実現される。

(1) 土地区画整理事業

土地区画整理事業は，農業の耕地整理から始まる歴史のある事業である。第3章でも述べたとおり，1923年の関東大震災の復興で大々的に日本の都市計画に導入され，その後の戦災復興でも大きな役割を果たした。道路や公園といった公共空間が整った市街地を面的に整備する方法である。その後，戦後の都市拡大期においては，郊外の住宅地開発，すなわち農地を住宅地に変える開発に多く使われることになる。例

事例8・1●浜松市中心市街地土地区画整理事業

静岡県の中核都市・浜松市ではJR浜松駅を中心とする中心市街地のほとんどの区域を土地区画整理事業によって整備をしている。東第一地区，第二地区は古くから市街化が進み戦災にあったが，整備未着手で戦前の細街路構成のままで，都心部の発展が阻害されていた。地区の健全な発展と活性化を目的として1987年から土地区画整理事業にとりかかった。街路や公園整備とともに官公庁が立地する「シビックコア地区」，静岡文化芸術大学等の教育施設の立地する「教育文化ゾーン」を設けている。

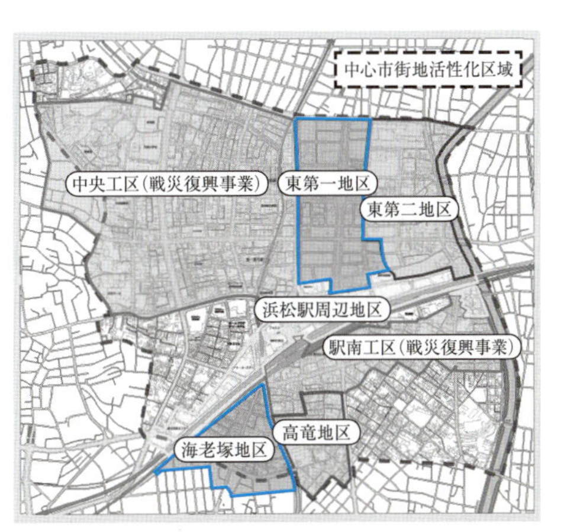

図8・1　浜松市中心市街地土地区画整理事業の区域

えば福井市のように市街地の大部分を土地区画整理事業で整備した都市も少なくなく，「都市計画の母」と呼ばれることもある（事例8・1）。

また，大火や津波などの災害復興でも多く使われる方法であり，1995年の阪神淡路大震災では火災の被害を受けた密集市街地を安全な街に復興するときに使われ，2011年の東日本大震災では津波の被害を受けた市街地の地盤をかさ上げするときに使われている。

(2) 市街地再開発事業

市街地再開発事業のルーツは防災にある。伝統的に日本の都市は木造建築で構成されており，こうした木造市街地を火災に強い不燃都市に改造するために，1950年代には耐火建築促進法（1952年）による防火建築帯（街路に沿って燃えにくい建物を建設して火災を遮断することをねらう）の開発が，1960年代には防災建築街区造成法（1961年）と市街地改造法による共同建築づくりなどが取り組まれてきた。これらの集大成として1969年に都市再開発法が制定され，市街地再開発事業の方法が確立した。土地区画整理事業が土地の整理を進める手法だとすれば，市街地再開発事業はその立体版であり，土地とその上に建っている建物の開発を一体的に進める手法である。全国各地の都市中心部において，駅前広場や道路や市民ホールなどの公共空間を整備し，あわせて商業や居住施設をつくりだしてきた（事例8・2）。

(3) その他の計画的な市街地を効率的に整備する事業

都市のスプロールを受け，計画的な新市街地を効率的に整備するために整えられた市街地開発事業の制度を見てみよう。工業団地造成事業（1958年，1964年）は，大都市圏における工業用地の急激な需要に対応するために設けられた。新住宅市街地開発事業（1963年）は，住宅不足に対応するために行政が土地を買い上げて新しい住宅都市を丸ごと開発するというものであり，大阪の千里ニュータウン，東京の多摩ニュータウン，千葉ニュータウン，筑波研究学園都市等のニュータウン開発を実現した。なお，他に新都市基盤整備事業（1972年）や住宅街区整備事業（1975年）という制度も創設されているが，わずかな適用にとどまっている。

(4) 防災街区整備事業

1995年に発生した阪神・淡路大震災によって，改めて大都市の木造建築が密集する市街地の再整備が緊急の課題となった。「密集市街地における防災街区の整備の促進に関する法律」が制定され，防災街区整備事業（2003年）が創設され，取り組みが行われている。

(5) 都市再生の時代へ

2000年代になると，戦後を通じて形成されてきた都市空間が新陳代謝の時期を迎え，新しい都市の開発ではなく，都市の内部の空間の高

事例8・2●飯田市橋南地区再開発事業

長野県飯田市は人口約10万7千人の地方中心都市である。中心市街地は1947年大火後に都市基盤整備済みだが商業も居住も空洞化は進んだ。生活・交流・仕事の体化したまちづくりをめざし，居住人口の回復をテーマに地域初の分譲共同住宅による拠点再開発に取り組んでいる。

図8・2　飯田市橋南地区

度化や再開発，再整備が課題となる。こうした課題を「都市再生」という言葉で括った**都市再生特別措置法**（2002年）が制定される。そこでは民間事業者の役割が強調され，行政が作り出してきた様々な都市計画の規制を緩和し，民間事業者の自由な開発を促進するような方法が組み立てられた。なお，都市再生特別措置法そのものは，市街地開発事業の制度ではなく，都市計画の規制を緩和する区域を定めることを主とする土地利用計画の制度であり，規制を緩和することにより民間のデベロッパーなどによる市街地開発事業の加速化をはかるものである。

8・3　日本の市街地開発事業の特徴

日本で編み出されてきた市街地開発事業の特徴はどこにあるのだろうか。多くの一般の人は市街地開発事業と聞くと，デベロッパーが土地を全面的に買い上げ，そこに新しい都市空間をつくり，売却していくという「買収方式」で進められる開発をイメージするだろう。確かに日本の市街地開発の多くはその方式で行われている。しかし，わが国で特徴的に発達したのは，土地や建物を持っている人がその権利を持ったままで，他の土地や建物を持っている人と土地や建物を交換したり，分合したりして開発を進めるという方法である。

このような方法をとることによって，買収にかかるお金を使うことなく都市空間を作ることができる。この方法は，市街地開発の資金に乏しい政府にとって有効な方法であり，公共空間が整った都市空間を公的資金をあまり使わずに整備することができた。また土地の所有者にとってみても，人口が増え，土地が不足している時代においては，市街地開発事業で作り出された土地や床を高い値段で売却したり貸したりすることができたので，利益を得たり，古くなった自宅を無料で建て替えたりすることができた。このことがインセンティブとなって，多くの土地所有者が市街地開発事業に参加し，都市を作っていったのである。このことは裏を返せば，人口が減っていくこれからの時代では工夫をしないとこの方法は通用しないということでもある。

一方でこの方法は，多くの人の土地の権利を調整しないといけないので，合意形成のためのコストや時間がかかる。特に「このままの暮らしでよい」という人たちにとってみれば，やりたくもない開発に否応無しに巻き込まれることになり，反対運動につながることも少なくなかった。

また，こうした合意形成のコストを軽減するためや，開発のインセンティブを増やすために，行政からの少なくない補助金が投入される。開発を成立させるために，開発された空間を行政が公共施設として購入したり，賃借したりするケースも多くある。一つの開発を成立させるために偏った公共投資が行われることもあり，それが社会問題となり，大規模な開発の是非が政治の争点になることも少なくなかった。

また，政府がかかわるが故に，細かな仕様が決定され，そのことが画一的な空間をつくりだすことにもつながった。開発後の土地や床を売却することで成立している仕組みであるので，特に市街地再開発事業の場合は，出来上がる建物が巨大化し，まわりの市街地との環境や景観と大きなギャップを持つものも少なくなった。

以上をまとめると，市街地開発事業には買収方式と土地の交換分合方式のものがある。交換分合方式のものは，土地や建物を持っている人がその権利を持ったまま都市空間を整備する優れた方法であるが，都市が成長することが前提となった方法であり，時間と合意形成のコストがかかる。時に過大な公共投資をすることにもつながり，画一的で巨大な空間をつくってしまいがちである，こういったことが特徴として挙げられる。

8・4 市街地開発事業が直面している課題

人口が減少し，都市の拡大が止まった現在において，市街地開発事業はどのような課題に直面しているのだろうか，6つにわけて整理しておこう。

①都市の成長から縮小へ：人口増加を背景としていた住宅の需要は消えつつあり，産業構造の変化や国際化もあって，工業用地の需要も量的に収まっている。逆に，急激な人口減少に適応させた都市空間の開発が課題となっている。

②課題の細分化：人口増加，都市の拡大といった共通の大きな課題が消え，かわりに環境，防災，歴史的建造物の保全，建築ストックの有効活用といった個別的な課題を解決することが求められる。

③都市の新陳代謝への対応：一度形成された都市空間の所有者や利用者の入れ替わりや退出が進み，空き店舗や空き家といった低未利用地が多く顕在化してきた。新規開発だけでなく，こうしたところの有効活用も含めた開発が課題となっている。既存の建物を壊さずに再活用するリノベーションやコンバージョンの手法も発達しつつある。

④投資的な開発の難しさ：市街地開発事業は開発資金を借り入れて進められることが多いが，経済が不安定な時期は事業の採算性が不安定になる。長期にわたって経済が安定しているという見通しが立たないため，短期的に資金を回収することが求められる。そのため，巨大な開発ではなく身の丈にあった開発が求められる。

⑤産業形態の不安定さ：大規模な市街地開発事業には，百貨店などの大規模店が入居することが多くあり，そういった特定の形態を持った産業を前提としていた。しかし商業を中心とする産業の形態が日進月歩で変化し，その変化に空間の変化がついていけなくなることも多い。柔軟さ，可変性を持った空間の計画が求められる。

⑥開発からマネジメントへ：時代の変化に細やかに対応するため，開発された空間を作りっぱなしにするのではなく，組織をつくって空間を継続的にマネジメントする，「エリアマネジメント」の考え方が主流になってきた。

上記のような課題に対してさまざまに工夫をこらした市街地開発事業が各地で取り組まれている。土地区画整理事業や市街地再開発事業といった都市計画法に基づく手法だけではなく，個人が資金を出し合って空き店舗を再生する，ボランティアが力をあわせて空き家を再生するといった，小さな取り組みも発達してきた。後半部ではこうした様々な取り組みがどのように都市空間を再生しているのか，市街地のパターンごとに概観しておきたい。

8・5 都市再生の実際

(1) 都市中心核の再生

大都市の都心部では，街区単位で小規模な敷地を統合したり，産業構造や流通構造の転換によって不要になった鉄道用地や工場用地といった大規模な敷地を活用することによって，超高層建築を中心とした再開発が進んでいる。1980～1990年代のバブル経済期において，都心部の再開発は一定程度進み，バブル経済の崩壊による停滞を経て，2000年代に入って再び都市中心核の再生は加速化した。これには，特に上海やソウルといったアジアの大都市の成長に対抗して，日本国内の大都市に競争力をつけようとした政策が大きく影響している。かつては，国内の地方都市との関係を考慮して，大都市の成長を制御しようという政策がとられたこともあったが，国際的な競争力を獲得するための政策に舵が切られたということである。

複数の敷地を統合して公共空間を作り出す必要性がある場合には市街地再開発事業が活用され，大規模な敷地に道路や公園といった基盤的な公共空間を整備する必要がある場合には土地区画整理事業が活用される。

こういった必要性がない場合は，開発はデベロッパーによる買収方式で行われる。デベロッパーが多くの床を建設して建物の収益性をあげるために，建築物の容積率や高さの規制緩和を提案することができる制度がある。その時に行政は規制緩和の取引条件としてデベロッパーに公共空間の整備を要求するという方法がとられている。つまり，土地利用計画の規制を緩和することによって公共空間が整備されていく，という方法で都市空間は再生されていく。市街地再開発事業や土地区画整理事業あっても，買収方式であっても，開発にあたって行政は関与し，そこに公共空間を整備していくのである。

また，完成後の空間の管理も民間のエリアマネジメントにゆだねられる。開発の資金計画の中にあらかじめエリアマネジメントの費用を組み込み，完成後はエリアマネジメントの組織が維持管理や開発エリアの価値創造を担っている。

(2) 木造住宅密集市街地の再生

特に大都市において，急速な都市化に道路等の基盤整備が追いつかず，狭い道路に木造の住宅が建ち並んでしまった市街地がある。こういった市街地は「木造住宅密集市街地」と呼ばれ，1970年代頃より防災面で危険な市街地として認識され，1995年の阪神・淡路大震災での被災も踏まえて，各地で土地区画整理事業や防災街区整備事業を活用した市街地整備が行われてきている。木造住宅密集市街地は，不整形な街区，狭隘な道路，公園等のオープンスペースの不足が特徴であるが，全面的な市街地整備を実施するほどの費用，緊急度がない市街地では「修復型まちづくり」とよばれる手法がとられてきた。

具体的には，地区ごとに詳細な整備計画を立てたうえで，①延焼を遅延し災害時に緊急車両の通行路や避難路となる道路の整備，②個々の住宅等の敷地の買収，借り上げによるポケットパーク等の小さなオープンスペースの整備，③個々の建物の建て替えの際に，火災に強い建物に建て替える「不燃化」，④複数の隣り合う敷地が協力して火災や地震に強い建物に建て替える「共同化」，⑤個々の住宅の耐震改修などが行われる。土地区画整理事業のように一括的に市街地を整備するのではなく，市街地の小さな改善を積み上げて徐々に環境を整備していく方法である。ハード整備だけでは限界があるため，ソフト事業として防災訓練等も行われる。

(3) 中心市街地の再生

戦前から戦後にかけて都市の中心市街地は過密の問題に悩まされていたが，郊外化の進展とともに中心市街地の人口が減少していく「ドーナツ化現象」や，商業集積の衰退に悩まされることになる。2000年代に入ると大都市や一部の都市では，地価の下落や業務用だった土地の土地利用転換にともなって中心部に住宅が立地する「都心回帰現象」が起きるが，大半の都市にとってはその現象は限定的であり，中心市街地の人口減少，高齢化，商業の衰退が課題として顕在化することになった。そのため「中心市街地の活性化」と呼ばれる一連の政策が取り組まれている。政策は，①商業衰退の主な原因とされた郊外のスーパーマーケット等の大型店の立地規制，②商店街を含む中心市街地の都市基盤や住宅への公共投資，③個々の商店の経営や空き店舗等の建物に対する補助で組み立てられた。②について，都市によっては土地区画整理事業や市街地再開発事業が取り組まれるほか，街路や公園空間の高質化をはかる事業も取り組まれている。例えば歴史的な由来のある街路に石畳を整備することや，景観として重要な街路の無電柱化を行うなどである。③について，個々の建物や空地をリノベーションし，新たな事業者を呼び込む取り組みも取り組まれている。既存の建物をつかうリノベーションは建物に対して少ない投資で空間を再生する方法であり，それらが面的に広がっていく「エリアリノベーション」という考え方もある。

(4) 団地再生

人口が増加する時期に，大規模な住宅団地が計画的に開発された。第3章で触れたニュータウンもそこに含まれる。こうした団地は1960年代，70年代に多くつくられ，建築設備の老朽化，耐震強度の不足，現代の生活条件の変化に対応しない広さや間取り，エレベーターがなくて高齢者向きでない，などの問題を抱えているものも多い。すべての住宅団地の建て替えが必要なわけではなく，問題の程度と，立地のよしあしに応じて，全面的に建て替える，部分的に建て替える，躯体はそのままでリノベーションするといった方針が組み立てられる（事例8・3）。リノベーションとは具体的には，①間取りを変更することによって現在のライフスタイルに適合したものにする，②小規模住戸どうしを合体して床面積を拡大する，③エレベーターを外部から付加する，④住戸をコミュニティースペースに変更する，といったことが取り組まれている。

住宅団地には賃貸のものと分譲のものがあり，賃貸のものは県営，市営といった公営住宅とUR都市機構の経営する住宅がほとんどであり，経営主体の意思決定によって方針が決まるが，建替えに際しては，そこに長く暮らした住民の参加が丁寧に組み立てられることもある。分譲のものは次項（5）で後述する一般的なマンションと同じように区分所有されているので，方針を決定するためには多くの権利者による合意形成が必要である。

住宅団地は規模が大きいために，その都市，周辺の市街地に与える影響が大きい。建て替えやリノベーションにあたって，周辺の市街地の

事例8・3 旧住宅公団団地の建替え

武蔵野緑町団地は，東京都武蔵野市に1951年に日本住宅公団が建設した32棟1019戸の賃貸住宅団地。これを現在の都市再生機構が1991年から約11年をかけて5度の建設・入居をくり返して建替えをすすめて，今は都営住宅を含む約1200戸の住宅団地に生まれ変わった。

住宅の平均規模は32m^{2}から58m^{2}に拡大，設備も向上させた。団地内に新に都営住宅を建設して低所得者層へ対応し，市の意向で老人健康保健施設も導入した。建替えにあたっては，市・居住者・公団が精力的に話し合いをすすめ，コミュニティの継続や緑の環境の保全を目指し，土地利用・住棟配置・動線等の計画づくりや見直しをした。高層・高密度化しながらも，従前からの歩行動線を確保して地域ネットワークを維持し，並木道の緑を保存するなど豊かな団地環境を保った。

(a) 建替え前

(b) 建替え後

図8・3 武蔵野緑町団地（都市再生機構提供）

魅力をのばしたり，都市が抱える課題を解決したりすることが求められる。例えば高齢化が進む市街地において，若い世帯の入居を促進したり，学生が地域と交流しながら暮らせるような仕掛けを入れたりといったことである。

(5) 集合住宅の再生

「マンション」と呼ばれる集合住宅が多く建設されている。集合住宅には賃貸のものと分譲のものがあり，分譲の場合は建物が所有者の専有部分の面積によって区分して所有される「区分所有」の形をとっている。区分所有の仕組みでは，自身の室内などの専有部分は私有物で自由に改変できるが，建物の躯体（構造部分）は共有であるため，建物を建て替えたり大規模に改修したりする際には集合住宅の全所有者を対象とした合意形成が必要になる。区分所有の集合住宅は建設技術が発達した1970年代以降に急増したが，阪神・淡路大震災で区分所有の集合住宅が被災して建て替えを余儀なくされた1990年代の後半，そして建設から30―40年近くが経って老朽化や耐震強度不足による建て替えの必要性が顕在化した2000年代以降にその建て替えや改修が大きな社会問題となっている。具体的には①設備などの老朽化，②耐震強度の不足，③合意形成の困難さ，④容積率の不足による建て替えの障害の4点が課題である。これらの課題が絡み合い，集合住宅の再生は思うように進まない。こうした観点から，2014年に改正された「マンション建て替え円滑化法」では，耐震性能が不足する集合住宅については容積率の緩和の特例などが設けられた。現在では国民の約1割が集合住宅に居住していると言われており，集合住宅の建て替えや改修を円滑に行うことは都市の再生にはかかせない。政策においても，現場の実践においても，多くの工夫をこらした取り組みが求められている。

(6) 戸建て住宅地の再生

戦後の我が国は，戸建て住宅の取得を推奨する住宅政策を取ってきたこともあり，多くの人が都市の郊外に戸建て住宅を求めた。これらの殆どは建築基準法を始めとする法を遵守した住宅で，良好な住環境を形成しているものが多いため，住環境上の課題は少ない。良好な住環境を第5章で解説した地区計画や建築協定によって法的に担保している住宅地もある。しかし，人口減少を迎えて，これら住宅の「空き家化」が問題になっている。作られた住宅が子供達に引き継がれず，中古住宅としても売却できない，土地としても売却できないという問題である。こうした問題に対応するため，2014年に「空家等対策の推進に関する特別措置法」が制定され，市町村が空き家の実態調査を行ったり，対策のための計画を作ったりしている。空き家の発生は所有者の個々の事情に大きく依存するので，集中的に空き家が発生することは頻繁に起きることではなく，市街地整備として面的に対応できることは少ないが，人口減少の進捗にあわせて都市計画として対応を迫られることも増えてくると考えられる。

8・6 こんな問題を考えてみよう

(1) あなたの暮らすまちで行われた市街地開発事業を評価してみよう

どのような市街地開発事業がどこで行われたのか，自治体で情報を整理していることが多い。それらを見に行き，①どのような暮らしを提供してきたのか，②防災などの課題は解決されているのか，③「まち」としてしっかり根付いているのか，といった視点で評価してみよう。

(2) あなたの暮らすまちの再生を考えてみよう

あなたの暮らすまちを再生するために，どのような市街地開発事業が必要だろうか。他のまちで行われた様々な開発を調べてみて，自分のまちに必要なものを見つけ，それがどのように成立しうるかを考えてみよう。

用語集

用語１　都市計画法に基づく市街地開発事業

都市計画事業として行われる市街地開発事業には表8・1の７種類があり（都市計画法第12条），それぞれに事業法が別に定められている。これらを行うためには都市計画として決定することが必要であり，都市計画として決定されたら，法の力をもって事業が実行される。また，これらの市街地開発事業のほかに，各省庁の通達や自治体の条例などによって，独自の事業制度もあり，インセンティブ策も多く制度化されている。

用語２　都市再生特別措置法

都市再生特別措置法は民間が主導する都市の開発を後押しするものである。国が都市再生特別本部を設置し，首相が都市再生の基本方針，緊急整備エリアなどを決定する。エリアの中では，民間のディベロッパー等が都市計画を提案することができ，既存の都市計画を白紙とする都市再生特別地区を定めることができる。そのほか，民間事業に対する金融支援も行われる。

用語３　土地区画整理事業

土地区画整理事業とは，都市基盤が未整備な市街地や市街地となる予定地で，宅地の利用を増進することと，道路や公園等の公共施設の整備をして，健全な町につくりかえる事業である。具体的には，土地の所有者（権利者）が土地を出し合い，それぞれの土地の位置を入れ替えたり（換地），それぞれの土地を少しずつ出し合って道路や公園などを作ったりする（減歩）ことで実現される。

事業では建物建設は原則として行わず，土地のみを対象とする。建物は権利者などがそれぞれ建てるため，バラバラの街並みが形成されることもあるので建物の形態をコントロールするために，地区計画制度などが積極的に併用される。

施行主体には，土地権利者，民間事業者，自治体などがなる。権利者のメリットは基本的には現在地を大きく動かずに総合的に良好な環境に変わり，かつ資産価値も上がることである。逆にいえば，この事業後の資産価値の増進がないと多くの人が参加せず，事業が成立しない。

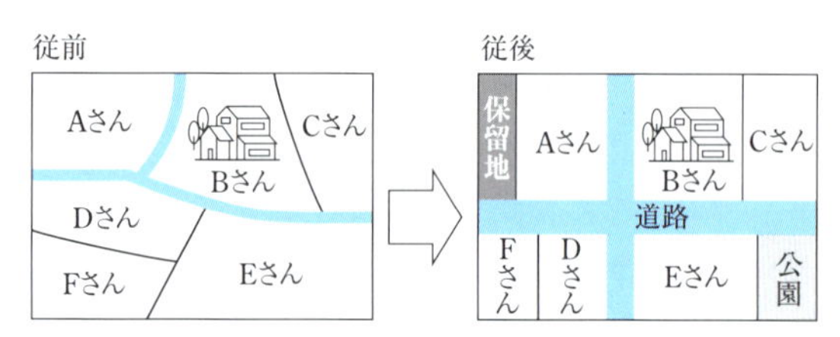

図8・4　土地区画整理事業の前と後

用語４　土地区画整理事業の流れ

土地区画整理法には，都市計画決定，事業計画の認可，換地計画の認可，工事，換地処分，清算，完了という事業の手順が定められている。このように多くの

表8・1　市街地開発事業の種類

事業	内容
①土地区画整理事業（土地区画整理法1954年）	公共施設（道路，公園，下水道等）の整備改善や宅地の利用増進を，換地方式によって土地の整備を行う事業。
②新住宅市街地開発事業（新住宅市街地開発法1963年）	人口集中が著しい市街地の周辺地域で，健全な住宅市街地開発や良好な居住環境住宅地の大規模供給を，用地買収方式によって行う事業。
③工業団地造成事業（首都圏整備法1958年，近畿圏整備法1964年）	既成市街地への産業や人口の集中を抑制するために，首都圏や近畿圏の近郊整備地帯で計画的に市街地を整備し，都市開発区域を工業都市として発展させる事業で，用地買収方式によって行う。
④市街地再開発事業（都市再開発法1969年）	低層の木造建築物が密集し公共施設が未整備な地区で，細分土地を集約して不燃・中高層共同建築物として建築し直すと同時に公共施設を，権利変換方式等で整備する事業。
⑤新都市基盤整備事業（新都市基盤整備法1972年）	新都市の基盤（道路，鉄道，公園，下水道等の施設）を大都市の周辺部で整備することにより，大都市への人口集中の緩和と住宅地の供給を行う事業。
⑥住宅街区整備事業（大都市住宅法1975年）	良好な住宅地として開発整備する地区として都市計画に定められたエリア内で，共同住宅の供給と公共施設の整備をするほか，必要に応じて集団的農地の確保を行う事業。
⑦防災街区整備事業（密集法2003年改正）	密集市街地において，従前の土地・建物を共同化建築物へ権利変換を基本としつつも，土地・土地権利変換も可能とする柔軟な手法で，老朽建築物を除去し，防災機能のある建築物や公共施設の整備を行う事業。

手続きを段階的に必要とするのは，土地や建物を持つ権利者の財産を公平かつ適正に扱うためである。法律上は都市計画決定から始まるのであるが，実際にはその数年前から調査を行い，権利者との話し合いを煮詰めて，機が熟してから法的な手続きに入る。

用語５　土地区画整理事業の仕組み①換地

事業の基本的仕組みは，一定の施行地区内で土地の形や利用の整理，整頓であるが，その方法として土地の交換や入替えを行う。これを「換地」という。換地は原則として事業前後の状況を大幅に変えないようにすることになっているが（換地照応の原則），時には権利者が話し合って，以前とは全く変えた新しい街にすることもある。この換地で道路，公園，宅地を，利用しやすい形や規模でつくりかえて環境の良い便利な市街地ができると，土地の利用価値があがってくる。

用語６　土地区画整理事業の仕組み②減歩

事業前後で区域の広さは一定であるから，事業前になかった道路や公園が事業の後に生まれるのはどのような仕組みであろうか。道路や公園用地を市や県が買収して確保することもあるが，最も特徴的なことは「減歩」方式である。事業によって街が良くなると，地権者の資産の価値が上昇する。その受益の範囲内で少しずつ土地を提供し合い，その土地を集めて道路や公園等の公共施設に充てる。これを「減歩」方式という。広さは減少しても資産価値は減少せず，事業前後で同価値であることが原則であるが，どうしても不公平がでる場合は，金銭によって調整する。

用語７　市街地再開発事業

市街地再開発事業とは，都市として問題を抱えている地区で，建物と道路，広場，公園を一体的，総合的につくりかえて，安全で快適な都市の環境を創造する事業である。

土地や建物の所有者（権利者）が土地や建物を出し合って変換する（権利変換）ことで実現するが，土地区画整理事業と違って，土地の整備に合わせて必ず建築物を建てなければならない。権利変換方式による第１種事業と，全面買収方式による第２種事業がある。

施行主体は，重要な道路や公園の整備がともなうときは公共団体が施行者になることが多いが，第１種事業の場合は，権利者が作る組合が事業主体となることが多い。また，権利者から事業委託された個人や会社（個人施行者），都市再生機構，住宅供給公社，特定の再開発会社も施行者になることができる。

用語８　市街地再開発事業の流れ

市街地再開発事業は，事業を行う区域と事業の内容（道路，公園，建物等の規模や内容，位置，形状等）を都市計画で定めて，公共的な事業としての位置付けをもつ都市計画事業として実施される。法律上は都市計画決定によっては始まるのであるが，実際はそれよりも数年も前から，調査，計画，話し合い，権利関係の調整を行う。事業の流れは，都市計画決定，事業認可，権利変換認可，工事，入居，精算，解散となるが，それぞれに厳密な手続きを法に定めている。

用語９　市街地再開発事業の仕組み①権利変換

権利変換とは，再開発事業前の土地と建物類の「権利者」と「権利額」を確定した上で，取り壊して道路や共同建築等を建設整備し，事業前の権利額や事業後の使い方に対応して，新たな共有土地と共同建物の一部にそれぞれの権利を「権利床」として移し替える方式である。権利者が受け取る権利床の規模は，再開発前に持っていた資産と等価である。権利床を受取らずに地区外へ転出する権利者に対しては，権利額に見合う補償金を施行者が支払う。土地区画整理事業では換地によって新たな土地に移行するが，市街地再開発事業では新たな土地と建物に移行する。

用語 10　市街地再開発事業の仕組み②費用

事業の費用として，工事費，設計費，事務費，補償費等がかかるが，公共施設管理者負担金，国庫補助金及び保留床処分金によって調達される。国庫補助金は費用の一部に入るが，残りの大半は事業主体が調達する。保留床とは完成した建物から「権利床」を差し引いた床のことであり，保留床をデベロッパー等の第三者に売却して費用の大半が調達される。この保留床を多く確保すればするほど，建設費にまわすことができるため，事業主体から容積率の規制緩和が要求されたり，税の減免措置が要求されたりすることもある。公共施設管理者負担金とは，事業で整備される都市計画道路・公園等に対して行政が支払う費用である。

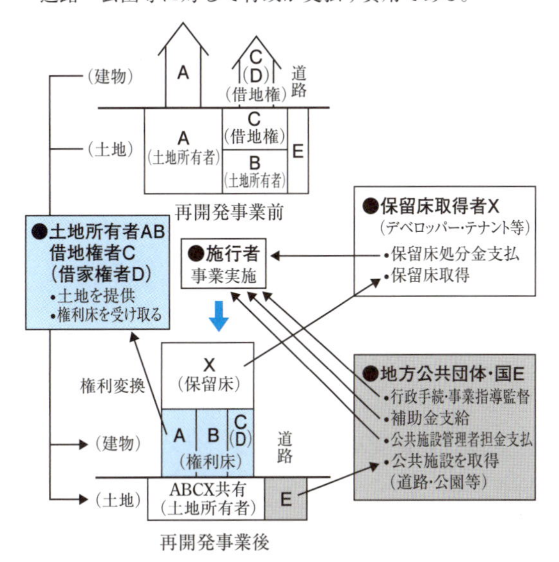

図８・５　市街地再開発事業の仕組み

第9章 都市と防災

9·1 災害にどう対処するのか

(1) 都市と防災

多くの人が住まい，活発な社会活動が行われる都市では，一度災害に見舞われると大きな被害が発生する。都市はしばしば地震・大火・津波といった災害に見舞われてきた。ロンドンは1666年，市域の8割以上が焼失する大火を，サンフランシスコは1906年，東京は1923年，地震とその後に発生した火災により壊滅的な被害を受けている。

より安全な都市・社会をつくるための手段として，防災対策は存在する。災害復興で二度と同じ被害に見舞われないことが目的化され，防災が最重要課題のように扱われる。しかし，防災は手段であって目的では無い。住みよい美しいまちを作り・守るための手段の一つとして防災対策は存在する。

防災というと被害を出さないためのハードな対策だけを考えがちであるが，防災対策には2つの側面がある。1つは被害を出さないための「被害抑止対策（Mitigation）」であり，もう1つは，発生した被害を最小限に食い止める「被害軽減対策（Preparedness）」である。建物の耐震化・集落の高台移転といったハード対策が被害抑止対策・人命救助や避難所の運営といった災害対応のための備えといったソフト対策が被害軽減対策となる。被害抑止対策を講じると被害が発生しないという誤解し，被害軽減対策が必要無いかと考えがちである。福島第一原子力発電所の事故のようにどれだけ被害抑止対策を実施しても被害が発生する場合はあり，被害抑止対策・被害軽減対策を防災対策の両輪として実施する必要がある。

防災が対象とするリスクは，地震震動，水・火山噴火といった自然災害，火災さらには犯罪・テロといった人為災害まで幅広い。感染症対策も防災における重要な課題であり，都市の公衆衛生対策として上・下水道の設置が行われる。日本の都市計画における防災が対象としてきたのは，江戸時代以来ずっと火災であった。今後の都市の防災を考える場合，地震動，水害，さらには犯罪，テロといった様々なリスクを総合的に考慮する必要がある。また被害を受けた後の災害対応・復興も防災にとっては重要な課題である。

(2) 被害を想定する

防災対策を実施するためには，まず発生する可能性のある被害（リスク）を知る必要がある。

被害は自然の外力（h：ハザード，hazard），どれだけ人が住んでいるのか・社会活動が行われているのか（e：曝露量，exposure），地域の防災力（v：脆弱性，vulnerability）の関係で決まる。どれだけ大きな津波（h）が来ても，その地域に人が住んでいなかったら（e），また防災力が高ければ（v）被害は発生しない。被害が発生する可能性がリスクであり，発生確率（probability）と影響度（consequence）の積で定義される。影響度とは，何がどれだけ被害を受けるのかということである。

どういった被害が発生するのかを知るために被害想定が実施される。被害想定はこういった被害が発生するという確定情報ではなく，ある目的のために実施されたシミュレーションの結果であり，様々な結果が併存し，目的により結果は異なる。防災対策には「命を守る」「財産を守る」「業務・地域の営みを守る」という3つの目的が存在し，それぞれ求められるシミュレーションは異なる。「命を守る」ためのシミュレーションでは最悪の想定を行う必要があり，避難のためのハザードマップは想定される最大クラスの規模を想定したものとなっている。一方，「財産を守る」ための防潮堤や堤防をつくる際には，発生確率が高いシナリオに基づくシミュレーションが行われる。

東日本大震災では復興土地利用計画を策定するために津波浸水シミュレーションが利用され，防潮堤・道路等を設置した前提でのシミュレーションが行われ，災害危険区域，盛土の高さが決定された。シミュレーション結果には誤差・手法による幅があり，結果を絶対視せず，シミュレーション結果をより良いまちをつくるための参考情報と理解することが重要である。

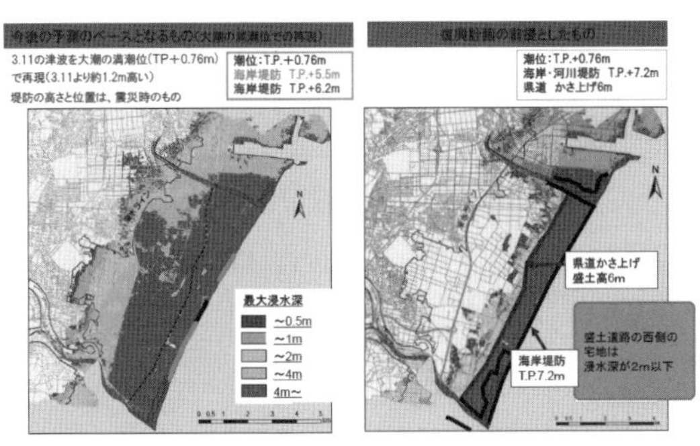

図9・1　仙台市の復興計画策定のための津波シミュレーション結果（出典：仙台市，仙台復興レポート，Vol. 38，2015）

(3) 災害発生後の対応

災害が発生すると，その被害を最小化するために災害対応が行われる。災害対応には「命を守る」「社会のフローを回復させる」「社会のストックを再建する」という3つの目標が存在し，時間の経過とともに活動の重点が変化していく。また，長期に渡る災害対応の活動を計画・支援する「情報と資源の管理」も重要な業務となる。

発災後の最初の100時間の間の活動の中心となるのは「人命救助」である。災害後の救命救助活動ではGolden 72 hoursという言葉がある。災害発生から72時間以降では生存救命率が急激に低下する。100時間～1000時間の間の活動の中心となるのは「社会のフローを回復させる」ための活動であり，①給水車での給水や避難所の設置といった，災害によるライフラインの停止や住宅の倒壊といった被害に対して，その代替機能を提供する活動，②ライフラインの復旧や応急仮設住宅の提供といった，被害を受けた施設の仮復旧を行う活動が行われる。

日本では発生した被害に対応するための計画として，災害対策基本法に基づき自治体ごとに「地域防災計画」が策定されている。建築・都市計画の分野にかかわる対策については，建物の被害認定，避難所の運営，応急仮設住宅の供給・応急修理の実施がある。

1,000時間を過ぎると，災害からの恒久的な復興を目指した対策に活動の重点が移行していく。過去の災害においては，復興計画＝復興都市計画という関係が成り立っていたが，現在，復興計画に求められる内容はより広範なものになっている。阪神・淡路大震災から5年後に神戸市が実施した復興検証の結果では，市民の考える震災復興として，「すまい」「つながり」「まち」「こころとからだ」「そなえ」「行政とのかかわり」「くらしむき」という7つの項目がある事が明らかになっている。また，震災復興は最低でも10年という期間を必要とする。10年間に渡る総合的な計画として復興計画を位置づける場合，震災復興計画は，復興都市計画ではなく，被災した地域の「総合計画」としての

■応急危険度判定
安全の確保
<余震による2次災害の防止>
自分の家は大丈夫でも隣の家が倒れこんできそうな場合は「危険度」は（赤）になります。

■りさい証明
生活再建支援の基準
その後の様々な支援の基準となります。
公的な支援
　義援金の配布，災害廃棄物の処理，各種税の減税，各種手数料，使用料の減免，学費の減免等
民間の支援
　生命保険，損害保険への申告
　銀行融資の条件等

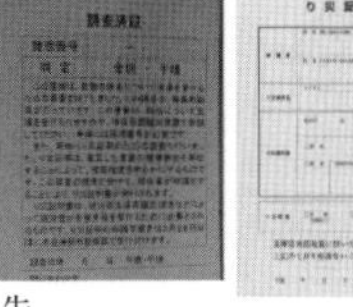
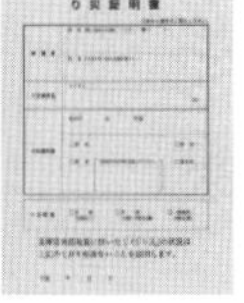

図9・2　応急危険度判定とり災証明

位置づけを持つものとなる。

9・2 都市を災害から守る

(1) 防災の制度の変遷

都市を災害から守るための制度は，明治の中頃から順次，整備されてきており，大きな災害があるたびにその反省を踏まえて新たな制度の創設，制度の改良が行われてきた。現在の日本の建築・都市にかかわる防災対策（地震災害，火災対策）の基礎が構築されるのは，関東大震災（1923 年）である。関東大震災クラスの地震動に耐える事が日本の耐震設計の基準となり，延焼火災防止を目的に都市計画が実施される。

そして，伊勢湾台風（1959 年）後に水害・土砂災害に対する防災対策・防災制度が整備される。伊勢湾台風後，財政的裏付けをもって治水事業を行うための制度，さらには総合的な防災対策の基本的な考え方を示す「災害対策基本法（1961 年）」が制定される。伊勢湾台風以降，経済成長が進み，社会が大きな変化を遂げた時期には，幸いなことに大きな災害は発生しなかったが，バブル景気がはじけた後の 1995 年に阪神・淡路大震災が発生する。阪神・淡路大震災による死者のほとんどは，現行の耐震基準を満たない古い住宅が倒壊により発生したことから，耐震改修促進のための制度が制定され，また都市の再建，個人の生活再建が大きな問題となり「被災市街地復興特別措置法（1995 年）」や「生活再建支援法（1997 年）」が制定される。

阪神・淡路大震災後，鳥取県西部地震（2000 年），新潟県中越地震（2004 年），能登半島沖地震（2007 年），新潟県中越沖地震（2007 年）と地震災害が頻発し，いずれの災害でも住宅再建が大きな課題となったことから 2007 年「生活再建支援法」が改正され，私有財産である個人の住宅再建に対しても公的支援が実施されるようになる。

経済成長が進んだ国では，経済被害は大きいが，人的被害が少なくなる傾向になる。しかし，東日本大震災（2011 年）では津波により 2 万人近い死者が発生し，福島第一原子力発電所の事故も発生した。災害復興が大きな課題となり「東日本大震災復興基本法」（2011 年）他，東日本大震災の復興を進めるための法律が数多く制定された。また災害復興の重要性が認識され，恒久的な仕組みとしては初めて復興について規定する法律「大規模災害からの復興に関する法律」（2013 年）が制定される。さらに，災害対策基本法の見直し，また，戦災復興時に制定された「罹災都市借地借家臨時処理法」（1946 年）が廃止され，「大規模な災害の被災地における借地借家に関する特別措置法」（2013 年）が制定される。以下，個々のハザードごとに都市を守るための対策について説明していく。

(2) 火災から都市を守る

火災から都市を守るための基本的な考え方は，1）建物を不燃化する，2）道路・空地・不燃建築物の帯をつくって火災の延焼を防止するというものである。

都市計画の制度としては，1)「防火地域」，「準防火地域」という地域指定を行い，その地域の建築物の耐火性能を規定する〈建物の不燃化〉，2)「市街地再開発」，「土地区画整理」〈延焼防止，建物の不燃化〉といった都市計画事業により都市改造を行う，という 2 つの方法が存在する。

都市計画事業は防火だけを目的としたものではないが，「市街地再開発事業」，「土地区画整理事業」は，都市防火対策と深い関係を持つ。「市街地再開発法」は，不燃建築物による延焼防止帯を整備する制度である「防災建築街区造成法」と「市街地造成法」を統合して創設されたものである。土地区画整理の手法が確立されるのは関東大震災（1923年）の復興事業においてであり，その目的は延焼防止のために街路・公園整備であった。延焼火災防止のための対策は，戦時下では「防空」対策となり，戦災復興都市計画に継承される。延焼火災防止の最も有名な対策は「江東十字ベルト構想」（東京大学高山研，1966年）に基づく江東区での対策であり，避難場所を確保するため，長さ40mにも及ぶ高層住宅が建設された（白鬚東地区再開発事業，1972年事業決定，1985年完了）。

図9・3　白鬚東地区再開発

しかしながら，道路や空地を整備し，延焼を防止するための対策は，費用と時間を必要とするため，1970年代中頃から，東京では「防災生活圏構想」に基づき墨田区京島，世田谷区太子堂といった地域で住民参加型の防災まちづくりが行われるようになる。阪神・淡路大震災の際には，住民主体のまちづくりにおいて，長い歴史を持つ神戸市の真野地区で，地域の企業と協働での消火活動や自主的な避難所の運営が行われ，住民参加型の防災まちづくりの重要性が再認識された。

阪神・淡路大震災では，幸いな事に延焼火災による被害は関東大震災ほどでは無かったが，老朽木造住宅の密集地域内での延焼火災が問題となり，1997年に「密集市街地における防災街区の整備の促進に関する法律（密集法）」が制定された。

(3) 地震動から都市を守る

地震動から都市を守るための対策は，個々の構造物の耐震性能を向上させる事により行われる。建築物の場合は「建築基準法」，土木構造物の場合は耐震設計基準が構造物ごとに定められ，災害ごとに基準が強化されてきた。阪神・淡路大震災では，死者のほとんどが住宅の倒壊により発生し，建築基準法の運用，現行の耐震基準を満たしていない既存不適格建築物が問題となった。

建築基準法の運用については，中間検査の導入，確認業務の民間開放等を含む建築基準法改正（1998年），「住宅の品質確保の促進等に関する法律」（1999年）が制定され，新築建築物の耐震性は改善されるようになった。また，2000年の建築基準法施工令の改正で木造建築物の耐震性能がさらに強化される。

既存不適格建築物の問題については，阪神・淡路大震災後，「建築物の耐震改修の促進に関する法律」（1995年）が制定され，さらに密集市街地の住宅の耐震改修については「住宅耐震改修に対する支援措置（住宅市街地整備促進事業）」（2002年）が制定され，耐震改修工事費に対する直接的な助成が行われるようになった。しかしながら，既存建築物の耐震改修は遅々として進まず，2005年に「耐震改修促進法」は改正され，地方自治体にも，数値目標を持つ「耐震改修促進計画」の策定を行うことが求められ，2020年までに，住宅・多数の者が利用する建築物の耐震化率を95％とすることを目標とした取り組みが進められている。

米国等では活断層の存在が想定される地域においては活断層調査を行い，調査結果に基づき活断層上での大規模建築物の建設を禁止する法律が存在する。活断層近傍での開発を規制する制度は国レベルでは存在しないが，徳島県が東日本大震災後の2013年，特定の建築物について活断層調査を行い，断層直上への建設を規制する条例の制定を行っている。また市町村では，西宮市（地質調査報告書の提出），横須賀市（活断層上への建設を避けるよう指導）において，活断層近傍での建築物の建設を規制する条例が存在する。

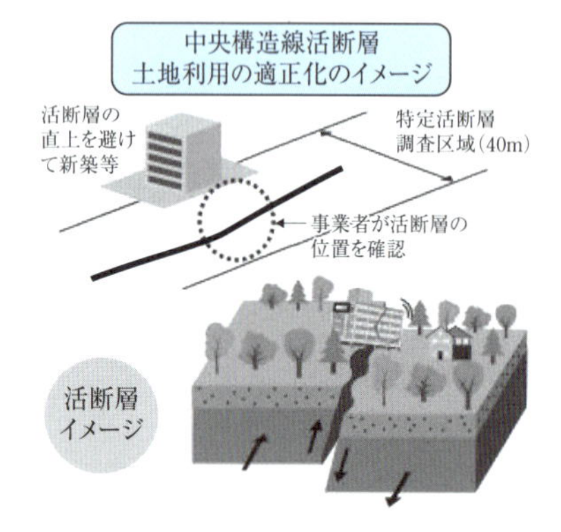

図 9・4　徳島県における活断層近傍の土地利用規制（出典：徳島県）

(4) 水害から都市を守る

日本の治水対策の基本的な考え方は連続堤防を設置し，大雨の際にも都市に水が流入しない事を目標とするものである。そのため，基本的に水害対策は，「河川区域」，「河川保全区域」（河川区域から 5～20m）の中で実施されてきており，都市計画が扱う都市空間における水害対策は，氾濫源の住宅が浸水しないように住宅地の嵩上げを行う「水防災対策特定河川事業」による対策に限られていた。

しかし，1987 年に事業化された「高規格堤防事業」（スーパー堤防）では，市街地として利用されている堤防裏法部（「高規格堤防特別区域」）を 200～300m に渡って嵩上げし，堤防の強化が行われる。現在，既にいくつかの区間で事業が完成しているが，いずれも工場や公営住宅の跡地利用との関連で実施されている。

また，2005 年の水防法改正により，市町村は洪水ハザードマップを作成する事を求められるようになり，また洪水災害に対して条例を制定し，市町村独自で土地利用規制を行う事例も出てきている〈滋賀県草津市（2004 年），静岡県伊豆市（2016 年）〉。

(5) 津波から都市を守る

津波防災対策の基本は命を守ることであり，津波が到達する前に，津波が到達しない場所へ避難する必要がある。迅速な避難を行うため，津波浸水域・津波到達時間を示したハザードマップが作成され，津波到達までに浸水域外に避難することができない地域では津波避難タワーの建設が行われる。また津波の到達を知らせる防災行政無線等の整備も行われる。

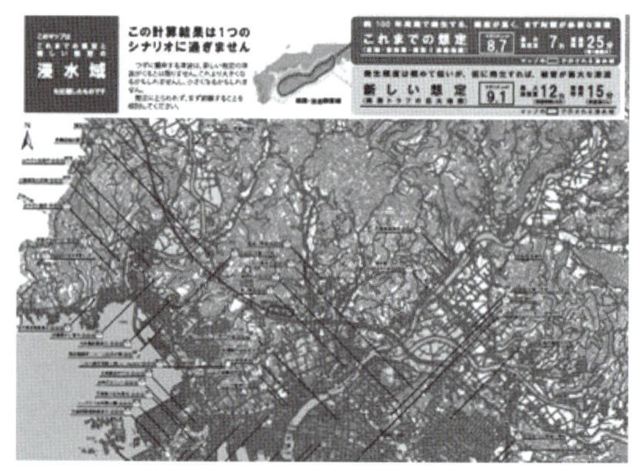

図 9・5　津波ハザードマップ（出典：田辺市）

図9・6　津波避難タワー（高知県南国市）

しかし，避難対策だけでは財産を守ることはできず，財産を守るために，通常の水害と同様に，津波からまちを守るための堤防が建設される。防潮堤をつくって津波の浸水を防ぐ，さらには，湾口に防潮堤を建設して津波の流入量を減少させるという方法で東日本大震災までは防災対策が行われてきた。

図9・7　集落の入口に設置された防潮堤（岩手県宮古市）

東日本大震災では防潮堤を越えて津波が流入し，多くの人命が失われたことから，防潮堤に加えて，沿岸部の住宅建設を規制する土地利用により人の命を守る対策も講じられるようになっている。

東日本大震災からの復興については後述するが，東日本大震災の教訓を踏まえ，沿岸部の土地利用を規制する，「津波防災地域づくりに関する法律」（2011年）が制定された。

(6) 土砂災害から都市を守る

土砂災害についても砂防ダムを設置し，土砂の流出を止める対策が実施されてきたが，必要対策箇所が膨大であり，土地利用規制対策による対策が進められてきた。1999年に発生した広島災害（死者24名）の反省を踏まえ，2000年に「土砂災害防止法」が制定された。2014年，再び広島で土砂災害（死者74名）が発生し，調査が完了しているにもかかわらず警戒区域の指定が行われていないことが問題となり，指定の有無にかかわらず調査結果が公表されることとなった。

また，2004年の新潟県中越地震では，造成宅地の「盛土」部分の崩落による被害が数多く発生したことから，「宅地造成規制法」が2006年に改正され，都道府県知事が造成宅地の危険箇所について「造成宅地防災区域」として指定する事が可能となっており，盛土造成地を示し

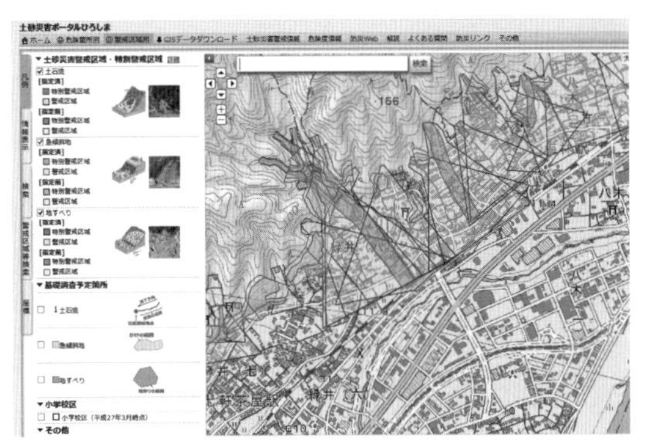

図9・8　土砂災害警戒区域（出典：広島県）

図9・9　大規模盛土造成地マップ（出典：和歌山市）

たマップの公開も行われるようになっている。

(7) 火山から都市を守る

火山では，活動期の火砕流・溶岩流・火山性ガス等による被害に加えて，活動が平穏化した後も堆積した土砂・火山灰が降雨時に土石流として流出するという被害が発生する。活動期の外力は強力であり，避難する事が唯一の対策となり，安全に避難するための情報として，ハザードマップが提供される。有珠山の噴火災害（2000年）では，ハザードマップに基づき住民避難が行われ，人的被害は発生しなかった。こういった教訓を踏まえ，現在，33の活火山についてハザードマップが公開されている。また，火山災害は災害事象が長期化する傾向があり，三宅島の噴火災害（2000年）では島から避難した島民の人々は4年以上，鹿児島県口之永良部島（2015年）では半年に渡る避難生活を送っており，長期に渡る避難生活に関する対

策についても考えておく必要がある。

平穏期の火山には観光資源としての側面があり，その地域の経済活動を支えており，火山噴火から都市を守るための対策においては，如何にして火山と共生して行くのかについて考える事が重要となる。災害後，火砕流・土石流の被害でその場所で再建することが難しい場合には，「防災集団移転促進事業」を用いた集落の移転が行われる。これまで，1977 年有珠山噴火（虻田町），1983 年三宅島噴火（阿古地区），1991 年雲仙普賢岳噴火（島原市）等の復興で実施されてきている。また 2000 年有珠山の噴火災害後の復興では，A ゾーン：被害の著しい地域，B ゾーン：噴石の及んだ地域，C ゾーン：それ以外という区域指定を行い，A ゾーンは居住禁止，B ゾーンは公園広場等，C ゾーンは非住居系施設という土地利用のあり方を考慮した計画が策定された。

(8) 犯罪から都市を守る

犯罪が発生しにくい物理的な環境を整備する事による犯罪を防ぐという考え方（『環境設計による犯罪防止（CPTED：Crime Prevention Through Environmental Design）』）は 1970 年代に欧米で生まれ，日本では 1980 年以降検討が開始されている。CPTED では防犯のために，1）被害対象の強化・回避：施錠・防犯ガラス等による侵入防止，2）接近の制御：犯罪者の侵入が困難な環境整備，3）監視性の確保：照明・見通しの確保，4）領域性の強化：コミュニティー形成という 4 つの対策が存在するとされている。

住宅を例に CPTED に基づく防犯対策を考えると，先ずは金庫のように家の守りを頑丈にし，家の中に犯罪者が入ってこないようにするという対策が考えられる（被害対象の強化）。さらに家の周りに塀をつくって犯罪者が敷地内に侵入できなくする（接近の制御），という対策が考えられる。近年は車両によるテロ攻撃を防ぐために鉄製の車止めを高層ビル等の周りに設置する事例も存在する。

一方，接近の制御のためコンクリートブロック等で外から中が見えないような塀をつくってしまうと，塀の中に入られると，外からは見えず犯罪者にとってはむしろ好都合となる（監視性の確保）。監視性の確保は公園の設計でも重要な要素となっており，人が隠れることができるような場所はつくらず，外から中が見えるような設計が行われる。また地域住民が顔見知りであると（領域性の強化），知らない人がまちに入ってくると直ぐに分かり，犯罪者にとっては近づきにくい場所となる。

こういった観点からみると，路地空間の防犯性能は高い。被害対象の強化・回避，接近の制御という側面はそれほど高く無いが，路地の中は窓から常に監視されているような状態にあり，さらに路地の住民以外の人が入ると直ぐに認識される。さらにハード面を強化したのがゲイティッド・コミュニティーである。住宅地の周りが塀で囲まれており，さらに監視カメラで監視が行われており，住宅地には入居者と用事がある人のみがゲートでのチェックを経て入ることが可能となっている。

9·3 被災したまちを再建する

(1) 災害の種類と地域特性

災害復興の基本は「二度と同じ被害を繰り返さない」ことにある。日本の災害対策の基本方針を示す「災害対策基本法」に，「この法律は，国土並びに国民の生命，身体及び財産を災害から保護するため」（第 1 条）とあり，被害とは「国土，生命・身体，財産」に対するものであると規定される。したがって復興に際しては，命は当然のこととして，財産である建物も同じ被害を受けないようにすることが基本条件となる。

また，災害対策基本法は「災害復旧の実施について責任を有する者は，法令又は防災計画の定めるところにより，災害復旧を実施しなければならない」（第87条）と災害復旧の実施を規定している。そのため，使う・使わないに関わらず，公共施設・公共インフラは基本的に復旧されることになる。人口減少社会においても，すべての社会インフラを復旧させる必要があるのかについて，今後検討していく必要がある。

現行制度では，公共施設・社会インフラの再建は，災害後，復興の枠組みとは関係なく，災害復旧として進められ，社会インフラが復旧されることを前提に復興まちづくりが行われる。復興まちづくりの方法は，災害の種類，その地域の社会状況によって異なる。災害後，斬新なまちづくり計画，まちづくりを進めるための新たな手法について様々な提案が行われる。実際の災害復興で使われるのは，災害前から使われてきた事業制度である。将来発生する災害を見据え，災害前に計画・制度の整備を行っておくことが重要である。

地震災害からの復興では，被害程度と都市基盤の整備状況によって復興のために使われる事業が決まる。地域全体が焼失するといった大きな被害を受けた地域でも，既に基盤整備が行われている地域では，再度，土地区画整理事業が行われることはほとんどなく，基本的には個別に建築物の再建がされていく。一方，密集市街地のように現状のまま再建されると，再度，災害に対して危険なまちが形成される，また，個別に建築物を再建しようとしても未接道であり再建できない，敷地が狭小で住宅を建てることができないといった問題が発生する地域では，土地区画整理事業により，道路や公園の整備が行われる。また，大きな被害を受けた地域が駅前に立地する等，開発ポテンシャルが大きい場合は，都市再開発事業が実施される。

被害を受けていない建築物がある程度残る中程度の被害の地域では，すべての建築物を一旦撤去・移転する必要がある土地区画整理事業や都市再開発事業といった地域全体を更新するような事業は実施されない。中程度の被害で，都市基盤が未整備の地域では，密集市街地整備のための事業制度を用い，未接道の敷地を解消するための道路整備や，狭小敷地の住宅を再建するための共同建て替えといった事業を利用して復興が行われる。

また，小集落の地震災害からの復興においては，道路や集会所といった地区施設と公営住宅の整備を行う小規模住宅地区改良事業，防災集団移転事業による集落の復興が行われる。

表9・1　地震災害からの復興のための事業制度

	大規模被害	中程度の被害
基盤整備済み（接道，公園等）	・（開発ポテンシャル大）再開発事業（民間） ・（その他）住宅市街地総合整備事業（拠点開発型・街なか居住再生型）等	・住宅市街地総合整備事業（拠点開発型・街なか居住再生型）等
基盤未整備（接道，公園等）	・（開発ポテンシャル大）再開発事業（公的） ・（その他の地域）土地区画整理事業	・住宅市街地総合整備事業（密集住宅市街地整備型） ・防災街区整備事業 ・街なみ環境整備事業 ・地区計画等

津波災害の場合，浸水した地域の被害は壊滅的であり被害程度による復興事業の違いはなく，都市的地域か農漁村地域かによって復興事業が変わってくる。都市的地域においては対象となる人が多く，地域全体を高台／内陸に移転させることは困難であり，防潮堤の建設や盛土を行って現地で再建が行われる。一方，農漁村地域では対象となる人数が限られることから，高台・内陸への集落移転が行われる。集落移転を実施するための手法は防災集団移転事業と漁業集落防災強化機能事業の2つの事業制度が存在する。

盛土，移転を行う場合も住宅の再建は個々に実施されるが，希望者に対して災害復興公営住宅が建設される。防災集団移転事業とは別事業ではあるが，移転地と一体で災害復興公営住宅の建設が行われる場合や，既存の住宅地の中に建設される場合がある。

表 9・2　津波災害からの復興

	都市部	漁業農村集落
災害危険区域	・土地区画整理事業 ・津波防災拠点整備事業 ・災害復興公営住宅	・防災集団移転事業 ・災害復興公営住宅
災害危険区域未指定	・土地区画整理事業 ・災害復興公営住宅	・漁業集落防災機能強化事業 ・災害復興住宅

(2) 地震からまちを再建する

現在の日本の地震災害から復興スキームの原点となるのは，酒田大火（1976 年）の復興都市計画である。1995 年の阪神・淡路大震災では，迅速な復興都市計画という理念が酒田の復興から引き継がれ，震災から約 2 週間後の 2 月 1 日，9 日に建築制限（建基法第 84 条第 1 項）を，発災から 2 ヶ月目の 1995 年 3 月 17 日に都市計画決定が行われた。また，2 月 26 日に制定された「被災市街地復興特別措置法」により最長 2 年間の建築制限が可能となった。

阪神・淡路大震災の復興都市計画の特徴として，「2 段階都市計画決定方式」と「住民参加のまちづくり」が挙げられる。阪神・淡路大震災の復興都市計画では，都市計画事業区域（「黒地地区」，都市計画事業区域以外の重点復興地域（「灰色地域」），震災復興促進区域（「白地区域」）という 3 つの区域に分類して復興事業が行われた。震災復興にかかわる土地区画整理事業の完了までに約 10 年，六甲駅南地区の再開発は完了までに 10 年，新長田の再開発事業は震災から 22 年を経過した現在も継続中である。

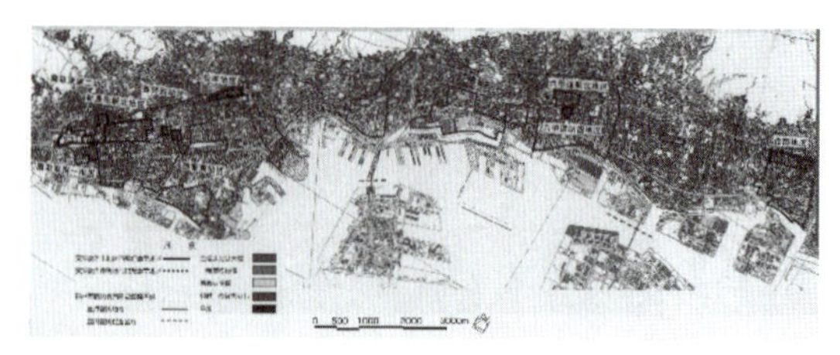

図 9・10　阪神・淡路大震災の復興事業（出典：神戸市資料）

2004 年，新潟県中越地震では，中山間地域の集落で建物の倒壊に加え，土砂災害によって大きな被害が発生した。集落の再建事業は，元の場所に近い場所での再建と，土砂災害の危険性が高い中山間地域を離れて平地に集落を移転するという 2 つの方法で行われた。また，復興事業に参加せず，独自で住宅の再建を実施する人も存在した。元の場所に近い場所での再建は小規模住宅地区改良事業，危険な地域からの移転は防災集団移転事業により実施された。小千谷市東山地区では地域を離れる，旧山古志村では地域に残る，と復興事業の進め方は，大きく異なるのであるが，いずれの場合も元の集落に残った人の割合は半分程度であった。

(3) 津波からまちを再建する

東日本大震災では死者・行方不明者あわせて約 18,000 人，さらに福島第一原子力発電所での重大事故といった甚大な被害が発生した。複数の県にまたがって被害が発生し，国は復興事業を実施するための組織として復興庁を設置した。

津波で被害を受けた地域の復興まちづくりの基本的な考え方は，数十年に 1 回発生する津波については防潮堤で守る，東日本大震災を引き起こしたようなまれに発生する津波の場合も人の命を守るため，住宅は防災集団移転事業・漁業集落防災強化機能事業により高台・内陸に移転，若しくは，都市区画整理事業・津波防災拠点整備事業により盛土の上に移転させ，2m 以下の浸水深さのエリアに立地させるというものである。

阪神・淡路大震災では5年で応急仮設住宅が解消されたが，盛土の上に新たなまちをつくる工事には時間がかかり，東日本大震災の被災地では，基本的に震災から6年が経過しても多くの人が応急仮設住宅で生活を送っており，陸前高田の土地区画整理事業の完成予定は震災から7年後の2018年となっている。

東日本大震災の復興では，住宅だけでなく生業も含めた，まち全体を再建することが求められた。被災した市街地全体の復興を行う中で，中心市街地の活性化の中で，生まれはじめていたまちづくり会社，TMO（Town Management Organization）といった組織が重要な役割を果たし初めている。

東日本大震災の被災地は元々人口減少が進んでいた地域であり，復興事業が進められる一方で，災害後，人口減少がさらに加速した地域も存在し，特に若い世代の減少が深刻であり，今後の地域の維持が課題となっている。

（4）事前復興の試み

よい復興を考えるためには時間が必要である。その一方で復興が遅れると人口が減少する。このジレンマを解く鍵として，災害が発生する前に地域の復興について検討する事前復興という考え方が存在する。英語では pre-disaster recovery planning 若しくは post-disaster redevelopment planning と呼ばれる。東日本大震災後，注目されるようになっているが新しい概念ではなく，阪神・淡路大震災後もいくつかの自治体で事前復興が行われていた。

東京都では，1998年に生活再建支援，都市再建の業務・プロセスを記述したマニュアルの整備を行うとともに，災害後の東京都の姿を示す「震災復興グランドデザイン」を2001年に発表する。また，都市再建の訓練が実施され，生活再建については，り災証明発行の訓練が近年実施されている。静岡県でも同時期に住宅再建のマニュアルが整備された。しかし，多くの自治体では事前復興についての取り組みが行われることはなく，東京都以外では具体的な取り組みが行われなくなっていた。東日本大震災が発生し，復興に備えることの重要性が再度認識され，事前復興という考え方が再び着目されるようになった。

米国においても事前復興の取り組みが行われている。2005年に発生したハリケーン・カトリーナの教訓から「事前復興」が注目されるようになり，2011年にNational Disaster Recovery Frameworkがとりまとめられ，ハリケーン常襲地のフロリダ州で，事前復興計画策定の取り組みが実施されている。

復興も防災対策の一部であるが，これまでの防災対策とは少し異なる側面がある。これまでの防災対策では，命を守る・財産（建物）を守る，というように守るべきモノが明確になっているのに対して，復興対策の場合は「地域を守る」ということの定義が明確ではなく，最初に「どんなまち・地域にするのか？」という目標を設定する必要がある。

近い将来，首都直下地震，南海トラフ地震といった東日本大震災よりさらに大きな人的，経済的被害が予想される災害の発生が予想されている。経済が成長基調にある社会の場合は，災害前の状態に戻ることはそれほど難しくないが，人口減少社会においては元の状態に戻ることさえ難しく，事前に復興について考えておく

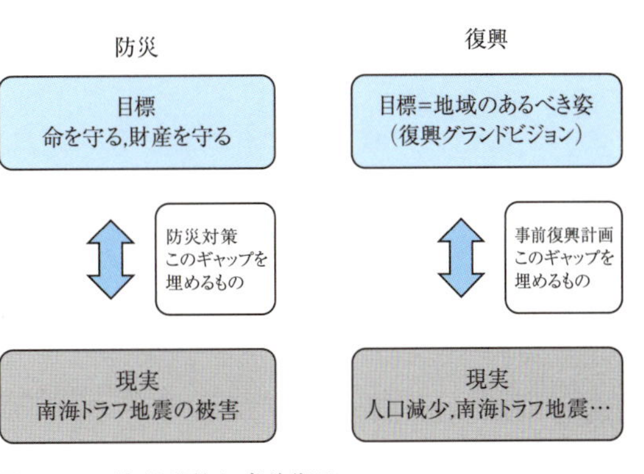

図9・11　防災対策と事前復興

ことが今後の日本の防災対策において重要な課題となってくる。

9・4 こんな問題を考えてみよう

(1) あなたのまちの災害の危険性とその対策を考えてみよう。

あなたのまちに災害のリスク（地震・水害・土砂災害・津波）が存在するのかについて調べた上で，実際にまちを歩いて，災害発生時に危険な場所を探すとともに，どういった対策が必要かについて考えてみよう。

(2) 災害が発生した後のまちの復興について考えてみよう。

行政が発行するまちのハザードマップを元に，どんな被害が地域で発生するのかを考えた上で，被害を受けた後，どのようにまちを復興するのか（どこに高台移転をするのか，どのようなまちに再建するのか等）について考えてみよう。

用語集

用語 1　被害シミュレーション

防災対策，さらには復興対策立案のための資料として，地震動の強さ，津波の浸水シミュレーション，さらには地震・津波に伴う死者・住宅の被害棟数，避難者数の推定が行われる。シミュレーションはある前提の元に行われるものであり，シミュレーション通りに津波の浸水，建物被害が発生するというものではない。シミュレーションは震源モデル，被害推計式等によって大きく変化する。

用語 2　東日本大震災

2011 年 3 月 11 日午後 2 時 46 分に発生した，東北太平洋沖地震（M9）による災害であり，死者・行方不明者 1 万 8 千人を超える大きな被害が発生した。被害は，青森県から千葉・東京まで広域にわたり，また，福島第一原子力発電所の事故によって多くの人が避難を余儀なくされた。

用語 3　阪神・淡路大震災

1995 年 1 月 17 日午前 5 時 46 分に発生した兵庫県南部地震（M7.3）によって発生した災害であり，災害による関連死を含めて死者 6,434 人という大きな被害が発生した。人口過密地域が被害を受ける都市型の災害であった。

用語 4　関東大震災

1923 年 9 月 1 日正午頃に発生した M8 クラスの地震により静岡県から東京都にわたって大きな被害が発生し，死者は 10 万 5 千人にもおよぶ。東京での大火の被害が知られているが，地震が発生したのは相模湾であり，神奈川県では地震の揺れに伴う建物倒壊によって大きな被害が発生しており，津波による被害も発生している。

用語 5　伊勢湾台風

1959 年 9 月 26 日に，三重県・愛知県を中心に大きな被害が発生した台風災害であり，死者・行方不明者あわせて 5 千人を超える被害が発生した。愛知県・三重県の 0m 地帯では長期にわたる湛水被害も発生した。伊勢湾台風は現在の日本の防災体制確立の契機となった災害であり，以前から議論は行われていたが，伊勢湾台風の教訓をふまえて 1961 年に災害対策基本法が制定される。

用語 6　災害対策基本法

1961 年に制定された日本の防災体制の基本的な考え方を定める法律である。防災対策は第一義的に市町村が実施すること，防災計画の策定，避難に関わる情報の発信，大規模災害時の国の体制，災害復旧の考え方・費用の負担等，日本の防災に関する考え方について規定している。阪神・淡路大震災，東日本大震災といった大きな災害後には，その反省を踏まえた改正が行われている。

用語 7　災害救助法

1927 年に昭和南海地震の反省を踏まえて制定された法律で，災害発生時の食料提供・避難所・応急仮設住宅等被災者支援についての規定を定めた法律である。制定から長い年月が経過し，社会状況も大きく変化したことから現在の社会状況に合っていない点もあるが，課題に応じた特別基準により対応が行われている。

用語 8　被災市街地復興特別措置法

1995 年に発生した阪神・淡路大震災において，都市の再建を進める上で，様々な問題が発生したことから制定された法律である。「被災市街地復興推進地域」を指定し，推進地域においては最大 2 年間の建築制限をかけることが可能になる。また推進地域内では，建築物の建築や，都市施設として指定された場合，防潮堤を含む土木施設も知事・市長の許可が必要となる。

用語 9　生活再建支援法

阪神・淡路大震災からの復興において，住宅再建に対する公的支援制度が存在せず，住宅再建が大きな問題となったことから，議員立法で1998年に制定された法律である。当初は住宅再建について支援金を利用することができなかったが，現在，全壊（複数世帯）の場合，基礎支援金100万円に加え，住宅を新築した場合，加算支援金200万円を加えた計300万円の支援が行われる。

用語 10　災害危険区域

建築基準法第39条に基づき，地方公共団体が指定を行う。災害危険区域においては，用途（住宅禁止），床高・構造形式についての規制を行うことが可能になる。東日本大震災の復興では津波リスクの高い沿岸部で災害危険区域の指定が行われた。

用語 11　大規模災害からの復興に関する法律

東日本大震災で災害復興が大きな問題となったことを踏まえ，東日本大震災からの復興を行う上で講じられた様々な特例も含め，今後の大規模災害からの復興の枠組みについて定めた法律である。都市計画については，市町村等からの要請により，国・都道府県等が都市計画の決定等を代行できる等の規定が設けられている。

用語 12　住宅市街地総合整備事業（密集住宅市街地整備型）

密集市街地の環境改善を行うための老朽家屋の建て替え，道路・公園の整備，従前居住者向けの受け皿住宅の整備を行うための事業である。土地区画整理事業のように地区全体を更新するのではなく，建物の更新にあわせて順次，道路整備等を行い密集市街地の安全性を徐々に高めていく手法である。長い時間が必要となるため事業の進捗状況が分かりにくいが，重点密集市街地の割合が高い大阪府等においても着実に環境整備が進められている。

用語 13　地区防災計画

東日本大震災後の災害対策基本法の改正により新たに創設された制度である。コミュニティーが主体となって策定された地区単位の防災計画を，各市町村の地域防災計画の中に正式に位置づけることが可能となっている。

用語 14　地域防災計画

事前の対策である「予防計画」と発災後の対策である「応急対応計画」「災害復旧計画」の3部構成となっているが，内容については「応急対応計画」が中心であり，実際は発災後の災害対応マニュアルとなっている。計画の内容は，遺体の処理から給水，避難所の運営，応急仮設住宅の設置まで多岐にわたる。

用語 15　避難所（Shelter）

避難所は災害後に生活を行う場所であり，津波や火災からの避難のように災害の危険を回避するための避難場所（Evacuation Center）とは異なる。

避難所の設置は「災害救助法」に基づき行われ，設置期間は災害発生の日から7日以内とされているが，特別基準により延長が可能であり，大規模災害では半年以上に渡って避難所が開設されることもある。長期に渡って避難所での生活を行う場合には，プライバシーの確保が重要な課題となる。また，高齢者・障害者がバリアフリー化されていない避難所で生活を送る事は困難であり，老人福祉センター等の施設が「福祉避難所」として利用される。

用語 16　応急仮設住宅

応急仮設住宅も「災害救助法」に基づき設置されるものであり，同法に基づく「住宅応急修理」制度と同様，恒久的な住宅を再建するまでの期間の応急居住施設として設置される。応急仮設住宅の居住環境については阪神・淡路大震災以降，順次改善が行われてきており，バリアフリー化やコミュニティー形成を目的に通路に屋根を架ける等の対応も行われている。また，東日本大震災では新たに建設されるプレハブ・木造の応急仮設住宅に加えて，一般の住宅を賃貸して応急仮設住宅として使用する「みなし仮設住宅」が数多く利用されるようになり，現在はみなし仮設住宅の方が多くなっている。

用語 17　津波防災地域づくりに関する法律

津波の浸水危険度に応じて，津波警戒区域（イエローゾーン），津波特別警戒区域（オレンジゾーン，都道府県知事指定），災害危険区域〈建築基準法39条〉（レッドゾーン）（市町村長指定）という3つの地域を定めることが可能となっている警戒区域では避難体制の整備が，特別警戒区域では土地利用規制が行われ，病院・福祉施設は設定される「基準水位」より高い位置に居室の床を設定する必要がある。

さらにレッドゾーンについては住宅建設の規制も行われる。また，市町村は「津波防災地域づくり推進計画」の作成ができることとなっている。しかしながら，警戒区域の設定を行った都道府県，推進計画の策定を行った市町村の数は限られている。また盛土と公共施設の建設を一体で実施できる「津波防災拠点整備事業」が新たに東日本大震災の復興事業のために創設され，南海トラフ地震の想定被災地域においても利用できるようになっているが，利用条件が特別警戒区域（オレンジゾーン）の指定かつ推進計画を策定していることとされており利用条件が厳しくなっている。

用語 18　防災集団移転促進事業

災害に対して危険な区域（土砂災害・津波等）について災害危険区域（建基 39 条）を設定し，その地域の住む住民を災害に対して安全な地域に移転する事業である。行政は移転先の住宅地の整備を行い，移転する住民に対して，元の宅地の買い取り，引っ越し費用・新たな住宅の建設費用（利子分のみ）についての支援が行われる。

用語 19　漁業集落防災機能強化事業

被災地の漁業集落において安全・安心な居住環境を確保するため地盤の嵩上げ，生活基盤の整備を実施する事業である。東日本大震災では被災集落の復興事業として利用された。

用語 20　建物被害調査

建物被害認定には，1）被害の規模を認定し災害対応体制を立ち上げる，2）二次被害を防ぐ（応急危険度判定），3）生活再建支援のための基準を作成する（罹災証明発行のための調査），4）住宅の再建可能性について判断する被災区分判定調査という 4 つの段階がある。応急危険度判定は，建築の専門家である応急危険度判定士が実施し，調査結果に基づき，赤紙（「危険」立ち入り禁止），黄紙（「要注意」建物に入るのに要注意），緑紙（「調査済」被害が小さい）が貼られる。

罹災証明の調査は建物の経済的被害を判断する調査であり，全壊（経済被害 50% 以上），大規模半壊（40%），半壊（20%），一部損壊（20% 以下）という評価が行われ，生活再建支援金の給付，義援金の分配といった生活再建支援の基準として利用される。

被災区分判定も建築の専門家により実施されるが，実際に実施された事例は少ない。

用語 21　密集市街地における防災街区の整備の促進に関する法律（密集法）

密集法では，1）延焼防止上危険な建築物の除却勧告，2）エリア内の建物を準防火構造とする，3）防災性向上のための地区計画策定等が定められている。さらに 2012 年には，密集市街地の中でも「地震時等に著しく危険な密集市街地」の場所を公表し 2020 年までに解消すること，としている。

用語 22　土砂災害防止法

この法律では都道府県が現地調査に基づき，「土砂災害警戒区域」，「土砂災害特別警戒区域」を定める事を規定している。また，特に危険な地域である「土砂災害特別警戒区域」においては，①開発行為の規制により，新たに住宅等が立地することを抑制する，②建築物の構造規制により土砂災害に対する安全性の確保を図る，③宅地建物の取引の際に危険区域である事の説明を行う等の対応が求められる事となっている。

用語 23　2 段階都市計画

阪神・淡路大震災の復興で使われた手法であり，阪神・淡路大震災の，第 1 段階として施行区域，道路等の大枠を決定する最初の都市計画決定（3 月 17 日）を行い，その後，地区毎に街区道路等の計画を行い，その結果に基づき第 2 段階目の都市計画決定を行われた。

第 10 章　都市の景観まちづくり

10・1　景観とは何か

1970 年代ごろから全国各地の自治体で景観条例がつくられ，2004 年に景観法が制定されるなど，近年社会における景観に対する関心はますます高まりつつある。しかし景観法においても「景観」という語の定義はされていない。では景観とはいったい何をさすのであろうか。

都市計画の分野では，戦前は主に「美観」や「都市美」という言葉が使われていたが，戦後は「景観」という言葉が主に使用されるようになった。

「景観」とは文字通り解釈すれば，「景」（＝ものの様子，さま）と「観」（ものの見方）によりなる語であり，目に見えるさまを人々がどのようにとらえているかという認識をさす言葉であると考えられる。

そのため，時代によって認識は変化するものであることから，最近は里山の景観（図 10・1）や，工場が建ち並ぶ産業景観など，さまざまな「景」に対する関心が高まりつつある。例えば，里山の風景保全という活動も各地で取り組みが行われるようになってきているが，保全の必要性が指摘されるようになったのは近年のことであり，数十年前までは，里山の風景はごくありふれたものであった。ところが，市街化が進むにつれ，また農村部の高齢化が進み，山林の手入れが行き届かなくなり，里山の環境が荒れることによって，改めてその希少性，重要性が指摘されるようになったものである。

このように，時代によって景観に対する価値観は異なることから景観まちづくりを進めるにあたっては，将来のまちの姿，景観のあり方についての視点の共有が不可欠であるといえる。

10・2　都市景観の構成要素・種類

都市景観の構成要素は，①自然的環境要素（気候，風土，地形，植生，水面等），②人工的環境要素（土地利用，都市施設，建築物等），③社会的環境要素（歴史，文化，生活，経済等）からなり，都市景観はこれらの要素によって，長い歴史をかけてつくり出されたものである。例えば，歴史的建造物が残っていなくとも，城下町由来の都市であれば，敷地割りや街路の構成は少なからず現在の景観に影響を与え

図 10・1　里山の景観（横浜市新治市民の森）
里山を保全する市民活動の一部として谷戸での耕作が行われている。

図 10・2　浅草仲見世通り（東京）の新年のにぎわい
人のにぎわい，季節の風物も都市景観の重要な要素である。

ている。古道や古戦場のように視覚的には顕在化していなくても，その土地の歴史を知ることにより，われわれの景観に対する理解は異なってくる。また，祭りや市場の景観においては，市民の活動も重要な構成要素である。このように非定常的で動的な要素も，都市景観の重要な要素である（図 10・2）。

そのため，景観について考える際には，視覚的な景観造形のみに注目するだけでなく，地域の歴史やコミュニティなども含めた総合的な視点を持つ必要性がある。

一方，景観の構成要素を誰が所有しているかという点から考えると，市街地内の建築物の多くは私的な所有物である。しかしながら，公共的な場所から望見できる部分については公共的な性格を持つ中間領域である。景観は公的領域と中間領域にまたがるものであることから，「公」と「私」の協調的な関係によって初めて成立する概念であると言える（図 10・3）。そのため，良好な景観形成においては公民の協働が不可欠である。

景観は，空間的広がり，見るものと見られるものとの関係や，見る対象などの観点からさまざまな種類分けがなされる。

対象の空間的広がりから広域景観，都市景観，街区景観と分類されることもあるし，見るものとの距離関係から遠景，中景，近景などと呼び分けられることもある。

また，見る対象によって，河川景観，道路景観，港湾景観などに分類されることや，見る者と周辺環境の空間的特徴によって，ビスタ景観（図 10・4），シークエンス景観（図 10・5），まちなみ景観などと呼ばれる場合もある。

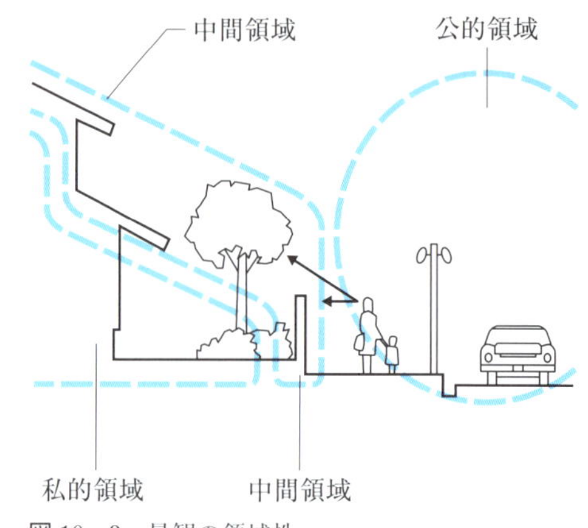

図 10・3　景観の領域性

図 10・4　象徴的なビスタ景観
ビスタ（見通し）景観とは，ある対象物に向かった直線的景観・明治神宮外苑（東京都）の並木道では中央のアイストップに絵画館を配し，2 列植栽のイチョウ並木の続く象徴的なビスタ景観が形成されている。

図 10・5　連続的に展開するシークエンス景観
シークエンス景観とは，移動するにしたがって連続的に変化する景観。産寧坂（京都市）では曲がりくねった街路沿いに連続的に変化する景観が形成されている。

10・3 さまざまな景観まちづくり

現在，全国各地でさまざまな景観まちづくりが展開されているが，都市の景観まちづくりには大きく分けて二つの方向性があるといえる。一つは歴史や自然環境の保全を意図した景観を「まもる」まちづくりであり，もう一つは新たな開発において，良好な都市景観を形成しようという景観を「つくり，育てる」まちづくりである。ここでは，全国のさまざまな取り組みのなかでも先進的な取り組みを紹介する。

(1) 景観を「まもる」

京都や奈良などの歴史的都市に見られる町並み，城下町由来の都市における町並み，宿場町の町並み，武家屋敷町の町並み，農村集落の町並みなど，一口に歴史的な町並み景観といっても，その地域の歴史的な成り立ちによって，その景観にはさまざまな特徴がある。

これらの歴史的な町並みの中でも重要な地区は，文化財保護法による重要伝統的建造物群保存地区という制度で保全の対象となっており，2017年11月現在で全国の117地区が選定されている。

重要伝統的建造物群保存地区では建物の外観が保全されるばかりでなく，石畳や生垣，土塀，神社の鳥居などの工作物についても保全の対象となっている。既存の建物を周辺の歴史的建築部に調和するよう修景し，新たに建設される建物についてもデザインガイドラインによって周辺の町並みと調和するようにデザインコントロールをする。歴史的な建築物だけでなく，トータルな環境を保全する仕組みである。

このような歴史的町並みの残る地区の中には過疎地に立地しているものも多いため，地域振興，活性化も重要なテーマとなる。また，地区として景観を保全していくためには，住民間の合意形成のために参加型の景観まちづくりが必要となるので，文化財のカテゴリーである重要伝統的建造物群保存地区とはいえ，その中身は住民参加による景観まちづくりという側面が非常に強い。日本における歴史的町並み保存の先駆けとなった中山道の宿場町妻籠宿（長野県）では，伝統的な町並みを重要伝統的建造物群保存地区として定めて保全してきており，現在は町並み観光による地域振興の拠点となっている（図10・7）。

このような重要伝統的建造物群保存地区のほかにも歴史的な町並み景観が継承されているところも多い，例えば，中心市街地活性化のモデルとなった滋賀県の長浜黒壁スクエア周辺地区は，黒壁と呼ばれる土蔵造りのかつての銀行の建物を修復し，周辺の歴史的な建築物もリユー

図10・6　市民運動によって保全された小樽運河の景観
道路拡幅のために運河の埋立てが計画されたが市民運動により，全面埋立てから部分埋立てへと計画が変更され，景観に配慮したプロムナード整備が行われた。

図10・7　中山道の宿場町・妻籠宿の街並み
重要伝統的建造物群保存地区として，歴史的な建築物のみならず，周辺環境と一体となった景観が保全されている。

スしながら景観に配慮したまちづくりに取り組んでおり，観光によって中心市街地の再生に成功した。

三重県の伊勢神宮内宮の門前町である「おはらい町」では，伊勢市が 1989 年に「まちなみ保全条例」を制定したのをきっかけとして沿道店舗の建築協定を設け，電線類の地中化と石畳風の塗装に改修するなど景観保全整備事業を進めた。その後地元企業中心に建物を伊勢造りと呼ばれる伝統的な建築様式に統一していこうという動きが広まり，中心市街地の再生へとつながっていった（図 10・8）。

図 10・8　おはらい町の町並み（伊勢市）
伊勢神宮・内宮前のおはらい町では，歩行者空間整備と建物の修景を同時に行い，地区の再生を実現した。

一方，大都市部においても都市内の歴史的資産を保全しながら景観まちづくりに取り組んでいるケースが増えつつある。その背景としては 1980 年代以降，都市内の近代建築への認識が高まり，文化財の枠組みだけではなく，景観資源としても重要視されるようになったことがあげられる。また，近年は，近代建築のみならず，日本の近代化を支えた土木産業遺産なども保全の対象となりつつある。

図 10・9　横浜の港の景観

横浜では 1970 年代から都市デザインに取り組んでいるが，旧居留地である山手地区の洋館

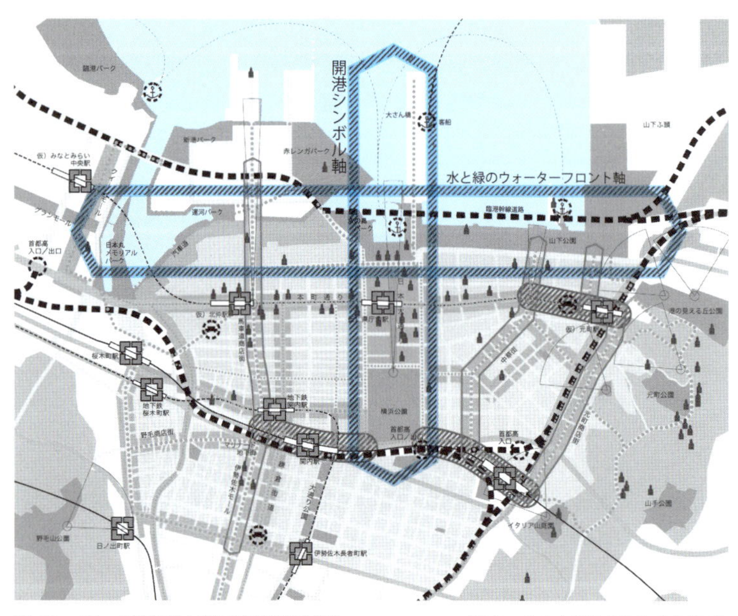

図 10・10　横浜都心部の将来構想図　（出典：中心市街地活性化基本計画）

横浜では市街地と港をつなぐ開港シンボル軸，山下公園からみなとみらい 21 地区へとつながる水と緑のウォーターフロント軸を定め，赤レンガ倉庫や港の土木遺産を保全しながらウォーターフロント整備を行なっている。みなとみらい 21 地区ではまちづくり協定によって海に向かって低くなる特徴あるスカイラインを実現している。

の残る町並みや，開港以来の都心である関内地区の近代建築，港にのこる土木遺産を保全しながら，総合的な都市デザインを進めている（図 10・9，10）。

眺望景観を保全の対象とする自治体もある。金沢市では歴史的な町並みを保全するとともに，その背後の斜面緑地の保全，さらには眺望点を指定しての眺望景観の保全を行っている。このような眺望景観の保全の先進的事例としては 1973 年の松本城周辺の景観保護対策，1984 年の岩手県盛岡市における岩手山への眺望景観保全が有名であるが，最も有名な例としては，京都市があげられる。眺望景観保全を目的とした市街地内の建物の高さ規制の強化，屋外広告物規制の強化などに取り組んでいる（図 10・11）。

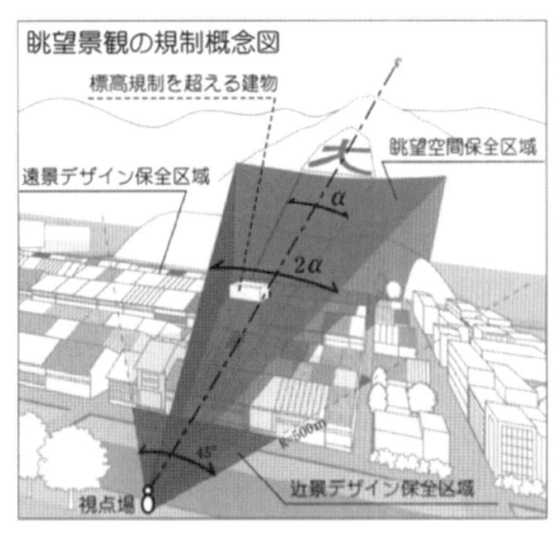

図 10・11　京都市における眺望保全の取り組み
京都市では五山の送り火への眺望点を指定し，眺望確保のための高さ制限の強化，屋外広告物の制限などを行なっている。

(2) 景観を「つくり，そだてる」

槇文彦設計による代官山ヒルサイドテラス（東京都渋谷区）の建築群は，長期にわたって一人の建築家が多数の建築のデザインを手がけ，結果として地区スケールの統一感のある景観を形成している例である（図 10・12）。

一方，大規模開発においては複数の事業者，設計者が参画することが通常である。そのため再開発や新たな市街地形成においては建物の高さ，配置，形態，意匠，公共空間のあり方などについてのデザインガイドラインが共通のルールとして設定され，地区レベルで統一感のある景観形成が行われるケースが多い。このような場合，ガイドラインの設定によっては画一的で単調な街並みが形成されてしまう場合がある。その問題を解決するために取り組まれたのが，複数の建築家の協議による設計である。

このような事例の代表的な例としては，マスターアーキテクトとして内井昭蔵を起用したベルコリーヌ南大沢（東京都八王子市）や，街区ごとにブロックアーキテクトを置き，複数の建築家が相互に調整するスタイルをとった幕張ベ

図 10・12　代官山ヒルサイドテラスのまちなみ
旧山手通り沿いに 1969 年から 1998 年まで約 30 年をかけて建築された建築群。

図 10・13　幕張ベイタウンのまちなみ
街区設計者と建物設計者により，街区内，街区間のデザイン調整がなされた。

イタウン（千葉県千葉市）がある。

幕張ベイタウンでは建物やオープンスペースの配置等を定めたマスタープランと景観形成お原則を定めたデザインガイドラインがあり，これらをもとにデザイン会議において相互のデザインを調整する方式が採用された（図10・13）。

10・4 景観まちづくりと法制度

大正8年（1919年）の旧都市計画法，市街地建築物法（後の建築基準法）の制定によって我が国における近代的な都市計画法制が整ったといわれる。しかしながら，当初から日本の都市計画法制においては「景観」という概念は明確に位置づけられておらず，以後，現在の都市計画法，建築基準法にいたるまで，都市計画の目的として「景観」は位置づけられてこなかった。

もちろん，景観の整備を目的としたさまざまな事業も1970年代以降は徐々に行われるようになった。また，地方自治体では独自の取り組みとして景観条例を策定するなどの努力が続けられてきた。しかし，都市計画の基本法制である都市計画法において，景観が明確にいちづけられていないことは大きな問題であった。この状況を打破し，地方自治体の自主条例として策定されてきた景観条例に根拠を与えるものとして2004年に景観法が制定されるに至り，やっと日本の都市計画法制の中で，景観が法的に認知されるようになったのである。

1960年代頃からの列島改造ブームにより，全国各地の歴史的町並みの破壊や，京都，奈良，鎌倉といった古都における開発が社会問題化していった。この賛否を巡って，住民による草の根の反対運動，歴史的環境の保全運動が展開されていった。

古都鎌倉では鶴ケ岡八幡宮の裏山で御谷（おやつ）の住宅地開発計画に反対する住民運動が日本初のナショナルトラスト運動へと展開し，同様の問題が京都，奈良などの古都でも起こり，これを契機として1966年に「古都における歴史的風土の保存に関する特別措置法」（古都保存法）が制定された。

また妻籠，高山などの歴史的町並みを保全する住民運動は次第に全国的な広がりを見せ，これらの住民運動の成果は1975年に伝統的建造物群保存地区制度へと結実していった。

このように草の根の住民運動が国や地方自治体を動かし始めた1960年代後半には，全国初の景観条例が金沢市で制定される。1968年に制定された「金沢市伝統環境保存条例」は金沢市内に残る歴史的な町並みを保全し，その周辺の景観を調和させることを目的とした条例であり，以後，京都，萩などの歴史都市を中心にこのような景観条例を制定する動きが広がっていったのである。

また，1978年に制定された神戸市都市景観条例では，歴史的な町並みの残る地区だけでなく，新市街地も含めて全市を対象として景観特性を分析・類型化し，それぞれの場所の特性に応じて都市景観の向上をはかるという方針が示された。この神戸市都市景観条例をきっかけに，歴史的な都市のみならず，一般の都市においても，景観条例が普及浸透していった。

また1990年代に入ると中心市街地の再生にあたって，滋賀県の長浜市における黒壁スクエア周辺の取り組み，三重県の伊勢市のおはらい町の取り組みように，地区の歴史的な景観を活かしたまちづくりの成功例が注目を集めるようになり，観光立国の推進ともあわせて，景観まちづくりによる交流人口の増大や経済効果にも大きな期待が寄せられるようになった。

このように，全国の草の根の歴史的環境保全運動が地方都市におけるまちづくりに新たな流れをつくりだし，それらがきっかけとなり全国な景観まちづくりの普及へとつながっていった。しかしながら，これらの条例についてはあくまで根拠となる法律を持たない自主条例である。自主条例の場合には景観を理由に財産権をどこまで制約することができるのかに関して見方がわかれ，指導勧告をこえて，是正命令を出すような厳しい規制措置を行うことが難しいということになる。そのため，景観条例ができても，実際には有効な規制力を持たないお願い条例となってしまい，景観を目的として建物の配置や形態を厳しく制限するといった取り組みは現実的には非常に難しかったのである。そのため，地方における景観まちづくりを支える意味でも景観に関する基本法制の制定が求められていた。

このような状況に対して，2003 年には国土交通省が「美しい国づくり大綱」発表し，この中では景観に関する基本法制の制定が公約とされ 2004 年の景観法の制定へと至ったのである。

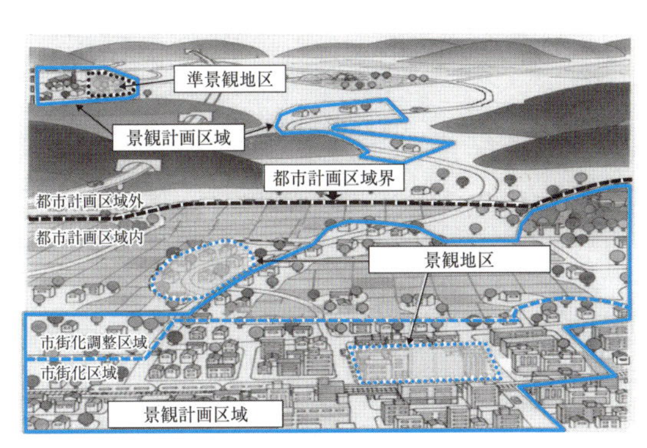

図 10・14　景観法の対象地域のイメージ図（出典：国土交通省「景観法の概要」）

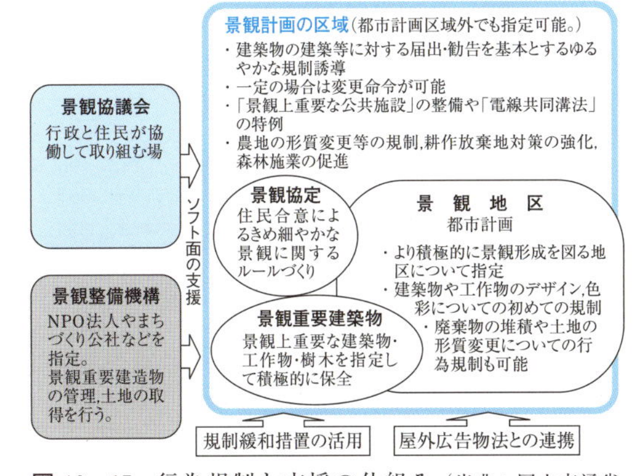

図 10・15　行為規制と支援の仕組み（出典：国土交通省「景観法の概要」）

10・5　景観法とそのしくみ

景観法では，その基本的理念として，「良好な景観は現在及び将来における国民共有の資産」であり，「地域の個性を伸ばすよう多様な形成を図るべき」であることを述べており，地域の自然，歴史，文化等を生かした景観形成が必要であるとしている。また，景観は，住民にとって身近な範囲で持続的に形成されていくべきものであるという考えから，住民にとって最も身近な基礎自治体である市町村が主体的に景観行政を担うというのが景観法の基本的考え方である。

景観行政を担う地方自治体は，景観法に基づく景観行政団体として指定をうける。これにより景観計画の策定及びこれに基づく行為の規制，景観重要建造物・樹木の指定，景観重要公共施設の指定，景観協議会の設立，景観整備機構の指定など，景観形成を推進するソフト面での取り組みを行うことができるようになる。それぞれの自治体ではこれらの内容を地域の実情を反映させながらルール化し，条例を制定することによって，実効性のある景観まちづくりのルールづくりが可能となる（図 10・14，15）。

これらの景観条例では一般的に①ゾーニングを行って，それぞれの地区の景観の状況に応じた景観形成基準を設ける（図 10・16），②景観資源となる特徴ある建築物，樹木等を保全する，③市民との協働による景観まちづくりの推進，などがその柱となっている。

また，景観まちづくりにおいては，道路や河川，公園などの公共空間の整備が非常に大きな役割を果たす。従来これらの公共空間の整備はそれぞれの管理者によって行われてきたため，ちぐはぐな整備が行われることも少なくなかった。景観法では景観上重要な公共施設について

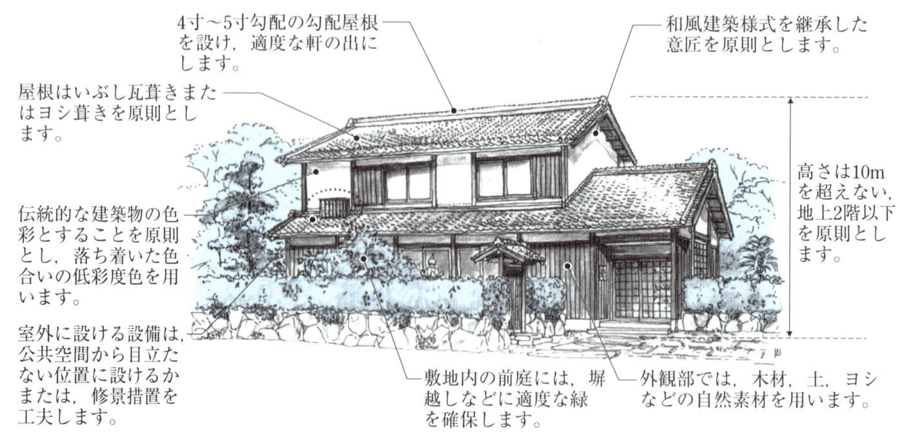

図 10・16　近江八幡市（滋賀県）水郷風景計画（景観計画）の景観形成基準のイメージ

は，景観行政団体と公共施設管理者が協議し，同意した場合には，景観重要公共施設として景観計画に位置づけることができる。

例えば，市町村の中を通過する国道や県道などは国や県が管理している場合が多い。このような公共施設の整備についても，景観重要公共施設に定められると基礎自治体である市町村の計画に即して整備が行われることとなる。また，占用許可の基準についても景観計画に定めることができる。

10・6 景観まちづくりに関連するその他の制度

景観に関する制度は景観法のみならず，建築基準法や都市計画法，文化財保護法などにも多数あり，さまざまな形で景観まちづくりに活用されている（表 10・1）。

都市計画法にもとづく風致地区（第 7 章参照）や地区計画（第 5 章参照），建築基準法にもとづく建築協定などのルールは景観まちづくりの面でも活用可能な仕組みである。風致地区では道路からの後退距離，高さや，色彩，木竹の伐採などのルールを条例によって定めることができ，緑豊かな住環境や景観の保全に適したルールである。

また，歴史的景観資源を保全する制度としては，文化財保護法におけるまちなみ保存を目的とした伝統的建造物群保存地区制度，単体の建造物の保全については，重要文化財などの指定のしくみ，登録有形文化財などの登録制度がある。また，文化財保護の制度については，法に基づく国レベルのもののほか，都道府県レベル，市のレベルで文化財保護条例を制定しているケースが多い。

こうした文化財と市街地環境の維持向上を目指した法律が歴史まちづくり法（2008 年）である。歴史的建造物を核として，祭礼などの伝統行事，伝統産業などの人の営みも含めた「歴史的風致」を維持向上する計画を市町村がつくり，国がそれを認定し，支援するという仕組みである。

表 10・1　景観まちづくりに関連する主要な制度

根拠法	制度名	目　的
都市計画法	景観地区	良好な景観の形成
	風致地区	自然環境，住環境保全
	地区計画	良好な市街地環境の形成
	高度地区	高さの最低限度，最高限度の指定
	特定街区	一体的な景観の形成，再開発等における歴史的建造物の保全
建築基準法	建築協定	住環境，まちなみの形成
	総合設計制度	市街地環境の向上
文化財保護法	登録文化財	歴史的資産の保全
	伝統的建造物群保存地区	歴史的まちなみの保全
	文化的景観	歴史的景観の保全
古都保存法		古都の歴史的環境保全
歴史まちづくり法		歴史的風致の維持・向上
屋外広告物法		屋外広告物のコントロール

このように多くの関連法制度がある中で，特に建造物や工作物のコントロールと並んで重要なのが屋外広告物のコントロールである。わが国の屋外広告物行政は，屋外広告物法に基づいて都道府県が条例を制定して行われてきたが，2004 年の法改正によって，景観行政団体となった市町村については，独自の条例制定権が認められることとなり，景観計画と連動した実効性のあるルール作りが可能となった。

屋外広告物条例の一般的なスタイルとしては，地域を自然系地域，住居系地域，商業系地域といった形で区分し，広告物の種別ごとに許可の条件を設定するというものである。

しかし，屋外広告物行政に関しては，広告物の種類が多様であること，対象となる広告物の数が多いことから，規制の効果があがりにくい。また，表現の自由との関係で景観を根拠とした規制を行いにくいといった課題がある。

例えば，近年は液晶パネルを用いた新しいタイプの映像広告物がでてきていることや，郊外のロードサイドショップに見られるような店舗と広告が一体になったものに関しては，どこまでが広告物か判断が難しい。また，「捨て看板」と呼ばれる短期的に許可無く設置される安価な看板や，張り紙広告などのように，規制が難しく，除却も手間がかかる広告物の問題もあり，今後の景観まちづくりを考えていく上での大きな課題となっている。

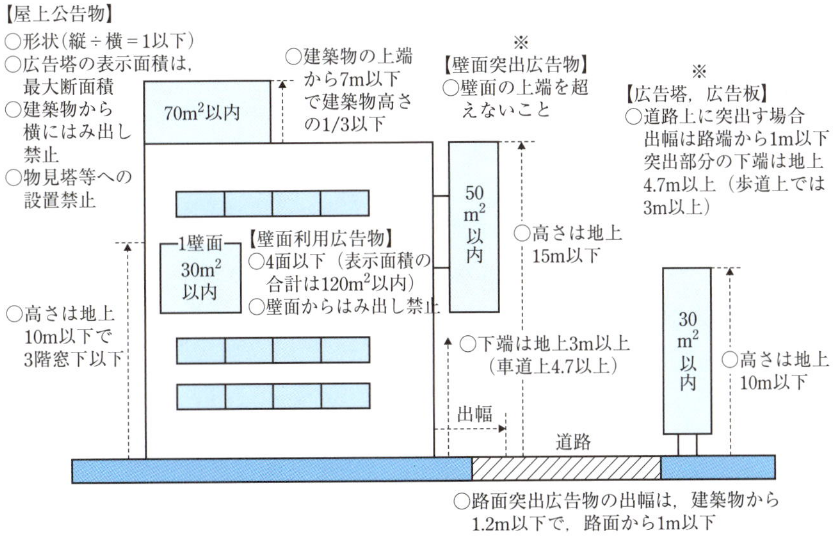

【屋上公告物】
○形状（縦÷横＝1以下）
○広告塔の表示面積は，最大断面積
○建築物から横にはみ出し禁止
○物見塔等への設置禁止
70m²以内
○建築物の上端から7m以下で建築物高さの1/3以下
※【壁面突出広告物】
○壁面の上端を超えないこと
50m²以内
○高さは地上15m以下
○下端は地上3m以上（車道上4.7以上）
※【広告塔，広告板】
○道路上に突出す場合出幅は路端から1m以下突出部分の下端は地上4.7m以上（歩道上では3m以上）
30m²以内
○高さは地上10m以下
1壁面 30m²以内
【壁面利用広告物】
○4面以下（表示面積の合計は120m²以内）
○壁面からはみ出し禁止
○高さは地上10m以下で3階窓下以下
出幅
道路
○路面突出広告物の出幅は，建築物から1.2m以下で，路面から1m以下

図 10・17　屋外広告物条例によるルールの事例（神奈川県屋外広告物条例・商業系地域）

図 10・18　元町商店街（横浜）のまちなみ

10・7 公共空間の整備・活用と景観

地域の特色を生かした景観まちづくりを進めていくためには，ルールによる規制のみならず，公共空間の整備，活用などの事業と連動することによって相乗的な効果を上げることができる。

今日，再開発等の事業や，道路整備や河川整備といった公共事業においても必ず景観への配慮が求められている。例えば，商店街や歩行者空間整備においても，景観に関するソフトとハードに関するルールづくりと公共空間の整備を連動させることによって，相乗的な効果を上げているケースも多い。規制のみならず，事業によって景観を誘導し，公民の協働によって特色ある景観まちづくりが可能となる。

また，近年は，公共空間の活用によるにぎわいづくり，地区の再生に重点がおかれるようになっている。道路空間や河川空間の活用においても，あらためて景観形成の視点が重要となっている。

10・8 こんな問題を考えてみよう

(1) あなたのまちの景観資源を考える

身近なまちに，どのような景観資源があるか考えてみよう。自然景観，歴史的建造物，特徴のある眺望，季節の風物詩となる風景など，特性に応じて分類してみよう。

(2) 景観条例について調べてみよう

あなたのまち（住んでいる，通学しているなど身近な自治体）が景観条例を WEB などで調べ，その構成や内容をまとめ，課題について論じてみよう。

用語集

用語 1　伝統的建造物群保存地区

1975 年の文化財保護法改正により設けられた文化財の種別。市町村は伝統的建造物群保存地区を決定し，保存条例とそれに基づく保存計画を定める。市町村の申し出を受けて，価値が高いと判断されたものは重要伝統的建造物群保存地区として選定される。

用語 2　文化的景観

英語では Cultural Landscape。1992 年に世界遺産の概念の一つとして「世界遺産条約履行のための作業指針」に加えられた。棚田のような人間と自然の相互作用によって生み出された景観がこれにあたり，文化遺産，あるいは複合遺産として取り扱われる。日本では 2004 年の文化財保護法改正により新たな文化財の種別となった。2017 年 2 月現在全国で 51 の重要文化的景観が選定されている。

用語 3　景観法

2004 年に制定された景観に関する基本法。それまでの地方自治体が独自に策定していた景観条例の根拠となる法律として制定された。2013 年の時点で全国 568 の自治体が景観行政団体となり，景観法にもとづく景観行政に取り組んでいる。

用語 4　景観計画

景観計画では，区域を設定し，区域内の一定の行為に対して，景観形成上の基準が設けられる。景観法は都市計画法とは異なる法であることから，景観計画の区域に関しては都市計画区域外の農地，山林，河川，湖沼，海域なども含めることができ，都市と農村，山間部などを一体的に扱うことができる点が特徴である。また，景観計画に関しては土地所有者等の一定の同意を得ることができれば，住民や，NPO から提案が可能となっている。

用語 5　行為の制限に関する事項

景観計画では届出の対象となる行為について，「良好な景観の形成のための行為の制限に関する事項」を定めることになっている。これは景観形成の基準であり，例えば建築物や工作物の新築，改築，増築，都市計画法で定められた開発行為などの届出対象行為に関する基準であり，高さ，壁面の位置，形態・色彩・意匠などに関しての基準を定めることができる。

この景観形成の基準を届出対象行為が満たさない場合は，届出がなされてから原則として 30 日以内に，設計の変更等の必要な措置を取ることを申請者に勧告することができる。また，必要な場合には条例によって変更命令を出すことも可能である。

用語 6　景観行政団体

景観法制定時に景観条例を持っている市町村の数が全体の約 15% であることから，全国一律というよりは意欲のある市町村が景観行政の担い手となれるように景観法では景観行政団体という考え方が導入された。政令市・中核市については自動的に景観行政団体となり，その他の地域については，都道府県がその役目を担うこととなっている。加えて，景観づくりに取り組むことについて都道府県知事の同意を受けた市町村も景観行政団体となることができ，景観法委任の景観条例を制定することによって様々なメニューをいかした景観まちづくりが可能となる。

用語 7　景観地区

より積極的に景観形成を進めようという場合には，市町村は都市計画法に基づく都市計画として景観地区を定めることができる。

景観地区内では建築物の①形態意匠の制限，②高さの最高限度及び最低限度，③壁面の位置の制限，④建築物の敷地面積の最低限度，を①については必ず定め，②～④については必要に応じて定めることができる。工作物についても同様にルールを定めることでき，この他にも木地区の伐採，土地の形質の変更などの行為の規制が条例で定められる仕組みである。

用語 8　景観重要建造物・景観重要樹木

景観計画の中で示される景観形成の基準が建築物や工作物の新築，増築等に適用されるのに対して，それぞれの地区における景観を特徴づけている建築物や樹木をまちづくりに活かしていくしくみが景観重要建造物及び景観重要樹木である。景観重要建造物及び景観重要樹木として指定されると，現状変更についての許可が必要となる。その一方で市町村の条例によって，防火などの建築物の外観に関わる部分について建築基準法の規制緩和が可能となる，相続税評価額の軽減が行われるなどのメリットもある。

用語 9　景観協定

景観法では，住民間の合意によって，景観に関する様々な事柄をルールとして定めることができる制度として，景観協定が新たに設けられた。類似する制度として建築協定などがあるが，建築協定が建築物の配置や形態・意匠など対象が建築物に限定されるのに対して，景観協定では，建築物，工作物，屋外広告物，農地などに関する事項，ショーウィンドウの照明時間といったソフトな事項まで含めて一体的なルールと定めることができる点で異なる。

用語 10　景観整備機構・景観協議会

景観法では地域で活動する NPO 法人や公益法人を景観行政団体が景観整備機構として指定することができるようになった。例えば，地域に残る歴史的建造物を維持保全する活動や，棚田の保全活動を行っている NPO 法人を景観整備機構として指定し，景観行政団体と景観整備機構が協働して，景観重要建造物に指定された歴史的建造物を維持管理する，棚田の維持保全活動を行うなどの展開が考えられる。

同様に協働による景観まちづくりを進めるしくみとして景観協議会がある。景観協議会は，景観行政団体，公共施設の管理者，景観整備機構などが関係する公共団体や公益事業者，住民などの関係者を交えて，良好な景観形成へ向け協議を行う場として組織されるものである。例えば，駅前空間のように，鉄道事業者，道路管理者，商店主，地域住民など，多様な主体が景観協議会を組織し，景観まちづくりのあり方について議論するといった活用が想定されている。

用語 11　屋外広告物法

1949 年に制定された，屋外広告物の表示や，掲出する物件の設置・維持，並びに屋外広告物業についての規制の基準を定めるための法律。

用語 12　歴史まちづくり法

正式名称は「地域における歴史的風致の維持及び向上に関する法律」。「歴史的風致」を「地域におけるその固有の歴史及び伝統を反映した人々の活動とその活動が行われる歴史上価値の高い建造物及びその周辺の市街地とが一体となって形成してきた良好な市街地の環境」と定義し，それらの維持向上のために市町村は国指定文化財を中心として地区を指定し，「歴史的風致維持向上計画」を作成する。

用語 13　登録有形文化財

1996 年の文化時保護法改正にあたり創設された文化財の登録制度。それまでは基本的には文化財は指定あるいは選定される仕組みであったが，所有者自らが申請することで登録される。建造物や美術工芸品，民俗文化財，記念物が登録対象。登録により，修理のための設計監理費の補助や相続税評価額の軽減などの措置が受けられる。2017 年現在，全国で 11502 件の建造物が登録されている。

第11章　参加・協働のまちづくり

11・1　参加・協働のまちづくり

この教科書ではここまで，「土地利用」「建物のコントロール」「地区の計画」「交通」「公園緑地」「都市の再生」「防災・復興」「景観」の8つのテーマに分けて都市計画を解説してきた。第1講で述べた通り，これらは市町村において実行されていくが，具体的にはどのように運営されているのだろうか。

近代都市計画が誕生したころは，優れた官僚が都市計画を作成し，それを政府が実現することが前提であった。政府は国民から徴収した税を財源として道路や公園をつくり，民間の建設を規制して都市計画を進めていったのである。しかし，社会が成熟してくると，都市計画は二つの方向で政府の手を離れ始める。一つは「規制緩和」と呼ばれるもので，都市計画の規制を緩め，民間の建設を活発にすることで，よりよい都市計画の実現を目指す方向，二つは「地方分権」と呼ばれるもので，都市計画を決め，実行する権限を中央政府から細かい単位の地方政府に細分化していく，という方向である。いずれも，社会が成熟し，民間企業や市民が十分に都市計画を担えるほど成長してきたということ，人々が全国一律的な最低限の基準を満たした都市空間ではなく，多様性のある質の高い都市空間を求めるようになってきたということがその背景にある。「規制緩和」は市民や民間の自由な活動を活発化し創意工夫を引き出すものであり，「地方分権」は意思決定の単位を小さくすることで，柔軟なきめ細かい都市計画を可能にするものである。

つまり都市計画は，政府が計画を決めて実行する上意下達型のものから，政府，市民，民間が相互にコミュニケーションをはかりながら，それぞれのできることを出し合って実現していくものへと変わってきた。行政と市民，行政と民間，市民と民間が協力，協働するこのような取り組みを本章では**参加・協働のまちづくり**と呼び，その実践例，方法，制度を解説する。

11・2　様々な参加・協働のまちづくり

まずは，参加・協働によるまちづくりの様々な事例をみて，イメージを作ってみよう。

事例1　市町村マスタープランの策定

第3章で解説した土地利用計画への市民の参加の例をみてみよう。市町村マスタープランの策定過程への市民参加は全国で多く取り組まれている。

東京の近郊に位置する埼玉県桶川市では，その市のまちづくりの基本となる市町村マスタープランの素案を作成するために，28名の公募市民と25名の行政職員で構成する協議会を設けた。協議会は，まず市内4地域に分かれてそれぞれの地域で地域別構想を作成し，それらを集成した後に，五つの部門別に分かれて部門別構想を作成した。おりをみて全体会を開催して，地域別部会と部門別部会の活動を調整した。約3年間に延べ120回以上の会合を開き，徹底的に議論を尽くし，コンサルタントの助けを借りて市民自身が起草した素案が作成された。素案の策定後は桶川市の都市計画の問題を広く考える市民組織が結成され，活動を行った。

事例2　住民主導の地区計画策定

第5章で解説した地区計画策定への市民参加をみてみよう。東京の都心に位置する千代田区六番町は，戦後の高度経済成長期からバブル経済期にかけて高密度な開発が行われ，閑静な住宅地が高密度なオフィス・マンション街へと変貌してきた。地元町会からの容積率緩和要望を受けて行政が提案した都市計画案に，一般住民が異を唱えたことがきっかけとなり，住民たちが「六番町に住み続けたい住民の会」を結成し，地域の住環境を守るために，地域の指定容積率を切り下げる，独自の地区計画案を作成するまちづくり運動を行った。専門家の支援を受けて，模型を用いた「デザインゲーム」を行い，容積率と街並みの関係，建物のルールなどを詳細に議論し，自分たちの地域のまちづくり憲章を定め，それをふまえた地区計画を立案した。地域には資産の有効活用の視点から，容積率の緩和に賛成する住民もおり，地域の中での合意形成と，地区計画の決定権者である行政との交渉・調整を進め，一方で個別に発生する開発のディベロッパーとの交渉を行った。最終的に約 10 年の活動が実を結んで，地区計画が都市計画として決定された。

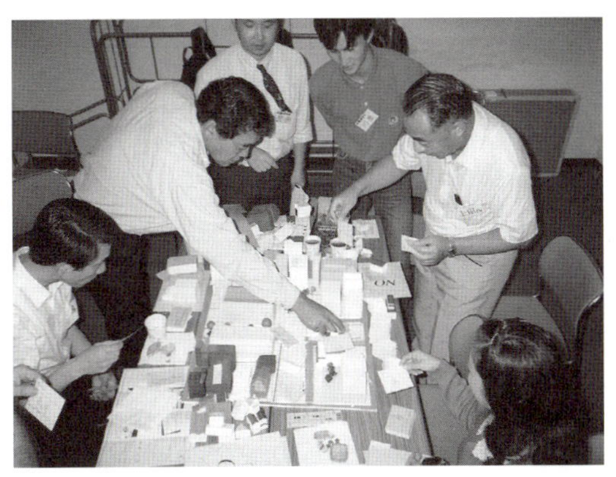

図 11・1　六番町地区でのワークショップ
（写真：早稲田大学佐藤研究室）

事例 3　公園の計画への市民参加

第 7 章で解説した公園の設計への市民参加の事例をみてみよう。山形県鶴岡市で行われた公園計画の事例である。公園の計画にあたって，半年間の期間が設けられ，市民が参加し，デザイン案を作成する 4 回のワークショップを行った。最初に参加者がラフな模型を作成し，その模型をもとに三つの計画案を専門家が作った。三つの案のそれぞれの長所と短所を参加者で議論した上で，参加者が投票をして案を決定した。画一的な公園ではなく，かつてこの場を流れていた堰を復元するという方針を立て，堰を中心に全体の配置からベンチなどのファニチャー類の詳細なデザインまで，住民の議論の結果を活かしたことが特徴である。この活動をきっかけに，地域では公園を自主管理する住民グループが誕生し，さらに 3 回の管理のためのワークショップを行って，管理をしている。

図 11・2　公園計画のワークショップ
（写真：早稲田大学佐藤研究室）

事例 4　都市の再生のまちづくり

第 8 章で解説した市街地開発事業における参加・協働のまちづくりの事例をみてみよう。東京湾岸の埋め立て地である晴海地区は，公団の住宅団地や倉庫が混在するエリアであったが，1980 年代に団地建替や土地の有効活用をもとめる気運を受けて，個人と法人を含んだ地権者が中心となった「晴海をよくする会」が結成され，地区の将来ビジョンを検討した。先行した晴海一丁目地区では，1988 年に「晴海一丁目地区開発基本計画」を策定し，計画に基づいて二つの市街地再開発事業が実行され 2001 年に「晴海アイランドトリトンスクエア」が誕生した。3棟のオフィスビル，6棟の住宅，音楽ホール，商業施設，駐車場を10haの土地，700％の容積に納めた大規模プロジェクトである。事業は地権者，ディベロッパー，UR都市再生機構が協力して担い，東京都や中央区との調整を行いながら進めたほか，複雑な事業と完成後のタウンマネージメントを担う会社が設立された。

事例5　復興のまちづくり

第9章で解説した震災復興のまちづくりの事例をみてみよう。神戸市野田北部地区は阪神・淡路大震災で大きな被害を受けた。細い道路沿いに古い木造住宅が密集した街並みであり，地震の振動によって多くの建物が倒壊し，火災により二つの街区が焼失してしまった。この地区では震災から住環境の改善を目指したまちづくりの協議会が立ち上がっていたため，協議会を中心とした復興まちづくりが進められることになった。焼失した二つの街区では延焼を防ぐための幅員のある街路を整備する土地区画整理事業が計画された。減歩をともなうため，狭小な敷地の権利者の反発も多くあったが，協議会は行政と住民の間に立って粘り強く調整を進め，神戸市内では一番速く事業を実現させた。焼失していない街区についても街路の高質化を進め，街路に面する路地ごとの合意を形成し，復興まちづくりを進めた。

事例6　景観まちづくりへの住民参加

第10章で解説した景観形成への市民参加の事例をみてみよう。福島県二本松市は東北地方の歴史のある城下町である。城郭跡から延びるかつての街道にそって形成されている古くからの商店街に，道路の整備計画が行政から地元に示された。道路が拡幅され，道路に面する商店が建て替えを余儀なくされる計画であった。商業は衰退しつつあり，「交通の便がよくなるので，売り上げも回復するのではないか」と歓迎する声がある一方で，「古くからの町並みが壊されてしまい，商店街の魅力が無くなる」との声があり，住民達で周辺の町並みも含めた計画づくりをする気運が高まった。「T地区まちづくり振興会議」と，「T地区まちづくり塾」が設立され，4年をかけて地域で議論を重ねて景観協定を締結した。議論の過程で，まち歩きやデザインゲームをはじめとするさまざまなワークショップを開催して創造的な議論を行うとともに，空き店舗を活用した「まちづくり拠点」を開設するなど，広く市民に向けた情報発信も行った。策定した景観協定は沿道の8割以上の地権者が同意したもので，協定の締結後は「T地区まち並み委員会」を設立して，一つ一つの建物の建て替えごとに，建築の専門家が加わったデザイン協議を行い，町並みを形成した。

図11・3　町並みデザインのワークショップの成果
（写真：早稲田大学佐藤研究室）

11・3　参加・協働のまちづくりの定義

6つの事例の共通点をみながら，参加・協働のまちづくりを定義してみよう。

(1) 登場人物

事例で共通して「市民」と「行政」と「民間」が登場している。

「市民」については，事例1や3では「市民」であったが，事例2，5，6では「住民」という呼び方が，事例4では「地権者」という呼び方がされている。このように一口で「市民」といっても，その中身はさまざまであり，逆にそれぞれが役割を果たしながら参加・協働のまちづくりは進められている。また，市民が集まった市民組織も登場人物となる。地域には町会や自治会などの組織があり，NPOも活動している。また，商店街組織やPTAが登場することもある。

「行政」も登場人物として欠かせない。マスタープランや公園計画の事例では，行政が主導的な役割を果たした。「行政」という言葉は一般的に国，都道府県，市町村の三つのレベルを指すが，地方分権が進んだこと，市民に最も身近な存在であることから，参加・協働のまちづくりにおいて主要な登場人物は市町村であることが多い。

「民間」はどうだろうか。民間の高密度なオフィスやマンション開発へ対抗した事例2のように，時に民間のディベロッパーとそこに暮らす市民は反対の立場となり，都市計画のルールを定めて民間の活動を規制するという参加・協働のまちづくりがある。一方で，市民がルールを定めて個々の民間の建て替えを誘導していった事例6，民間のディベロッパーも含む地権者が団結して地区の将来像を定めて再開発を行った事例4のように，ルールや計画を作る段階から市民と民間が協力しながら進めるまちづくりもある。市民と民間が時に協力しながら，時に規制しながら参加・協働のまちづくりを進める。

また，「専門家」の役割も欠かせない。事例1や2のように行政に雇われる場合，事例3のように市民を支援する場合，さらには専門家自身が独自の活動を行う場合がある。

参加・協働という言葉にあらわされている通り，まちづくりとは，これらの登場人物が互いの活動に「参加」したり，互いの強み・弱みを補完するために「協働」したりすることにより進められる，と定義することができる。

(2) 参加・協働のまちづくりのテーマ

6つの事例はそれぞれ違うテーマへの取り組みであった。これら以外にも，道路の整備，住宅の建設，商店街活性化，観光，農村再生，福祉，環境保護，都市型産業など，都市にかかわるあらゆるものがテーマに含まれる。テーマは，あくまでも都市空間の整備や保存を中心にしつつ，地域が固有に抱える課題と，それに対する登場人物の問題意識の広がりにあわせて変わるものと考えておくとよい。

(3) 活動の期間

事例1，3は，1〜3年程の期間であったが，事例2，4，5，6では，中長期の時間をかけて成果をあげている。また，前者の二つの事例も，その後にそれぞれ市民組織が立ち上がるなど，提案しただけでは終わらずに，持続的な取り組みを進めている。一つの建物や施設の建設でなく，多くの登場人物が協力をして「まち」をつくるのが参加・協働のまちづくりであり，時間をかけて実現することになる。つまり，「持続的な中長期の活動」を定義に加えることができる。

(4) 参加・協働のまちづくりの定義

以上をまとめると，参加・協働のまちづくりとは「市民や行政や民間がそれぞれ参加・協働して，空間の整備や保存を主眼に多様な地域のテーマを解決するために取り組む持続的な活動」と定義することができる。

11・4 参加・協働のまちづくりの意義

成熟した社会において都市計画を進めるときに，多くの主体と連携する参加・協働のまちづくりは欠かせない。それは，都市計画にどういう意義をもたらしているのだろうか？

(1) 質の高い都市計画・デザインを行う

都市空間は建築と異なり，不特定多数の市民がその利用者となるため，多くの人にとって使いやすいデザイン，有用な計画である必要がある。参加・協働のまちづくりにおいて，多くの主体が参加・協働することにより，主体の持つ様々な視点をそこに反映し，多くの人にとって質の高い都市計画を行うことができる。

(2) 紛争の回避

都市にはさまざまな利害と価値観を持つ主体が活動を行っているため，さまざまな対立が起き，それが紛争に発展することもある。紛争はその解決にコストがかかり，その解決策は多くの場合は妥協の結果であり，最善の策ではないことが多い。対立が発生した早い段階から参加・協働のまちづくりを行い，その中で利害関係者で情報を共有し，理性的な話し合いを行い，対処策をつくることで紛争を回避することができる。

(3) 都市計画に正当性を与える

都市計画は，私権を制限することによって実現される，公権力を行使するものである。したがって，その内容の決定や変更にあたっては，地域の主体の合意形成が不可欠になる。地域の主体の意思を代表するものとして議会があるが，議会は地域の個別の都市計画についてはあまりチェックする機能を持たないことが多い。そのため，まちづくりの中で，様々な市民層を代表する市民・市民組織，さらには民間の主体が参加・協働することによって，その都市計画の正当性が担保されることになる。

(4) コミュニティをつくる

戦後の日本社会は，人口の移動が激しかったため，地域社会が本来持っていた助け合いや自治の機能を持った人のつながり＝**コミュニティ**が失われ，古い市街地においてはその回復が，新しい市街地においてはその形成が課題となった。参加や協働のまちづくりを通じて身近な都市空間を考え，計画するという共同作業を様々な主体が経験することにより，コミュニティが回復・形成される効果が期待される。

11・5 参加・協働のまちづくりの方法と制度

政府が決めて実行する上意下達型の都市計画ではなく，政府，市民，民間が相互にコミュニケーションをはかりながら，それぞれのできることを出し合って実現していく都市計画が，参加・協働型のまちづくりであった。その最大の特徴は，計画をつくる主体や実行する主体が多く，それらが双方向的に関係を形成しながらまちづくりに取り組むことにある。そこにおいては次の３つの方法・制度が発達してきた。

一つ目は，①多くの主体の意見や提案を目標や計画にまとめ，それぞれの活動を進める方法・制度，いわば進め方の方法・制度であり，これを「計画プロセスをデザインする方法・制度」と呼ぶ。二つ目は，②計画プロセスに多くの主体を巻き込んだり，計画プロセスの中で参加・協働のまちづくりを担う新たな主体を形成する方法・制度であり，これを「主体をデザインする方法・制度」と呼ぶ。三つ目は，③計画プロセスにおいて多くの主体が豊かなコミュニケーション＝対話や協議，討議を重ねて計画やデザインをする方法・制度であり，これを「コミュニケーションをデザインする方法・制度」と呼ぶ。

11・6 計画プロセスをデザインする方法・制度

計画プロセスは，①初動の段階（課題の調査や共有，関連する主体の調査），②構想や方針を考える段階，③実際の事業の計画を考える段階，④事業を実施する段階，という大まかな4つの段階を持つ。

計画プロセスのデザインとは，4つのそれぞれの段階において，様々な主体と協議や協働をする機会や場や組織を組み立てるということであり，様々な方法を組み合わせて計画プロセスがデザインされる。

具体的な方法としては，協議をするための**まちづくり協議会**や**ワークショップ**や**市民討議会**，市民から広く意見を聴取するための説明会や**公聴会**や**パブリックコメント**，専門的な知見を集めるための審議会，決定をするための**住民投票**などがあり，これらを組み合わせてプロセスをデザインする。市町村によってはこれらの

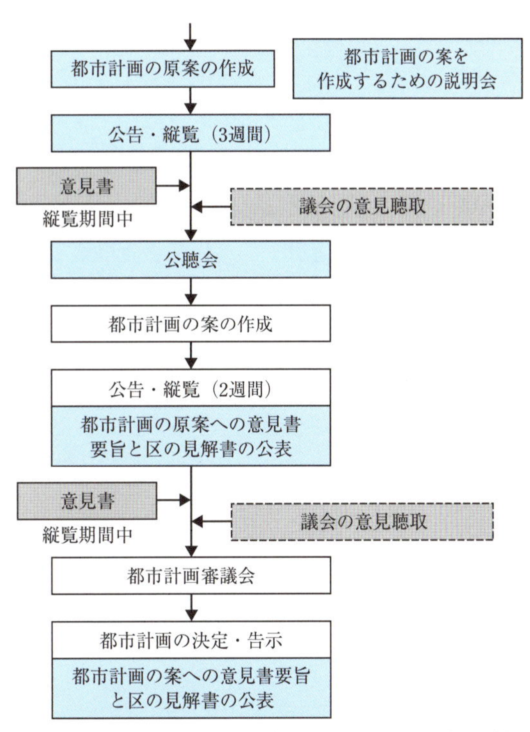

図11・5　都市計画決定の手続き：都市計画決定の手続きは法定の手続きに加え，自治体ごとに説明会や議会への説明が定められている。

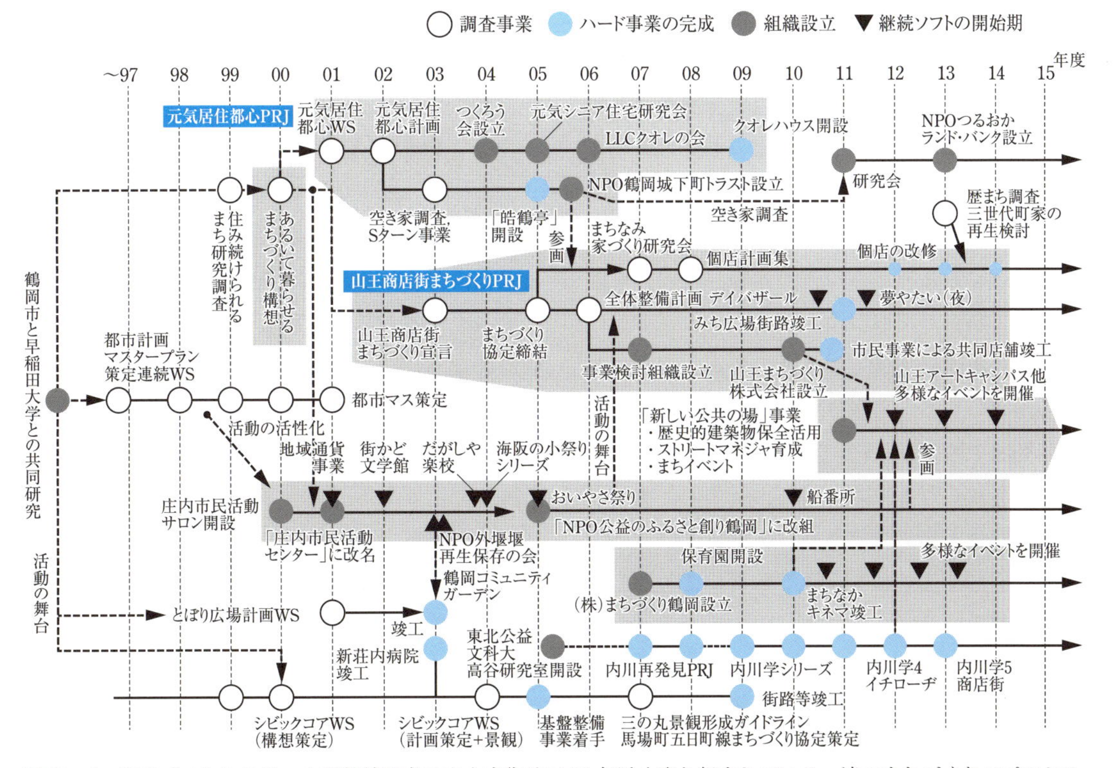

図11・4　計画プロセスの例：山形県鶴岡市の中心市街地で20年近く取り組まれている一連のまちづくりのプロセスを示した図である。様々なプロジェクトが展開され，それぞれが調査やワークショップを経て実現されていることがわかる。（出典：「まちづくり図解」佐藤滋ほか　鹿島出版会）

方法について独自に実施の方法を定めていることがある。

また，まちづくりを実現するために，政府から財政的な支援を受けたり，土地利用の規制を行う必要がある場合には，都市計画法を始めとする様々な制度を活用する。制度を活用するためには，それぞれ法律に定められた必要な手続きを組み立てることになる。

例えば，統一的な景観を持つ町並みを形成したい場合は地区計画が活用できるが，地区計画は都市計画として決定しなくてはならないので，図11・5に示すような都市計画の手続きをとり，都市計画決定をしなくてはならない。都市計画法には案を提案できる都市計画の提案制度もある。

11・7 主体をデザインする方法・制度

(1) どのような主体があるか

参加・協働のまちづくりはその実現に時間がかかるため，継続した取り組みが求められる。そのため，町会や自治会，商店街組織など既存の組織や，新たに設立される組織が，継続的な主体として，時に民間のディベロッパーとも関係をつくりながらまちづくりの実現に取り組む。こうした組織を，市民の組織，民間の組織にわけて解説しておこう。

市民の組織は大きく，地域の広がりから生まれるもの（コミュニティ型）と，ある特定の目的に沿って生まれるもの（アソシエーション型）に分けられる。コミュニティ型の代表的なものが**町会・自治会**であり，アソシエーション型の代表的なものは**NPO**である。まちづくりの目的にあわせて，それぞれの強みを活かして取り組みを行うほか，組織同士が力を出し合って新しい組織を設立することもある。

たとえば，議論をしたり計画を作ったりする組織としては，**まちづくり協議会**が設立され，具体的なまちづくりの事業を実現する組織として再開発や区画整理の事業組合，**TMO**や**エリアマネージメント組織**が設立される。

民間の組織をみておこう。都市計画やまちづくりの目的が，空間の開発を目的とする場合，例えば老朽化したマンションを建て替える，小さな敷地を共同化して大きなビルへと再開発する，といった場合，建て替えのための資金を集め，事業を主導し，出来上がった空間の売却や賃貸，その維持管理などを行う主体が必要である。こうした時に登場するのが**デベロッパー**という主体である。戦後の日本社会において多くの民間のデベロッパーが育ってきており，それぞれの企業によって得意とする開発が異なり，まちづくりの目的にあわせてデベロッパーと関係をつくることになる。例えばコーポラティブ住宅の開発，サービス付き高齢者住宅の開発，中古ビルのリノベーションなど，開発形態に特化したデベロッパーがいる。また，特定のエリアの開発を担うために，地権者や地域の企業が資金を出し合って「まちづくり会社」を設立してデベロッパーを担うこともある。

(2) 主体の育成制度

こういった主体を育成し，支援する制度がある。まちづくり組織が活動を展開するために必要な資源を自治体や民間財団等が支援するシステムである。具体的には①人的支援（専門家派遣など），②物的支援（活動場所や資材の提供など），③資金的支援（活動費の助成や支援など），④情報支援（各種の講座や交流の場の設置など）である。こういった各種の支援を行うための**まちづくりセンター**や**NPOセンター**を設置する自治体も多く，資金的支援についてまちづくりファンドが設置されているところもある。

11・8 コミュニケーションをデザインする方法・制度

参加・協働のまちづくりでは，異なる主体間の対話，協議，討議が重要になるが，ただ話し合いをするだけでは議論をつくすことや，創造性を発揮することが難しいことがある。また，複数の案が生まれて対立することもある。そのため，創造的な話し合いや，納得のいく合意形成を支援するために，まちづくりの話し合いの段階にあわせたさまざまなコミュニケーションを支える手法が実践されている。大きく4つに分けてみてみよう。

(1) 議論を豊富化する手法

一般的な話し合いに加えて，まちについて学習する，まちを実際に歩く，模型を製作する，といった体験を組み込むことにより，論点を具体化しつつ，参加者の発想を豊富化する手法である。**ガリバー地図**，**まちづくりデザインゲーム**，**演劇ワークショップ**などの手法がある。

(2) 議論を支える手法

一般的な話し合いに加えて，意見を整理する方法，議論を活性化する方法などを導入し，議論が建設的に進むようにサポートする手法である。対面型の説明会形式の会合をやめて少人数のグループに分かれて議論を行うといった工夫から**ファシリテーショングラフィック**と呼ばれる議論の経過をその場で大きな紙などに構造化して示し，共有する手法などがある。

(3) 計画を絞り込む手法

複数の案を最終的な案にまとめていく手法である。参加・協働のまちづくりでは，多様な価値観を反映した，複数案の検討を進め，それぞれの違いを理解した上で案が絞り込まれることが多い。その過程で投票を行う，現地で実寸で空間の形を確認する，といったことが行われる。また，**社会実験**と呼ばれる，実際に仮設で提案を実現し，その使われ方を検証する，という手法がとられることもある。

(4) 情報を外部に伝える手法

以上のプロセスで決まったことを外部に向かって発信する手法である。継続的なプロジェクトを行う場合に，その経過をニュースなどにまとめて地域の住民や地域外の利害関係者に知らせる，インターネットを活用して情報を発信する，広く市民に対して説明会を開催する，といったことは，最低限必要なことであり，これらに加えて，**アーバンデザインセンター**などのまちづくりの情報を発信する拠点を設置するという取り組みもある。

11・9 こんな問題を考えてみよう

(1) 参加・協働のまちづくりを広げるには？

あなたの暮らす町で実際にまちづくりの活動をしている市民組織の活動や，実際に起きている開発を調べ，その活動や開発を広く地域社会に知らせ，多くの主体をその活動や開発に巻き込む手法を考えてみよう。地域社会に暮らす様々な主体を想定し，それぞれごとにどのような手法が適当か，考えてみよう。

(2) 参加・協働のまちづくりの限界は？

複数の主体間の丁寧な協議や調整を基本とする参加・協働のまちづくりにはどのような限界があるだろうか？あるいは，参加・協働のまちづくりでは解決することができない都市の課題にはどういうものがあるだろうか，考えてみよう。

用語集

用語1　まちづくり

「まちづくり」という用語は，1952年に初めて用いられたとされる。当初は農山漁村のとりくみを指して使われることが多かったが，やがて都市部の取り組みも指すようになった。その言葉の指す範囲は広く，ハード・ソフトの整備が一体となった計画論上の概念として，わが国固有のものとなっている。代表的な定義を挙げておこう。

田村明：まちづくりとは，一定の地域に住む人々が，自分たちの生活を支え，便利に，より人間らしく生活してゆくための共同の場を如何につくるかということである。

佐藤滋：まちづくりとは，地域社会に存在する資源を基礎として，多様な主体が連携・協力して，身近な居住環境を漸進的に改善し，まちの活力と魅力を高め，「生活の質の向上」を実現するための一連の持続的な活動である。

用語 2　参加と協働

「参加」と「協働」という言葉の使い分けかたの傾向を見ると，「参加」の場合は決定の権限やその結果に対する責任が一方にある場合の関係を，「協働」の場合は決定の権限や責任が等分ではないが分担されている関係を指すことが多い。このことから，「協働」は個人間ではなく組織間の関係に限定されていることが多い。

用語 3　コミュニティ

1917 年にアメリカの社会学者マッキーバーが定義した言葉であり，専門家の中では古くから使われていた言葉である。わが国においては 1969 年に国民生活審議会が発表した報告書「コミュニティ—生活の場における人間性の回復」に基づき，1970 年代以後に様々なコミュニティ形成に関する政策が展開され，そのことによって地域社会でよく使われる言葉となった。同じ地域に住み利害をともにする共同体を指し，具体的な組織を指す言葉ではない。高度経済成長期を通じて流動性が高くなった地域社会の構成員の結びつきを作り出すために導入された言葉である。

用語 4　まちづくり協議会

自治体が何らかの政策や計画の案を作成するときに，地域や市民の代表を組織して案を作成する手法である。時限的な会議として設立する場合，継続的な組織として設立する場合がある。代表性が強く，実質的な案の決定を行うこともあるが，代表性にこだわるあまり，自由な意見交換や議論が成立しない場合もある。

用語 5　ワークショップ

自治体が何らかの政策や計画の案を作成するときに，代表性にあまりこだわらず，議論や協議をしたい市民をあつめて，意見交換を行い，案を作成する手法である。代表性は弱く，案の決定に至るまでのプロセスで他の手法を組み合わせる必要がある。

用語 6　市民討議会

ある一定の方法で一般市民を抽出し，十分な情報を共有した上で政策や計画の是非について議論し，結論を得る手法である。わが国ではごく限られた導入事例しかないが，代表性に弱いワークショップ，自由な意見交換や議論が成立しにくいまちづくり協議会等に比べて，十分な議論を経た偏りのない市民の意見を得るのに有効な手法である。

用語 7　公聴会

国や地方自治体が重要な政策を決定するときに，利害関係者や一般市民の意見を聴取する会議を指す。都市計画においては，都市計画案を作成するときに開催されるが，自治体によって開催の判断や方法は細かく異なる。一般的には，①都市計画の素案の説明会を開催した上で，②１ヶ月間素案の縦覧を行う。縦覧とは特定の場所に素案の図書を備え付け，誰でも見ることができるようにする方法であり，近年ではウェブサイトでの公開も行われることがある。③縦覧期間内に公述の申し出を受付け，反対意見や修正意見等がある人は申し出をすることができる。④公聴会当日は反対意見や修正意見等がある人が公述人として公述を行い，その内容は都市計画案を検討するときの参考意見となる，という流れをとる。都市計画案に対して市民の意見を取り入れる重要な会議の一つである。

用語 8　パブリックコメント

自治体が何らかの政策や計画の決定をするときに，その案に対して市民の意見を広く募り，案の内容に反映させる手法である。行政手続法においても「意見公募手続」として定められている。直接の対話が行われず，何度も応答ができない，案がおおむね固まってからの意見聴取であるという限界もあるが，多くの市民に開かれた公正な手法であり，案を政策化，制度化するときに欠かせない。

用語 9　住民投票

ある地域の住民の中で，例えば「18 歳以上」などの一定の条件を満たすすべての住民の投票により，政策や計画の意志決定を行なう手法である。例えば原子力発電所や産業廃棄物処理施設の立地など，政策や計画の争点が明確である時に多く用いられてきた。その実施にあたっては，その方法を市町村の条例として定める必要がある。

用語 10　町会・自治会

我が国の地域社会の大部分において設立されている住民自治組織である。名称は様々であるが，町会・自治会と総称する。そのルーツは様々であり，戦前からの地域自治組織をルーツとするもの，神社等の氏子の組織をルーツとするもの，農村集落の組織をルーツとするもの，戦後に形成された市街地において行政の呼びかけによって設立されたものなどがあり，マンションの管理組合を町会や自治会の一形態とみなすこともある。地域で何らかの取り組みを行う時には欠かせない組織であり，例えば町会・自治会を対象として都市計画の説明会を行なったりする。一方で，選挙で選ばれているわけではないので，厳密には代表性は持たない。全住民が会員ではないことも多く，町会・自治会の了解が，地域全体の了解を得られたことにはならない。また，個々人の土地の権利を調整できるわけではないので，都市計画を行う際の地権者との交渉は別に行う必要がある。

用語 11 NPO

NPO とは「Non Profit Organization」の略語で直訳すると「非営利法人」である。営利を得ずに公益的な活動を行う，政府に代わる市民や民間の組織を指す。公益法人の一種であるが，財団法人，社団法人といった公益法人はある一定の規模以上の組織を想定したもので，かつ設立の際に官庁の干渉を受けるものであったため，小規模で行政から独立した組織の多い市民組織には不向きなものであった。そのため，1998 年に「特定非営利活動促進法」が制定され，これによって小さな市民組織が法人格を取得することができるようになった。この法は通称「NPO 法」と呼ばれ，NPO という呼称は，狭義にはこの「特定非営利活動法人」を指す。

用語 12 TMO

Town Management Organization の略で，タウンマネージメント機関とも呼ばれる。中心市街地における，小売商業の活性化を主眼としたまちづくりを運営する機関である。1998 年に制定された「中心市街地における市街地の整備改善及び商業等の活性化の一体的推進に関する法律」の中で位置付けられたもので，各地に既に活動していた商工会議所などがその役割を担っていることが多い。

用語 13 エリアマネージメント組織

市街地の開発などにおいて，開発後のエリアの維持

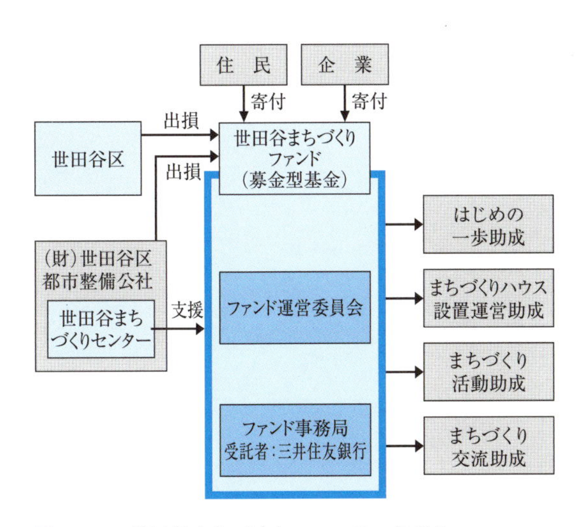

図 11・6 世田谷まちづくりファンドの仕組み

管理や価値向上を目指して行われる「エリアマネージメント」を担う組織である。地権者，行政，商業者，ディベッロパーなどによって設立され，専門的なスタッフを雇用してエリアマネージメント活動を行う。具体的にはエリアの計画やルールの立案・運用，公共空間の維持管理，エリアの PR，活性化，防犯防災，環境形成にかかる事業などをエリアの特性に応じて担う。

用語 14 デベロッパー

直訳すると「開発者」であるが，市街地開発事業にかかわる事業者のうち，土地や建物の所有権や利用権を持ち，それを変化させ，売却や賃貸をすることによって利益を得る民間の事業者を指す。デベロッパーを専業で行う企業もあれば，計画，設計，工事請負までを行う企業もある。民間が主導する都市開発に欠かせないプレイヤーであるが，一方で収益が得られない事業には参入しないため，その活動エリアは限定的である。

用語 15 まちづくりセンター・アーバンデザインセンター

参加・協働のまちづくりを専門的に支えるために，プランナーやコーディネーターを雇用して設立された組織である。行政や民間企業の内部に作られることもあるが，行政，民間企業や大学が資金を出し合って，独立した組織として設立することもある。世田谷まちづくりセンターは先駆的な事例であり，ワークショップのコーディネートなど世田谷区内の様々なまちづくりの支援を行なったほか，まちづくりに関する情報発信も担った。特定の地域の開発，特定の事業の推進を担うために設立されることもあり，その場合は，開発や事業の収益によって運営されることが多い。

用語 16 NPO センター

法律に定められた組織ではなく厳密な定義は無いが，NPO の活動資金の補助，活動場所の提供，専門的知識の提供などによって，NPO の設立や活動を支援する組織である。行政が設立して運営するもの，運営を民間に任せるもの，民間が設立して運営するものなどがある。1998 年に NPO 法が制定されたのちに全国に NPO ブームが起こり，それらを支援するために多く設立された。

用語 17 まちづくりファンド

市民や住民が行うまちづくり活動へと財政的な支援を行う基金，若しくは基金を模した行政の補助制度を指す。1990 年代に入り，市民によるまちづくり活動，NPO が活発になってきたことを受けて導入された制度で，世田谷まちづくりファンド（図 11・6）のように，市民の提案に対して公開で審査を行なうところもある。行政が設置するもの，民間の財団が設置するものなど形態は様々であり，基金の財源も税が財源となるもの，

民間企業や市民の寄付が財源となるものなどがある。

用語 18　ガリバー地図

まちの大きな地図に，参加者が持っている情報を記入し，共有するワークショップの手法である。対象地区の地図を大きな縮尺（1/300〜1/500 程度）に拡大して会議室等の床に敷き，その上に参加者が乗って情報を書き込む。例えばその町の課題だと思うところ，魅力だと思うところ，可能性があるところなどを書き込み，多くの人が書き込みをすることによって，まち全体の課題，魅力，可能性などが構造的に浮かび上がってくる。

図 11・7　ガリバー地図

用語 19　まちづくりデザインゲーム

公園や住宅などの空間をデザインするときに，模型の材料などを準備して参加者が共同で模型を作成し，それを通じて整備後の空間のイメージを共有するワークショップ方法である。話し合いだけでは合意形成が難しいことがあるので，空間のイメージを媒介として，合意形成を促進する方法である。「ゲーム」とあるとおり，あくまでも利害関係を離れて空間のイメージを自由に出し合う方法であり，そこで出た空間のイメージを参考にしながら合意形成のプロセスが組み立てられる。

図 11・8　まちづくりデザインゲーム

用語 20　演劇ワークショップ

演劇分野では演劇の制作を複数の参加者で共同で行う方法をさすが，まちづくりにおいても導入が進んでいる。まちづくりにおいては，例えば参加者がまちの課題などを取材して脚本をつくり，自ら演じることによってまちの課題を伝えるもの，話し合いの成果を即興的な短い演劇に仕立てて表現するものなどが取り組まれてきた。

用語 21　ファシリテーショングラフィック

会議で交わされている議論をその場で「見える化」する，会議運営の手法である。ホワイトボード，模造紙，プロジェクターなどを媒体として，そこに議論の経過をグラフィカルに記述し，会議の参加者とその場で共有していく。そのことによって，冗長な議論や感情的な議論を防ぐとともに，新しい創造的な議論を触発することにもつながる。会議の司会者がその役割を兼ねることもあるが，ファシリテーショングラフィックの専従者を会議におくことで，スムーズな進行を行うことができる。都市計画やまちづくりの分野だけでなく，広く一般的に使われている手法である。

用語 22　社会実験

新しい施策の導入を検討する時に，場所や期間を限定して仮設的に施策を導入し，その導入効果，課題についてのデータを収集して，施策を本格的に導入するかどうかの検討材料とする手法である。特に道路交通分野で多く導入されているが，例えば道路上にオープンカフェを設置する，公園に屋台を設置するなど，道路交通に限らず広い分野で用いられている。一方で，交通のように短期間で影響が出るタイプの施策では有効であるが，長期間で影響を見なくてはいけない施策（たとえば再開発ビルが都市を活性化するかという課題），特殊な条件下の効果を見なくてはいけない施策（たとえば市街地の延焼を防ぐかという課題）においては有効ではない。

事例編　まちを歩くときの注意事項

1　まち歩き地図を準備しよう

地図を準備しよう。1/2 500〜1/10 000 くらいのスケールで，持ち運びのしやすい A3 や A4 の大きさにまとめたものを作るとよい。地図は道案内のためだけに必要なのではなく，まちで見つけたものや考えたことを書き込むためのものである。紙に印刷せず，スマートフォンやタブレット型コンピューターのアプリケーションを活用してもよいが，情報を書き込める機能があるものがよい。

2　現在のまちの情報を集めよう

都市計画図や人口に関するデータを集めよう。都市計画図は市町村の窓口で販売しており，インターネットで閲覧が可能なこともある。また，人口に関するデータは，e-Stat という政府統計のポータルサイト（https://www.e-stat.go.jp/）でデータを入手することができる。小さな地域の人口は，国勢調査の小地域統計がおすすめである。

3　昔の航空写真や地図を見てみよう

まちの形成の歴史を見ておくと理解が深まる。国土地理院の「地図・空中写真閲覧サービス」（http://mapps.gsi.go.jp/）で古い航空写真や地図を無料で提供しているので，対象地のものを見ておくとよい。また「まち歩き地図」に，古くからある道を色鉛筆などで書き込んでおき，現地で確認するとさらに理解が深まる。

4　現地ではメモとスケッチをしよう

現地で感じたことや考えたことは，その場でメモにしてしまおう。あとで情報を整理しやすいように付箋紙を活用してもよい。また，風景はカメラやスマートフォンで撮影をしてもよいが，重要だと思うところや，深く理解したいところではスケッチを描てみよう。うまく描こうとする必要はなく，スケッチは風景をなぞりながら作るメモであると考えておこう。目の前の風景をなぞることにより，写真に撮るだけではわからない空間の構造や，設計の細かな工夫を発見することができる。

5　自分でスケールを測ってみよう

都市空間の寸法感覚を身につけることは重要である。巻尺や定規で気になる寸法を直接測ってもよいが，自分の手の大きさ，歩幅などをあらかじめ測っておき，現地で手や足を使って寸法を測ってみてもよい。

また，都市空間の密度感覚も重要である。都市計画では容積率がよく使われるので，現地で地図を見ながらおおよその容積率を計算し，50% の街並み，100% の街並み，200% の街並みを体感的に理解してみよう。

6　まち歩きの成果をまとめてみよう

帰着後は大きな地図などにまち歩きの成果をまとめてみよう。応用編として，発見したことを紹介する短いムービーを作る，まちの魅力や課題を 1 枚のポスターにまとめてみるといったことをやってみてもよい。他者に伝えることを意識することにより，自分が本当に伝えたいものが明らかになってくる。

事例

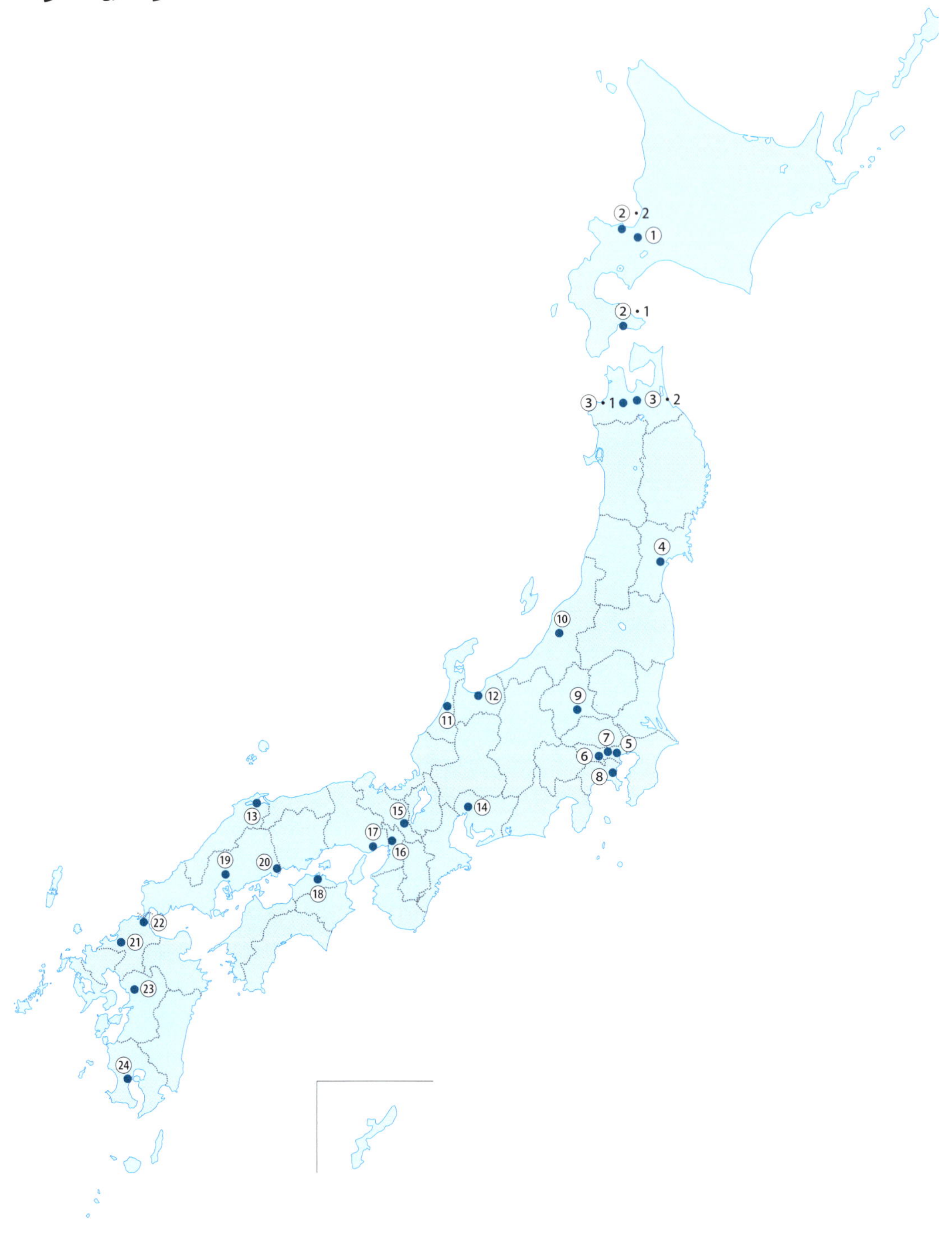

事例 1　札幌都心部：魅力的な公共空間による都心構造強化

○都心まちづくりの総合的展開
○人のための公共空間の多様な整備と活用
○地区計画等の工夫による良好な建築物の誘導
○公民一体のエリアマネジメントの展開

〈基礎情報〉
人口：195.26 万人
面積：1,121.3km^2
特徴：北海道の中枢都市

大通公園⑧　　大通交流拠点地下広場⑩　　創成川公園⑤
札幌駅前通地下歩行空間（チ・カ・ホ）⑪　　北三条広場（アカプラ）⑫　　狸二条広場⑥

1. 札幌の紹介

札幌は北緯 43 度に位置し，年間 5m にも及ぶ降雪量がある。国内 4 番目の人口規模を有する政令指定都市である。1871 年に，当時の政府に北海道開拓使が設置されると同時に，北海道開拓の拠点として建設が始められた計画都市である。20 世紀の後半は，急激な人口増加に対応するために，最重要なまちづくり施策として計画的な市街地整備，交通網整備等に取り組んで来た。21 世紀に入り，人口増加が落ち着く中で，「都心の魅力と活力の向上」を重点施策に据え，「都心まちづくり推進室」という専門の部署を設置して取り組みを進めており，その多様な成果についてさまざまな賞を受けるなど，高い評価を得ている。

2. コースの特徴

札幌では，第 4 次長期総合計画（2000 年策定）において「魅力的で活力ある都心の整備」を重要施策に位置付け，これを進めるための基本計画として「都心まちづくり計画」を 2002 年に策定した。その後 2016 年に第 2 次都心まちづくり計画として拡充しつつ，一貫した方針でまちづくりを進めている。その特徴は，明治の開拓当初にグリッドパターンで設計された都心部について，都心まちづくり計画において位置付けた骨格構造の形成を実現することにより，都心内の各地区が各々の個性を発揮することで全体として多様な魅力をもつ都心にしていくことにある。

このことを進めるために，人のための公共空間を，骨格構造の重要な地点ごとに特徴付けながら整備している。その際には，計画段階から行政と地域の関係者による協議を進め，どのような主体がどのような活用を行い，そのことをどのような組織で効果的に管理するかを検討している。すなわち札幌の都心まちづくりにおいては，公共空間の効果的な整備・活用を軸としたエリアマネジメントの展開を進めている。そのうち，大通地区（大通公園～すすきの間の面的に広がる商店街）と札幌駅前通沿道（札幌駅～大通公園間）では，それぞれにおいて 2009 年，2010 年に，エリアマネジメント組織としてのまちづくり株式会社が発足し，収益事業とまちづくり事業を活発に展開している。

以下に紹介するポイントの多くの情報が札幌市や札幌大通まちづくり（株），札幌駅前通まちづくり（株）のホームページに掲載されているので，事前に調べておきたい。

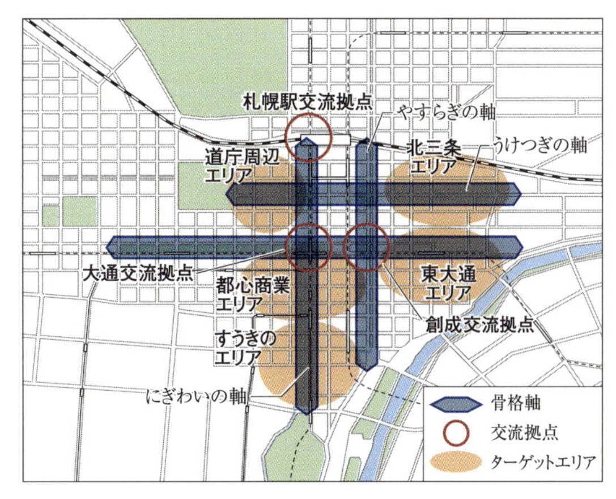

図 1・1　都心の骨格構造（札幌都心まちづくり計画 2002）

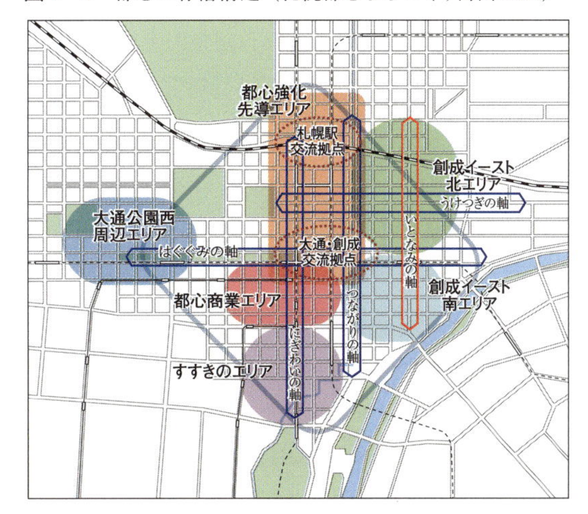

図 1・2　第 2 次都心まちづくり計画（2016）における骨格構造

3. 札幌都心を歩く（札幌駅発，180 分）

ここにお勧めするコースでは，札幌の都心まちづくりにおける重要ポイントをほぼ網羅し，特に，人のための公共空間の整備と活用，先駆的な都市計画の運用などを一通り確認できるものとなっている。

札幌駅南口開発①は，札幌市，JR 北海道，国鉄清算事業団の 3 者による土地区画整理事業により用地を整理した上で，札幌市による駅前広場整備とJR北海道による周辺施設整備が，2003年に完成。大規模百貨店を含め，大通地区と並ぶ新たな商業拠点となった。

明治の開拓当初，今の創成川以東地区には多くの官営工場が設置され，その一つとして1878年に開拓使麦酒醸造所が作られた。後に民間に払い下げられ1989年までサッポロビールの札幌第一工場として創業が続いたが，1993年に複合商業施設として再開発された。これが**サッポロファクトリー**②である。都市計画としては，1990年に札幌市で第1号となる再開発地区計画（現，再開発促進区型地区計画）を決定。工場跡地の複合再開発という，同制度の趣旨に沿った典型的な都市計画である。明治の開拓期以来，工業地区として札幌の発展を支えて来た創成川以東地区は，後述の創成川通が長年に渡り札幌都心を東西に分断する要素となって来たことから，近年に至るまで土地利用の進展が遅れていた。2006年に都市計画決定した**都心創成川東部地区地区計画**③では，1階への誘導用途の導入，歩道状空地やポケットパークの敷地内整備に応じて容積率を緩和する仕組み（高度利用型）とし，2016年度末時点で21件の実績がある。

創成交流拠点④では，創成川に面する4街区の地権者等で，多様な機能集積や公共空間の創出を実現するため，連鎖的な再開発を展開するべく長年に渡り検討が進められている。この中での先行街区として，北1条西1丁目街区における市街地再開発事業が2018年度に完成し，文化芸術劇場，文化芸術交流センター，図書・情報館からなる札幌市の複合施設（札幌市民交流プラザ）が整備されている。

明治政府による札幌の都市設計における南北の基軸とされて以来，札幌の発展を支え続けた創成川（当時は大友堀）は，モータリゼーションの進展に伴い片側4車線の大幹線道路に挟まれ，人が寄り付かなくなっていた。**創成川公園**⑤は，都心通過交通の円滑化のために2車線を地下化し，地上の創成川沿いの緑地を倍増することにより2011年4月に完成した。その計画コンセプトは，札幌の歴史を「つなぐ」，東西市街地を「つなぐ」，南北の緑の軸を「つなぐ」とし，市民の憩いの空間として生まれ変わった。

創成川公園の一部には**狸二条広場**⑥がある。札幌の老舗商店街である狸小路と二条市場，新二条市場は，整備前の創成川通により分断されていたが，創成川公園の整備に伴いこれらを繋ぐものとして，広場が整備された。都市公園だが，地元町内会，商店街，札幌市で組織する「狸二条広場運営協議会」の調整のもと，さまざまなイベント等に貸し出しも行われており，多くの人が集まる場所となっている。

札幌都心部のメインストリートである札幌駅前通のうち**大通公園からすすきのの間**⑦は地下街もあり最も中心的な商店街である。大通り地区の6つの商店街ほかで組織された札幌大通まちづくり会社によるさまざまなエリアマネジメント活動はここを中心に展開されている。2015年に路面電車の西4丁目～すすきのが駅前通で繋げられ（ループ化事業）環状線となった。この区間では電車が歩道の脇を走るデュアルサイドリザベーション方式となっている。

大通公園⑧は，札幌都心の最も重要なオープンスペースである。明治の札幌建設当初の計画により，北側の官用地と南側の民地を隔てる火防帯として整備された。戦時中は畑にされたこともあるが，常に市民の憩いの空間として，またさまざまなイベント空間として活用されている。大通公園の西8丁目と9丁目の間にあるのが**ブラックスライドマントラ**⑨という彫刻である。世界的な彫刻家イサム・ノグチが，モエレ沼公園の設計のために何度も札幌を訪れた際，大通公園の8丁目と9丁目の間の路上にこの遊具彫刻を置くことを提案。「子どもたちのお尻がこの作品を完成させる」と言っていたが，生前は実現しなかった。当時，道路を廃止して公園にするなど考えらえなかった。ノグチの死後3年経ち，札幌市造園職員たちの並々ならぬ努力により道路を公園に変え，1992年に設置された。札幌が近年，都心部で人のための公共空間を充実させていることの，まさに先駆けとなった記念碑と言っていいだろう。

札幌駅前通と大通公園が交差するところは，都心まちづくり計画で交流拠点の一つ**大通交流拠点⑩**に位置付けられ，札幌市と4つの角地地権者企業とで，「大通交流拠点まちづくりガイドライン」が2007年3月に策定された。この中では，建築物の機能，形態意匠等のルールのほか地下鉄南北線大通駅コンコースの再整備等の方針も定められた。同ルールの一部は都市計画提案制度を活用した地区計画として定められている。これを受け，建物の更新が進んでおり，さらに大通交流拠点地下広場も整備された。同地下広場は，駅コンコースでありながら，歩行者の多様なアクティビティが実現可能な滞留空間となっている。都市高速鉄道と広場の2つの都市施設を重複して都市計画決定するという，非常に珍しい事例である。

札幌駅前通の札幌駅〜大通⑪は，札幌都心まちづくりの中でも特に公民連携が強力に図られている。札幌駅周辺，大通公園以南それぞれに広がる地下歩行者ネットワークは相互に繋がっていなかったが，両商業エリア間をつなげ都心の回遊性を飛躍的に高めるため，2011年3月12日に札幌駅前通地下歩行空間（チ・カ・ホ）が，翌年に地上部再整備が完成した。地下歩行空間は，単なる地下トンネルとならないよう復員20mのうち中央の12mを歩行用に，両側4mを多様な活用が可能な広場にしている。その仕組みは，全幅が道路である地下歩行空間の中で，両端それぞれ4m部分に札幌市条例によって広場を設置し，道路管理者（札幌市長）と広場管理者（札幌市長）が兼用工作物協定を締結して広場として管理することにするというものである。このような仕組みは，後述の北三条広場でも同様に適用されている。道路法や道路交通法の適用を受けずに，自由で多様な活用を行うことが可能となり，まちの魅力創出に大きく貢献している。

チ・カ・ホの広場部分は，札幌駅前通まちづくり会社が活用・管理しており，1年を通して多様なイベント等に使われている。また，地上部再整備においては，車線数を片側3車線から2車線に減らし，歩行者空間を拡充させている。これらの整備を契機として，沿道建物にかかわるガイドライン，さらに地区計画の都市計画提案が，地元まちづくり協議会によりまとめられ，それらに即して建て替え事業が進んでいる。

重要文化材の北海道庁赤レンガ庁舎をアイストップとする北三条通の西4丁目が**北三条広場（アカプラ）⑫**として生まれ変わったのは2014年である。この部分は，ここに面する両側の建物の建て替え事業（両者とも都市再生特別地区を適用）に伴い，広場として再整備された。都市計画施設としては道路から広場に指定替え，道路法の道路としては存置しつつ，地上部分を市条例により広場とすることで，多様な活用が可能な空間となっている。両側の都市開発による建物機能や内部に確保された公共空間と相まって，札幌の新しい名所となっている。

4. 歩き終わったら，こういうことを議論してみよう

《Q1》札幌都心まちづくりの目標を理解し，グリッドパターンによる市街地の中で，公民連携で地区別のまちづくりを積み重ねてきている効果が，どのようにまちの魅力や特徴として現れているか，考えてみよう。

《Q2》公共空間の拡充による都心の構造強化を進めている中で，それぞれの公共空間が場所を特徴づけるうえでどのような意味を持っているかについて考えてみよう。

《Q3》都市の中心部の魅力や活力を高めるという，どこの都市にでも共通するまちづくり目標が，本質的にどのような意義があるのかについて，改めて考えてみよう。

星 卓志

事例 2・1 函館：北の開港都市のシェアリングヘリテージ

○北の開港都市と近代防災都市
○街並みを核とした市民活動と景観対策
○観光を活用したミナト機能の再生
○リノベーションによるマチ機能の再生

〈基礎情報〉函館市
人口：26.6 万人
面積：677.86km^2
特徴：変革期の歴史港湾都市

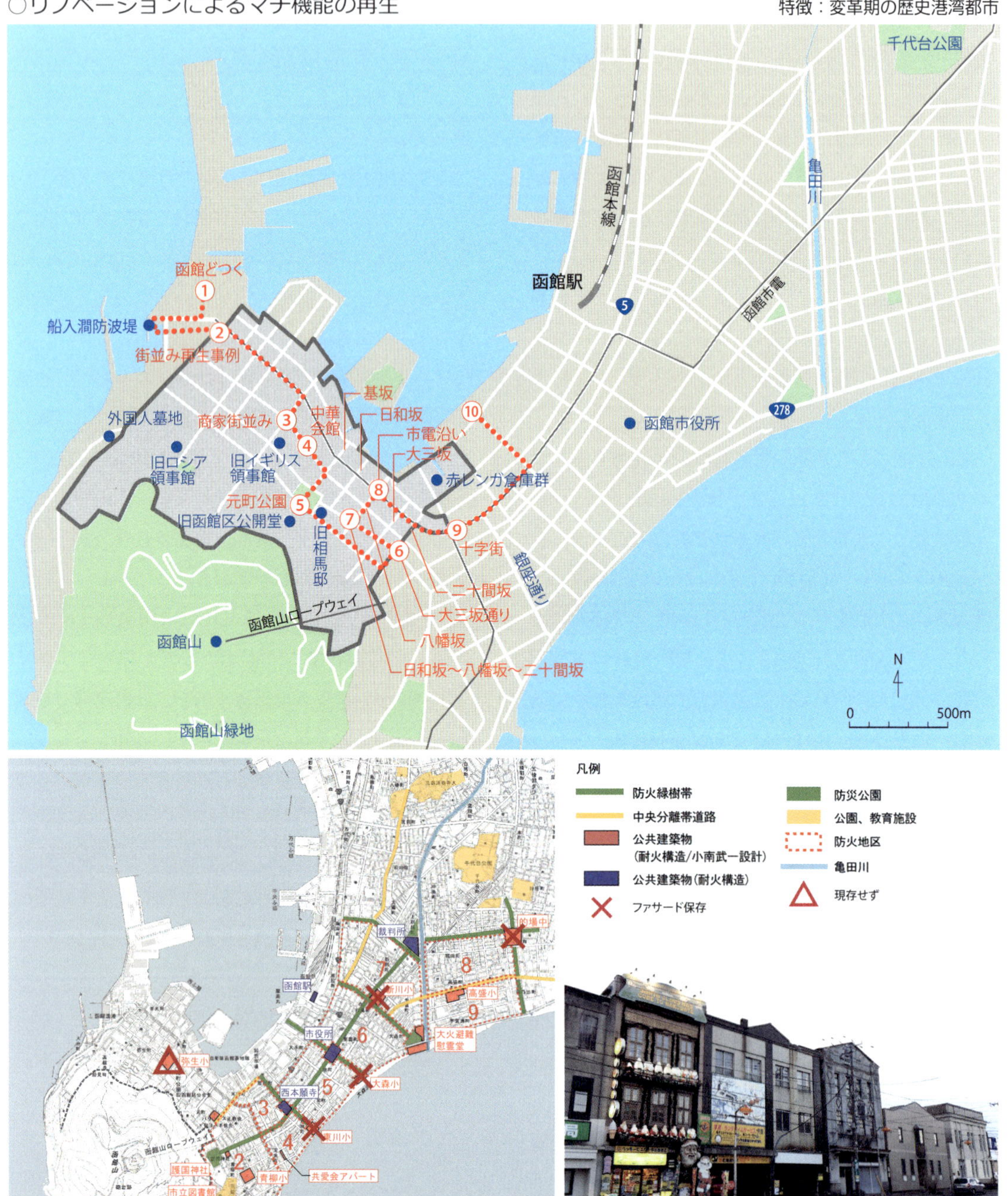

函館の近代防災都市構造と現状（作成：平井充）

銀座通りの RC 建造物⑨

1. 函館の紹介

北の海の玄関口として，本州と北海道との結節点で，国際貿易都市や北洋漁業基地として発展した港町である。函館は過去に何度も町を大きく焼失させた大火があり，復興を契機とした都市計画の実施により，近代都市としての空間構造，建材，インフラ，景観等が形成された。商業，製造業，観光関連業，住居が，限られた狭いエリアに混在する都市であることが特徴である。

かつてのミナト機能が役割を終えた現在，ヘリテージ（遺産）を地域の資産として地域住民，地域ファンや支援者，観光客などとシェア（共有）することで，シビックプライドの醸成，異文化交流，経済振興などの創造過程を見ることができる。

2. コースの特徴

このコースではシェアリングヘリテージをキーワードに，都市再生のこれまでのあり方と今後の可能性について考えてもらいたい。

3. 函館のヘリテージ地区を歩く（函館どつく発，180分）

スタートの**函館どつく**①は，明治維新以前に造られた弁天台場を解体し，近代港湾として再整備・建設された船渠で，第1号乾ドックは現在も現役である。また同時期に建設された「函館漁港船入澗防波堤」は，我が国初の国産コンクリート建造物であり，現在も現役で機能している。この地区にはミナト機能を担うために整備されたコンクリート建造物のヘリテージ群が今も数多く現役である。

つぎに，**洋風や和洋折衷の長屋中心の街並みを再生する事例**②を見ることができる。この辺りから東側に向けての地域は，函館市都市景観条例にもとづく，都市景観形成地域，および伝統的建造物群保存地区である。

さらに等高線に沿って南東方向へ進むと，宿泊施設等で活用される**重厚な商家の街並み**③を見ることができる。東坂をはさんだ斜め向かいには，我が国に唯一残る1910年築の中国清朝建築様式の**中華会館**④が煉瓦造りの壁を誇っている。マチ機能の一翼を担う当地区は，何度も大火に見舞われたが，土蔵や漆喰塗り煉瓦造りの明治期や大正期の耐火建築は，現役で使用されているものや新たな役割に変わったものが混在しながら，当時の街並み景観の面影を今に遺している。

基坂を登ると，**元町公園**⑤があり，周辺には旧函館区公会堂をはじめとした大型の歴史的建造物が多く遺されている。このあたりは，かつて政治の中心地であった。また，函館における歴史的建造物や景観の保存運動の発祥の地でもある。現在は，それぞれの建造物で観光をとおした活用が見られる。しかし，かつて栄華を誇った函館の機能を生かせていないヘリテージのシェアは，遠い過去のことと感じさせる。

大三坂を下る通り沿い⑥は，国の重要伝統的建造物群保存地区に選定されており，伝統的な建造物や環境物件が数多く点在する。**日和坂～八幡坂～二十間坂とそれらをつなぐ道**⑦は景観形成街路に指定されており，景観に配慮したデザインがされている。また，様々な宗教施設が，洋館や和洋折衷住宅とともに混在している地区でもあり，比較的住居やカフェ，ギャラリー等で活用されている。近年では，地元市民や大学生を巻き込んだリノベーションと不動産流通を合わせた取り組みが盛んになっている。**市電沿いに東へ向かう通り**⑧は，かつて百貨店や銀行などの重厚な建築が立ち並んでいた面影を見ることができる。さらに**十字街や銀座通り**⑨まで進むと，大正から昭和期の鉄筋コンクリート造の防火建築が並ぶ街並みを見ることができる。またこの辺りでは，防火線であり本格的なブールバールとしてのグリーンベルトと結節点や始・終点としての避難施設のネットワークを見ることができる。

最後に観光目的地ともなっている**ベイエリア**⑩では，かつての港湾施設として建設された赤レンガ倉庫や商家建築などのミナト機能を支えた建造物群を見ることができる。

事例 2・2　小樽：シェアリングヘリテージによる都市再生の模索

○都市再開発と歴史的景観の保存運動
○観光偏重のヘリテージシェア
○衰退する都市機能
○新たなヘリテージシェアの試み

〈基礎情報〉小樽市
人口：12.2 万人
面積：243.83km^2
特徴：模索する観光港湾都市

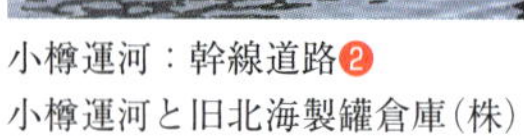

北のウォールストリート❺
水天宮❼近郊

小樽運河：幹線道路❷
小樽運河と旧北海製罐倉庫(株)

小樽堺町通り❻
旧国鉄手宮線跡

1. 小樽の紹介

函館と同様に北の海の玄関口として，発展した港町である。札幌の港湾都市として，北海道の開拓，発展とともに，都市の原型（ヘリテージ）としてミナト・マチ機能が形成された。

2. コースの特徴

小樽では，1904 年の大火の復興計画において，函館の復興を参考に実施された市区改正事業により，火防線として 6〜10 間の広幅員の直線道路が新設・拡張された。建造物では，とくに木骨軟石造の防火建築が数多く建築された。

3. 小樽のヘリテージ地区を歩く（旧日本郵便小樽支店発，180 分）

スタートの**旧日本郵政小樽支店❶**は，小樽のミナト機能が大幅に発展した大正期に形成された小樽運河に面して建つ軟石造の重厚な建造物と現在は公園化した中に遺される倉庫群である。このあたりは北運河と呼ばれ，1923 年に沖合を埋め立て築港された 40m 幅を保っており，当時の面影を見せている。対岸の旧北海製罐倉庫（株）も同時期に RC 造で建築，運河の景観を今に継承している。運河沿いに南へ向かうと，**運河の西側一部が幅を半減させている❷**。これは，運河幅の 3/4 を埋め立て，幹線道路を建設するという都市計画（1966 年）に対し，市民による運河保存運動が展開され，協議の結果として，幅 1/2 の埋め立てに計画を縮小させ，レクリエーション空間として遊歩道やポケットパーク等が建設された成果である。また運河沿いの軟石造や RC 造の倉庫群は，市文化観光施設や民間事業者による飲食・小売り・体験施設等として活用されている。これらは，かつてミナト機能を担ったヘリテージが地域住民や観光客にシェアされている例である。

つぎに臨港線の港町交差点から西方向へ坂を見上げると，広幅員の**第二火防線（現中央通）❸**が伸びており，アイストップとして小樽駅がある。これは 1904 年の大火後の復興計画（市区改正）に基づき，他の火防線や大通り，街路網などと一緒に現在の中心市街地の骨格として形成された。中央通を西に少し登ると**旧安田銀行小樽支店❹**がある。この辺りから“北のウォールストリート”と呼ばれマチ機能の一翼を担った**銀行建築群が建ち並んでいる❺**。2017 年には小樽に縁のある民間事業者によって，小樽芸術村というアートをテーマとした観光に限定しないヘリテージの活用が始まった。さらに西側には，北海道で最初（1880 年）に開業した旧国鉄手宮線が残されており，現在は，旧国鉄手宮線活用計画に基づき，中心市街地活性化や観光振興，市民のオープンスペースとして活かす取り組みが行われている。

南へ進むと**小樽堺町通り❻**があり，オタルナイ運上屋という江戸期に和人とアイヌとの交易拠点が設置された小樽の発祥の地ともいえる地域がある。ここでは，歴史的景観というヘリテージが飲食・小売り等の従来型の観光により活用される様子が見られる。

堺町通りから西側に歩くと**水天宮❼**があり，この境内は小樽港を一望できる。続いて**防災線地帯である花園学校通り（現花園グリーンロード）❽**を歩くと，明治期に計画された**小樽公園❾**にぶつかる。都市計画公園として森や道路に加え，市民会館や図書館，総合体育館などを抱え，小樽の都市構造を構成する主要な公園である。

4. 歩き終わったら，こういうことを議論してみよう

同様の都市形成過程をもち，ヘリテージとしてミナト・マチ機能の現代における活用（シェア）について両都市を比較するのも有効である。

《Q1》観光をとおしたシェアリングヘリテージ

建造物をはじめとしたミナト機能が，誰のためにどのように活用されているかについて考えてみよう。

《Q2》暮らしをとおしたシェアリングヘリテージ

急激な人口減少を起こしている，旧市街地が持つマチ機能とはなにか，その再生のため，誰とシェアすることが有効であるかを考えてみよう。

池ノ上 真一

事例 3・1　弘前：あずましの城下町・弘前の都市計画を学ぶ

○住環境および都市景観を形成する都市計画
○歴史的建造物の保全にみる街並み形成
○ストックを活かした新たなエリア・アート・マネジメント

〈基本情報〉
人口：17.7 万人
面積：524.20km^2
特徴：歴史とまちづくりが向きあう風格のある都市

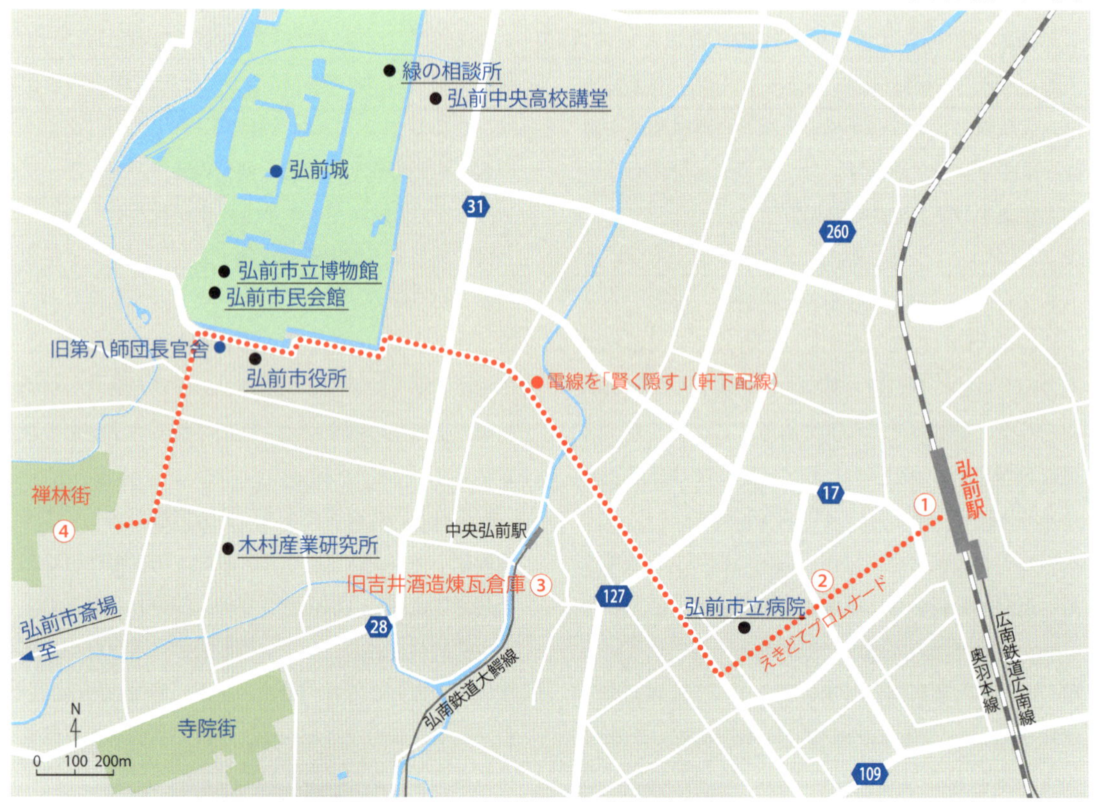

● ＿＿アンダーライン：前川國男設計による建築物

電線を「賢く隠す」(軒下配線)
電線を「賢く隠す」(木に隠す)

吉野町煉瓦倉庫（旧吉井酒造煉瓦倉庫）③
岩木山の景観

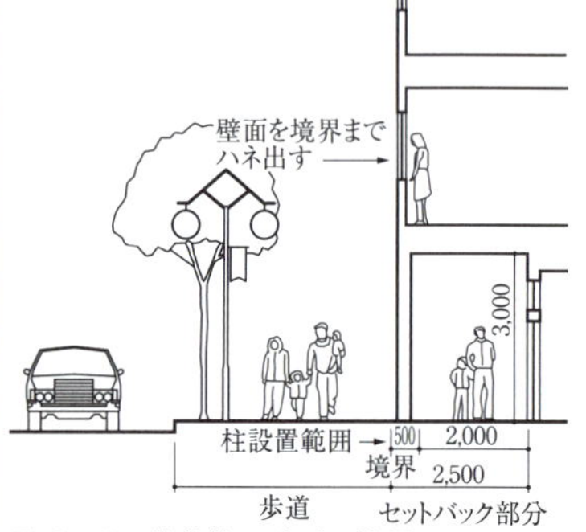

図３・１　建築物の壁面の位置
（弘前駅前・上土手町地区計画より）

1. 弘前市の紹介

津軽地域の城下町として発展してきた弘前市は，公共施設や医療機関が比較的に市街地に集積しておりコンパクトな都市構造が形成されていることから，徒歩又は公共交通機関，観光者の場合レンタサイクルでの移動が可能である。弘前市都市計画マスタープランにおいても，将来都市構造を「コンパクトな市街地・集落地を維持し，各地域の拠点に機能を集約する移動しやすい都市構造」として掲げている。以下に紹介するコースも徒歩で移動しやすい範囲に設定している。また，弘前の都市計画を形成する上で築かれてきた「あずましい」住環境及び街並みも併せて習得し，着目していきたい。

2. 弘前を歩く（弘前駅発，120 分）

最初に出迎えるのが，**弘前駅前**①から大町へ，そして上土手町へ貫く**遊歩道「えきどてプロムナード」**②である。商業業務地区である一帯は「弘前駅前・上土手町地区計画」が導入されており，建築物1階の外壁面は前面道路の境界線からセットバックするなど，壁面の位置や意匠等が統一されている。そのため，安全で快適な歩行者空間が創出され，都市景観の形成に配慮した建築物等が整備されており，あずましの住環境が形成されている。

中土手町・下土手町まで進むと，弘前が生み出した都市計画の知恵として，電線を「賢く隠す」手法がとられており，前者はソフト地中化，後者は軒下配線又は裏配線がなされている。

途中立ち寄りたいのが，大正期に建設され，日本初でシードルが醸造された**旧吉井酒造煉瓦倉庫**③である。醸造を終え，単なる空間と化した後は，弘前市出身の現代美術家・奈良美智氏の展覧会が開催されるなど一時的に活用されてきたが，長期にわたる活用の可能性に関しては，模索されては断念されてきた。しかし遂に 2017 年より，弘前市吉野町緑地周辺整備等 PFI 事業の下，美術館を核とした「（仮称）弘前市芸術文化施設」（2020 年開館予定）へとリノベーションを実施，エリア・アート・マネジメントの取り組みを推進する体制が整備された。まさにストックを保全し，活用のために育てていく新たな取り組みといえる。

弘前城に向かって進み上白銀町，茂森町に至ると，街路整備事業の一環で道路拡幅・整備された職人町の風情が残る街並みとして出迎える。さらに進むと新寺町の寺院街が，途中で西に曲がると**禅林街（禅林三十三ヶ寺）**④が構えており，城下町としての様相が色濃く残る街並みを体感できる。なお禅林街では，電柱と電線を木に隠すことで景観に配慮する手法が取られており，先述の土手町にみる手法へと繋がっている。

以上のコースを歩く上で，次の点も併せて習得したい。弘前には，日本を代表する近代建築の巨匠・前川國男氏が手掛けた建築物 8 棟が保全されている。処女作・木村産業研究所（在府町）から晩年作・弘前市斎場（常盤坂）まで，コース上で押さえておきたい。また，空襲を受けなかった等の理由から歴史的建造物や洋風建築物が残されているが，一方で文化財指定には至らずとも，歴史と文化の風情を醸成している建築物も存在する。これらも守り育て発信していく目的から「趣のある建物」制度が導入され，40 件が指定されている（2017 年現在）。

一方，「趣のある風景」制度も導入されており，特に大きく取り上げられている「あずましの風景」が，津軽の人々が愛してやまない岩木山である。「弘前市景観計画」においても「弘前市民が大切にしたいと思う景観」として位置付けられており，コース最中も至る所で眺望できるため，岩木山と都市構造との軸線も体得したい。

ところで本章で多用している「あずましい」とは，「安住しい（あんずましい）」等を語源とし，「安心して住む」の意味を含むが，津軽風に「あずましい」と言われるようになったとか（諸説あり）。あずましい住環境および計画を育てていく決意は，確実に弘前の都市計画上に表出している。

事例 3・2　黒石：「こみせ」が生み出すあずましの公共空間

○〈公有私用〉の空間「こみせ」
○公共空間を保全するための都市計画
○ストック再生にみる「まち育て」から「ひと育て」へ

〈基本情報〉
人口：3.4 万人
面積：217.05km²
特徴：「こみせ」を育てる歴史的都市

中町こみせ通り❷
中町こみせ通り❷

仮設こみせ❸
松の湯交流館❺

横町かぐじ広場❹
松の湯交流館❺の内部

1. 黒石市の紹介

あずましい住環境という視点を学ぶ上で，もう一都市を取り上げたい。「こみせ」を活かした都市計画を進めてきた，黒石市である。

津軽には「こみせ」と称される，藩政時代に建築されたアーケード状の歩行空間が存在する。当時に比較すると大部分は消失したものの，弘前市やつがる市（旧木造町）に一部が残存しており，特に現在の都市計画上も運用されている街が，黒石市である。

商家町として栄えてきたこれまでの黒石と，他方で歴史の様相を残しながらも新しく育てていくような，これからの黒石を形成する都市計画を，習得していきたい。

2. 黒石を歩く（黒石駅発，120 分）

黒石駅❶から徒歩で 10 分，**中町こみせ通り❷**が眼前に広がる。「こみせ」とは，街路に面した家の軒先がつながる歩行者のための空間であり，日差しや雨，雪を遮ることができる。1987 年に「日本の道百選」に，2005 年には「重要伝統的建造物群保存地区」に選定された。

ところで，コースを歩きながら疑問に思っていただきたい。こみせは歩行者のための空間と記したものの，実際は住民の所有する空間であり，そこを自由に通ることが，なぜ可能なのか。江戸時代の黒石を記述した古文書によると，当時の黒石では「こみせ」を〈公有私用〉の空間と見なしていた。住民の空間であるものの，本来は「公」のものであるという定義により，「こみせ」に対する課税が免除されていたという。それが江戸時代から現在に至るまで持続している事実を，体得していただきたい。

また 2008 年には「黒石市中町伝統的建造物群保存地区内における建築基準法の制限の緩和に関する条例」が制定され，文化庁の補助を受けながら保存修理事業に取り組んでいる。

重要文化財など伝統的建物を訪れた後，こみせ通りをさらに進み十字路に面した横町商店街に至る。横町もかつてこみせが軒を連ねていたが，次第に消失し，現在は点在して残存している。しかし近年は，こみせを再生し活用する取り組みとして**仮設こみせ❸**を設置し効果を検証する社会実験が行われるなど，検討も進んでいる。

横町商店街から裏の空間を進むと，**横町かぐじ広場❹**に至る。「かぐじ」とは「垣の内」が語源といわれ，都市計画でいう「ガワとアンコ」のアンコに充たる。広場の所有者の，市民や訪問者に活用してほしいという想いの下で提供されており，まさにこみせに次ぐ開かれた公共空間といえる。

かぐじ広場から中町へ，こみせが連なる回遊通路および水辺空間を抜け，再び中町へと戻り，最後に学習したいのが，**松の湯交流館❺**（以下：交流館）である。推定 1911 年より営業され，市民コミュニティ・情報交流の場としても機能していたが，1993 年に空き家と化してしまう。黒石のシンボル的存在の松の木を横目に，活用の方向性を見出す目的から，黒石市は 2008 年，建物と敷地を取得した。2009 年の日本建築学会の大会記念行事・シャレットワークショップ（以下 SW）における学生の提案，2010 年に弘前大学北原研究室が中心となり実施した社会実験「こみせサロン松の湯」を経て，旧松の湯のリノベーションが実施され，2015 年，市民と訪問者のための交流施設として誕生した。施設内の一部部分には，SW の提案や，市民の意見が反映されている。

そして黒石の都市計画においては，上記を育てていくための人々も誕生している。それまでのワークショップ等に参加してきた若手市民を中心に，米国流メインストリートプログラムの下，「NPO 法人横町十文字まちそだて会」が 2014 年に誕生した。横町十文字エリアに，あずましくホッとくつろげる「第 3 の場」をつくるというコンセプトの下，交流館の指定管理者として運営に務め，黒石まち歩きツアーや食のプロモーション等，独自の活動を展開している。

村上 早紀子

事例 4　仙台：新旧の都市計画を巡る

○戦災復興のまちづくり
○杜の都のケヤキ並木と風致地区
○都市計画道路の大規模な廃止
○東日本大震災における内陸部の被害と復興

〈基礎情報〉
人口：108.2 万人
面積：786.30km^2
特徴：復興を果たした東北最大の都市

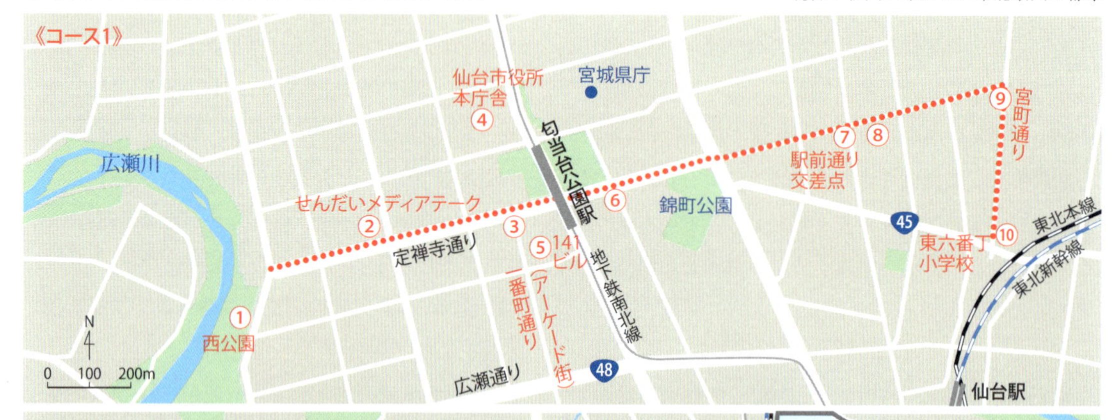

西公園①・SL 広場
定禅寺通り②

141 ビル⑤とアーケード街
東六小の桜と音楽を愛でる会⑩

緑ヶ丘 4 丁目災害危険区域❶
あすと長町市営住宅⓫

1. 仙台市の紹介

東北最大の都市である仙台市は，東日本大震災後に周辺市町村からの転入が急増し，人口は108万人を超えた。現在の町割りは藩政期の伊達政宗による都市計画を骨格としており，これは風水によるという説がある。1945年7月10日未明の仙台空襲により，都心は大規模に焼失したが，その後の復興都市計画によって，現在の姿が築かれた。都市計画マスタープランでは，都心に加え，広域拠点として泉中央地区と長町地区で地域別構想が描かれている。

2. コースの特徴

様相の異なる都心と長町地区の2コースとした。

都心は，北・南・西の三方が小高い山に囲まれており，広瀬川の河岸段丘の上部に位置する。政宗は，広瀬川を第一線の守りとできる西部の青葉山に仙台城を築城した。「杜の都」仙台の景観計画は，周囲の小高い山や広瀬川との関係が重視されている。

高度経済成長期には，保全された緑地の外側で宅地造成が行われ，市街地がスプロールしていった。長町地区もその1つである。

《コース 1》都心を歩く

コース1では，伊達政宗による都市計画と戦災復興都市計画を基盤とした旧市街地を巡り，新旧の都市計画の特徴をみていく。コースの大部分を占める定禅寺通りは，戦災復興都市計画により仙台のシンボルロードとなった。「杜の都」を象徴するケヤキ並木のみならず，特に景観上のさまざまな取組みが集積しているコースである。

《コース 2》長町地区を歩く

コース2では，高度経済成長期に開発された住宅地や近年開発が進んだ地区を巡り，都市開発の課題を確認する。東日本大震災の内陸部の被災地や，災害公営住宅を含んだコースである。

3. 都心を歩く（西公園発，90分）

西公園①は総合公園である。明治期には学校や神社，料亭などが続々と建設され，公園の北側には遊郭街が形成された。軍の施設も近かったことから，明治中期になると遊郭街は移転を余儀なくされた。

河岸段丘上にある西公園から広瀬川を見下ろすと，川面まで20mの落差に気付く。江戸時代には，ここより直線距離で4kmあまり上流に四ツ谷用水の取水場を設け，河岸段丘上の城下へと生活用水を張り巡らせたことが仙台の発展につながっている。西公園のSL広場の地下には，明治期に築かれた煉瓦下水道があり，土木遺産にもなっている。映画『ゴールデンスランバー』などのロケにも使われ，現在は不定期で見学会も催されている。

西公園から広瀬川の対岸を見渡すと，近景としての森と，遠景としての山並みに囲まれていることがわかる。南西側の森は仙台城跡などがある八木山風致地区である。計8地区で風致地区が指定されており，旧市街地の外輪の森を開発圧力から守ってきた。

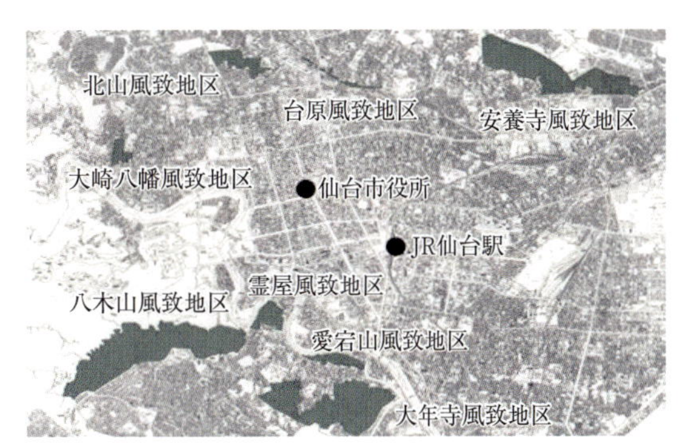

図4・1　風致地区指定状況（仙台市『風致地区指定のあらまし』パンフレットをもとに加筆した）

せんだいメディアテーク②（伊東豊雄，2001年）を左手に見ながら，定禅寺通りを東へと進む。中心市街地は，1945年7月10日の仙台空襲により焦土と化し，定禅寺通りは戦災復興都市計画により幅員12mから46mへと拡幅された。市長であった岡崎栄松を支えたのは，土木部長の八巻芳夫であった。「杜の都の再現」をテーマと掲げた八巻は，定禅寺通りなどの街路樹植栽計画を手掛けた功労者である。現在，定禅寺通りは景観地区に指定されており，外壁の色彩基準に加え，素材に関する規定もある。「ガラス，ハーフミラー等のケヤキが溶け込む素材」など，ケヤキ並木との関係での記述がみられることが特徴だ。加えて地区計画では，原則1.5mの壁面後退が求められている。

定禅寺通りと一番町の交差点③までくると，北に**仙台市役所本庁舎**④が見える。本庁舎は 1965 年の竣工から 50 年以上経過し，老朽化が著しく，建て替えが予定されている。

交差点の南側には一番町通りのアーケード街が見える。このアーケード街に面した **141 ビル**⑤は，仙台市内でも初期の市街地再開発事業である（1982 年 4 月組合設立，1987 年 3 月竣工）。上階を仙台市が区分所有しており，4 階以下にはかつては 86 のテナントが入居していた。現在は百貨店が借り受けて営業している。

定禅寺通りをさらに東に進むと，緩やかな上り坂になる。中心市街地を構成していた**中町段丘と上町段丘の境目**⑥に相当する。右手奥には NHK 仙台放送局の新社屋が見える。

駅前通りの交差点⑦まで来ると，北側も東側も一方通行の狭い路地になる。仙台市では 2008 年 11 月より都市計画道路網の大規模な見直し作業を行った。未着手の道路又は暫定整備の道路である 65 路線 168 区間 が対象となり，このうち 70 区間 8.5km について 3 回に分けて廃止を決定した。この交差点から見える 2 つの一方通行路も廃止区間である。

このまま東へと**廃止区間**⑧を歩いてみよう。この区間は 2012 年 9 月に都市計画道路の廃止決定がなされたが，それまでの間は建築制限が掛けられていた。その名残として，道路の両側にはセットバック済みの建物が多く見られる。

道路の突き当たりは，**宮町通り**⑨である。仙台東照宮の門前町に由来した商店街である。かつて西公園にあった遊郭街がここに移転してきたこともあり，戦後も活気づいていたが，売春防止法の施行と，1997 年まで行われた都市計画道路の拡幅に伴い，商店は軒並み営業をやめ，駐車場経営やアパート経営にシフトしてしまった。

宮町通りの南側に位置する**東六番丁小学校**⑩の学区では，2006 年 3 月に「東六（とうろく）地区個性ある地域づくり計画」をまとめ上げた。「地域力の醸成」を目指し，小学校の校庭にある樹齢 400 年のエドヒガンザクラにちなんだ「東六小の桜と音楽を愛でる会」を住民総出で催すようになったのもこの頃である。地域住民どうしの連携が確固たるものになった矢先の東日本大震災では，至近距離にある JR 仙台駅から多くの帰宅困難者が指定避難所であった小学校に一斉に集まった。当時の校長は，1800 人超の帰宅困難者を最後まで「おもてなし」することを教職員や地域住民と誓い合い，全員が帰途につくまでの 3 週間にわたって避難所を運営した。2012 年 7 月の世界防災閣僚会議では，被災地の住民らによる支援活動として唯一の報告事例となった。

4. 長町地区を歩く（緑ヶ丘４丁目発，180 分）

旧市街地の周辺の森で急速に宅地造成が進んだのは，高度経済成長期の 1950〜1960 年代である。なかでも緑ヶ丘地区は，1m 以上の盛土による宅地が多い。この地区では，1978 年 6 月の宮城県沖地震で大規模な地滑りが起き，全壊 68 戸，半壊 247 戸の被害が出た。これを受けて，緑ヶ丘 1 丁目と 3 丁目では鋼管抑止杭を打つことで地滑り対策が施されたが，**緑ヶ丘４丁目❶**は元の地形の緩さを考慮し，対策が行われてこなかった。

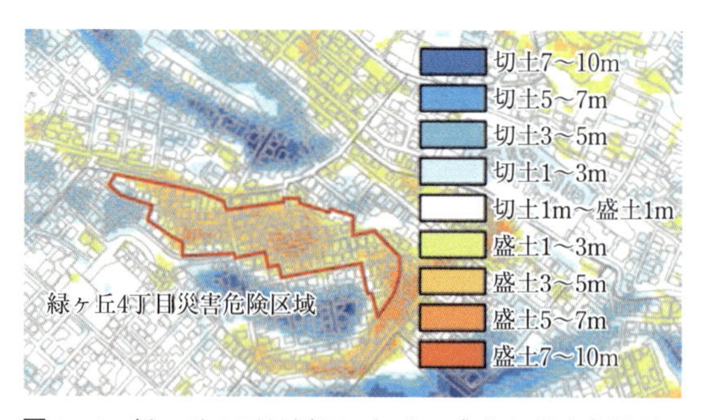

図 4・2　緑ヶ丘 4 丁目周辺の切土・盛土と災害危険区域の指定状況の関係
（仙台市『切土・盛土図』をもとに加筆した）

この結果，東日本大震災では緑ヶ丘 4 丁目の全 190 戸のうち 189 戸で地滑りが生じ，69 戸が全壊に至った。仙台市は震災から 1 年半後に，緑ヶ丘 4 丁目の一部 2.1ha を建築基準法第 39 条に基づく災害危険区域に指定した。75 戸が防災集団移転促進事業により移転した跡地には，2019 年春までに公園が整備される予定である。

北側から東側に**大年寺風致地区❷**の大きな森を眺めながら，谷筋まで下ってみよう。**都市計画道路「八木山柳生線」❸**は，2008年11月からの都市計画道路網の大規模な見直しでも事業が継続されることになった路線である。1966年の計画決定以来，未着手の路線だが，周辺の建築制限の様子から計画幅員36mのスケール感がうかがえる。

八木山柳生線を沢づたいに南東に下っていく。盛土や切土が行われており，地表面ではわかりにくいが，全長40kmの**長町－利府線断層帯❹**がある。今後30年以内の地震発生確率は1%以下だが，最大規模はM7.5と見込まれており，直下型地震が不安視されている断層の1つである。

国道286号線を越え，南東に向う道は古くは**山根街道❺**と呼ばれ，長町地区と隣県の山形市を結ぶ笹谷街道の一部だった。現在では小学校への通学路になっており，シケインや狭さくが施されたコミュニティ道路になっている。

山根街道の東端には，**長町商店街❻**がある。かつては奥州街道沿いの宿場町として，また明治中期以降は青果市場が開設され，1963年の閉場まで賑わった。1961年までは秋保温泉までの16kmを秋保電鉄が走っていた。始発の駅舎の跡地には，**たいはっくる❼**が建てられた（1996年3月組合設立，1999年3月竣工）。公共ホールや図書館，商業施設などが入る地上6階地下2階の部分と，31階建てのマンションからなる市街地再開発事業である。

高架化された**JR長町駅❽**をくぐると，その東側一帯は**「あすと長町」❾**である。JRの貨物ヤード跡地を含んだ大規模な土地区画整理事業であり，事業面積は82haに上る。2007年5月にその一部の40haで街開きが行われ，2013年5月にすべての換地処分が完了した。2haもの大街区がある一方で，その隣には戸建て住居を誘導する地区計画も掛けられており，当初は想定されていなかったロードサイド型の商業施設の出店も進んでいる。保留地16.3haに加え，都市再生機構や鉄道・運輸機構の保有土地の売却は低調だったが，東日本大震災後に生じた土地需要により，急激な発展が進んでいる。

2011年3月の東日本大震災後，事業地内に**あすと長町応急仮設住宅団地❿**が置かれた（すでに解体済み）。沿岸部よりも生活の利便性が良く，233世帯の大規模団地だったこともあり，市内外から入居者が集まり，地域コミュニティのゼロからの構築が課題となった。住民らによるサークル活動の立上げや，仮設住宅のカスタマイズなどの外部の支援活動を通して，近隣関係が築かれた。また，将来の住まいを住民主体で考える取組みも行われ，災害公営住宅の具体計画を市に提出するに至った。残念ながら，住民らが提案した住宅は市に採用されなかった。

3棟の災害公営住宅（計327戸）には，同団地からの入居者に加え，別の団地やみなし仮設住宅からの移転者が集まり，あらためて地域コミュニティの構築に迫られた。これを受け，仮設住宅時代の役員や支援者らが中心となって立ち上げたNPO法人が，災害公営住宅内での住民活動を支援している。**あすと長町市営住宅⓫**の集会所で毎週末に開かれるイベント「あすと食堂」もその1つである。

5. 歩き終わったら，こういうことを議論してみよう

《Q1》高度経済成長期の宅地開発や都市計画は，成熟期を迎えたいま，どのような問題に直面しているか考えてみよう。

《Q2》災害復興の過程で，被災者は他所に移り住み，新たなコミュニティを形成しなければならない。新旧の住民が入り交じるケースと，新住民だけで新たなコミュニティを形成するケースの双方について，課題を考えてみよう。

小地沢 将之

事例 5 東京都心部：神田・丸の内

○都心部の高度利用された空間
○歴史的建造物の保存活用
○産業文化，地域文化が息づくまち

〈基礎情報〉
人口：2.8 万人（旧神田区，大丸有地区）
（住民基本台帳 H29. 1）
面積：4.5km^2（住民基本台帳 H29. 1）
特徴：日本を代表する都心地区

神保町①
神田多町⑧
東京駅❶
御茶ノ水駅⑪
丸の内仲通り❼

1. 神田・丸の内の紹介

神田・丸の内地区は，東京駅，神田駅，御茶ノ水駅などが立地する東京都千代田区にあり，東京都心部の中心に位置する地区である。丸の内地区は東京の中心ビジネス街であり，神田地区は江戸時代に江戸城の城下町として栄え，武家地と町人地が混在していた。江戸時代からの町人文化を現代に引き継ぐ地区である。

2. コースの特徴

神田・丸の内地区は，日本の都市の近代化の流れを確認することができる地区である。丸の内地区は，三菱財閥による都市開発の歴史をたどることができ，神田地区では，江戸由来の町人文化（商業文化や地域文化）が育んだ中小企業の発展の歴史を空間的に垣間見ることができる。近年では産業構造の変化の中で再開発が双方の地区で進んでおり，置かれている背景は異なるものの，大きくはグローバリゼーションの波の中でどのように高質な空間を創出するかということが論点の一つとなっている。

《コース 1》神田地区を歩く

神田地区は，「神田」と一口にいっても，多様な界隈を形成している地区である。神保町は，本の街として世界有数の古書店街であり，神田多町には関東大震災直後まで青物市場が立地し，町人地としての性格も強い。それぞれの産業が集積した職人街が神田駅の東西に島状に分布している。東神田には，繊維関係の問屋街が集積し，外神田と呼ばれる秋葉原界隈は電気街として栄えている。

《コース 2》丸の内地区を歩く

丸の内地区は，日本をリードするビジネス街に堆積する近代化と，現代の都市再生手法を学ぶコースである。日本の近代化を支えた歴史的建造物を持つ文脈を継承しつつ，超高層ビルへの建て替えを誘導してきている現場を歩く。また，近年の業務地区内での沿道整備など，エリアマネジメント手法についても学ぶ。

3. 神田地区を歩く（神保町駅発，180 分）

神田地区は，駿河台の台地を迂回するように流れ

図 5・1　丸の内マンハッタン計画～丸の内の容積率を 2,000％ にした場合の都市ビジョンの提案（出典『丸の内再開発計画』三菱地所，1988 年）

ていた神田川を東へ駿河台を掘り切り，隅田川へと接続している。このときにお茶の水の渓谷が出来，掘削した土は日比谷入り江に埋め立てられた。神田・丸の内地区は，この駿河台から南へ下った低地に広がる地区である。神田は，江戸時代には主に東側を町人地，西側を武家地が占めていた。これらの土地の利用形態の名残は現在にも継承されており，西側にある神保町の特に南側の街区が現在も単一敷地として利用されている。旧武家地の大規模敷地は，近代に入ってから大学が多く立地し，近代化を支える教育の中心地となった。これらの学校や学生相手の商売として，古本屋や出版社などが林立し，現在の世界有数の**古書店街**①が神保町に形成された。現在，**学士会館**②が立地する場所は，東京大学発祥の地として知られている。学士会館は，1926 年着工の震災復興建築である。学士会館周辺には，共立女子大学をはじめ，専修大学などが立地し，駿河台には明治大学，日本大学など多くの大学が立地する大学街となっている。

神田は近代以降も大小の大火を経験し，関東大震災，第二次世界大戦での東京大空襲と 2 度の大きな被災を経験している。関東大震災後の帝都復興区画整理事業で**靖国通り**③が新設され，道路が拡幅され，グリッドパタンに近い構成となった。街区は道路率向上のために規模が小さくなっていったが，近年では複数街区を統合し，スーパーブロック化した再開発も起きている。2003 年竣工した**東京パーク**

タワー，神保町三井ビルディング④がそれである。低層部には，従前の商店などを含む商業施設が立地し，沿道の商業空間を連担させている。これらに続いて，2015 年竣工した**テラススクエア**⑤の再開発がある。神田警察通りに面して立地している，博報堂旧本館（岡田新一，1930 年）は，ファサードを復元した業務ビルで，公開空地を街区内に取り込んだテラスによって連続した商業施設となっている。神田警察通りでは，**旧東京電機大学跡地の再開発事業**⑥が進んでおり，地元のまちづくり組織である神田警察通り沿道整備協議会が 2017 年現在様々な賑わい創出のための社会実験などを実施している。

中神田と呼ばれる地区は，「ディープ神田」とも言われ，町人文化が現在まで色濃く残る地域コミュニティの強い地区である。神田多町には，関東大震災直後まで**青物市場**⑦が立地する町人地であった。現在でも看板建築や木造三階建ての住宅などが見られる。

神田では，職住一体で生活していたが，高度成長期以降，業務拡大による業務ビルへの建て替えによって，居住を神田地区外へ移し人口が減少していった。これにより昼夜間人口比率は上がり，空洞化が進んだ。千代田区では，一定規模以上の開発に住宅附置義務を条例で定めたことで，マンションが立地するようになった。こうした状況下にあって，神田多町などが含まれる**中神田中央地区**⑧では地区計画を策定し，街並み誘導型地区計画によって，建物を 1m 壁面後退することで斜線制限を撤廃し，高さ制限 36m による街並みを誘導している。バブル崩壊後に環境が大きく変化したことを受けて，マンション開発がしやすい規制緩和を導入した。

北上すると旧万世橋駅の遺構を活用した**マーチエキュート神田万世橋**⑨が見えてくる。旧ホームを活用した展望デッキや商業施設が入っている。

西に駿河台の縁まで来ると，市街地再開発事業で 2013 年に竣工した**ワテラス**⑩がある。一般財団法人淡路エリアマネジメントを前年に発足させ，ワテラスでは学生マンションを建設し，地域コミュニティの中で学生を育てていくというコンセプトのもと新しい地域のマネジメントを模索している。

御茶ノ水駅⑪は，お茶の水渓谷の崖地に立地した駅で，JR と東京メトロ丸の内線は対岸に分かれて立地しているが，元々は JR の地下に丸の内線が立地する計画であった。しかし，崖地の特性上難工事となり，現在の分かれた形となっている。**JR 御茶ノ水駅**ホームから見えるモダンなアーチのデザインの**聖橋**⑫（山田守，1927 年）は，震災復興事業で架けられた橋である。聖橋の由来は，両岸に立地する湯島聖堂とニコライ堂を結ぶことから名付けられた。また，湯島聖堂からほどなく歩くと**神田明神**⑬がある。江戸三大祭りの一つである神田祭が 2 年に 1 度行われ，地域住民の心の拠り所となっている。

神田明神から再度駿河台を東に下ると，**秋葉原の電気街**⑭に出る。戦後の闇市で電気部品などを扱う小規模店舗が集積したことで電気街を形成していった。現在では，ホビーショップやアニメショップなどが軒を連ね，オタクの聖地としても知られるようになる。

4. 丸の内地区を歩く（東京駅発，120 分）

本コースは，大手町，丸の内，有楽町の 3 地区を合わせた大丸有地区と呼ばれる東京駅西側のビジネスセンター地区を歩く。丸の内はそれまで官有地であったが，1890 年に三菱が払い下げ地を開発したビジネスセンターである。皇居周辺のため戦前期から美観地区指定されており，また千代田区景観条例に基づくガイドラインが設けられており，景観形成マスタープランが定められている（図 5・2）。

出発点は，日本有数のターミナル駅である**東京駅**❶（辰野金吾，1914 年）である。皇居から延びる**行幸通り**❷を経て天皇の巡幸の出発点としてデザインされており，現在も皇居への眺望軸が保全されている。第二次世界大戦の空襲によって，駅舎のドーム屋根が焼失し，2 層に修復して戦後使用されていた。しかし，度重なる保存運動を経て，現在のオリジナルの 3 層構造に修復された。

1923 年に竣工した**丸ビル**❸は，戦前期最大級の

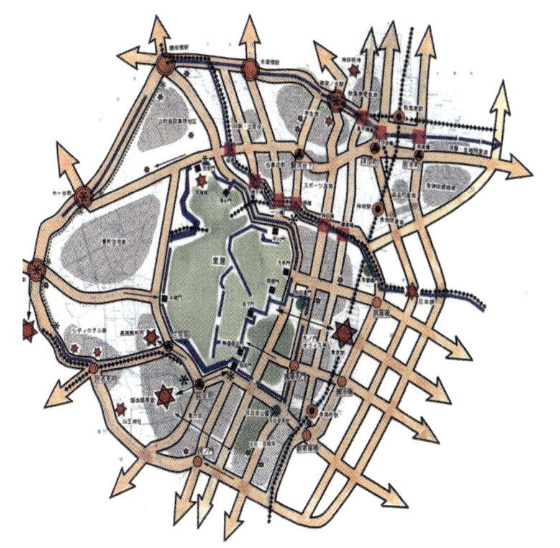

図 5・2　景観の骨格構造図
（千代田区景観形成マスタープラン）

業務ビルで，低層部を商業用途として開放した複合型はそれまでにないビルディングタイプであった。2002 年に特定街区制度を適用し，建て替えられている。行幸通りをはさんだ向かいには新丸ノ内ビルヂング（1952 年）が建っていたが，2007 年**新丸ビル❹**として建て替えられている。2014 年に開通された**大手町川端緑道❺**は，土地区画整理事業による歩行者専用道路の区道である。大手町界隈は，不整形な街区が多いため，公開空地による広場やサンクンガーデンなどを設けるなど，オープンスペースをつなぐコンセプトとなっている。一方の丸の内は，地区計画で壁面線をそろえるなど整形街区を形成している。

日比谷通りを南下し行幸通りまで戻ると，**東京海上日動ビルディング本館❻**が見えてくる。1961 年に東京海上ビルが建て替え，超高層を建築確認申請しようとしたところ東京都から不許可となったため美観論争となった。最終的には，当初計画の 30 階，127m を，25 階，99.7m として 1974 年に竣工した。

日比谷通りから東側の通りに入ると**仲通り❼**である。ここは，金融機関が多く出店する業務系中心の街であったために休日は人通りのない通りであった。近年では商業テナントが多く出店し，周辺に美術館などが立地したことで賑わいが生まれている。仲通りは千代田区道の車道と民地の歩道部分を再整備して，道路空間活用のモデル事業を実施している。これらの整備によって，丸の内地区では個別の開発ではなしえない地区全体の環境向上を実践している。

日比谷通り沿いの景観❽は，1964 年に改正されるまでの建築基準法の高さ制限によって 31m の高さで統一的な景観ができあがっており，戦後の超高層化でも 31m のラインを生かし，現在に至っている。

丸の内は，近代化を支えた数多くの歴史的建造物が立地する地区である。一方で近年の国際競争力あるビジネス街として建て替えも頻発している。その中で，開発と保全の調和は大きなテーマであり，様々な試みが行われている。例えば，部分保全した日本工業倶楽部会館ビル，**東京中央郵便局（現 JP タワー）❾**などは，歴史的景観保全としてファサードが部分的に保全されている。第一生命ビルは，建物外観を全体保全している。超高層の新館と合体し，容積移転などによって全体保全した**明治生命館❿**は建物そのものが保全活用されている例である。また，1894 年にジョサイア・コンドルによる設計で竣工した**三菱一号館⓫**は，1968 年に解体されていたが，2009 年竣工でレプリカ復元され，現在では美術館として利用されている。東京国際フォーラムは，東京都庁が西新宿に移転する前に都庁が立地していた跡地にできた国際コンベンションセンターである。

5. 歩き終わったら，こういうことを議論してみよう

《Q1》産業集積によってまちの界隈が特徴づけられていること，また，産業が推移することによるまちのあり方について考えてみよう。

《Q2》まち全体や建物のスケールの調和，歴史的な建造物の保全について，その手法も含めて現代に調和しているか考えてみよう。

《Q3》パブリックスペースのマネジメントの方法や考え方について，神田，丸の内双方のまちの特徴から考えてみよう。

中島 伸

事例 6 多摩ニュータウン

○ニュータウン開発による住宅地供給
○歩車分離のまちづくり
○オープンスペースのデザイン
○時代の変化が住宅地に与える影響

〈基礎情報〉
人口：22.5 万人
面積：28.8km^2
特徴：日本を代表するニュータウン

貝取・豊ヶ丘地区空撮⑤
プロムナード多摩中央❷

豊ヶ丘近隣センター⑤
基幹構造空撮

グリーンヒル貝取
タウンハウス落合

1. 多摩ニュータウンの紹介

多摩ニュータウン（以後，多摩NT）は大阪の千里ニュータウンや名古屋の高蔵寺ニュータウンと並んで日本を代表するニュータウンの一つである。

高度経済成長期の大都市郊外では，人口集中に伴う無秩序な住宅開発が問題となっており，まとまった量の住宅・宅地を供給するためにニュータウン開発が行われた。東京都では，都心から約25～40km西，稲城市，多摩市，八王子市，町田市にまたがる多摩丘陵に，1965年，新住宅市街地開発事業（以後，新住事業）が面積約30km^2，人口約30万人で都市計画決定された。多摩NTは土地を全面買収して開発する計画だったが，地元住民からの既存集落除外要望を受けて変更され，総面積の約8割を東京都，東京都住宅供給公社，住宅・都市整備公団（現・都市再生機構）の3施行者による新住事業，約2割を土地区画整理事業（以後，区整事業）として整備が進められた。新住事業区域内は21の住区で構成され，各住区に中学校1校，小学校2校を基本とし，幼稚園，保育所，近隣センター（商店街）等が配置された。1971年，諏訪・永山地区（5・6住区）において第一次入居が始まり，その後40年にわたって段階的に開発された。

2. コースの特徴

多摩NTの第一次入居が始まった1970年代，首都圏の住宅不足はいまだ深刻で，住宅はその供給量に重点が置かれていた。しかし，1973年の住宅統計調査で日本の総住宅数が総世帯数を上回り，住宅の量より質が重視される時代へと変化していく。この時代の転換期に計画・造成・建設が進んだ貝取・豊ヶ丘地区（7・8住区）では，開発が早く進められた南側と，一時建設中断をはさんで土地利用が見直された北側で住宅地設計思想が異なる。そして，貝取・豊ヶ丘地区よりも後に開発された落合・鶴牧・南野・唐木田地区（10・11住区）は，そのオープンスペースと住宅が豊かにつくり込まれている。

《コース 1》初期の多摩ＮＴをたどる

諏訪・永山地区（入居開始1971年：住宅の大量供給期），貝取・豊ヶ丘地区（同1976年：住宅の量から質への転換期）という，多摩NTの第一期・第二期住宅建設が行われた2つの地区をめぐり，住宅配置やオープンスペースも含め，ニュータウンの様々な設計技術とその変遷を学ぶ。

《コース 2》成熟期の住宅地を歩く

多摩センター地区（1980年開業）と落合・鶴牧・南野・唐木田地区（入居開始1982年）は，諏訪・永山地区，貝取・豊ヶ丘地区に続いて開発された。こうして実現した豊かな住宅地を訪ね歩く。

3. 初期の多摩ＮＴをたどる
（永山駅発，180分）

永山駅は，1971年の多摩ＮＴ第一次入居開始時には鉄道の延伸が間に合わなかったため，1974年の第二次入居時に開設された駅である。これにあわせて多摩ＮＴ初の駅前センター整備が始まり，**駅直**

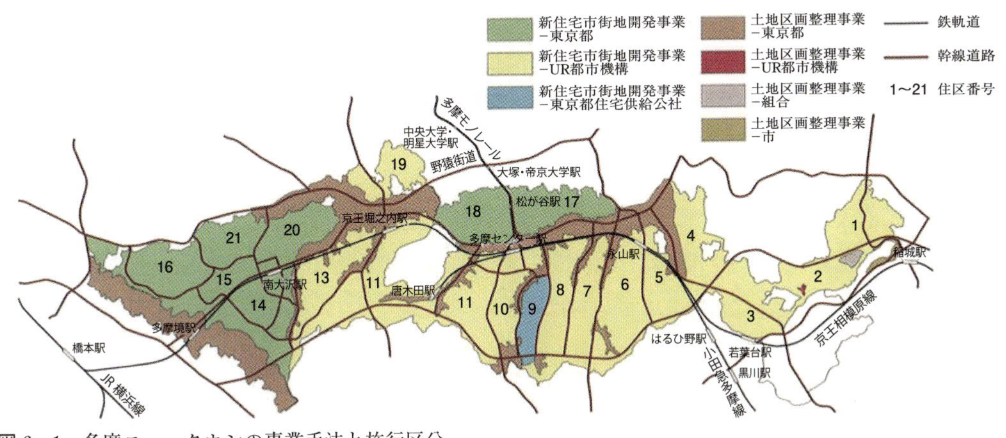

図6・1　多摩ニュータウンの事業手法と施行区分

結商業施設・グリナード永山①が開業した。

諏訪・永山地区の歩行者専用道路は，計画がある程度進んだ段階で導入されることになったので，南北の歩行者用空間は団地内通路が主であり，明確に駅や公園，小・中学校を結ぶネットワークを形成するには至っていない。

第一次入居時に供給された永山団地②は，中層の集合住宅を基本としてポイント的に高層棟が配置されている。住戸は 2〜3DK で面積 50m^2 前後が中心で，基本は台所兼食事室と和室で構成されている。この団地は当時，高さや用途などの制限をクリアするために「一団地の住宅施設」の都市計画決定を受けて建設され，建蔽率・容積率，施設の位置や壁面位置の制限がブロックごとに細かく規定されていた。これが団地の建て替え等，リニューアルの障害となることから，「一団地の住宅施設」の都市計画が廃止され，永山地区地区計画が指定されている。

小・中学校は，基本として２小・１中で計画されたが，諏訪・永山地区では第一次入居で児童が急増した影響で諏訪地区に３小・１中，永山地区に４小・２中が建設された。現在では学校の統廃合が進み，いずれも２小・１中となった。1996 年に統廃合された旧東永山小学校③は，市民がサークル活動などを行う複合施設として暫定利用されている。

永山南公園の南側には永山近隣センター（永山団地名店街）④が，道路を挟んで東隣りには諏訪近隣センターがあり，２つの近隣センターは歩行者専用道路で繋がっている。小売店舗，飲食店，公益施設，クリニック等で構成されている。多摩ＮＴの近隣センターは，住民が安全に到達できるように歩行者専用道路のネットワーク上に配置され，更に，集積効果を狙って２つの住区の接点に配置されている。このため，自家用車での買い物に適さないという欠点があり，空き店舗が目立った時期もあるが，近年は子育て支援，高齢者支援，コミュニティビジネス・ベンチャービジネスなどによる空き店舗活用が積極的に行われている。

瓜生小学校の手前の歩行者専用道路を南に進むとタウンハウス永山と多摩 NT 初の一般宅地分譲が行われた永山戸建住宅地がある。そのまま進んで瓜生緑地の南側の瓜生見返り橋で鎌倉街道を渡ると貝取地区に入る。

貝取・豊ヶ丘地区の南側は多摩ＮＴの第一次入居開始時に造成が始まっていたため，景観は諏訪・永山地区と大差ない羊羹型の住棟が並んでいるが，北側では一部自然地形を活かした造成となっている。

「歩行者専用道路」が 1971 年の改正で道路法に定義され，貝取・豊ヶ丘地区では，若干後付ではあるが，歩行者専用道路のネットワークが当初から計画され，公園と小・中学校，公共施設，近隣センターが歩行者専用道路で結ばれている。

貝取・豊ヶ丘近隣センター⑤は諏訪・永山のものと同様に多摩ＮＴの典型的な近隣センターである。貝取・豊ヶ丘地区の第一次入居にあわせ開業した 1976 年時点では，スーパー，店舗 22 店，診療所などが開設された。近隣センターの東西端には医者村（診療所用地）が計画され，豊ヶ丘側のみ実現した。

歩行者専用道路を北へ向かい，アンダーパスを通り抜けた右手にあるのがコスモフォーラム多摩⑥である。公団が民間に多摩ＮＴの土地を払い下げて建設されたマンションの第一号で，1989 年に入居が開始された。敷地面積 21,531m^2，総戸数 220 戸で，5・6・10 階建の傾斜屋根住棟 5 棟からなる。住宅形式は 2LDK〜5LDK のほか，フリールーム付住宅や２世帯用住宅など多様なプランになっている。

公団のグリーンテラス豊ヶ丘団地（第一次入居：1988 年，第二次入居：1989 年）と公社豊ヶ丘住宅の間を北に進むと，東側にとちのき公園⑦がある。二段階整備によって設計の段階から住民の意見を採り入れられた。この公園を横切って一般道路に出て北に進むと区整事業で整備された区域が両側にある。

貝取北近隣センターのスーパー北側のコミュニティ道路から歩行者専用道路に入り東側に旧北貝取小を見ながら進むと，貝取山緑地⑧に入る。この緑地周辺では，既存の丘陵地形と緑を最大限に活かした造成が行われ，西側には斜面住宅・グリーンヒル貝取がつくられた。これは，小規模な造成にとどめて尾根部分の緑地を残し，斜面にも住宅を配置するという「自然地形案」（大高建築設計事務所，1965年）の考え方が一部実現されたものである。

4. 成熟期の住宅地を歩く
（多摩センター駅発，90 分）

多摩センター駅南側の多摩センター地区は多摩NT の中心として，さらにその周辺地域も含む 60万人の商圏人口をターゲットに整備が進められた地区である。地上レベルの駅前広場と，その上部のペデストリアンデッキで歩車分離がなされ，照明，柵，側溝などの細かい部分までつくり込まれている（大高建築設計事務所設計）。駅周辺のサイン計画（剣持デザイン事務所）は，日本の街なかにおける最初期のサイン計画である。

幅員 40m，延長 300m のパルテノン大通りは歩行者の主要動線軸であり，その正面にはパルテノン多摩（曽根幸一，1987 年）と**多摩中央公園**（あい造園設計事務所，1990 年）❶がある。屋上が公園レベルとなっており，それ以下の部分は地下構造物とみなすことで都市公園内の建築面積制限をクリアしている。公園の池には水上ステージもできる。公園の南西に面した桜美林大学多摩アカデミーヒルズから歩行者専用道路を南に歩くと落合地区に入る。その中で最も多摩センターに近い街区に位置する公団住宅が**プロムナード多摩中央**❷（坂倉建築研究所，1987 年）である。歩行者専用道路沿いの賑わい創出を意図し，趣味，創作活動等を想定したフリースペースが付加された「プラス１住宅」が配置されているのが特徴である。まっすぐ進むと**宝野公園**❸に出る。この公園は，奈良原公園，鶴牧東公園，鶴牧西公園とともに「基幹空間」を形成している。桜並木に彩られた富士山への眺望もある。鶴牧東公園には街の構造を把握するための視座である**「鶴牧山」**❹もある。これらは，それまでの多摩 NT の景色が画一的との批判を受け，「ふるさとだと誇りにできるまち」を目指し，「心に残る印象的な空間づくり」が行われた結果である。

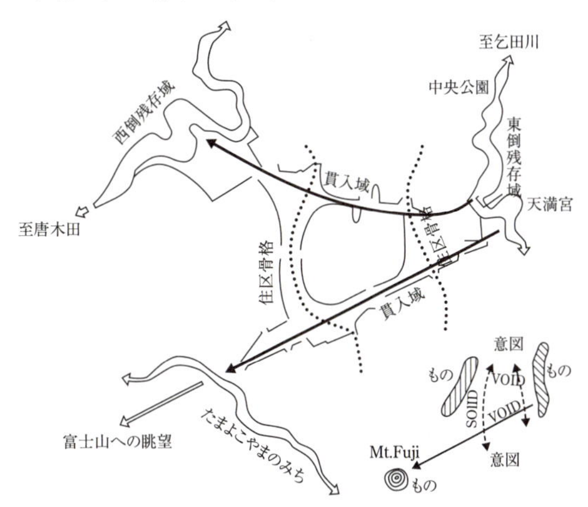

図 6・2　基幹空間の概念図

周辺の住宅地は基幹空間によって分節されており，歩車融合の豊かな外部空間を持つ低層集合住宅（タウンハウス落合・タウンハウス鶴牧）や，中層住宅主体のエステート鶴牧がある。鶴牧西公園の南側の歩行者専用道路は大松台小学校を囲む３つの街区（ホームタウン鶴牧，ハイライズタウン鶴牧，ヒルサイドタウン鶴牧）につながっている。ヒルサイドタウン鶴牧と唐木田駅の間には**からきだ菖蒲館**❺（新居千秋，2011 年）がある。コミュニティセンター，図書館，児童館の複合施設で，市民・行政とのワークショップを経て建設された。

5. 歩き終わったら，こういうことを議論してみよう

《Q1》オールドニュータウンと言われることもある多摩ＮＴであるが，住みやすそうな点，住みにくそうな点を考えてみよう。

《Q2》住宅地における住棟配置やオープンスペースのデザインについて考えてみよう。

《Q3》新住事業区域と区整事業区域の建物や敷地割，景観の差異とその理由を考えてみよう。

田中 暁子

事例 7 世田谷：下北沢，梅ヶ丘，三軒茶屋/市民参加と公共空間を学ぶ

○市民参加まちづくり
○公共空間の利活用と暫定活用
○ユニバーサルデザインのまちづくり

〈基礎情報〉
人口：92 万人
面積：58.05km^2
特徴：市民参加まちづくり先進都市

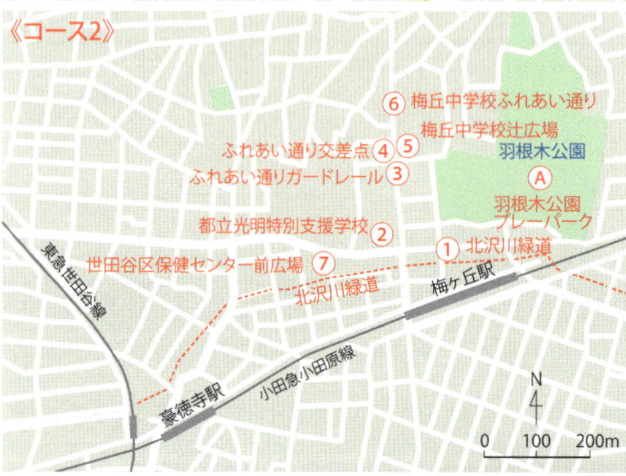

下北沢：シモキタスクエア①
下北沢：studio/B.US（道路暫定地）③

下北沢：下北沢ケージ⑨
三軒茶屋：したのやばし公園⑥

梅ヶ丘：ふれあい通り⑥
梅ヶ丘：辻広場⑤

1. 世田谷区：下北沢，梅ヶ丘，三軒茶屋の紹介

世田谷区は，東京都心南西部の 15km 圏に位置し，人口 90 万人を超える東京都内最大の人口をほこる行政区である。もともとは農村地域であるが，1923 年の関東大震災により，被災者の疎開地として多くの人が住みつき，高度経済成長期にベットタウン化したことで急激に人口が増加した。

現在は，東西に伸びる小田急線と東急田園都市線沿いに，下北沢，三軒茶屋，二子玉川，成城学園と商業地域があり，その中心位置に世田谷区庁舎があるような多核分散型都市構造を持つ。

今回紹介する下北沢，梅ヶ丘，三軒茶屋は，世田谷を代表する市民参加まちづくりの先進地であり，多くの NPO や市民活動が盛んで，公共空間整備も参加型で行われてきた。

2. コースの特徴

今回のコースは，世田谷区内の下北沢，梅ヶ丘，三軒茶屋の 3 地区を限られた誌面で 3 つのコースとして紹介する。

まずは，3 地区の立地であるが，下北沢―梅ヶ丘（から隣の豪徳寺までは徒歩）間が小田急線，豪徳寺―三軒茶屋間が東急世田谷線，三軒茶屋―下北沢間（北沢タウンホール終着）が小田急バスで，三角形で公共交通に結ばれており，どこからスタートしても回れるようになっている。

時代順には，梅ヶ丘，三軒茶屋，下北沢という順で回ると良いかもしれない。また，時間が許せば，三軒茶屋と梅ヶ丘は，北沢川緑道で結ばれており，本稿で紹介する誌面の余裕はないが，市民参加でつくられた豊かな公共空間デザインの例として，現地を訪れることをお勧めする。

下北沢地区は，駅周辺の商業地に街並み誘導型地区計画が決定されており，この範囲内を対象とし，周辺は閑静な住宅地が広がっている。

歴史的にも長きに渡る議論を経て都市計画道路の事業が進み，また連続立体交差事業に伴う小田急線地下化と線路跡地の整備により，今もなお工事が続いている。執筆時とは状況が変わっている点もあるだろうが，都市計画と公共事業の課題も感じてほしい。梅ヶ丘地区は，光明養護学校と梅丘中学校を中心とした市民参加型の公共空間整備をした地区であり，ユニバーサルデザインの先進的事例でもある。

三軒茶屋地区は，商業地区のすぐ近くにある太子堂二・三丁目エリアは，密集市街地の中で市民参加型まちづくりによってつくられたポケットパークや公園の多い地区である。

対象地区は，用途地域・容積率はそれぞれ，下北沢が商業地域・600%，梅ヶ丘が第一種住居地域・200%，三軒茶屋は，第一種住居地域と第一種中高層住居専用地域で，ともに 200% である。

3. 下北沢を歩く（下北沢駅北口発，60 分）

《コース 1》 下北沢のコースは，現在進行中（2018 年当時）の連続立体交差事業に伴う小田急線地下化と線路跡地の利活用プロジェクトで工事中である。

またそれに伴って，駅前広場を含む都市計画道路の建築制限を受けて残った街並みや，都市計画道路事業認可によって生まれた空地の暫定利活用，街並み誘導型地区計画による街並みと既存の個性的な小建築と路地の街並みの対比などに都市計画と土地の権利の難しさや課題を感じることができるコースである。

下北沢の街は，微地形に個性的なお店の並ぶ路地が特徴的で，若者や外国人観光客も多い。本多劇場やザ・スズナリに代表される演劇のほか，ライブハウスも多く，音楽，映画など文化度の高い街で，駆け出しの若者からプロまで集まっている。

店舗は古着屋や美容室，おしゃれなカフェや居酒屋などが集積しており，車両規制をしていなくても狭い路地に歩行者天国のように歩行者が歩いている風景は特徴的である。

下北沢駅北口を出ると，暫定的な空地に出会う。**シモキタスクエア**①である。ここは，もともと下北澤食品市場という闇市のあった場所で，都市計画道路の指定を受け，2021 年頃に駅前広場に整備される予定の場所である。用地買収や工事に時間がかかるため，現在は商店街および町内会の管理のもと，

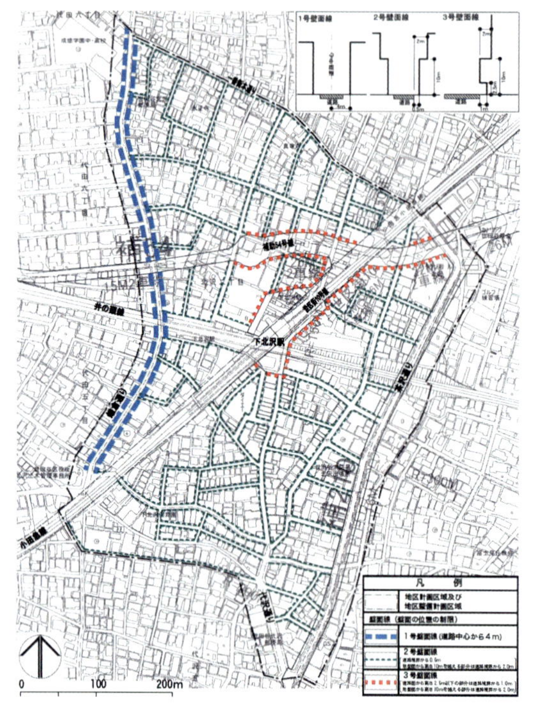

図 7・1 「下北沢駅周辺地区地区計画」

広場の暫定利活用の状態になっており，休日にはイベントなどが行われている。**東洋百貨店**②は，商業施設の駐車場に小店舗を集め，下北沢のスタートアップの支援をしている。**studio/B.US** ③は，閉店した老舗のたこ焼き屋が復活して入居し，都市計画道路予定地のため仮設建築となっている。周りの空地を含め，将来の都市計画道路の空間を想像することができる。他にも補助 54 号線区域内には買収済みの空地がいくつかある。

また，北口エリアは都市計画道路の線引きがかかっていることもあって，古い建築や路地に個性的なお店が集積している。その路地を楽しみながら，**やなかまストリート**④は，旧やなか珈琲（現：こはぜ珈琲）とかまいキッチンという路地にある二つの飲食店がテーブル椅子を出したり，月 1 回日曜日には音楽を演奏したりするなど，下北沢の路地の中でも界隈性を醸し出している。

⑤，⑥，⑦は，補助 54 号線（計画区域）と補助 210 号線の範囲内にあるために建替え困難な状況となったことで，**劇場スズナリ**⑤と**世田谷カトリック教会**⑥は残っており，**disk/union** ⑦は将来の道路整備のために建物をセットバックし，一部道路予定区域部分は仮設的に作られている。1946 年の戦災復興の際に都市計画道路の線が引かれたことによって建築制限を受けている。**本多劇場**⑧では，ザ・スズナリとともに演劇の街を体感して欲しい。**下北沢ケージ**⑨は，京王井の頭線の高架化に伴い，高架下と側道整備前の期間限定暫定利用で，飲食店とイベント活用や日常的な使い方がある公園的スペースが展開されている。**地区計画**⑩の街並みは，地区計画の範囲は南北両方のエリアに渡っているが，南口エリアを中心に街並み誘導型地区計画を契機に共同建替えが進んでいる。既存の街並みの中に異なる建築形態がどんどん現れている。

4. 梅ヶ丘を歩く（北沢川緑道発，40 分）

《コース 2》 梅ヶ丘のコースは，歴史的にも 3 地区の中で一番古くから活動があり，ユニバーサルデザインや福祉のまちづくりの先進事例である。

梅ヶ丘の公共施設が集積している場所を歩くオプションとして，羽根木公園の**プレーパーク**Ⓐへ行ってみよう。自己責任による子どもの遊び場がある。

北沢川緑道①は，西から経堂，豪徳寺，梅ヶ丘，下北沢南部，三軒茶屋を結ぶ緑道で，暗渠化した川の緑道整備を市民参加で議論した事例である。

梅ヶ丘は，1939 年に全国初の養護学校が設立されて以来，障害を持つ人が多く暮らし続け，バリアフリーやユニバーサルデザインを街として受け止めることは課題であった。卒業後の福祉作業所の開設や駅のスロープ設置運動など住民主体の活動も活発だった。1982 年に「世田谷区福祉のまちづくり基本方針」や翌年に「ふれあいまちづくり」の重点事業のモデル地区に位置付けられ，交通バリアフリー法などができる前に先進的に福祉のまちづくりが住民参加で行われたのが特徴的である。1984 年に「ふれあいのあるまちづくり定例会」を月 1 回，計 17 回実施し，市民と行政が議論をできる場をつくり，歩道デザインの検討やウォークラリー，点検地図づくりなどが行われ，議論の末，設計に反映され，整備されている。

都立光明特別支援学校辻広場②は，生徒たちが作った区の花のビー玉モザイクが設置されており，**ふれあい通りガードレール**③は交通標識や電柱をガードレールと同じ線上に配置し有効福音を確保したり，**ふれあい通り交差点**④は道路の交差部の段差をなくすために枝道のかさ上げをしてフラットにしたり，**梅丘中学校前ふれあい通り**⑥は梅丘中学校正門へのスロープを設置し，羽根木公園周辺の草花を観察し草花タイルが設置されている。

梅丘中学校辻広場⑤の場所では，公衆電話や電話ボックスなどの実寸模型を使った公開実験（社会実験）が行われ，高齢者・障害者・健常者の３種類の使い勝手を検証し，設計に反映された。歩道整備後には，**世田谷区保健センター前広場**⑦は北沢川緑道と一体的に整備されており，先進的に点字ブロックの設置など市民参加で広場整備されている。そのまま豪徳寺まで北沢川緑道を歩いて行くとよい。

5. 三軒茶屋（太子堂）を歩く
（世田谷線三軒茶屋駅発，50 分）

《コース 3》 三軒茶屋のコースは，密集市街地であり，太子堂二・三丁目地区の住民参加型まちづくりが著名である。三軒茶屋の北側に位置し，関東大震災後に市街化が始まったが，都市基盤が未整備のまま密集市街地が形成された地区である。1982 年頃から住民参加によるまちづくり協議会が発足され，世田谷区へのまちづくり提案，地域の祭り，広場づくりワークショップなどによる広場整備が行われるなど，行政とともに住民参加まちづくりが行われている。地区内には多くのポケットパークや公園，緑道がある（①②③）。**メダカ広場**④や**三宿たぬきのポンポ広場**⑤などは，子どもに親しみやすい名前とオブジェがつくられている。**したのやばし公園**⑥では，おもちゃ広場という子どものおもちゃや三輪車が置かれ，いつでも遊び，片付けられる広場があり，子供の遊びが溢れているのが特徴的である。**三宿の森緑地**⑦は，国の施設跡地の残存する植樹林を生かして整備され，住民による「三宿の森をを育てる会」が区と管理協定を結び，日常の管理や観察会などを行って

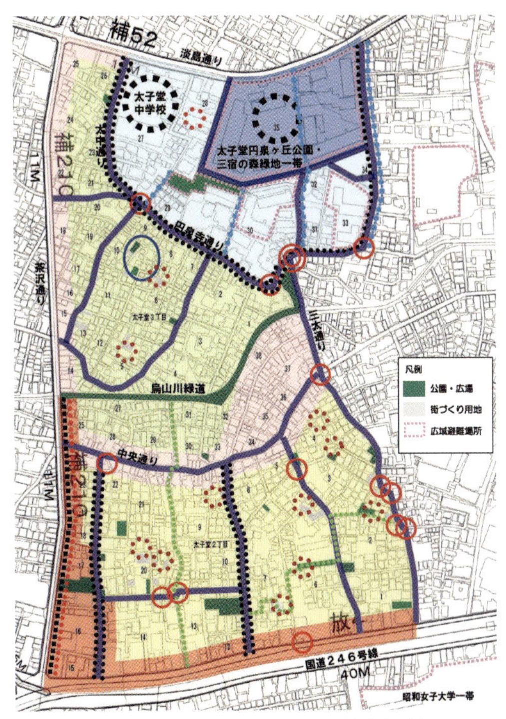

図７・２ 「太子堂二・三丁目地区・地区計画」

いる。また，**アパートメンツ三軒茶屋**⑧は，国立小児病院跡地であり，広域防災避難所にも指定され，防災まちづくりとして整備された場所である。通り抜け通路や災害用トイレを兼ねたマンホールや，周辺の住宅地の景観に配慮した並木や歩道状空地が併せて整備されている。ほかにも細街路を建替え時のセットバックなどで道路ネットワークを整備し，密集市街地再生のポイントが散りばめられており，観察しながら探索してみるとよい。

6. 歩き終わったら，こういうことを議論してみよう

《Q1》 地区計画など計画に基づいて都市変化（アーバニズム）の状況をしっかり観察し，計画通りになっているか考えてみよう。

《Q2》 住民参加によって整備された広場や公園の場所を観察し，住民参加まちづくりの意味や効果について考えてみよう。

《Q3》 住民参加まちづくりや長期的に達成される地区計画や都市計画道路など，空間整備の現状や暫定利用を含めた空間を観察し，都市計画における経年変化や時間の経過について考えてみよう。

泉山 塁威

事例 8 横浜都心部：都市デザインの現場を歩く

○ウォーターフロント空間のデザイン
○歴史的建造物の保存活用
○歩行者中心のまちづくり
○都市構造の変化と大規模土地利用転換

〈基礎情報〉
人口：373.2 万人
面積：437.56km²
特徴：日本を代表する港湾都市

みなとみらい空撮
馬車道

ドックヤードガーデン
日本大通り

汽車道❺から赤レンガ倉庫❻を望む
山下公園⑨

1. 横浜市の紹介

横浜市は東京から約30km，神奈川県の県庁所在地で，人口373万人を抱える政令指定都市である。

現在の都心部は江戸時代には戸数100ほどの漁村集落であったが，幕末の1859年に開港場として整備されたことをきっかけに港湾都市として以後発展した。また関東大震災，戦時中の横浜大空襲によって二度の壊滅的被害を受けている。特に1970年代から都心臨海部を中心に，都市デザインに取り組み，その実践は高く評価されている。

2. コースの特徴

横浜では1965年に6大事業を発表し，長期的な視野に立ち，都市の骨格をつくる事業に着手した。このうち都心部については，「都心部強化事業」が構想された（図8・1）。

当時の横浜都心部は，開港期からの都心である関内地区（関所の内側が由来）が戦後の米軍による接収により復興が遅れていた。そのため，横浜駅周辺の市街地形成がすすみ，関内地区と横浜駅周辺の二つの都心が存在していた。都心部強化事業では，当時二つの都心の間に位置していた三菱重工横浜造船所，旧国鉄貨物線ヤード，高島埠頭を再開発し二つの都心を一つに統合することが方針とされた。これが現在のみなとみらい21地区である。

対象地区は都心臨海部であり，用途地域は商業地域，容積率は500～700%である。

《コース1》関内地区を歩く

関内地区は1970年代以降，歩行者空間整備や歴史的建造物の保全など都市デザインのさまざまなプロジェクトが行われている。こうしたまちの歴史を知りながら都市デザインの実践を訪ね歩く。本編の「景観」などで紹介されている先進的な取り組みを多く見ることができるコースである。

《コース2》みなとみらい21地区を歩く

かつては造船所，貨物線ヤードなどがあった地区を埋め立て，新たな都心へ土地利用転換したみなとみらい21地区を歩き，歩行者ネットワークの形成や産業遺産の活用手法なども含めたウォーターフロント空間の形成手法について学ぶ。

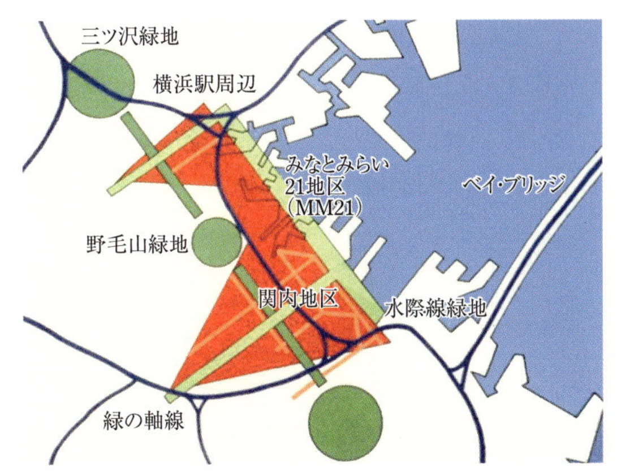

図8・1　都心部強化事業

3. 関内地区を歩く（馬車道駅発，180分）

地下鉄馬車道駅（建築家内藤廣設計）はレンガを基調としたデザインに特色がある。

馬車道交差点北側には旧生糸検査所の外観を復元した第二合同庁舎があり，隣接する北仲北地区の再開発においても，事務所棟（市指定文化財）の保存，倉庫の復元などが計画されている。北仲南地区には低層部に旧第一銀行（市認定歴史的建造物）を持つアイランドタワー（槇文彦設計）があり，旧第一銀行部分は**ヨコハマ創造都市センター**①として活用されている。隣接する敷地には2020年に同じく槇文彦設計による新市庁舎が完成する予定である。

馬車道は開港期から発展した商店街であり，近代街路樹，ガス灯などの発祥の地としても知られる。1970年代後半から歩道の拡幅整備に取り組み，地区計画とまちづくり協定により，建物の形態・色彩，広告物等のコントロールを行っている。

沿道には**神奈川県立博物館**②（重要文化財，旧横浜正金銀行）東京芸術大学大学院馬車道校舎（市認定歴史的建造物，旧富士銀行），など，歴史的建造物の保存活用が行われている。損保ジャパン日本興亜横浜馬車道ビル（市認定歴史的建造物，旧川崎銀行横浜支店）は横浜市独自の取り組みである歴史を生かしたまちづくり要綱（1988年）による認定歴史的建造物の第一号である。当初取り壊しが予定されていたが，商店街や市の働きかけにより，ファサード部分を保存している。

馬車道を関内駅方面に進むと，ＪＲ根岸線をこえて**吉田橋③**，イセキザモールに至る。吉田橋はかつての関所のたもとに架橋された「かねの橋」をデザインモチーフにしており，この橋の下には首都高速道路狩場線が地下を通っている。当初，高架の高速道路として計画され，都市計画決定もされていたものを地下式に変更させたものである。

イセザキモール④は馬車道と並んで開港期から栄えた商店街であり，かつては芝居小屋，後に映画館，勧工場（百貨店の前身）などが立ち並ぶ商店街であった。1980 年代に行われた整備の際に 24 時間の歩行者専用のフルモール化が行われた。

また，イセザキモール入口から西側に伸びるのが吉田町名店街である。通り沿いには戦後復興期に建てられた防火建築帯の建物群が残り，リノベーションによりカフェやギャラリーなどが多く立地する。

関内駅南口には，現在の横浜市庁舎があり，その庁舎に沿うように位置しているのが，**くすのき広場⑤**である。以前は駐車場として利用されていたが，地下鉄工事後の復旧の際に広場化された。歩行者空間を整備する都市デザインの初期のプロジェクトである。隣接する大通り公園は大岡川を埋め立てた地下鉄建設に際し，地上部を利用してつくられた公園である。この大通り公園～くすのき広場～横浜公園～日本大通り～象の鼻パーク～開港広場～山下公園は，緑の軸線として 70 年代から位置付けられ，継続的に整備が行われてきた。

市庁舎に隣接する**横浜公園⑥**は，幕末におこった大火である豚屋火事の復興時に日本大通りと合わせてお雇い外国人ブラントンによって計画された公園である。日本大通りはかつての開港場の中心に位置する幅員 36m，延長 400m のイチョウ並木が印象的な街路である。大火の後，延焼遮断帯として計画された官庁街でもある。沿道には神奈川県庁舎（国登録有形文化財）KN 日本大通ビル（旧横浜三井物産ビル），旧関東財務局をリノベーションした THE

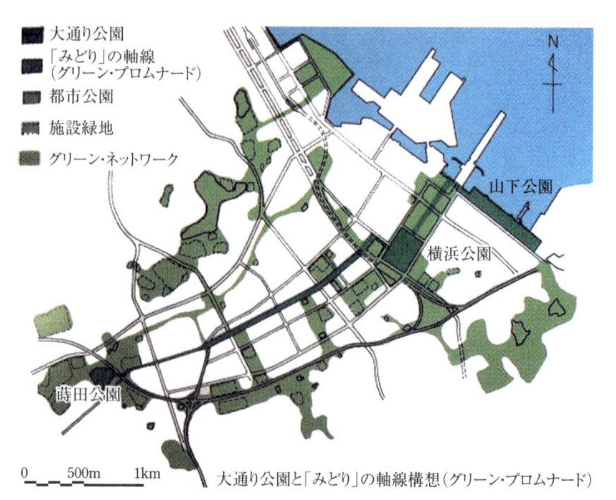

図 8・2　緑の軸線構想

BAYS などがある。旧イギリス領事館を転用した幕末から関東大震災前までの歴史を扱う**横浜開港資料館⑦**，旧商工奨励館と旧電信電話局を一体的に保存しながら再開発した横浜情報文化センターには，震災復興以降の都市づくりについて学ぶことができる都市発展記念館がある。日本大通沿道地区の街並み誘導型地区計画では，高層部分のセットバックと高さの上限が定められている。

日本大通りの正面には開港 150 周年（2009 年）記念事業として整備された**象の鼻パーク⑧**（小泉雅生設計）が位置する。東西を横切るように鉄道の高架橋を転用した遊歩道が通る。この鉄道はかつて山下埠頭へと続いていた貨物線を転用したものであり，赤レンガパークから象の鼻パーク，山下公園を結ぶウォーターフロントの歩行者動線となっている。

象の鼻パークに隣接する大桟橋国際客船ターミナルは国際コンペで選ばれたアレハンドロ・ザエラ・ポロとファッシド・ムサヴィによる作品である。柱を使わず，連続する一枚の面によって構成される空間は独特のものである。

高架橋を転用したプロムナードは**山下公園⑨**まで続く。山下公園は日本で最初の臨海公園であり，関東大震災の瓦礫によって埋め立てを行った震災復興事業による公園整備である。

元町ショッピングストリートは商店街の歩行者空間整備の代表例である。低層部に建築基準法に基づく壁面線指定を行い，セットバックによって歩行者空間を確保している。沿道建物は地区計画と街づくり協定によってデザインの調整が行われている。元町中華街駅上部は立体都市計画公園制度を活用しアメリカ山公園の整備が行われており，洋館群が保存されている山手地区への歩行者動線になっている。

4. みなとみらいを歩く（みなとみらい駅発，120分）

みなとみらいは，ランドマークタワーのあるみなとみらい21地区と赤レンガ倉庫のある新港地区の2地区に分かれる。旧都心である関内地区に対して，みなとみらい21地区と新港地区は，大規模な埋め立て事業によって，計画的に市街地が形成されている。横浜市と事業者の間で街づくり協定が結ばれ，建物の高さ，形態，色彩，歩行者ネットワークなどが，ルールとして定められている。

就業人口19万人，定住人口1万人を目標として計画されており，2016年の段階で約73%の本格利用，約12%が暫定利用されている。全体の空間構成としては，海へと続くキング軸，クィーン軸の二つの軸線をグランモール軸が東西に結び，桜木町駅，横浜駅への歩行者動線へとつながっている。

地下鉄みなとみらい駅❶は巨大な吹き抜けで軸線を形成するクィーンズスクエアとレスカレーターで結ばれており，特徴的な空間を形成している。

インナーモールを抜けると，グランモール軸との交点にあたり，巨大なパブリックアートが印象的な**ヨーヨー広場❷**へと出る。グランモール軸には横浜美術館（丹下健三，1989年）とグランモール公園があり都市軸を形成している。海側には旧横浜船渠株式の**第二号ドック❸**が，イベントスペースへと転用されている。これは高さ300mのランドマークタワー建設にあたって，特定街区制度による公開空地として位置付けられ整備されたものである。海側の街区には道路を挟んで**みなと博物館❹**が立地しているが，こちらには一号ドックが保存され，帆船日本丸を係留する形でドックとしての機能を一部維持している。

ランドマークタワーからパシフィコ横浜へと続くクィーン軸はみなとみらい地区の中で，最も早く建設が進んだエリアであり，スカイラインのデザインについて力が注がれた。300mのランドマークタワーから，ヨットの帆をイメージしたホテル棟へと続くスカイラインが印象的である。

桜木町駅と赤レンガ倉庫のある新港埠頭を結んでいるのが，かつての貨物線をプロムナードに転用した**汽車道❺**である。石積み護岸，三つの鉄橋が認定歴史的建造物として保存されている。新港埠頭は明治後半から大正初期にかけて東洋一の近代港湾施設を備えた埠頭として建設が行われた。現在も地区のシンボルとして**赤レンガ倉庫❻**が保全されている。

新港地区は中央地区とは異なり31mを高さの最高限度とした地区計画がかかっており，白を基調とした中央地区に対して，赤レンガ倉庫と調和する茶系の色彩で統一されている。

汽車道と赤レンガ倉庫との間に位置する宿泊施設ナビオス横浜の建設にあたっては，汽車道から赤レンガ倉庫を結ぶ通景空間を確保することと引き換えに高さ制限の緩和が行なわれている。

5. 歩き終わったら，こういうことを議論してみよう

《Q1》かつては港湾施設が立地していた空間を土地利用転換し市民に開放したが，形成されたウォーターフロント空間の景観デザインについて考えてみよう。

《Q2》1980年代から取り組まれている歴史的な建造物の保全は現代的な建築デザインと調和しているか考えてみよう。

《Q3》歩行者空間のネットワークのあり方やそのデザインについて考えてみよう。

鈴木 伸治

事例 9　高崎中心部：城下町の景観・都市計画

○城址地区の歴史・文化的景観の保全・創出
○城下町の拠点を結ぶ道路ネットワークの整備
○音楽・映画の街を支える景観資源の保存・活用
○ゆとりある歩行者空間の創出

〈基礎情報〉
人口：37.1 万人
面積：459.16km^2
特徴：首都圏と信越地方の結節点となる商業都市

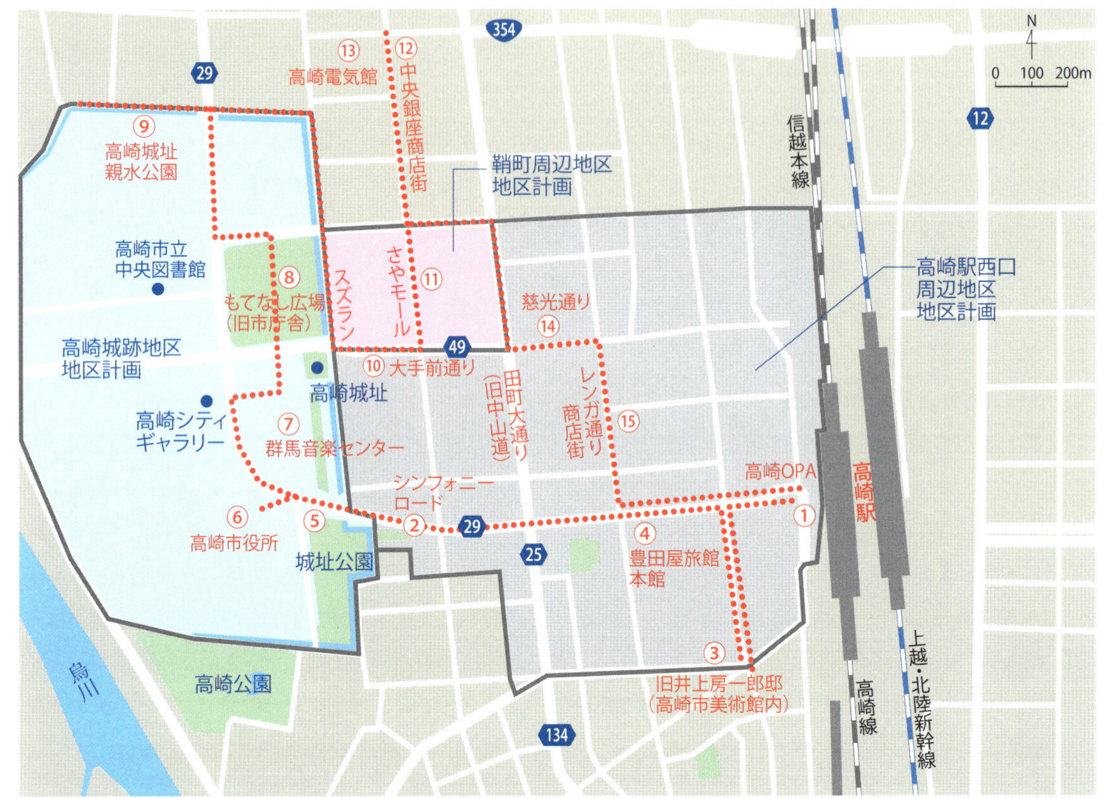

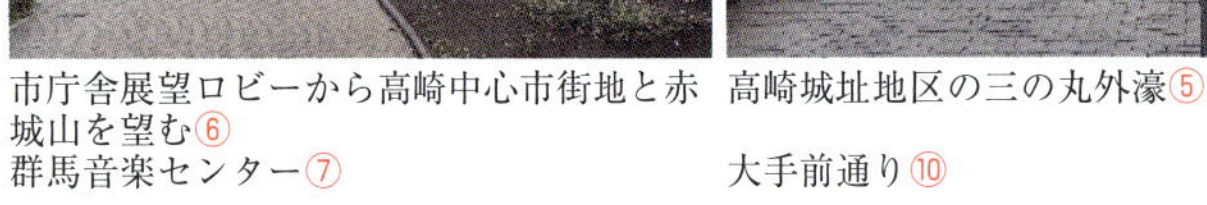

市庁舎展望ロビーから高崎中心市街地と赤城山を望む⑥
群馬音楽センター⑦

高崎城址地区の三の丸外濠⑤
大手前通り⑩

高崎駅前からシンフォニーロードを望む①
中央銀座商店街⑫

1. 高崎市の紹介

高崎市は群馬県第二の都市で，人口約35万人を擁する中核市である。近世の時代，中山道と三国街道が交わる高崎城下は，人や物が集散する交通の要衝として発展した。明治に入り，複数の鉄道路線の結節点となった高崎駅周辺は商・工業の中心地となっていった。戦災の被害が比較的少なかったため，戦前の都市構造が残されていたが，戦後を通じて，土地区画整理事業による道路の拡幅や新設，駅前等での市街地再開発事業が進むと同時に，無電中化等の景観整備も展開していった。

2. コースの特徴

対象地区は，高崎駅周辺や高崎城址，城下町を核とする中心市街地である。市町村マスタープランでは，都心拠点及び交流拠点として，都市機能の整備・集積を図るエリアと位置付けられ，特に高崎城址周辺は緑に囲まれた歴史的シンボルゾーンとして，文化・芸術，医療，行政等の公共サービス機能の充実・集積が謳われている。用途地域は商業地域，容積率は500%，600%。駅周辺から城址地区にかけては，地区計画も策定されている。

高崎駅西口から城址地区へ向かうシンフォニーロードを歩きながら，駅周辺の市街地再開発事業や土地区画整理事業による都市機能・インフラ整備の実例を確認したい。城址地区では，城の歴史的遺構を活かしながら，群馬音楽センターをはじめとする文化・芸術機能と融合した景観創出の成果を学ぶ。また，市街地内の主要な商店街を歩くことで，修景事業を行った大手前通りや慈光通りのほか，かつて賑わいをみせた中央銀座商店街を比較しながら，地方の商店街の実状や歩行空間の整備手法について学ぶ。全体を通して，本編の「都市再生」「景観」「緑」に関係が深い取り組みをみることができるだろう。

3. 高崎中心部を歩く（高崎駅発，120～180分）

もともと**高崎駅周辺①**は，城下の西口には旅館や飲食店が密集し，東口には戦中の軍需工場をルーツとする中小の工場等が数多く集積していた。1982年の上越新幹線開通以降，駅周辺の土地利用は大きく変化を遂げる。駅舎がリニューアルされるとともに，東西自由通路が開通。東口，西口ともに駅前広場とペデストリアンデッキが整備され，周辺では市街地再開発事業による高度利用も進められた。

2017年には西口広場に面して商業ビル・高崎OPAが完成したほか，多目的ホール・高崎アリーナが開業する等，駅周辺は都心の拠点としての位置付けを高めている。東口では，高崎文化芸術センター，群馬県のコンベンションセンター（競馬場跡地）の建設が予定され，かつての工場の街から集客機能を備えた賑わい・交流拠点へと趣を変えつつある。

駅西口広場から城址公園に向けて伸びる広幅員の街路が，全長880mの**シンフォニーロード②**である。もともと駅前の通りは，戦前に幅12間（約22m）の「凱旋道路」として整備されたが，直交する旧中山道（現在の田町大通り）との交差点で止まっていた。その後，土地区画整理事業によって高崎駅と城址地区の二つの拠点をつなぐ幅28mの骨格道路として整備が進み，1994年に開通した。シンフォニーロードの名称は，後述する音楽の街・高崎を象徴する通りであることに由来する。電線，電話線，上下水道，ガス管を収める共同溝が群馬県下で初めて設置された道路でもあり，沿道には市の木であるシラカシの高木が植えられている。また，通りの途中には，ちょっとした広場も設けられており，歩道と一体となった憩いの空間となっている。

ここで，駅と城址地区の間にある歴史的建造物を紹介したい。**旧井上房一郎邸③**は，地元出身の実業家で，高崎の文化的パトロンでもある井上房一郎の自邸として1952年に完成した。麻布笄町にあった建築家アントニン・レーモンドの自邸兼事務所（1951年竣工）を再現したものである。井上はレーモンドと戦前から親交を結び，後でふれる群馬音楽センターでもかかわりを持つことになる。レーモンドの自邸は移築された一部を除いて取り壊されたため，その様子を知ることができる貴重な資料でもある。この建物は景観法に基づく景観重要建造物に指定されている。

シンフォニーロードの中ほどに差し掛かると，入母屋屋根の古い日本家屋，**豊田屋旅館本館**④が目に入る。豊田屋はもともと駅前にあったが，1932 年にシンフォニーロードの前身である凱旋道路の整備にあわせて現在地に移転した。シンフォニーロードの建設時，建物が道路拡幅部分にあたるため，取り壊しも検討されたが，建物の一部を曳き家で移し，保存された。現在は登録有形文化財にも登録されている。

シンフォニーロードをさらに進むと，高崎城の濠と土塁に囲まれた**高崎城址地区**⑤（約 30ha）が見えてくる。明治以降，軍用地（高崎歩兵第十五連隊）に転用され，戦後は公共施設用地へと転換していった。地区内には，市役所，群馬音楽センター，高崎シティギャラリー，市立中央図書館，高崎公園，もてなし広場，城址親水公園等の公共施設が立地する。三の丸外濠や土塁，櫓台跡，本丸乾櫓，東門等の歴史的遺構と近代以降の文化が融合した風格ある景観を創出しており，1998 年には都市景観大賞「都市景観 100 選」に選出された。また，火災時の広域避難場所としても位置付けられている。

続いて城址地区内を詳しく歩いてみよう。地区内でとりわけ目立つ超高層ビルが**高崎市役所庁舎**⑥（1998 年完成）である。その高さ 102m は，翌年完成した高さ 154m の群馬県庁舎に次いで県内 2 番目。観音丘陵に立つ高崎白衣大観音（1936 年建立の高さ約 42m の観音像）と並ぶ高崎のランドマークとなっている。21 階の展望ロビーからは，高崎の風景に欠かせない上毛三山（榛名，赤城，妙義）や浅間山，烏川等を望むことができる。建物の平面形状が南北に長い楕円形であるのは，周辺市街地に落とす日影の影響を軽減するためという。

シンフォニーロードを挟んで市庁舎の向かいに位置する建物が**群馬音楽センター**⑦である。1961 年に完成したコンサートホールで，アントニン・レーモンドが設計した。レーモンドは，城跡の歴史的環

図 9・1 1953 年の高崎中心市街地(出典『新編高崎市史資料編 1』)
現在と比べて，道路の状況や高崎城址地区内の施設が大きく異なることがわかる。

境を踏まえて，松や石垣と調和した建物になるよう心掛けたという。2000 年には DOCOMOMO（モダン・ムーブメントに関わる建物と環境形成の記録調査および保存のための国際組織）の「日本の近代建築 20 選」に選定，2008 年には景観重要建造物にも指定された。レーモンドが設計を担当した背景には，前述の井上房一郎の存在があった。井上は，戦後，高崎市民楽団（現・群馬交響楽団）を発足。1955 年には楽団をモデルとした映画「ここに泉あり」が上映された。音楽センターは「音楽の街」を象徴する建物として建設されたのである。また，総事業費の一部が市民の寄付金で賄われたことも特筆すべき点といえよう。

音楽センターの向かいに目を向けてみると，**もてなし広場**⑧がある。旧市庁舎の跡地で，1998 年の新庁舎完成後，1999 年に「もてなし広場」として生まれ変わった。この名称は「高崎に訪れた来客を温かく迎えたい」と思いを表現している。約 1.2ha の広さを活かして，月一回の人情市（朝市）のほか，たかさきスプリングフェスティバルや高崎まつり等のイベント会場として利用されている。ただ，落ち着ける空間が少ないほか，幅の広い道路に囲ま

れてアクセスがしにくいためか，日常的に憩う人は少ない。

もてなし広場をさらに北へ進むと**高崎城址親水公園**⑨がある。高崎城の築城前に存在していた和田城の外濠を活かしながら親水性の高い公園として整備されている。農業用水や深井戸の水を利用した小川と自然石を用いた滝や石組が自然な景観をつくり出している。

濠端を歩きながら旧大手門（高崎城の正門）の前へ出ると**大手前通り**⑩へとつながる。歩道拡幅とともに電線の地中化等の景観整備も行われ，城址に近接したエリアにふさわしい落ち着きのある歩道空間がつくられている。この通り沿いには地元資本のすずらんデパートのほかレストランやカフェ等が軒を連ねる。

大手前通りから一歩脇に入ると，**さやモール**⑪と呼ばれる商店街となる。この名称は町の名前，鞘町（さやまち）に由来する。幅員10m，長さ153mの通りは，河の流れをイメージし，緩やかにカーブを描く石畳の模様で舗装されている。ハナミズキや街路灯，自然石を使ったベンチや車止め等が一体となり，ヒューマンスケールな街並みを形成している。さやモールの一角にある喫茶店「あすなろ」は，高崎の芸術文化活動の拠点として一時代を築いたことで知られる。さやモールが完成した1982年に閉店したが，2013年に「café あすなろ」として復活し，高崎経済大学の学生によって運営されている。

さやモールからさくら橋通りを渡ると**中央銀座商店街**⑫へとつながる。全長約430mに及ぶアーケードの商店街だが，郊外の幹線道路沿いにロードサイド型店舗や大規模商業施設が進出した結果，空き店舗が多くなりつつある。一方，近年は空き店舗に風俗営業の飲食店の出店が増えているが，中央銀座商店街以南では，このような動きはみられない。その理由は，地区計画によって高崎西口から城址地区にかけて風俗店の立地が規制されているためである。駅へ戻りながら，地区計画による用途規制の効果を確かめてみてもよいだろう。

中央銀座商店街の途中，路地を入るとレトロな佇まいの**高崎電気館**⑬がある。1913年に開業した高崎初の常設映画館で，現在の建物は1966年に完成した三代目である。2001年に閉館したが，2014年に建物が高崎市へ寄贈され，1階に高崎市地域活性化センター，2階は映画館として運営されている。高崎は全国的な知名度を誇る高崎映画祭が開催される等，「映画の街」としての顔も持つ。商店街の一部とはいえ，骨組みだけ残るアーケードやシャッター通りは美しい景観とは言いがたい。だが，寂れた商店街を逆手に取って，映画やドラマのロケ地として積極的に誘致を図っている。

中央銀座商店街から先ほどの大手前通りへ戻り，東へ向かうと**慈光通り**⑭に入る。かつて慈光山安国寺に突き当たる袋小路の道路だったが，1967年に安国寺の移転が完了し，現在の慈光通りが開通した。その後中心市街地の道路網整備が進展し，隣接する大手前通りと一体となった修景事業が行われたものの，特徴的な景観であった安国寺を正面に望むアイストップ・ビスタ景が失われたことが惜しまれる。

慈光通りから井上病院の角を南へ入ると**レンガ通り商店街**⑮である。ヒューマンスケールな街路に多くのブティックや飲食店が立ち並ぶ通りとして知られ，電線の地中化とともにレンガ調の舗装による景観整備が施されている。

4. 歩き終わったら，こういうことを議論してみよう

《Q1》道路整備や市街地再開発事業は街の回遊性にどのような影響を与えるか考えてみよう。

《Q2》修景事業が街の景観や活気にどのような効果をもたらすか考えてみよう。

《Q3》商店街が賑わいを取り戻すために何が必要か考えてみよう。

大澤 昭彦

事例 10　長岡：城下町・戦災復興都市のまちなか再生を巡る

○城下町：戊辰戦争（1868 年）で市街地の大半が焼失
○戦災復興都市：304ha に及ぶ戦災復興土地区画整理事業
○中越大震災（2004.10.23）からの復興まちづくり
○公共施設の中心市街地回帰とまちなか活性化

〈基礎情報〉
人口：27.5 万人
面積：891.1km^2
特徴：信濃川，大花火，特別豪雪地帯

アオーレ長岡②
まちなかキャンパス③

長岡市民センター⑤
子育ての駅「てくてく」❾

ながおか町口御門・トモシア⑥
長岡大花火・フェニックス❿

1. 長岡市の紹介

長岡市は，東京から北へ約 230km，新潟県のほぼ中央に位置し，県内二番目の人口規模を有する中越地域の中心都市である。古くは，縄文時代後期から集落が形成されていた。南北朝時代には蔵王堂城が築かれ，この地を治めていた。

本格的な街づくりは，江戸時代，堀直寄による長岡城の築城と，その後の長岡藩の城下町としての町割りからである（図 10・1）。残念ながら，明治維新に伴う北越戊辰（ぼしん）戦争と，第二次世界大戦の空襲により，市街地の大半が二度も焼失しており，城下町の面影が残る建物はほとんどない。

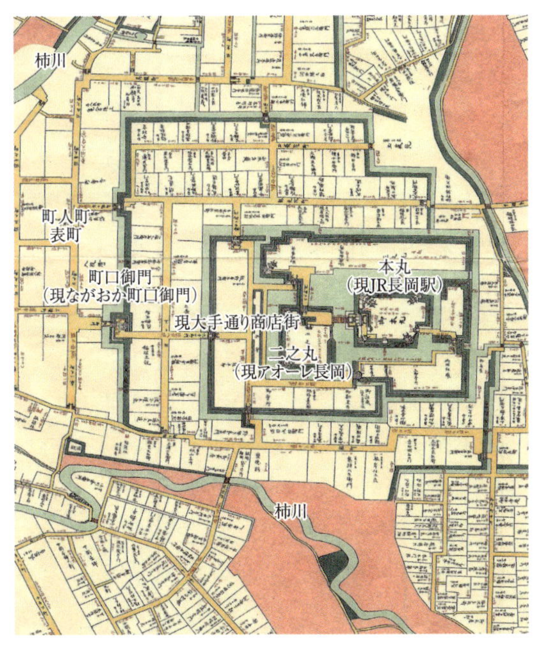

図 10・1　長岡城下町絵図（慶応年間）長岡市立互尊文庫蔵

現在も中心市街地に流れる柿川（かきかわ）は，長岡城の外堀の役目を果たしており，流路はほぼ当時のまま残されている。明治時代には市の東部で油田が開発され，石油産業，掘削や送油に関連する機械産業，多数の会社の株を扱う証券業が発展した。現在の工業都市・長岡の産業基盤はここにルーツがある。市域は特別豪雪地帯に属し，冬季には累積降雪量が 2m を超えるが，消雪パイプや機械除雪により，日常の道路空間は確保されている。

2. コースの特徴

《コース 1》大手通を歩く

テーマ：公共施設の中心市街地回帰と連鎖型市街地再開発事業によるまちなか活性化

1990 年代後半に中心市街地の衰退が進み，1960〜70 年代に開発された百貨店等の大型店が次々と閉店し，人通りは激減していた。その打開策が検討・実施されようとしていた 2004 年 10 月に M6.8 の中越地震が発生し大きな被害を受けた。その後の市町村合併による市役所の事務スペースの需要増も重なり，被災した厚生会館の建て替えと市役所の移転が同時に実現したのが「アオーレ長岡」である。

《コース 2》千秋が原ふるさとの森を歩く

テーマ：郊外に広がる複合拠点

信濃川の左岸に広がる千秋が原・古正寺地区は，河川敷を改良した優良な公共空間と大規模な商業・医療施設が連携した地区となっている。都市計画マスタープランでは，駅前の中心市街地とともに「都心部」に位置付けられており，市町村合併後の広域市民の，高度な商業・業務，教育・文化，医療・福祉拠点と位置付けられている。

3. 大手通を歩く（長岡駅発，90 分）

スタートは **JR 長岡駅①**である。長岡城の本丸の場所が現在の駅舎となっている。駅の東西を結ぶ自由通路は荒天時にも快適な屋根付きのペデストリアンデッキに接続しており，中心市街地まで移動できる。左手に折れて進むと市役所，アリーナ，屋根付き広場「ナカドマ」が一体となった**アオーレ長岡②**（隈研吾建築都市設計事務所，アートディレクター森本千絵，2012 年）がある。市役所の窓口に用いられているサインや大手通沿いにある縁側には，旧厚生会館のフローリングや壁材が用いられており，歴史の伝承にも配慮されている。この場所は長岡城の二之丸があった場所である。現在，ナカドマ，アリーナ，市民協働センターを中心として，広域市民のハレの場となっている。

長岡市役所は，昭和 30 年までは中心市街地にあ

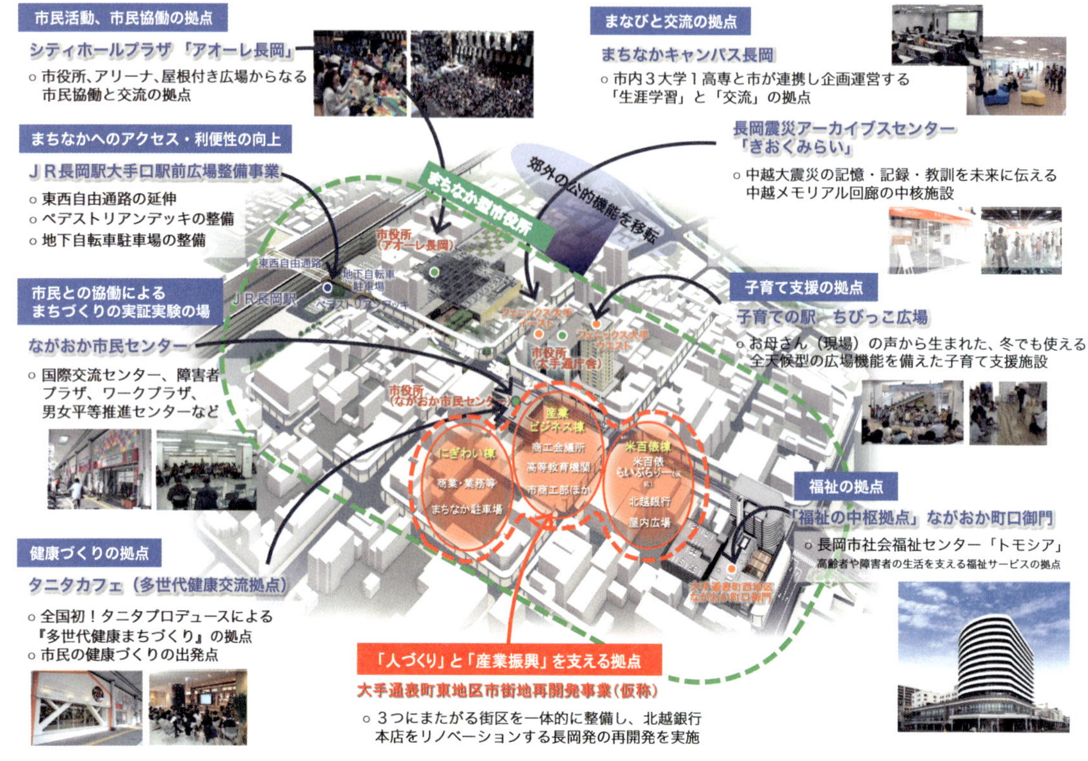

図 10・2 長岡中心市街地の政策展開と新たな導入機能について（出典：長岡市提供資料）

ったが，自家用車利用への対応もあり，その外側に移転していた。これを駅直近に移転したことで有名になっているが，アオーレ長岡は市役所の一部に過ぎない。**まちなかキャンパス③**が入る再開発ビルや**ながおか市民センター⑤**にも多数の部署が配置されており，1 棟に収まらない「まちなか型市役所」が実現している（図 10・2）。

アオーレ長岡のナカドマからアーケードのある方向に進むと，幅員 20 間（36m）の大手通りがある。その両側を含めて，中心市街地全体が戦災復興土地区画整理事業で都市基盤が整備され，スーパーブロックとなっている。大手通り沿いには，大型店が 5 店も立地していたが，すべて閉店してしまったため，この建物空間の再生が課題となっていた。

閉店した大型店 2 店とその周辺を取り込んだ第一種市街地再開発事業により完成したのがフェニックス大手ウエスト（延床 11,480m^2，共同住宅 63 戸，店舗，子育て支援施設）と，3 棟からなるイースト（延床 18,200m^2，共同住宅 14 戸，店舗，銀行，公共公益施設，広場，駐車場）である。市民の利用が目立つ**まちなかキャンパス③**はイーストにあり，市役所大手通り庁舎が入っている。ウエストには子育て支援施設の**子育ての駅「ちびっこ広場」・まちなか絵本館④**があり，幼児教育や保育の拠点となっている。

再開発ビルの向かい側には，2001 年にオープンした**ながおか市民センター⑤**がある。2000 年に閉店した大型店を全て市が借り上げ，利用方法は市民が組織した委員会で協議して決めるという「市民協働」のまちづくりの実証実験が実施された。こどもの遊び場，飲食や会話も可能な学習スペース，無料で使用できる会議スペースなどが設置され，休日・夜間の利用も可能な市役所の窓口機能も加わり，多数の市民がまちなかを訪れるきっかけを創出した。再開発ビルの完成に合わせて，機能の一部は移転したものの，現在も利用は継続している。

大手通りをさらに進むと，再開発ビル**ながおか町口御門⑥**（まち・ぐちごもん）（共同住宅 66 戸，社会福祉センター，有料老人ホーム，業務施設）がある。長岡城と表町の町屋に接した武士と町人をつなぐ櫓門「町口御門」があったことから「市民協同によるまちづくり」に通じる，福祉の拠点と位置付けられている。なお，通り過ぎた大和デパートの跡地と，隣接する北越銀行本店を含めた地区では，図書館を核とした「人づくり」と「産業振興」を支える拠点として，新たな再開発事業が動き出している（図10・2）。

表町を北上すると柿川沿いに**平和の森公園**⑦（上山良子監修，1996年日本建築美術工芸協会賞受賞）がある。長岡空襲から50周年に，空襲の記憶をとどめ平和のメッセージを発信しようと市民有志が活動を開始し完成した公園である。

さらに進むと，長岡方式の**「雁木（がんぎ）」**⑧が連なる地域となる。長岡地域の雁木総延長は約10kmで全国2位である。本来の雁木は民地上に設置されるが，長岡では道路空間（歩道）上に特例で民間（個人等）が設置したものである。戦災復興土地区画整理事業により道路幅員が拡幅されて民地が狭くなり，雁木を設置できなかったことから，道路上の設置が認められている。雁木はネットワークが重要であるが，近年一部で撤去が進みつつあること，老朽化が進行していること等が大きな課題となっている。

大手通りに直行して北上する通りは国道旧17号（現351号）で，両側に個店が並び，独自のアーケードを整備したスズラン通り商店街がある。その一部は，戦後1952年施行の耐火建築促進法による防火建築帯である。現在も複数の店舗が営業を続けているがこの更新も課題である。南下すると，JRの操車場跡地に法務局，税務署，消防署が一体に整備された**シビックコア地区**⑨がある。ここは，2004年の中越大震災後に仮設住宅用地となり多数の被災者が一時的に居住していた地区でもある。現在はこの経験を活かして，防災拠点となる公園が整備されている。休日にはイベントも開催されているが，中心市街地との連携が課題となっている。

4. 郊外の都心拠点を歩く（長岡駅①発，120分）

日本一の大河・信濃川の河川敷が開発された千秋が原地域（約36ha）には，国道を挟んで北側に**長岡造形大学**❷（1994年開学），南側に**長岡リリックホール**❸（伊東豊雄，1996年），**新潟県立近代美術館**❹（1993年），**長岡産業交流会館**（ハイブ長岡，❺1991年），**千秋が原ふるさとの森公園**❻，（1995年全面開園）が広がっている。

道路を挟んだ反対側には，まちなかから移転した**長岡赤十字病院**❼（1997年，延床50,182m²，661床）がある。特殊医療施設や救命救急センターの機能をもつ中越地域の基幹病院である。隣接する**郊外大型店**のリバーサイド千秋❽（2007年，商業施設面積38,821m²，延床76,030m²）は，シネマコンプレックスも併設し，商業・文化拠点となっている。なお，施設内に市役所の出先機関として，長岡市西サービスセンターがある。長岡市役所がまちなかに回帰する際，広域市民の自家用車利用に配慮した取り組みである。

そのまま，通りを南下すると信濃川の堤防につづく公園と一体となった**子育ての駅「てくてく」**❾（2009年）に辿り着く。日本初の子育ての駅は，雪国ならではの発想で，保育士も常駐し，冬でも幼児が伸び伸びと遊べる空間を提供している。晴れた日には，建物と公園とが一体となり，堤防までの緩斜面が心地よい遊び場となっている。他にも，市内には10カ所に子育ての駅が展開されている。

5. 歩き終わったら，こういうことを議論してみよう

《Q1》まちなかには，アオーレ長岡，まちなかキャンパス，ながおか町口御門などが立ち並び，市街地は一変してきている。しかし，依然空き店舗は埋まらず，地価も下落傾向にある。商業地域で高容積率が指定されているまちなかの再生に必要なこと，不足している視点とは何かを考えてみよう。

《Q2》まちなかでは，土地・建物所有者が雁木を設置して歩行者ネットワークを形成してきた。しかし近年，雁木の老朽化が進むとともに撤去される事例が後を絶たない。雁木の保全は必要か否か？保全するならばどのような方法があるのか考えてみよう。

樋口 秀

事例 11　金沢：保全型都市計画の現場を歩く

○再開発事業による都心軸整備
○歴史的建造物の保存活用
○条例による景観まちづくり

〈基礎情報〉
人口：46.6 万人（2017 年 8 月）
面積：468.64km²
特徴：日本を代表する城下町都市

JR 金沢駅①❶
竪町⑨

駅通り線②と横安江町
広坂通り⑩

鞍月用水⑥
ひがし茶屋街❻

1. 金沢市の紹介

金沢市は日本海に面し，北陸地方の中心都市である。江戸時代には金沢城を中心とした加賀百万石の城下町として発展し，現在も城下町時代の都市構造を色濃く残している。1968年に市は「開発と保存の調和」という市是を掲げ，金沢の個性を大事にしたまちづくりを現在まで継続的に進めており，その実践は高く評価されている。

2. コースの特徴

金沢では1921年に都市計画法が適用され，1930年に都市計画道路が決定されるが，中心部においては未整備の路線が存在するなど，当初の都市計画事業は遅々として進んでいない。1927年に彦三大火が起こり，復興事業として土地区画整理事業が進んだが，目にとまる事業はその程度である。戦災にも遭わなかったために他都市で実施されたような戦災復興は行われず，都市の近代化は大幅に遅れた。金沢市は1970年に60万都市構想を発表し，金沢駅一武蔵ヶ辻一香林坊一片町を都心軸と位置付け，その沿道の高度利用を進め，それ以外の旧城下町区域を保全する方針を打ち出した。都市軸上，金沢駅から武蔵ヶ辻にかけての駅通り線は，1930年に都市計画決定されていたが，2013年に全線開通となった。

一方，都心軸をとりまく旧城下町区域は，1968年にわが国最初の歴史的環境保存条例である「金沢市伝統環境保存条例」が施行され，長町の武家屋敷群や寺町の寺院群などが地区指定，保存されることになる。その後も金沢市景観条例（1989年）やこまちなみ保存条例（1994年）など数多くの条例を制定し，歴史的環境を守ってきた。

《コース 1》都心軸を歩く

金沢駅から武蔵ヶ辻を経由して香林坊・片町へ至る都心軸は，1970年代以降の再開発事業によって高度化が進められ，北陸の中心都市・金沢にふさわしい近代的都市空間である。本コースでは都心軸上で実践されてきた時代の市街地再開発事業の履歴を訪ねる。

《コース 2》旧城下町界隈を歩く

様々な規制によって保全されてきた歴史的環境の現在を訪ねる。規制の中には，市の条例もあれば，重伝建地区のような国の制度もある。現在では，2015年に北陸新幹線金沢駅が開業したこともあり，多くの観光客が訪れるエリアになっている。

3. 都心軸を歩く（金沢駅発，180分）

JR金沢駅①は北陸新幹線の開業に合わせてリニューアルされ，近代的なガラス貼りの駅舎の中には，金沢箔をはじめ石川県の伝統工芸が随所に施されている。また合わせて整備された兼六園口（東口）広場に向かえば，アルミ合金立体トラス構造のもてなしドーム（白江龍三設計）に覆われた明るい室内空間があり，その先には加賀宝生の鼓をイメージした木造の鼓門が，金沢へのゲートとしてそびえ立っている。駅周辺では土地区画整理事業と市街地再開発事業によって近代的な街区が形成され，石川県立音楽堂やホテルなどが立ち並び，金沢の玄関口として発展した。

鼓門から南東方面へまっすぐ伸びる幅員36m，全長700mの街路が**駅通り線**②であり，1930年に計画されて2013年に全線開通した街路である。駅通り線の完成以前，金沢駅と武蔵ヶ辻を結ぶ街路は鉤型で幅員も狭く，交通需要の観点から駅通り線の早期完成が望まれていた。駅通り線の実現にあたっては，5つの工区に分けられた市街地再開発事業が採用された。ビル壁面のセットバックによる空地上には，棟ごとに形状の異なるアーケードが整備され，雨の多い金沢では貴重な歩行者空間になっている。他方，この再開発事業は地元住民の反対運動が起きており，完成が遅れる一因となった。結果，当該地区に存在していた藩政期の建造物やなりわいが失われたことは，再開発事業の限界を指し示している。

駅通り線を進むと，武蔵ヶ辻に至る。都心軸はここで右側に折れ，南側へ伸びていく。武蔵ヶ辻は街道が交差する交通の要衝であり，金沢中心街の一つである。2つの街路によって分断された街区はそれぞれ特徴を持っているが，武蔵ヶ辻の南西に面した

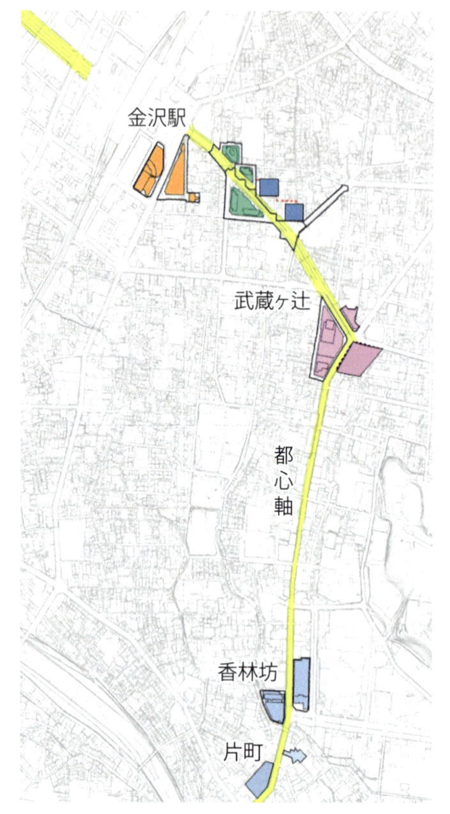

図 11・1　金沢の都心軸と市街地再開発事業区域

街区には百貨店と都市型ホテルを主要用途とした**金沢スカイビル③**が建っている。再開発にあたっては金沢出身の建築家谷口吉郎が監修し，1973 年に完成した当時は，日本海側随一の高層建築であった。完成から 50 年近くが経過し，全国的にもかなり歴史のある再開発ビルであろう。

武蔵ヶ辻の南東に面した街区は，**近江町市場④**がある。市民の台所として親しまれてきた市場であるが，老朽化の問題から再開発が進められ，2009 年に完成した。再開発にあたっては，近江町市場の雰囲気，近江町市場らしさの継承が意識された。また，店舗の再配置はおおむね従前と同じ場所を基本としており，一見，再開発されたことがわからないような空間になっているのは特徴的である。再開発の対象地区内には北國銀行武蔵ヶ辻支店（旧加能合同銀行本店，村野藤吾，1932 年）があり，20m の曳家によって保存活用がなされている。

都心軸を南下し，上堤町交差点を右に曲がってしばらく歩くと，**市立玉川図書館⑤**と玉川公園に至る。日本専売公社金沢地方局の工場跡地であるこの一帯には，レンガ造の煙草工場を活用した近世史料館（国登録有形文化財，1913 年），それに隣接するのは谷口吉郎・吉生親子の共同作品である玉川図書館（1978 年）があり，近世史料館の赤レンガに合わせて，錆びた鉄であるコルテン鋼を外壁に採用している。図書館の南側には一体的に整備された玉川公園があり，市民の憩いの空間になっている。

玉川公園から南下していくと，通りに沿って用水のせせらぎが聞こえてくる。**鞍月用水⑥**である。かつてこの用水は 1960 年代に暗渠化が進み，駐車場化していたが，市は 1996 年に金沢市用水保全条例を施行し，用水の開渠化と景観整備を進めて行った。住民との交渉を経て，10 年かけて開渠化が完了し，用水沿いの商店街（せせらぎ商店街）には人通りが増え，活気が溢れている。

鞍月用水に沿って再び都心軸に出ると，**香林坊⑦**に至る。香林坊も武蔵ヶ辻同様，都市型ホテルと百貨店をキーテナントとした再開発ビルが 1985 年から翌 86 年にかけて完成した。

香林坊の南側に続くのは**片町⑧**であり，都市の不燃化を目指して 1960 年代に整備された防火建築帯が続いているが老朽化の問題を抱えており，一部では片町きらら（2016 年）などの再開発が進んでいる。

片町きららの向かい側には，金沢を代表するショッピングストリートである**竪町商店街⑨**が続いている。1999 年のモール化事業によって，各店舗は 3m セットバックし，電柱の地中化やストリートファニチャーの設置が進められた。また市の 2003 年「歩けるまちづくり推進条例」に基づき，時間による交通規制によって 365 日歩行者天国となっている。

広坂通り⑩は，通りの両側に街路樹と歩道，中央分離帯には松と桜の並木に加えて辰巳用水が流れる，格調高い空間である。通りに面して立地していた第四高等学校が 1962 年に移転したことを契機に，道路を拡幅すると同時に，敷地内にあった樹木や用水を中央分離帯に残したものである。1969 年に広坂通り北側は風致地区に指定され，豊かな緑に加え，かつて県庁舎であったしいのき迎賓館などの歴史的建築物が立ち並ぶ，金沢らしい空間になっている。通りの南側は高度地区で31mの高さ制限がかかっている。2004年には現代アートをテーマとした**21世紀美術館⑪**がオープンしたことで，広坂通りに新しさが加わり，金沢の魅力に奥行きを与えている。

4. 旧城下町界隈を歩く（金沢駅発，90分）

まず，**JR金沢駅❶**の兼六園口（東口）から街並みを眺めてみよう。他の地方都市の駅前と比べて建築物の色彩に統一感があり，看板の類が極端に少ないことに気付いていただけるだろう。市の景観条例（1989年）や屋外広告物条例（1995年）によって，厳しくコントロールされているためである。

横安江町商店街❷は金沢別院の表参道として繁栄した歴史を持ち，仏壇屋などの老舗が軒を連ねる。市の「歩けるまちづくり推進条例」に基づき，2006年に市と地元住民で協定を結び，市の公共バスと歩行者によるトランジットモールとなっている。

横安江町の東側の彦三地区は，旧城下町エリアで唯一土地区画整理事業が実施された地区である。1927年に横安江町で発生した火災が彦三一帯を焼き尽くし，その復興計画が，その後の金沢市街路計画の先導的役割を果たすことになる。復興計画で整備された幅員12間の**彦三大通り❸**（2009年に電線地中化）を渡ると，旧城下町の面影が残る**旧新町地区❹**へ至る。市の「こまちなみ保存条例」（1994年）に基づき，保全されている。こまちなみとは，歴史的風情を残した（古），ちょっとした（小）町並みであり，日常生活に根付いた金沢らしい町並みを保存しようとする制度である。街道筋の老舗店舗が並ぶ旧新町の北側には，別のこまちなみ（母衣町区域）が広がり，武家屋敷の野坂家（市指定保存建造物）や土塀，武家屋敷の庭園を活用した彦三緑地など，ゆったりとした町並みである。

旧新町の久保市乙剣宮の境内から続く暗がり坂を下ると，**主計町❺**に至る。明治時代から戦前まで栄えた茶屋町で，2003年に国の重要伝統的建造物群保存地区に選定された。また外観保存の他に，市と地元住民はまちづくり協定を結んでいる。主計町にはかつての西内惣構が流れており，2009年には惣構を復元して緑地として整備し，地元住民や観光客の休憩ポイントになっている。

主計町から浅野川大橋（登録有形文化財）を渡ると，**ひがし茶屋街❻**に至る。1820年に開設された遊郭である東山ひがしも，2001年に国の重要伝統的建造物群保存地区に選定され，多くの観光客で賑わっている。市は文化財保護法が改正され重伝建の制度が誕生した頃から東山ひがしの地区指定を計っていたが，地元住民の理解が得られず，一度断念した。その後，こまちなみ保存条例で東山ひがしを指定し，道路の石畳化，電柱の地中化やガス灯の整備等を進めていく中で，徐々に地元住民の理解を得るようになり，重伝建地区への指定に至る。東山ひがしのメインストリートである旧二番丁通りは金沢を代表する景観であるが，「斜面緑地保全条例」（1997年）によって背後の卯辰山の緑が保全されている他，「夜間景観形成条例」（2005年）によって落ち着いた夜間景観が守られている。

5. 歩き終わったら，こういうことを議論してみよう

《Q1》駅通り線の再開発エリアとその周辺を歩き，再開発事業の功罪について考えてみよう。

《Q2》横安江町を歩き，トランジットモールとしての機能やデザインについて考えてみよう。

《Q3》近江町市場やひがし茶屋街を歩き，住民と観光客の共存について考えてみよう。

佐野 浩祥

事例 12　富山中心部：最先端のコンパクトシティを歩く

○中心商業地区における賑わいのまちづくり
○トランジットモール化による景観づくり
○歴史的建造物群の保存活用
○水辺空間の再生

〈基礎情報〉
人口：41.9 万人
面積：1,241.77km^2
特徴：日本を代表するコンパクトシティ

富山駅・駅前広場①（富山市提供）　グランドプラザ②　大手モール④（富山市提供）

岩瀬地区の廻船問屋群❶　富岩運河❷　富岩運河環水公園❹

1. 富山市の紹介

富山市は，人口約 42 万人の中核都市である。2015 年 3 月の北陸新幹線開業により，富山・東京間を約 2 時間で結び，首都圏へのアクセス性が飛躍的に向上した。ここ数年で観光客数が増加するなどの開業効果もみられている。

市街地の歴史を辿れば，富山は古くから交通の要衝と農耕地帯して栄えた。江戸時代には富山藩十万石が置かれ，薬業や和紙などの産業が発展した。飛騨街道や北前船航路の交通・物流網整備や越中売薬も相まって，くすりのまちとして全国に知られた。明治以降は，北陸初の水力発電所が建設されるなど，豊かな電力を基盤とした工業都市として発展を遂げた。しかし，1945 年 8 月の戦災により，中心市街地は壊滅的な被害を受け，戦前からの風景を伝える建造物は，富山県庁や富山城の石垣など幾つかのみとなった。戦後，都市基盤整備や産業経済の進展により，日本海側有数の商工業都市として発展した。

近年では，低炭素社会への取り組みや LRT などの公共交通を核とした都市づくりを通じて「環境モデル都市」「環境未来都市」に選定，2014 年にはロックフェラー財団の「100 のレジリエント・シティ」に選定されるなど，先進的なコンパクトシティへの取り組みが国内外で注目を集めている。

2. コースの特徴

富山市は人口減少・超高齢化，行政コストの増大，自動車依存・公共交通の衰退などといった課題に対応するため，2008 年に都市づくりのグランドデザインとなる「富山市都市マスタープラン」を策定した。都市マスタープランでは，都市づくりの理念として，公共交通の活性化，沿線への居住，商業，業務，文化といった都市機能の集積，そして公共交通を軸とした拠点集中型のコンパクトなまちづくりを掲げ，地域拠点を「団子」，公共交通を「串」に見立てた都市構造を目指している。また，都市機能が集積した「団子」を形成するために，「公共交通沿線居住推進計画」や「まちなか居住推進計画」，「串」を形成するために「公共交通活性化計画」を策定している。徒歩や自転車の日常利用，公共交通利用を促進した生活サービスの享受，賑わいのあるまちづくりに取り組んでいる。

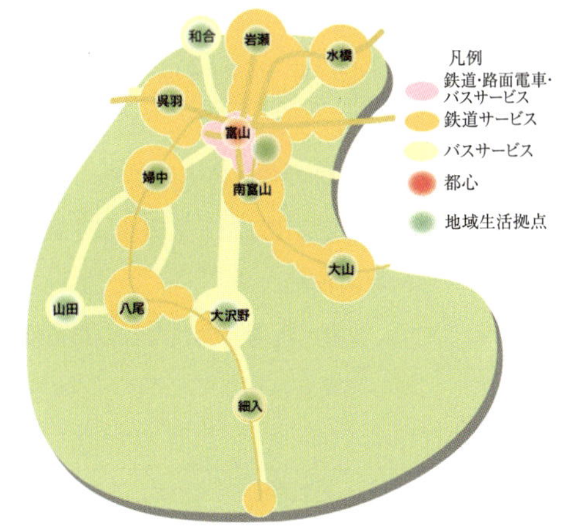

図 12・1 「団子」と「串」の都市構造（富山市提供）

対象地区の中心商業地区および岩瀬地区の用途地域は，それぞれ商業地域，近隣商業地域，容積率は 300〜700%，200〜300% である。

《コース 1》中心商業地区を歩く

中心市街地のうち，中心商業地区は総曲輪通り，中央通り，西町などを核にコンパクトに商業施設が建ち並び，多くの来訪者が訪れる賑わいの中心拠点となっている。近年の市街地再開発事業で大規模商業施設とまちなか広場の一体的な整備，複合施設の整備，トランジットモールの実現に向けた動きなど，都市デザインの様々なプロジェクトが行われている。これらの空間を利活用した賑わいの場づくりをはじめ，先進的な都市デザインの実践やまちづくりの現場を訪ね歩く。

《コース 2》岩瀬地区を歩く・富岩運河をゆく

岩瀬地区は，富山市北部に位置し，江戸期に北前船で栄華を極めた廻船問屋が軒を連ねる集落である。富山駅北側から岩瀬をつなぐ富岩運河は，高度成長期以降の環境問題や周辺の宅地化などから消滅の危機に直面したが，現在は豊かな水辺空間として再生している。こうした歴史を学び，歴史的建造物群の保存活用やウォーターフロント形成といった都市デザインの実践を訪ね歩く。

3. 中心商業地区を歩く（富山駅発，60 分）

中心市街地の約436haを「都心地区（まちなか）」，鉄軌道 6 路線の駅から 500m 以内，1 日 60 本以上運行されている 13 路線のバス停から 300m の区域のうち，用途地域で工業専用地域と工業地域を除く区域を「公共交通沿線居住推進地区」として位置づけ，業務，商業，文化，教育，医療・福祉などの都市機能の拡充，公共交通の充実を推進している。一方，中心市街地では高齢化率の進展などの課題も抱えている。

県都の玄関口である**富山駅①**のデザインは，立山杉の木立のたたずまいと雪のイメージをコンセプトに，南口駅前広場には曲線を持つ軽快なシェルターが配置されている。駅前広場と駅なかの自由通路はイベント空間として利用可能である。現在，駅舎により南北の市街地が分断されているが，連続立体交差事業により LRT や歩行者動線が連続し，新たな都市軸が形成されようとしている。

中心商業地区の**グランドプラザ②**（日本設計）は，「総曲輪通り南地区市街地再開発事業（大和富山店・総曲輪フェリオ）」「西町・総曲輪地区市街地再開発事業（立体駐車場）」と一体的な整備が行われた。幅員 5m の既存市道に加え，両街区の幅員 4.5m の市道付替えや市街地再開発事業によるセットバックにより東西 21m 南北 65m の広場空間が創出された。建設時に市道を廃道とし，道路，公園でもない独自の「富山市まちなか賑わい広場条例」を策定した。管理・運営は指定管理者の「株式会社まちづくりとやま」が行っている。ガラス大屋根，大型ビジョン，昇降式ステージ（床下収納庫），ユニット式給排水などを備えた全天候型のまちなか広場である。テーブルやイスはイベントや空間利用に応じて柔軟的に配置可能である。2007 年 9 月の開業以降，年間約 100 以上のイベントが開催され，休日は稼働利用率がほぼ 100% と多くの人々で賑わっている。平日は，子育て世代から会話や読書を楽しむ若者や高齢者，ビジネスマンに至るまで，多様な人々が集い，憩い，文化を発信し，賑わいのあるまちなか広場となっている。

グランドプラザに面する平和通りを東側に進むと **TOYAMA キラリ③**（RIA，隈研吾建築都市設計事務所，三四五建築研究所の共同企業体）に至る。TOYAMA キラリは，「西町南地区第一種市街地再開発事業」によって 2015 年 8 月に開業した富山市立図書館，富山市ガラス美術館などの複合施設である。外部ファサードは，立山連峰の山肌を意識したデザインが採用されている。ファサードの素材には，地場産のアルミやガラスをはじめ白御影石が使用され，都市景観の形成に寄与している。内部空間は，地場のスギ材によるルーバーが吹き抜け空間の流れを強調し，新たな賑わいの場となっている。

平和通りに沿って西側に進むと**大手モール④**に至る。大手モールは，富山地方鉄道環状線の区間上に位置する。当区間は，路線縮小により消滅した路線を再生したものであり，2009 年 12 月に開業，復活に至った。先進的な LRT の車両デザインは，都心地区の新しい風景を彩っている。「市内電車環状線化事業」ではトランジットモール化に向けた取り組みが拡充されている。車道を意識させない歩行者中心の街路空間づくり，城址をアイストップとしたヴィスタ景の創出，石畳舗装，アルミやガラスを活用した電停や車止め，照明の都市整備など都心地区の顔となるトランジットモールの景観形成に取り組まれている。大手モールには市民の教育，文化，芸術の場を提供する富山市民プラザが隣接し，多くの人々が行き交う空間となっている。さらに，月に一度開催されるまちなかバザール「越中大手市場」をはじめ，「Permil Peace Art Project Toyama」のように市民と官民学が協働・制作したバナーフラッグにより街路景観を演出しながらシビックプライドの醸成につなげるなどの生きた景観づくりにも取り組まれている。

大手モールの 1 つ西側の街区には**総曲輪レガートスクエア⑤**がある。総曲輪レガートスクエアは，旧総曲輪小学校跡地を活用，医療・福祉・健康をテーマにした公民複合施設であり，2017 年 4 月に開業した。子育て支援や在宅医療，地域コミュニティ形成を推進し，健康まちづくりの拠点となる公共施設「富山市まちなか総合センター」，スポーツクラブ，カフェをはじめ医療福祉・調理製菓の専門学校などPPP手法によるコンパクトシティに向けた面的整備が行われている。

4. 岩瀬地区を歩く・富岩運河をゆく（岩瀬地区発，120分）

江戸初期に日本海を往来する北前航路が生まれ，明治期にかけて日本海沿岸地域には廻船問屋が多く営まれた。**岩瀬地区❶**は，北前船で米や木材などを江戸や大坂に運ぶ水運の拠点として重要な役割を果たしていた。1873年に岩瀬地区で大火があり，半数以上の家屋が焼失した。当時，岩瀬地区の廻船問屋業は最盛期を迎えており，その財力によって岩瀬独自の建築様式とも言える東岩瀬廻船問屋型，防火土蔵造り，伝統的町屋型などの家屋が軒を連ね，特有の街路景観を形成した。近代の絵図からも富山発展の礎が岩瀬地区にあることを示すことができる。

近未来的な中心市街地とは対照的に，大町新川町通りには現在でも多くの廻船問屋群が残っている。建物の高さや外壁，軒線のコントロールがなされ，屋根の形は切妻屋根の平入り，屋号の入ったケラバ瓦，スムシコやキムシコと呼ばれる出格子，ドイツ壁を基本とした切抜き門など形態・意匠に配慮され，歴史的建造物群として保存されている。旧森家（1994年国指定重要文化財指定）や酒商などが歴史を語る博物館，酒販店として活用されている。裏通りに抜けると土蔵が残っており，栄えた廻船問屋の様相を垣間見ることができる。

富岩運河❷誕生の歴史は，昭和初期に遡る。当時，神通川は東に大きく曲折し，度重なる洪水の昭和初期頃の東岩瀬町原因となっていた。オランダ人技師ヨハネス・デ・レーケの提案を受け，馳越工法（細い水路を形成し，洪水・土砂の力で河道を開削）により直線の放水路に切替えた。一方，旧河道により富山駅と旧市街地を分断する広大な廃川地が残り，近代都市への発展を妨げた（この名残が現在の松川）。そこで，1928年に「富岩運河建設事業」「都心土地区画整理事業」「街路事業」の3つの都市計画決定を行った。1930年から富岩運河を開削，掘削土砂により廃川地を埋立て，1935年に竣工した。跡地には主に官公庁，オフィス等が建ち並んでいる。1934年に竣工したパナマ運河方式の中島閘門（1998年国指定重要文化財指定）は，上流と下流の水位差2.5mを調整する機能を有し，岩瀬から木材や資材の舟運を可能にするなど富山の工業化に大きく寄与した。戦後の復興期に隆盛をみせた富岩運河は物流が舟運から車両輸送に移行，水質や土壌汚染の問題から一時は埋め立てる計画にあった。しかし，1984年に「神通川21世紀水公園プラン」が策定され，富山駅北地区の再開発計画との連携により運河・船だまりが親水公園として保存再生された。岩瀬地区から岩瀬運河に沿って西側へ進むと岩瀬カナル会館があり，富岩運河環水公園までの水上ラインに乗船できる。運河を上りながら，**中島閘門❸**をはじめ中島橋や永代橋などの近代橋梁，遊歩道でのアクティビテイを眺め，水辺のシークエンスを体験できる。かつての船だまりは緑あふれる**富岩運河環水公園❹**として生まれ変わり，世界で最も美しいと評されるスターバックスが都市公園法の設置管理許可制度適用により開業するなど，豊かなウォーターフロントとして親しまれている。

図12・2　昭和初期頃の東岩瀬町（富山県立図書館所蔵）

5. 歩き終わったら，こういうことを議論してみよう

《Q1》中心市街地での公共交通沿線居住のあり方について考えてみよう。

《Q2》大手モールのトランジットモール化に向けた質の高い都市整備や賑わい創出を踏まえ，総合的な景観づくりについて考えてみよう。

《Q3》駅前・駅なか空間や富岩運河・環水公園といった水辺空間の利活用について考えてみよう。

阿久井 康平

事例 13　松江：歴史的町並みの残る水の都を歩く

○水の都・松江
○国宝松江城の景観と歴史的建造物の保存活用
○京橋川と金融街
○島根県庁周辺整備計画

〈基礎情報〉
人口：20.6 万人
面積：572.99km²
特徴：歴史的町並みの残る水の都

松江城と官庁街

京橋川とカラコロ広場

武家屋敷

元山陰道産業株式会社

大橋川と松江大橋

松江城

1. 松江市の紹介

松江市は岡山から約 180km，広島から約 190km の島根県の県庁所在地で，人口 20 万人余りの山陰を代表する都市である。松江は，17 世紀のはじめに松江城の建設とともに，城下町が開発されたことにはじまる。松江城は，宍道湖と中海に囲まれた平野部に築城され，城下町は水運の結節点として栄えた。宍道湖と中海をつなぐ大橋川の北側を橋北，南側を橋南といい，それらをつなぐ松江大橋はひとびとの往来で賑わった。

松江城とその周辺の武家屋敷は，近世城下町の名残をそのまま伝える都市空間であり，歴史的建造物の保存や景観政策などによって整備されている。

2. コースの特徴

松江市では歴史まちづくり部を発足し，歴史や文化を軸にしたまちづくりが展開している。特に国宝に指定された松江城の景観はまちづくりの根幹となっており，松江城周辺では景観計画によって武家屋敷群が保全されており，松江城から宍道湖に浮かぶ嫁が島までの眺望も高さ制限がかけられている。

松江では，JR 松江駅から国宝松江城とその周辺の武家屋敷群までのコンパクトな空間のなかに，多様な建築遺産や親水空間などが重層的に集積している。一連のまちあるきのコースは，つぎの三つの性質の異なる都市空間に分けることができる。

第一は，白潟商店街から松江大橋をわたった東本町一帯のエリアである。旧来の商店街のなかに近代の銀行建築や商業ビルが残されている。

第二は，島根県庁周辺の官庁街である。安田臣や菊竹清訓らが設計したモダニズム建築群が集積している。

第三は，国宝松江城の周辺である。松江城のまわりは城山公園として整備されており，その一角には興雲閣や神社等が立地している。城の周囲を取り囲むように武家屋敷群が保存されている。

なお，松江では，堀川遊覧船が運行しており，松江城の周囲の武家屋敷，官庁街，京橋川周辺の銀行街を水路で巡ることができる。

3. 中心市街地の商店街を歩く
（松江駅発，10 分）

白潟本町①は，江戸時代から町人地として栄え，松江の中心市街地の商店街だったが，近年はシャッター通りとなりつつある。このため空き地を駐車場にする例も多くなっている。この通りには，出雲ビル（大森茂，1925 年）が現存している。出雲ビルは松江で最初の鉄筋コンクリート造の建物で，イギリスのデパートをモデルにして設計されたという。2017 年に，松江市登録歴史的建造物の第一号に登録され，ファサードを保存するとともに室内はリノベーションによって利活用されている。白潟本町から松江大橋を渡ると東本町に通じる。昭和の初めまで，松江大橋は橋北と橋南をつなぐ唯一の橋であったことから交通の要衝であった。松江大橋から宍道湖を眺めることができ，水都・松江の風情を肌で感じることができる。

東本町の一帯は，昭和初期の火災によって大半が焼失しており，伝統的な建物はあるけれど，新しい町である。火災復興のために，土地区画整理事業が施行されており，角地に建つ建物は，近代建築であれ，伝統的な建築であれ，隅切りにあわせたデザインになっているのが特徴的である。なかでも松江市登録歴史的建造物に登録されている元山陰道産業株式会社（成田光次郎，1932 年）は来待石のレリーフが特徴的である。東本町は京橋川と大橋川にはさまれたエリアであり，京橋川沿いではカラコロ広場をはじめとする整備によって親水空間が生み出されている。東本町の周辺には，新古典主義のドーリックオーダーが特徴的な**旧日本銀行松江支店**③（現カラコロ工房）（長野宇平治，1938 年）（登録有形文化財），**旧八束銀行本店**④（現ごうぎんカラコロ美術館）（国枝博，1926 年）（登録有形文化財），**旧第三国立銀行**②（現かげやま呉服店）（岡田時太郎，1904 年）（松江市登録歴史的建造物）が現存しており，近代に金融で栄えた町の様子をいまに伝えている。

このエリアを歩いてみると，かつて賑わった水

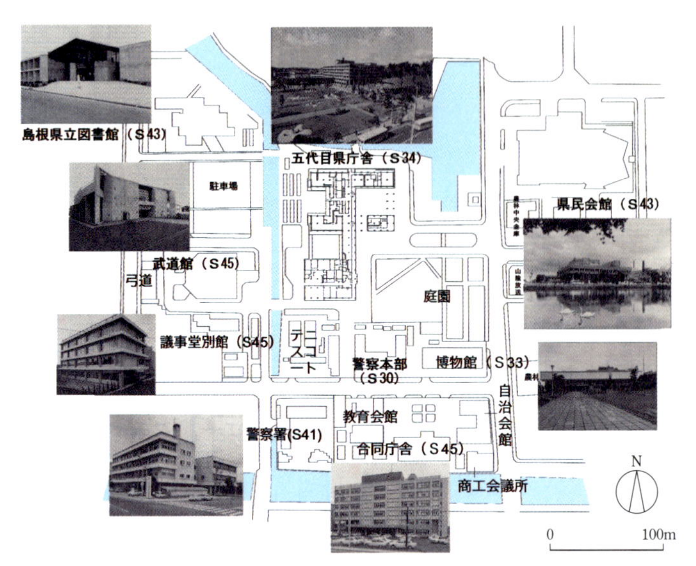

図13・1　島根県庁周辺整備計画後の官庁街　出典：「島根県庁周辺整備誌」

都・松江の伝統的な商業地の雰囲気を感じることができるが，そこに近代建築が積層していることで分厚い町の魅力をいまに伝えているのである。現在，松江市はこのエリアを取り囲む京橋川と大橋川を景観重要公共施設として位置づけ，水郷景観の整備に取り組んでいる。

4. 官庁街を歩く（京橋川発，5分）

現在の**島根県庁⑤**は，1959年に再建されたRC造のモダニズム建築であり，設計は建設省営繕課に所属していた安田臣（やすだ・かたし）が担当した。県庁の設計にあたって安田は，松江城下の旧三ノ丸に位置していることから，松江城との景観の調和を第一に考えて，高さを抑えて設計したという。また県庁の前面にできるだけ広い空地を設けることでビスタを生むことを意図していた。また旧三ノ丸の南側には，島根県立博物館（菊竹清訓，1959年）（現竹島資料室）が建設された。

島根県では，昭和40年頃から県庁の西側に位置していた刑務所を移転し，本格的な官庁街の整備を開始した。官庁街の建設にあたって，県庁周辺整備計画委員会が組織され，早稲田大学教授の武基雄，松井達夫，安田臣，中国地方建設局長の大塚全一らが名前を連ねた。第一回委員会では，**県民会館⑦**の建設が決定され，県庁との関係に配慮して安田が設計を手がけることになった。安田は松江城の景観の保護と調和を第一に設計し，県庁との関係に配慮して設計した。県庁と県民会館は堀をはさんで相対した配置になっているが，それぞれ松江城との景観の調和という明確な意図のもと設計されている。第二回委員会では**島根県立図書館⑥**，第三回委員会では**武道館⑧**の配置計画が決定され，いずれも菊竹清訓が設計を担当することになった。そのほかに官庁街には警察署や合同庁舎，議員堂別館が建てられた。

こうして安田と菊竹の設計したモダニズム建築を中心に官庁街がつくられたが，それら相互につなぐ県庁前の庭園が調和において重要な役割を果たしている。当時の田部知事は，まわりの反対を押し切って県庁前の土地をすべて買収し，庭園の整備を断行した。庭園の設計は，重森完途（重森三玲の息子）が担当した。重森は松江城から俯瞰されることを意識して作庭したという。こうして松江の官庁街は，県庁前の庭園を取り囲むようにモダニズム建築が計画的に配置され，松江城との一体的な景観が創出された（1970年に「島根県庁周辺整備計画とその推進」で日本建築学会賞（業績）を受賞）。

5. 国宝松江城と武家屋敷群を歩く

松江城⑩は，2015年に国内で5番目の国宝に指定された。堀尾吉晴が築城し，1611年に完成した松江城は，望楼式の天守閣を持つ4層6階建ての城であり，千鳥破風が特徴的であることから千鳥城とも呼ばれる。2001年に南櫓，中櫓，太鼓櫓が復元され，城郭を構成している。城郭内には，大正天皇が皇太子時代に行啓した際に宿泊所となった**興雲閣⑨**（1903年／島根県指定文化財・歴史的風致形成建造物）が残されている。興雲閣はベランダコロニアル様式の擬洋風建築であり，2013-2015年に保存修理工事が行われている。

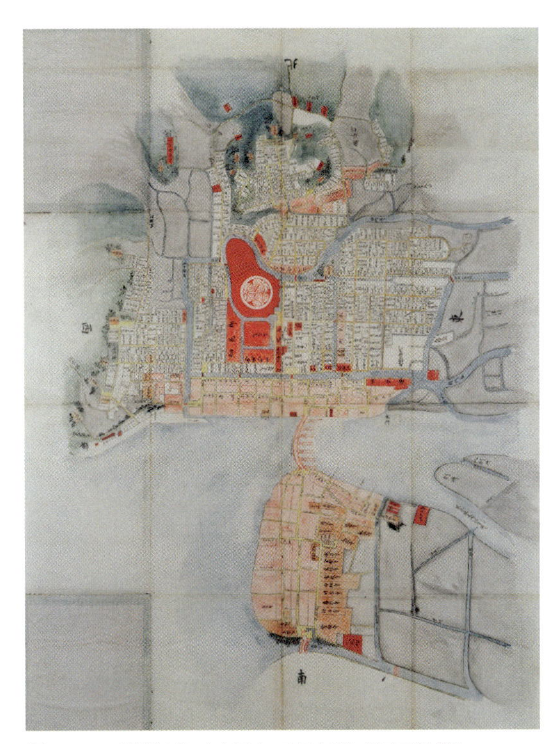
図 13・2 「松江城下之図」天保年間［江戸後期］
松江歴史館所蔵

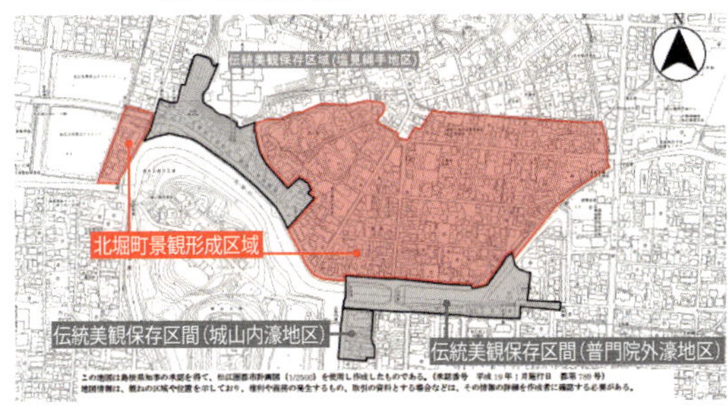

図 13・3　武家屋敷の景観区域

松江城は，松江の都市景観政策の根幹でありつづけている。松江城景観形成基準では，「天守から見える東西南北の山の稜線の展望を妨げない」「天守から宍道湖の湖面が見える範囲で，嫁ヶ島の水際線を延長した線を侵さない」ことが定められており，松江城から俯瞰した景観を保全するために高さ規制が行われている。松江は，国際文化観光都市建設法が適用されており，宍道湖湖岸では土地区画整理事業が施行され，ホテル街が形成されているが，眺望景観に配慮した階高で建てられている。

また松江城周辺では，武家屋敷の風情がのこる町並みが残されており，武家屋敷（松江市指定文化

図 13・4　興雲閣

財），**小泉八雲旧居⑫**や**田部美術館⑬**（菊竹清訓設計），**松江歴史館⑪**（一部・松江藩家老朝日家長屋（市指定文化財））等の観光施設も整備されている。松江市では，市域全域が景観区域に指定されているが，松江城周辺では武家屋敷をはじめとする町並みの整備のために，伝統美観保存区域（塩見縄手地区・普門院外壕地区・城山内壕地区），景観形成区域（北堀町）が定められており，重点的な景観保全施策が作成されている。各区域の特徴にあわせて，建築形態と色彩の基準が定められており，特に 1973 年に松江市伝統美観保存条例が制定され，長年，歴史的な町並み保存が継続されている塩見縄手地区では良好な武家屋敷の町並みが形成されている。

松江市では 2016 年に「歴史まちづくり部」を発足して体制を強化し，歴史まちづくり法に基づいて松江市歴史的風致維持向上計画を推進している。松江市登録歴史的建造物の登録制度も発足し，悉皆調査を実施するとともに，地域の歴史的景観に寄与する建造物を登録し，補助制度による保全・活用を図っている。

6. 歩き終わったら，こういうことを議論してみよう

《Q1》松江城や武家屋敷などの伝統的な建造物と近現代の建築遺産との調和について考えてみよう。

《Q2》大橋川・京橋川沿いの景観デザインや親水空間のあり方について考えてみよう。

《Q3》伝統的な町並みの保全と中心市街地の再生について考えてみよう。

中野 茂夫

事例 14 名古屋都心部：都市基盤の歴史を歩く

○都心部のエリアマネジメント
○街並み保存地区
○リニア時代の駅前再開発
○水辺の産業構造の変化と土地利用転換

〈基礎情報〉
人口：229.6 万人
面積：326.45km^2
特徴：江戸期～戦災復興期の都市基盤を背景に発展する都市空間

名古屋駅

堀川

名古屋城③

久屋大通公園（テレビ塔⑤を望む）

長者町

中川運河

1. 名古屋市の紹介

名古屋市は東京から約263km，大阪から約140kmの愛知県の県庁所在地で，人口229.6万人を抱える政令指定都市である。名古屋の都市基盤は中心部を徳川家康が，その周辺部は都市計画家である石川栄耀が土地区画整理事業で作ってきたといえる。1610年，徳川家康による尾張藩開府に伴い，名古屋台地の地ならしにより名古屋城を築城し，清州から名古屋へ城下町を移す「清州越し」が行われ，堀川が開削された。城下町は，北は名古屋城，東は大曽根，南は大須，西は堀川に囲まれた逆三角形の都市であった。城の南に一区画60間（109.09m）四方の「碁盤割り」と呼ばれる街区を町人街として配置し，囲むように武家や寺社が置かれた。名古屋を通る5つの街道筋はこの町人街を通り，名古屋城から南の熱田へ伸びる本町通は，当時の商業の中心地であった。

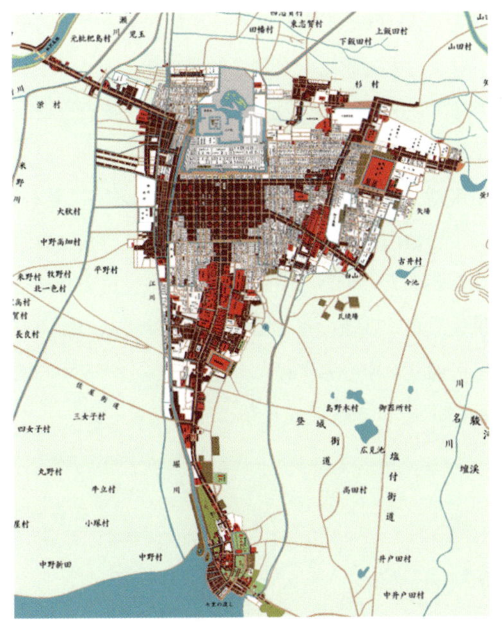

図14・1　名古屋城下図（江戸時代後期）デジタルリメイク（出典）http://network2010.org/edomap

一方，1920年都市計画法の施行と同時に，名古屋に赴任した石川栄耀により，市域の拡大に対し，都市計画街路網・運河・公園を配置し，土地区画整理事業により新市街地を整備するグランドデザインが作成された。この計画は，第二次世界大戦後，復興土地区画整理事業（施行面積約3,451ha）として，約半分が焼失した市街地に対し，墓地の移転等の大胆な手法を用いて実現された。尚，江戸期の碁盤割り地区は，戦災復興事業の中で道路幅員の大幅な変更はあったものの，街区の形はそのまま現在に引き継がれている。特に都心部では，100m道路を始めとした広幅員道路が整備され，道路及び公園率が40%を超えるほど基盤整備が充実した街である。

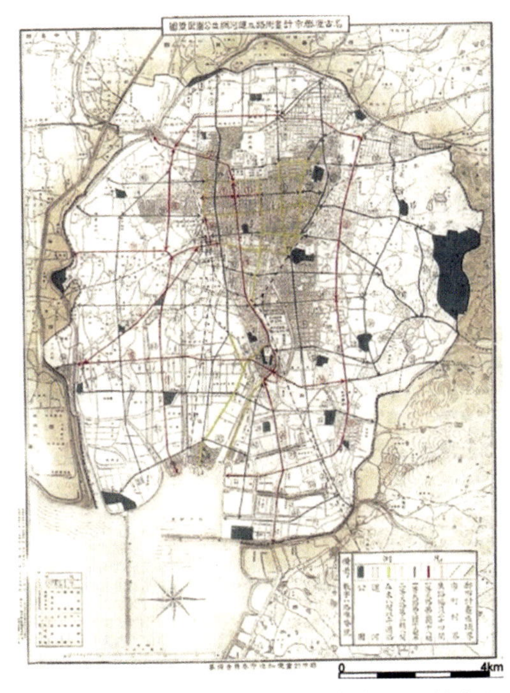

図14・2　名古屋市計画街路及運河網並公園配置計画

2. コースの特徴

上記で述べた名古屋の都市基盤を背景に，近年まちづくりの実践が活発に行われている地区を見て歩くコースである。

《コース1》城下町地区を歩く

江戸期から続く都市基盤を背景に，2000年代以降，久屋大通や錦二丁目のエリアマネジメント等様々なプロジェクトが行われている。一方で，堀川沿いにある商家の防火帯である「四間道（しけみち）」の町並み保存地区指定や土蔵の活用，円頓寺商店街の空き家対策への取り組みなど，都市基盤の歴史と近年の実践を訪ね歩く。本編の「景観」や「参加・協働」等で紹介されている取り組みを見ることができるコースである。

《コース 2》名古屋駅〜中川運河を歩く

名古屋駅周辺部はリニア中央新幹線開業に伴い，鉄道事業者や行政，関連団体による名古屋駅周辺のまちづくり構想が策定され，活発に動いている地区である。一方，中川運河は名古屋を舟運により発展させてきた運河だが，陸運への物流の変化とともに，近年では市民のための貴重な水辺空間としての再生が注目されている。本編の「都市再生」等で紹介されている取り組みを見ることができるコースである。

3. 城下町地区を歩く
（国際センター駅発，180 分）

第一種市街地再開発事業による**名古屋国際センタービル**①から地上へ出ると，「那古野（なごの）」と呼ばれ名古屋の語源とも言われる地区に至る。那古野は戦災を免れたことから復興土地区画整理事業から除外されたため，老朽木造家屋の密集や公共施設整備の後れなど，居住環境と防災面での課題をかかえていた。そのため，1980 年に策定した名古屋市基本計画の中で，那古野地区約 40ha を含む 9 地区を「地区総合整備事業」として位置付け，都心にふさわしい魅力ある都市空間の形成を図った。那古野の東側には名古屋城の築城時に資材運搬の目的で整備された人工河川「堀川」と，堀川沿いに栄えた商家の商業活動や防火を目的として道幅を 4 間（約 7m）に広げた**「四間道」**②が残されている。この四間道を挟んだ白壁の土蔵群や格子戸の町屋が連なる町並みの歴史的景観を保存するため，名古屋市は 1986 年に四間道周辺を「町並み保存地区」に指定した。また，2009 年頃には空き家が目立っていた円頓寺商店街の空き家対策プロジェクトや納屋橋周辺のまちづくりが活発に行われている。

北上し官庁街の三の丸地区を通過すると，**名古屋城**③正門に至る。名古屋城は，濃尾平野に注ぐ庄内川が形作った名古屋台地の西北端に位置し，現在城跡は名城公園として整備されている。尚，2009 年より，名古屋市長により名古屋城天守を現在のコンクリート造から木造に建て直す検討が行われている。東門から南下すると，国指定重要文化財に指定されている**名古屋市役所**，**愛知県庁**④に至る。市役所は近代的なビルに和風の瓦屋根を載せた日本趣味を基調とした近世式の外観意匠を，県庁は頂部に名古屋城大天守風の屋根を乗せた帝冠様式の意匠を有し，昭和初期の記念的庁舎建築として評価されている。

さらに大津通を南下すると，栄地区の久屋大通公園に至る。**テレビ塔**⑤や公園，バスターミナルなどの複合施設である**オアシス 21** ⑥がランドマークである。久屋大通は，戦後，名古屋市の戦災復興土地区画整理事業の換地方式によって栄に誕生した 100m 道路だが，現在では，公園施設の老朽化や陳腐化，樹木の密生，道路による分断などのため，活用方法や，災害対応，安全性に課題が生じている。そこで，民間事業者が整備・運営主体となり，施設保有者，AMO（エリアマネジメントオーガナイゼーション）と連携し，公園と施設に加え両サイドの道路まで，一体的にエリアマネジメントを行うことが予定されている（図 14・3）。

袋町通りを東へゆくと，**錦二丁目地区**⑦に至る。錦二丁目地区は，碁盤割りの街区が明治時代に呉服卸商など商人の町として栄えたが，戦災により一帯が焼失した。戦後のヤミ市の時代に繊維品の問屋が長者町通りを中心に集積し，中部地区を代表する繊維問屋街として高度成長期に発展繁栄した。しか

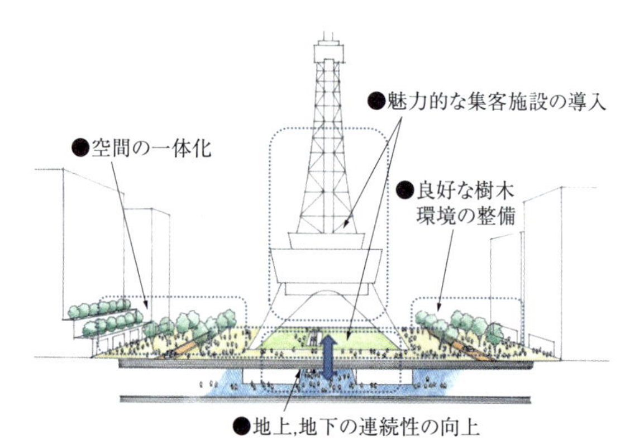

図 14・3　久屋大通の空間利用の可能性〈断面〉
（出典：名古屋市）

し，繊維産業の衰退や人口減少とともに治安や住環境の悪化が懸念され，小規模な繊維問屋などの細分化された敷地が多く残り，建物更新が進んでいなかった。そこで，近年地域の事業者・住民が，行政・大学等の専門家と連携し，錦二丁目まちづくり連絡協議会を立ち上げ，「まちの会所」を活動の拠点として，5つのまちづくりプロジェクトと環境共生を目指す低炭素地区会議を開催し，活発に実践が行われている。

4. 名古屋駅～中川運河を歩く（名古屋駅発，120分）

名古屋駅から**桜通り口❶**に出る。名古屋は2027年開業予定のリニア中央新幹線によって，東京と40分で結ばれる予定である。名古屋駅周辺部はリニア新幹線開業を控え，特定都市再生緊急整備地域に指定され，市は2014年に「名駅周辺まちづくり構想」を発表し，新設の乗り換え広場空間を伴う「ターミナルスクエア」の名古屋駅前の再開発整備を掲げている。また，鉄道会社や地下街運営会社等の関連事業者もまちづくり協議に加わり，**名鉄百貨店❷**等6棟を高層ビルに建て替える再開発計画が動いている。

名駅通りを南下すると，中川運河の北端であり，2017年に親水緑地とセットとなった大規模再開発

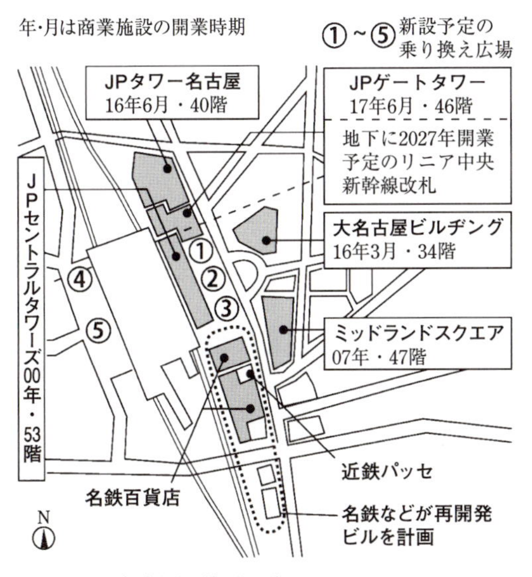

図14・4　名古屋駅前再開発

が行われた，**ささしまライブ❸**に至る。1930年につくられた中川運河は，名古屋港と国鉄笹島貨物駅とを舟運で結び名古屋市南西部の発展の拠点となるとともに，中心部の排水機能を受け持つ施設であった。しかし，昭和40年代に入ると，道路網の充実や港湾荷役の形態の変化によるトラック輸送への転換の展開に伴い，水運利用は減少した。そこで，近年では，水質の改善や環境に配慮した市民のための貴重な水辺空間としての再生が注目されている。名古屋市は2012年に「中川運河再生計画」を策定し，市民・企業・学校・行政等の多様な主体が情報発信・意見交換できる「中川運河再生プラットフォーム」が作られている。運河沿いを南下すると，**露橋水処理センター❹**では，全面的に改築更新の工事が進められており，水処理施設は地下に建設され地上部はオープンスペースとして活用されるとともに，ささしまライブ24とプロムナードで結ばれ，笹島から金城ふ頭への観光船の舟運が開始予定で，名古屋の新しい水辺空間になることが期待される。さらに**岡谷鋼機株式会社第三倉庫❺**等の倉庫群が水辺と合わせて独特の景観を有しており，一般社団法人中川運河キャナルアートによるアートイベント等にも活用されている。(2017年現在の状況)

5. 歩き終わったら，こういうことを議論してみよう

《Q1》久屋大通や錦二丁目における名古屋の都市基盤を活用したエリアマネジメントの在り方について考えてみよう。

《Q2》リニア新幹線時代の駅前再開発による駅とまちとの接続について考えてみよう。

《Q3》水辺の流通の変化に伴い新しく生み出された水辺空間の景観デザインについて考えてみよう。

高取　千佳

事例 15　京都：歴史都市の保全刷新の歩みをたどる

○地区の歴史，文化を継承するまちづくり
○歴史的建造物の保存活用
○路地を活かしたまちづくり
○新景観政策以降の積極的な景観コントロール

〈基礎情報〉
人口：147.5 万人
面積：827.83km^2
特徴：古都，日本を代表する歴史都市・観光都市

姉小路界隈②　四条通拡幅⑧　三条通③　先斗町⑤
高瀬川と建築　御池通　鴨川⑥　六原昭和小路⑦

1. 京都市の紹介

古都・京都は，現在人口約148万人を抱える大都市である。794年に平安京としてグリッド都市として造成された京都は，16世紀には上京と下京の町として発展し，17世紀の豊臣秀吉による都市改造（御土居の建造やグリッドの分割，寺町の形成等），明治期の三大事業（琵琶湖疎水による発電事業，上下水道事業，道路拡幅と市電敷設）と土地区画整理事業を経て，現在の都心部のおおよその都市構造が決定された。京都市はわが国を代表する観光都市でもあり，近年では年間約5,500万人の観光客（うち宿泊客数は1,415万人）を数え，世界有数の観光地となっている。

2. 近年の京都市の都市計画の経緯

京都市の都市計画・都市政策の特徴を辿るまちあるきに際しては，「2007年以降の新景観政策による景観コントロール」と「界隈レベルから出発する住民発意の継続的で粘り強いまちづくり活動」の二点を念頭に置きたい。

現在でも京都では伝統的なコミュニティの単位である「町（ちょう）」や「元学区」（地域が学校を運営する単位）が暮らしの中で重要な役割を担っている。長い歴史と自治の伝統をもつそうした界隈も，高度成長経済のもと，商店のビル化が進み，町家の滅失をもたらし，さらにバブル経済後の不況で学区内の伝統産業である繊維産業等の倒産が相次ぎ，その跡地が合筆を経て大規模マンションになり，町並みに調和しない圧迫感の強い箱型の高層建築物の増加，あるいはガレージや空き家の増加などにより，町並みに乱れが目立つようになった。また，新たに建設されたマンションの新住民の中には町費を払わなかったり，元学区の自治活動に参加しない人も増加したりと，コミュニティ形成の空白地帯が増えている。

そうした中，京都市では地区の特性に応じた建築物の高さ規制（高度地区），自然・歴史的景観の保全（歴史的風土保存区域や自然風景保全地区の指定等），市街地景観の整備（1995年京都市市街地景観整備条例）といった取り組みを踏まえ，2005年12月に景観計画を策定した。その後，2007年9月の新景観政策に伴い，景観計画区域の拡大や眺望景観の保全等を盛り込んだ，より総合性の高い計画として景観計画が変更された。2012年2月には岡崎地域の優れた都市景観・環境の保存継承へ向けた景観計画の一部変更，さらに2015年4月には「京都岡崎の文化的景観」の重要文化的景観選定申出及び先斗町界わい景観整備地区指定等に伴い，景観計画を一部変更している。

現在，10m～31mまで合計16種類の高度地区を指定し，高さ規制による景観のコントロールを図っている。地区計画は62地区，建築協定は65地区において定められている。

3. コース設定のためのガイダンス：多様なテーマ群と界隈

京都市はまとまったエリアに集中的に都市デザインの実践が展開されてきたというよりはむしろ，まちを構成する多様な界隈がそこに住まう市民主導のまちづくり活動に寄ってその居住性を維持，改善してきたため，見どころは地理的に散在する傾向になることを断っておきたい。ここでは例示的にコースをひとつ示すが，近代建築の保全活用，路地をいかしたまちづくり，空き家のリノベーション等は，多くの界隈において長らく取り組まれてきたテーマ群である。京都らしい都市空間のひとつである「路地」だけに着目してみても，おそらく1日がかりで堪能することが可能であろう。

4. モデルコース：「住まいとなりわいが共存する」まちなみを歩く（烏丸御池駅発，180分）

まずは，京都市の旧市街にあたる「田の字地区」（北は御池通，南は五条通，西は堀川通，東は河原町通で囲まれた市街地）から入ろう。御池通は戦時中の建物疎開によって創出された幅員50mの大通りである。広い歩道には路面点も多く，自転車道も整備された歩きやすい空間である①。

南に一本下がった姉小路通りは，1995年に界隈内においてもちあがったマンション建設反対運動を契機に展開された息の長いまちづくり運動を背景に町並みが維持されている②。まちづくりの理念を記した「姉小路界隈町式目」を定め，具体的な手法として2002年に建築協定を締結した。風俗店舗や日用品を販売する店舗の深夜営業の禁止，ワンルームマンションの規制等の用途規制が，階数5F以下，最高高さ18m（新景観政策以降の高度地区の見直しによりさらに厳しい15mとなった）といった形態規制が定められている。2013年には活動エリアを拡大して地区計画を策定。2015年には「地域景観づくり協議会」の活動を開始した。この制度は，地域で景観づくりの活動を行っている団体を京都市が認定し，その団体が活動するエリアで景観に関する手続きが必要となる行為をする事業者等は，手続きに入る前に団体と意見交換することを義務づけるものである。姉小路界隈の景観づくりの特徴は，デザインを事前に一義的に決定するのではなく，段階的な合意形成により界隈の将来像を共有し，対話を通じて界隈の価値の継承を図り，町並みの想像へとつなげていくそのプロセスである。各種イベントを折り重ねつつ，界隈の価値に共感する個性的な店舗やレストラン，集合住宅が漸進的に増えつつある。

さらに一本南の通り，三条通に降りてみよう③。三条大橋からつながるこの通りは，古くから賑わいを見せていた京都のまちなかのメインストリートであった。旧日本銀行京都支店（現・京都府京都文化博物館別館／国指定重要文化財），文椿ビルヂング（旧西村貿易店社屋／国登録有形文化財，1920年），日本生命京都支店（市指定文化財，1914年），旧家辺時計店（1890年築の煉瓦建築），旧不動貯蓄銀行（現・SACRAビル／国登録有形文化財，1916年），旧毎日新聞社京都支局（現・1928ビル／京都市登録文化財，武田五一，1928年）といった現在に至るまで丁寧に保全活用されている多様な近代建築群は，その賑わいと風格の証左である。また，歩車共存道路の整備に始まり，お神輿まつりなど数多くのイベントを通して，職住共存の「品格のあるまちづくり」を20年にわたり進めている。今後も，地域景観づくり協議会や無電柱化の取り組みにより，景観づくりの一層の進展が期待されるエリアである。

転じて東に向かい，河原町通を越える。木屋町から先斗町へと広がる界隈だ。木屋町はどちらかと言えば夜間の活動の盛んな雑多なエリアであるが，安藤忠雄の初期の名作Time'sが起爆剤となり，高瀬川に沿って水辺空間を最大限に生かそうとする様々な建築の開き方が興味深い④。

かつてのお茶屋街である先斗町は，幅員2mほどの石畳の路地が約500mにわたって南北に伸び，その両脇をお茶屋をはじめとする店舗と住宅が彩るという大変ユニークな空間構成をとっている⑤。お茶屋から飲食店のまちへと生業は変化しつつも，旧来からのコミュニティ（隣近所）が近いままという界隈の特徴を構成に継承するために，旧来型の地縁組織とNPO的組織が融合したような組織（先斗町まちづくり協議会）をつくり，軒下花展（かつてのような軒先の交流を生み出す取り組み）や看板や提灯等のデザインの統一，ライティング，営業方法，住み方，避難訓練等を通した防災意識の徹底した統一，電柱の地中化等を大胆に迅速に展開してきた。まちづくりの理念に「《先斗町らしさ》を守りつつ，お茶屋業と飲食業，そして住人が共存すること」を挙げていることからも明らかなように，居住地としての先斗町の可能性を最大限に活かすことが念頭に置かれている。夜の先斗町の風情に注目が集まりがちであるが，日中の落ち着いた雰囲気の路地をのんびり歩くのも悪くない。

先斗町の直ぐ隣りは，京都を代表する公共空間，鴨川だ⑥。鴨川の管轄は京都府であるが，世代を問わず人々のアクセスが容易になるよう，市街地からの進入路を整備し，鴨川の散策を楽しめるように足にやさしい土系・芝生の舗装の整備を進めている。5月1日～9月30日にかけて三条から五条を中心に設置される川床（納涼床）は京都の夏の風物詩である。

鴨川を五条大橋まで下り，川端通を越え，五条坂に向かって歩を進める。その北側に広がるのが六原元学区である⑦。六原元学区には六波羅蜜寺が立地し，また清水寺も近く，観光資源に恵まれたエリアである一方，界隈は路地が多く残る木造密集市街地であり，路地を核に濃密なコミュニティが生きている。窯業を中心に事業所も数多く立地し，職住近接の界隈でもある。六原まちづくり委員会を中心に継続的なまちづくり活動による地域資源の保全・育成を図ってきた。よく知られる取り組みに空き家の再生と路地の保全が挙げられる。ここでは路地の取り組みを紹介しよう。六原には約 90 の細街路（幅員 4m 未満の道）がある。その大半は固有名がなかったため場所が特定しづらく，災害時の初動の遅れや逃げ道が十分に把握されていないことも課題だった。そこで，町内会ごとに細街路の名前を考え，地域特性を活かした陶器製の銘板を作成・設置。地域への愛着と理解を深める機会となり，防災に不可欠な地域コミュニティの強化にもつながっている。

また，学区内の昭和小路は，路地のある町並みを再生するための道路指定制度の活用を展開している例である。

幅員 2.7m の路地に木造の町家が並ぶ，昔ながらの風景であるが，建物が密集しており防災上の問題も抱えたままであった。とはいえ，通常 4m 未満の道路の場合，建物の建替え時に敷地を後退しなければならず，敷地が極端に小さくなったり，また路地の持つスケール感や雰囲気が損なわれてしまったりする。そこで，路地空間の保全と防災性の改善の両者を実現するために，「路地のある町並みを再生するための道路指定制度」（3 項道路の指定）を活用。これにより，道幅は現状とほぼ同じ 2.7m のまま建替え等が可能となり，将来的に建替え等がなされる時にも，路地の雰囲気を維持することが可能となった。

最後は，もう一度鴨川を北上し，四条大橋から四条烏丸の交差点を目指そう。この区間の四条通は，4 車線かつ歩道が狭い状況だったところを，車道を 2 車線に減らし，歩道を拡幅するという「道路空間の再配分」を実施した。依然として賛否両論あるものの，自動車社会からの脱却を図る大胆な試みであることは確かだ。

5. 歩き終わったら，こういうことを議論してみよう

《Q1》わが国でもかなり詳細な景観計画を定めている京都市だが，それでもまちなかには界隈の町並みとの調和や用途・ボリュームの観点から見た新規建造物の不整合，町家の継続的な減少等が依然として数多く見られる。古都であり観光都市であるとともに，150 万人都市である京都市における景観のありようを考えてみよう。

《Q2》路地の保全と防災性の向上のために，京都市で取り組まれている方法以外でどのような方法が考えられるだろうか？

《Q3》四条通のように「道路空間の再配分」を実施する際に考慮すべき近隣コミュニティへの影響には何があるだろうか。そしてそれらを解決するために何を考えなければならないだろうか？

阿部 大輔

事例 16　大阪都心部：都市再生の現場を歩く

○都心の大規模な拠点再開発
○人中心の公共空間への再編
○エリアマネジメントによるまちづくり
○歴史的市街地の資源の利活用

〈基礎情報〉
人口：269.1 万人
面積：225.21km²
特徴：西日本，関西の中心都市

うめきた広場①
中之島❾

御堂筋③
道頓堀⑪

芝川ビル⑦
トコトコダンダン（木津川遊歩空間）⓫

1. 大阪市の紹介

大阪市は西日本，関西および京阪神都市圏の中心都市であり，人口は約 270 万人を抱える政令指定都市である。近世までは全国から米や物資が集まる商都として栄え，天下の台所と呼ばれた経済都市であった。近代以降は港湾都市，工業都市としての顔も持ち，先進的な都市計画を導入し発展してきた。近年は大規模な拠点再開発や歴史的市街地でのストック活用型まちづくり，公共空間や建築物低層部の活用による賑わい景観の形成，人中心の歩行者空間の形成など，多様な取り組みを，地域のエリアマネジメント団体と行政が一体となって進めている。

2. コースの特徴

大阪の市街地は，近世に成立した都心の歴史的市街地を原型として，近代以降に都市外周部で耕地整理や土地区画整理事業などによる市街化が進む一方で，都心部は古い市街地の改造を行うことで都市の近代化を進めてきた。また，臨海部では近世から埋立てが実施され，近代以降も大阪港の整備など数多くの事業が実施された。このように，大阪では都心に残る歴史的市街地を母体とし，周辺部では土地区画整理事業が行われ，拠点部では市街地再開発事業などの再開発事業によって形成されている。近年は道路空間の再編や賑わいある都心空間の形成など，都市再生を目指した多様な取り組みが数多く進んでいる。

梅田～難波に至る南北ルートは大阪の中心を縦貫し，大阪都心の市街地構造や都市活動を端的に把握できる。また，大阪城～旧大阪港に至る東西ルートは近世，明治期までの大阪の中心軸であり，上町台地や河川・堀川など高低差，地物などの大阪都心の地形を端的に把握できる。

《コース 1》キタ～ミナミ（南北縦断）コース

近代以降，現代の大阪都心の骨格をなしている，大阪駅・梅田駅周辺，難波駅周辺といった大規模ターミナル周辺の再開発と，それらをつなぐ大動脈である御堂筋沿道の歴史的な市街地を含む多様な市街地を歩くコースである。近年はエリアマネジメントなど地域主導のまちづくりが盛んである。大阪都心部では最も容積率の高いエリアを縦断する。

《コース 2》水都大阪（東西横断）コース

近世の大阪の中心地であった上町台地，大阪城周辺から，近世～近代に至る大大阪時代の先進的な都市計画や大阪を代表する建築物などを眺めながら，水都大阪の一連の取り組みによって再生が進んでいる水辺のまちづくりを歩き，地域資源やストックを生かし，景観形成に配慮した都市デザインの展開について学ぶ。

3. キタ～ミナミ（南北縦断）を歩く
（JR 大阪駅発，180 分）

大阪駅周辺では大規模な再開発が進んでいる。北側には大阪駅北地区（旧梅田貨物駅）で進められているグランフロント大阪，**うめきた広場①**，新駅整備，みどりの創出など「うめきた」のまちづくりが進み，大阪駅の整備をはじめとする周辺の再開発も進んでいる。駅南側には，**大阪駅前第 1 ～ 4 ビル②**など，20 世紀に実施された大阪駅前市街地改造事業があり，時代の異なる再開発を比較できる。

1937 年に完成した**御堂筋③**は梅田～難波間の全長約 4km，幅員 43.7m（24 間）の緩速車道を有した銀杏の四列並木がシンボルとなっている。整備前はおよそ 6m（3.3 間）の狭隘路を拡幅して整備された。大阪の初めての都市計画である大阪市区改正設計（1919 年）の代表的な事業である。

御堂筋を南下すると，中之島～淀屋橋周辺に至る。**日本銀行大阪支店④**，**大阪市中央公会堂⑤**，大阪府立中之島図書館など，大阪を代表する歴史的建築物が集積しているシビックセンターエリアがある。また，淀屋橋から先は長堀通に至るまで，豊臣秀吉時代に開発された歴史的市街地である船場地区と呼ばれるエリアに入る。淀屋橋周辺の北船場には，保険会社や銀行などが集積し，オフィス街が広がっている。淀屋橋～本町間は 1995 年まで建築物の高さを百尺（31m）とする行政指導が継続され，その後，建築物を 4m セットバックさせ，建築物高さを 50m に緩和するルールへと変更された。2014

年には**御堂筋本町北地区地区計画**⑥が制定され，オフィスのみならずホテル，文化施設，商業施設など多様な機能の導入を図り，低層部については上質な賑わいを生み出す誘導とともに高さ制限も見直された。また，デザイン協議により質の高い景観を生み出すきめ細かな仕組みも取り入れられ，時代によって異なる建築物や街並みのルールの変遷も理解することができる。

御堂筋の周辺に広がっている歴史的市街地である船場は，約80m（40間）の正方形の街区が碁盤目状に広がっている。街区の東西に太閤下水が通り，建築物敷地の背割線をなしており，現在でも約400年前の面影を確認できる。戦前昭和期には建築線が指定され，狭隘な街路に対し斜線制限を緩和するため，建築物を後退させるルールである船場後退建築線が導入されている。

かつては大阪城から海に至る東西が主要な交通軸であり，大阪都心部では東西道を「通（とおり）」，南北道を「筋（すじ）」と呼んでいた。東西の通は両側町となっており，例えば道修町通であれば製薬，薬卸業が集積するなど，それぞれ生業に特徴がある。近世〜近代からつづく歴史的市街地であり，現役の都心業務地でもあるため，近世期の町家，大大阪時代の近代建築，戦後ビル建築など多様な時代の建築物が共存しており，このまちの歴史を物語る建築が多く立地している。**芝川ビル**⑦などこうした魅力的な建築物を活かしてコンバージョン，リノベーションして利活用する取り組みも広がっている。

御堂筋の東側に平行する**堺筋**⑧も近代に拡幅された南北幹線であるが，こちらは御堂筋より早く，明治・大正期に市電整備にあわせ拡幅された歴史をもつ。北浜周辺には近代建築が今も多く残っており，歴史的な雰囲気が感じられる。

御堂筋を南に下ると，船場を東西に貫通する巨大な構造物の**船場センタービル**⑨が視界に入ってくる。戦後の高度経済成長期，モータリゼーションへの対応が求められるなか，狭隘な街路しかない市街地で模索された立体的な道路と建築物が一体となった国内外でもほとんど例のない試みで，1970年に完成した。

本町界隈はかつては繊維業を中心とした卸売，小売，繊維商社などが集積していたが，近年は都心居住が進むなどその土地利用が変化している。御堂筋沿道では，高級ブランド店が進出するなど，賑わいが出てきたエリアである。さらに南下して心斎橋近辺まで来ると，大丸百貨店を始めとする大阪を代表する商業地になる。御堂筋の一本東を平行する**心斎橋筋商店街**⑩は，日本を代表する商店街の一つで，景観協定を制定し，地元商店街による自主的な街路景観の形成に積極的に取り組んでいる。

グリコの看板⑪で知られる道頓堀川周辺では，河川沿いの遊歩道，とんぼりリバーウォークが整備され，道頓堀川沿いを散策することができる。これは堀川の上流，下流に水門が整備され，水位調節による安全性の確保が可能になったために実現が可能となり，イベントやオープンカフェ等で利用されている。

道頓堀川からさらに南の難波交差点以南では，御堂筋の本線両側の緩速車道（側道）を歩行者空間と自転車道へと再編するモデル整備が実施されている。御堂筋は車中心の道路から人中心の道へと空間再編を進めており，将来的には梅田まで延伸するべく，沿道で社会実験などを行いつつ，実現に向けた検討が進んでいる。**南海難波駅前**⑫も現在はタクシー乗り場などの交通広場となっているが，将来的には人中心の広場へと再編する計画があり，地元のエリアマネジメント団体が中心となって検討が進められている。

御堂筋沿道あるいは周辺部では，地域における良好な環境や地域の価値を維持・向上させるための，住民・事業主・地権者等による主体的な取り組みであるエリアマネジメントに沿道の地権者，事業者らが多く取り組んでおり，こうした地域まちづくりと行政が一体となりながら，公共空間の利活用や周辺の土地利用のあり方，都市更新のあり方などの将来像が検討されている。

4. 水都大阪（東区横断）を歩く
（JR 大阪城公園駅発，180 分）

（途中，船による移動を加えてもよい）

大阪湾に流れ込む河口部に発展した大阪は，古代・難波津の頃から港町として栄えた。近世には日本中から米や物資が集まる経済の中心地となった。こうした経緯から市街地を縦横に堀川が流れ，交通路として利用された水の都であった。

現在の大阪城は戦前昭和期の市民の寄付による再建であるが，戦後は**大阪城公園❶**として利用されている。大阪城の北側には**大阪ビジネスパーク（OBP）❷**があり，土地区画整理事業によるスーパーブロック街区に超高層ビルと豊かな公共空間が特徴的な再開発がある。

OBP から大阪城公園を川沿いに西に進むと天満橋，川の駅はちけんやに到着する。かつては京都・伏見とつなぐ三十石船の発着場であった大川沿いに**八軒家浜❸**があり，水都大阪の再生のシンボルとして整備されている。

川沿いの遊歩道を西に進むと，堂島川，土佐堀川に挟まれて**中之島公園❹**が見える。明治時代に大阪市初の市営公園として整備され，都心の水辺公園として平日休日問わず賑わっている。中之島公園の南側，土佐堀川の対岸には，**北浜テラス❺**と呼ばれる川床群が水辺に連なっている。これは，河川空間に川床を設置する事業で，北浜水辺協議会という地域団体が河川管理者である大阪府より占用許可を受けて設置しており，水都大阪の魅力的な風景を生み出している。

御堂筋近辺の近代建築物群を過ぎ中之島を西に進むと，北側の堂島川沿いには，川の上に阪神高速道路が続いている。高度経済成長期のモータリゼーションに対応するために整備された。難波橋，**大江橋❻**，**淀屋橋など中之島に架かる橋梁❼**は，大大阪時代に架設され現在も現役で使用されており，その優れた意匠を見ることができる。また，中之島周囲の橋梁は夜間はライトアップされており，夜間景観の形成にも配慮されている。

さらに西側には，堂島川の北岸にほたるまち（阪大病院跡地再開発）が見えてくる。隈研吾設計の朝日放送本社など，シンボリックな建築群で構成されている。対岸の中之島側には遠藤克彦設計の**大阪市新美術館❽**が建設予定で，周辺の再開発とあわせ，大阪の水辺の新たな顔が誕生する予定である。河川沿いは，地下を通る京阪中之島線の整備に合わせて遊歩道が整備され水辺を散策できる。

中之島の西端部北側には大阪中央卸売市場があり，西側には大阪港発祥の地で外国人居留地があった川口へとつながる。この周辺でも**中之島 GATE❾**という水辺空間の利活用の取り組みが進められている。安治川，木津川といった海に接したウォーターフロントでは，かつては港湾物流や製造業といった土地利用が中心であったが，今後は都市的な土地利用への転換が進むことが予想される。

木津川を南に下ると，かつての大阪府庁舎跡地に建っていた近代建築（大阪府立産業技術総合研究所）をコンバージョンしたアートセンターである**大阪府立江之子島文化芸術創造センター（enoco）❿**がある。さらに，南に進むと，木津川沿いに階段状の水辺遊歩道である**トコトコダンダン（木津川遊歩空間）⓫**が整備されている。単に歩行通路を整備するのではなく，多様な滞留を実現し，居心地のいい水辺のためのデザインが実現されている。

5. 歩き終わったら，こういうことを議論してみよう

《Q1》時代の変化や将来に適応するためのまちづくりのあり方や課題について考えてみよう。

《Q2》歴史的な建築物や新しい建築物など多様な建築物が共存する場所でのデザインのあり方について考えてみよう。

《Q3》歩行者空間のネットワークのあり方や水辺や道路など魅力的で歩きやすい歩行者空間について考えてみよう。

嘉名 光市

事例 17　神戸：都心ウォーターフロントと阪神・淡路大震災後の復興のまちを歩く

○ウォーターフロント空間のデザイン
○景観まちづくり
○地域主体のエリアマネジメント
○阪神・淡路大震災後の震災復興事業

〈基礎情報〉
人口：153.7 万人
面積：557.02km^2
特徴：日本を代表する港湾都市

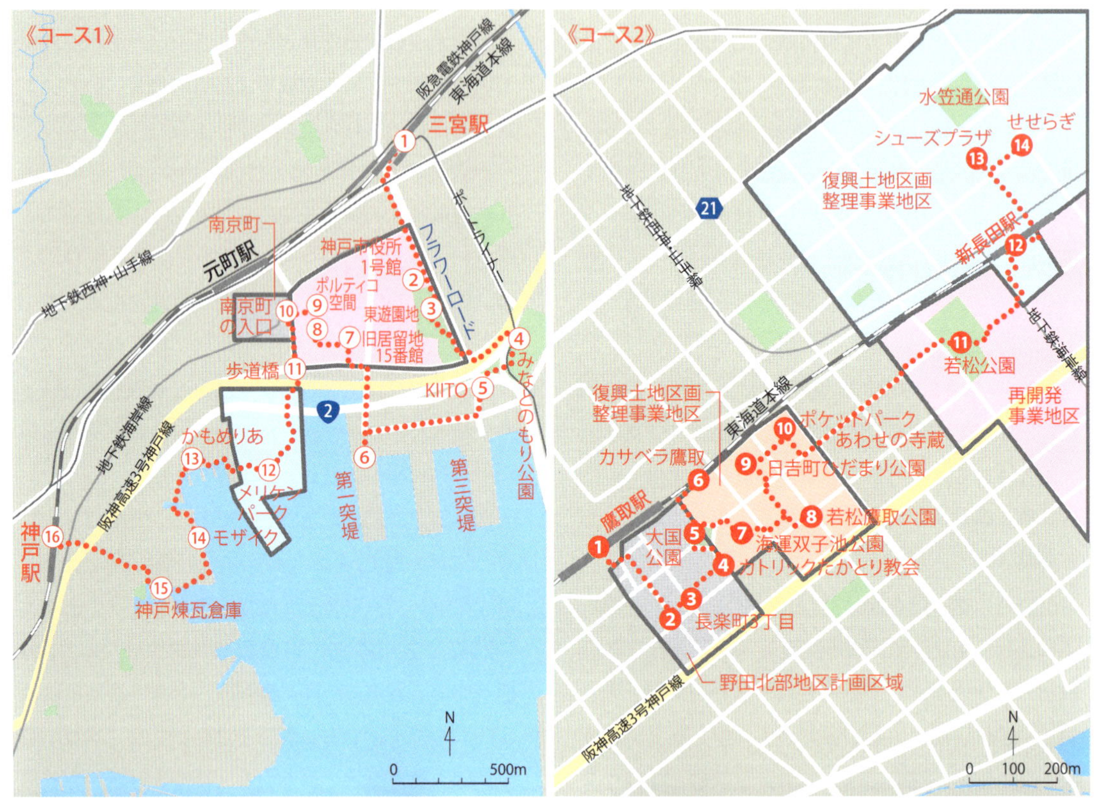

ウォーターフロントのモニュメント⑫

旧居留地を南側からみる⑪

野田北部細街路整備❷—❸

新長田駅北部シューズプラザ前せせらぎ⑬

1. 神戸市の紹介

神戸市は兵庫県の県庁所在地で，人口約154万人の政令指定都市である。大阪からJRで20分強で行くことができる。日米修好通商条約（1858年）の締結により近代的な港が開港し，港の後背地（現在の旧居留地）と山手（北野地区）に外国人居留地が開発され，欧米様式の街並みが保全されている。これは，地域団体の地道な景観まちづくり活動と，それをサポートする景観施策（1970年代後半～）によるもので，景観行政の先駆的事例として評価されている。

1995年1月17日早朝に，M7.2の直下型地震が直撃し，死者約6400人，住宅被害約64万棟という甚大な被害を受けた。大枠な計画（幹線道路計画等）をまず決定し，次に住民参加により街区内の詳細な計画を立案する「2段階都市計画決定」を震災後わずか2か月で実施した。住民の合意が不十分という批判がある一方で，迅速な復興を進めたという評価もある。

2. コースの特徴

コース1の都心ウォーターフロント（以後，WFと記す）の開発は1980年代から活発化した。昭和20年（1945年）代後半からの工業化の急激な進行で，臨海工業用地の確保や急増する人口を受容する住宅用地の確保等が課題で，山から採取した土砂で沿岸部を埋め立て，土砂採取の跡地を住宅団地として造成する「山，海へ行く」という神戸方式の開発手法が採られ，居住機能をもつ人工島（ポートアイランド等）が誕生した。その後，コンテナの大型化に伴い，人工島の沖合へと港湾機能の移転が進み，沿岸部を人々に開かれた空間へと変容させる気運が高まった。開港120周年事業でメリケン波止場跡地にメリケンパーク（1987年），国鉄湊川貨物駅跡地にハーバーランド（1992年）が整備された。2017年，開港150周年事業を展開しており，「「港都　神戸」グランドデザイン～都心・ウォーターフロントの将来構想～（2011年3月策定）」をふまえ，WFのリニューアルが進む。旧居留地は，ヨーロッパの近代都市計画技術を用いて，グリッドパターンの道路等が整備された。地元団体の旧居留地連絡協議会（1983年設立）が，景観に関するルール等を作成・運用し，街並みの保全・育成に努めている。

コース2は震災復興のまちを歩く。全壊・半壊率が95％超という甚大な被害を受けた野田北部地区は，震災前からまちづくり活動が盛んで，震災復興土地区画整理事業，街並み誘導型地区計画，街なみ環境整備事業，神戸市独自のインナーシティ街区改善誘導制度といった複数の制度を用いて，密集市街地で震災前の住宅の居住面積を極力減らさないことを留意し，細街路整備と景観形成を実施してきた。新長田駅北部は土地区画整理事業，南部は市街地再開発事業が施行された。

《コース1》神戸都心WFを歩く

1980年代のWF再開発と近年の再々開発を経て，人々へ開かれたWFへの変容を学ぶ。旧居留地では，近代洋風建築物の保全，景観まちづくりの成果を学ぶ。WFは，準工業地域・商業地域が主で，部分的に第一種住居地域と第二種住居地域で，容積率は500～700％である。旧居留地は商業地域で，容積率700％である。

《コース2》阪神・淡路大震災後の復興のまちを歩く

野田北部地区では，街並み誘導型地区計画などの複数の制度の適用結果と，日常のまちづくり活動の成果（美しいまち宣言に基づくまちの美化活動等）を学ぶ。用途地域は，第1種住居地域・近隣商業地域，容積率は200～400％である。新長田駅周辺は西部副都心に位置付けられた大規模な復興事業のまちなみを確認できる。北部が主に近隣商業地域・準工業地域・工業地域で，容積率は200～500％，南部は主に商業地域で，容積率は400～700％である。野田北部地区と新長田駅地区のまちなみの対比から，復興の手法の成果やデメリットを学ぶ。

3. 都心WFを歩く（三宮駅発，180分）

三宮駅①から税関線（フラワーロード）を南下し，**神戸市役所1号館**②の展望ロビーから神戸の都市の構成を把握できる。市役所の南側の**東遊園地**③内に，震災の5年後に設置された「慰霊と復興のモニュメント 1.17 希望の灯り」があり，震災の記憶を後世に伝える場が整備されている。また，東遊園地の広場の芝生化実験が2016年度から実施され，公園の魅力を高めるプログラムが展開されている。東遊園地から幹線道路を越えると，**みなとのもり公園**④（震災復興記念公園，2010年）があり，防災公園の役割を担う。ダンスやジョギング等，種々な活動が確認できる。南に進むと，**デザイン・クリエイティブセンター神戸（KIITO）**⑤がある。建築基準法第3条第1項第3号の適用除外という特例的な制度を用いて，生糸検査所（1927年・1932年竣工）が，当時の意匠を保全しながらリノベーションされ，市民のアートや創造活動の拠点として開設（2012年8月）された。この建物は，神戸市景観形成重要建築物等に指定されている。**第一突堤**⑥には，ホテル等の複合施設とオープンスペースが整備され，第三突堤のフェリーターミナルもリニューアルされた。

突堤の北に位置する旧居留地は，景観法に基づく景観計画区域である。震災により解体を余儀なくされた近代洋風建築物が多いが，震災で全壊した**旧居留地15番館**⑦は，7割の部材を再利用し，免震構造にして復元された（1998年）。旧居留地連絡協議会は，復興計画（1995年10月策定），都心づくり（まちづくり）ガイドライン（1997年3月作成），屋外広告物ガイドライン（2013年1月作成）を活用し，まちなみの保全・育成に尽力し続けている。**大丸神戸店の南側や東側の通り沿い**⑧で，地区計画での壁面後退基準によるゆるやかに統一されたスカイラインを，大丸の地上階の**ポルティコ空間**⑨で道路空間における囲まれ感を確認できる。旧居留地の西から，**南京町（中華街）の入り口**⑩が見える。南京町も景観計画区域で，地域団体による景観形成が実施されている。鯉川筋を南下し，WFへ行く**歩道橋**⑪の上から旧居留地方向を見ると，元の石材を再利用し，復元保存された海岸ビル（1918年竣工）がみえる。

海方向を進むと，開港150周年事業でリニューアルされた**メリケンパーク**⑫に到着する。モニュメントの設置による写真撮影スポットの創設，芝生広場の整備，スターバックスコーヒーの関西初の公園内店舗としてのオープン等が特色である。まちとWFの分断が長年の課題だったが，現在多くの人々で賑わう。**かもめりあ（フェリー乗り場）**⑬からフェリーに乗り，海側から山麓に広がる市街地への眺望を見る。山の稜線を極力切らないよう，建築物の高さを制限する眺望景観保全施策を実施している。**モザイク**⑭という複合商業施設は，3階建ておさえられ，水辺への圧迫感を軽減している。神戸市は夜間景観形成基本計画（2004年3月）と実施計画（2012年3月）を策定し，ハーバーランド周辺の夜間景観形成に努めている。水際には**神戸煉瓦倉庫**⑮やはねっこ橋があり，みなとまちを想起させる景観資源が残っている。徒歩10分で最終地点の**JR神戸駅**⑯に到着する。

4. 阪神・淡路大震災後の復興のまちを歩く（鷹取駅発，180分）

神戸市と野田北ふるさとネット（地域団体の連合体）は，神戸市とパートナーシップ協定（協働と参画のまちづくりを進める神戸市独自の制度）を結び，「美しいまち宣言」（2004年6月確定）に基づく活動に取り組んできた。地域住民の有償ボランティアの管理による**鷹取駅前**❶の放置自転車対策やごみ出しマナーの向上に関する活動等に取り組み，美しいまちを維持している。**長楽町3丁目**❷-❸に進むと，街並み誘導型地区計画，街並み環境整備事業，神戸市独自のインナーシティ長屋街区改善誘導制度を適用して，細街路整備と景観形成を同時に進めた成果を確認できる。

カトリックたかとり教会❹は震災で壊滅したが，震災直後から炊き出し等の救援活動の拠点として機能し，新しい教会が建築される10年間は，「紙の教会（坂茂，1995年）」（仮設集会所兼聖堂）が復興活動の拠点として活用された。教会の中に，NPO

法人たかとりコミュニティセンター，FM わぃわぃ（多文化・多言語コミュニティ放送局），野田北部・たかとり震災資料室があり，震災の記憶の継承とまちづくりの拠点として機能している。

大国公園❺は震災当時火災の延焼を防いだ公園で，「美しいまち宣言」の碑が設置されている。大国公園の東側の海運町 2，3 丁目が，震災復興土地区画整理事業鷹取東第一地区で，神戸市の復興土地区画整理事業の中で事業完了が最も早かった。大国公園の北東側を出た道路は，コミュニティ道路として整備され，商店街の提案による街灯が設置されている。区画整理事業地区内には，5 軒の共同化住宅が建設され，**カサベラ鷹取❻**は神戸市で最も早くできた共同化集合住宅である。**若松鷹取公園❽**には，防火水槽と防災資材倉庫および地区内の震災の犠牲者の慰霊碑と区画整理事業完成碑が設置されている。**海運双子池公園❼**，**日吉町ひだまり公園❾**，**ポケットパーク・あわせの地蔵❿**にも，防災器具庫や耐震性能の高い防火水槽が設置されている。

若松公園⓫は，新長田駅南地区震災復興第二種市街地再開発事業の第 2 地区の中心に位置する公園で，1.6ha の近隣公園として整備された。鉄人 28 号モニュメントが設置され（2009 年 10 月），鉄人広場で多くのイベントが開催されている。神戸市の震災復興市街地再開発事業は，東部副都心の六甲道駅南地区（事業終了）と西部副都心の新長田駅南地区（事業継続中）の 2 地区で施行された。新長田の再開発事業の面積は，20.1ha でかなり広大である。再開発ビルの店舗や商店街では，シャッターが閉まった店が多い。再開発事業により，土地の評価額が上がり，固定資産税は倍以上となった一方で，ビルの清掃代や電気代等の維持管理費が予想以上にかかり，権利者への重い負担が報じられている。新長田駅近辺の昼間人口の回復とまちの活性化のために，兵庫県と神戸市の各関係機関の共同移転を進めようとしている。

新長田駅⓬の北側のエリアが新長田駅北地区復興土地区画整理事業地区である。水笠通公園の手前には，震災で打撃を受けたケミカルシューズ産業を支援する**シューズプラザ⓭**がある。シューズプラザ近くに，火事の時に水があれば鎮火に役立つという想いから整備された**せせらぎ⓮**があり，住民が清掃活動などの日常管理を行なっている。土地区画整理事業地区の大半が，神戸市景観形成市民協定の地域であり，住商工が調和するまちを目指している。

5. 歩き終わったら，こういうことを議論してみよう

《Q1》中心市街地と WF との分断を解決する方法や施策について考えてみよう。

《Q2》復興まちづくりについて，大規模な再開発事業もあれば，複数の制度を用いた細やかな方法もある。望ましい復興のあり方や，事業や制度のメリット・デメリットについて考えてみよう。

《Q3》まちづくり活動において，活動の担い手の確保，組織体制づくり，活動資金の確保など，地区ごとに固有の課題が生じる。総合的なまちづくり（エリアマネジメント）にむけて，行政が地域をサポートする施策や仕組みについて考えてみよう。

栗山 尚子

図 17・1　ポルティコ空間⑨

図 17・2　水笠通公園

事例 18　高松：まちなか再生と地方都市

○まちづくり会社によるまちなか再生
○居住者の回復とエリアマネジメント
○線引き廃止と新たな郊外化
○「海―城―町」という都市構造

〈基礎情報〉
人口：42.1 万人
面積：375.41km²
特徴：瀬戸内海に面する四国の中核市

瀬戸内海に面する高松市街地

高松港の風景

再開発後の丸亀町グリーン⑥

図 18・1　高松城下図屏風（江戸初期～中期）

1. 高松市の紹介

高松市は香川県の県庁所在地であり，人口約42万人を擁する中核市である。かつては四国の玄関口として栄え，国の出先機関や大手企業の支社や支店が集まる四国の中心的な拠点となり得ていた。しかし，1988年に瀬戸大橋が開通し，その後，明石海峡大橋やしまなみ海道が開通することで，本州と四国は陸路のネットワークでつながり，高松が担ってきた四国の玄関口としての役割は相対的に減少していくこととなった。

まちとしての歴史の始まりは，1588年から手掛けられた高松城の築城と城下町の建設が端緒となる。江戸時代には長く松平家が治める城下町として繁栄した。第二次世界大戦では空襲で市街地の約8割が焦土と化し，戦後の戦災復興都市計画により，現在の高松の礎が築かれることとなる。

2. コースの特徴

全国的なモータリゼーションの進行とともに，90年代後半から2000年代にかけて香川県内では大規模ショッピングセンターの開発が相次ぎ，県内の中心市街地は高松も含めて軒並み衰退していくこととなる。2004年，香川県は全国に先駆けて線引き廃止を実施し，用途白地地域や都市計画区域外での土地利用や開発許可の見直しを行うものの，結果的に高松市内における旧市街化調整区域での農地転用面積は大幅に増加することとなり，旧市街化区域から旧市街化調整区域への人口流出を進展させることとなった。このように新たな郊外化現象に直面する高松であるが，中心市街地にある丸亀町商店街はまちなか再生の先進事例として長らく全国から注目されており，瀬戸内国際芸術祭等で進む文化政策も含めて，これからのまちづくりに期待が寄せられている。

《コース》高松のまちなかを歩く

高松駅から出発し，高松の中心市街地や栗林公園，香川県庁舎といった主要な拠点をめぐるコースである。特に，近年の沿岸部での開発や，丸亀町商店街で進む再開発など，地方都市におけるまちなか再生に向けた都市計画の実践を体験し，学びを深めることができるコースである。

3. 高松のまちなかを歩く
（高松駅発，180分）

高松駅舎を出ると，目の前に円形の**駅前広場**①があり，周囲にはガラス張りの建物や高層ビルが目に入る。高松駅周辺は，1988年瀬戸大橋開通後から再開発の検討が始まる「サンポート高松計画」として，高松駅や高松港周辺の一体的な再開発事業が実施されていく。2004年に核となる高松シンボルタワーが開業し，こうした再開発事業により，高松駅周辺は近代的な都市景観へと一変することとなる。

駅前広場から高松シンボルタワーを通り抜け，見えてくるのが**高松港**②と瀬戸内海の風景である。高松港は小豆島や直島諸島，本州を結ぶ海上交通の要衝であり，全国的にも旅客数の多い重要港湾である。この高松港を拠点として3年に1度開催されている瀬戸内国際芸術祭は，アートによる地域活性化策としても全国から注目を集めており，備讃瀬戸エリアの離島を舞台として2010年から開催されている。期間中は多くの外国人旅行者も訪れ，高松港周辺はアート作品と雑多な人々が混ざり合う交流空間へと様変わりする。

高松港に面して座するのが，**高松城跡（玉藻公園）**③である。讃岐国における政治の中心を担うため，地理的条件を勘案し，香東川の河口となるこの地に高松城が築城されることとなる。高松城は日本三大水城に選定されており，江戸時代後期に出版された『讃岐国名勝図会』では海上から眺める高松城の様子が冒頭見開きで紹介されている。このように，海に直接正対するような形式の城郭は全国的にみても珍しく，さらに城郭を要として扇形に建設された城下町と合わせれば，「海一城一町」という城を中心とした同心円状の都市構造となる，極めて美しい構図であったことが，江戸初期に描かれた屏風絵（図18・1）から推察できる。高松城は老朽化により明治中頃に取り壊しとなるが，現在市民レベルでの再建運動が始まっている。

続いて目に入るのは，高松を南北に貫くメインストリート，幅員36mとなる**中央通り**④である。中央通り沿道には銀行や裁判所などの公的機関や大手企業の支社が軒を連ねており，通り中央にはクスノキが列植されるなど，その道路景観は高松の代表的な景観にもなり得ており，日本の道100選にも選ばれている。歴史的には，1919年に都市計画法が制定され，高松においても近代都市に向けた再編の動きが始まる。高松の都市計画事業を策定するにあたり，当時，大阪市都市計画部長の任に就いていた直木倫太郎が招聘され，1928年に高松都市計画街路網計画が国に認可されることとなった。この戦前の都市計画（図18・2）で，ほぼ現在につながる街路網が計画されており，南北に貫く中央通りは最も格の高い道路として計画され，その後の戦災復興都市計画を経て，現在の中央通りが形成されるに至った。

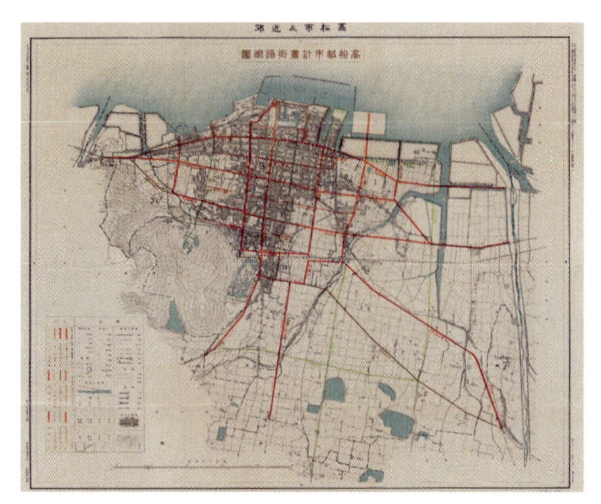

図18・2　高松都市計画街路網計画（1928年）

中央通りを南に下がると，兵庫町商店街の入口に着く。兵庫町商店街のアーケード内を東に進めば，ひときわ大きなガラスドームが見えてくる。ここは，**壱番街前ドーム広場**⑤と呼ばれ，全国的にも有名な丸亀町商店街再生事業のシンボル的な空間である。この広場はセットバックにより生まれた民有地と道路（公共用地）で構成されており，あらかじめ音響や電源設備を備えることで，コンサートや企業イベントなど様々な催し物が起こりやすい工夫が計画段階からなされている。

ガラスドームを南に曲がると，先述している丸亀町商店街に入る。「地方都市中心市街地の再生モデル」として竣工時から長らく注目を浴びている丸亀町商店街の再開発事業であるが，その特徴を簡潔に示せば以下の2点となる。まず，1点目が「土地の所有と利用の分離」を実現した点である。商店街に土地を持つ地権者達は，所有権はそのままに，再開発を機に新設したまちづくり会社と60年の定期借地契約をそれぞれ結ぶことで，まちづくり会社は土地の利用権を一手に保有する形となる。これにより，まちづくり会社は再開発事業を一体的に計画・運営することが可能となり，最適で合理的なテナントミックスを行える環境をつくりあげたのである。こうした事業スキームは全国で初めての試みであり，その後多くの商店街関係者が視察にくるものの，後に続く事例は出てきていない。続いて2点目が，「街区単位での再開発」である。丸亀町商店街は延長約470m，面積約4haの路線型商店街である。この商店街をA～Gの7街区に分け，街区ごとにコンセプトを持たせながら，商店街全体を一つのショッピングモールとして構成する計画で進めている。その理由として，第一に複数の街区をまとめるのは物理的に難しかった点，第二にまちの体力に合わせて時間をかけて再開発が行える点が挙げられる。最初に再開発計画が進み始めたのはドーム広場を有するA街区であり，2006年に竣工したA街区での成功が他街区での再開発事業の呼び水となっていった。この小規模連鎖型の開発は，時間をかけて来街者の潜在的ニーズを把握することにもつながり，まさにまちづくりをしながら再開発事業が進められる利点を持ち合わしている。

こうした事業的特徴により先進事例として注目される丸亀町商店街であるが，街区によっては高層部に集合住宅が建設されているのが確認できる。これはこの一連の再開発事業の目的が「商店街の再生」のみならず「居住者の回復」にあることを示している。丸亀町商店街振興組合の調査によれば，1970

年代には丸亀町だけでも1,000人くらいは生活していたが，2005年に住んでいたのはたったの75人だったという。こういう状態でいくら商業を集積させても，人が住まないところではいずれ需要はなくなる。こうした考えから，丸亀町商店街では「居住者の回復」という中心市街地全体をにらんだエリアマネジメントを実践している。

丸亀町商店街の南端は，2012年に竣工した**丸亀町グリーン⑥**と呼ばれる再開発エリア（G街区）となっている。ここでは，壱番街前ドームの円形広場とは異なる矩形の広場（けやき広場）が創出されており，それぞれの広場における人々のアクティビティの違いに目を向けるのも面白い。

高松の中心市街地には8つの商店街で構成された高松中央商店街があり，アーケードの総延長では日本一と言われている。そのアーケード街を南に進んでいくと，南新町，常磐町，田町商店街という3つの商店街（南部3町商店街）が交差する場所に**4町パティオ⑦**と呼ばれる広場が整備されている。ここは，2005年に住民提案による地区計画がかけられ，広場の舗装整備とともに広場周辺の用途制限や門扉の設置規制をしている。4町パティオ周辺には，以前，映画館や劇場が立地しており，広場から東に延びる常磐町商店街は肩と肩がぶつかるほどの人通りであったとされている。しかし，瀬戸大橋開通後，徐々に人通りは減少し，空き店舗が目立つようになって久しい状況にある。南部3町商店街では賑わい再生に向けた空き店舗活用などの取り組みも続けられており，丸亀町商店街で進む大規模な再開発とは異なるまちづくり手法に着目しながら散策してほしい。

田町商店街をさらに南に進めば，観光拠点としても有名な**栗林公園⑧**が近づいてくる。栗林公園は国の特別名勝に指定されており，その美しさは日本三名園よりも美しいとの定評もある。栗林公園西側には借景としている紫雲山があり，1931年に栗林公園と紫雲山を含めたエリア全体が風致地区に指定されている。しかし，栗林公園東側には高松市街地が広がっており，90年代から徐々に高層マンション建設による景観問題が浮上することとなる。地区住民による反対運動が活発化し，2009年に栗林公園北部の一部エリアにて高さ制限などを盛り込んだ地区計画が策定され，2011年には栗林公園周辺エリアを景観形成重点地区に指定し，庭園内からの眺望を保全する法的規制がかけられることとなった。

栗林公園北門から出て北に進めば，やがてコンクリートのモダニズム建築が左手に現れてくる。この建物が**香川県庁舎東館⑨**であり，デザイン知事として著名な金子正則知事の依頼を受けた丹下健三が設計した，日本の近代建築史上もっとも重要な作品の一つとも評されている。1958年に竣工した東館であるが，丹下はコルビュジエが提唱する近代建築5原則，すなわち，(1) ピロティ (2) 屋上庭園 (3) 自由な平面 (4) 水平連続窓 (5) 自由なファサード，これらすべてを設計に盛り込んでおり，さらに日本の伝統である梁をコンクリートで表現するなど，日本建築の特徴とモダニズムを高い次元で融合している。丹下の最高傑作とも評される香川県庁舎東館には，カメラを片手に建築を学ぶ人々が国内だけでなく海外からも数多く来訪している。

4. 歩き終わったら，こういうことを議論してみよう

《Q1》「海－城－町」という城下町以来の都市構造は全国的にみても珍しいが，都市デザインの観点から高松港周辺の改善計画を検討するとすればどのようなプラン（案）がありうるか，考えてみよう。

《Q2》まちなか再生という視点から，「沿岸部での開発」「丸亀町商店街の再開発」「南部3町商店街で進むまちづくり」はどのように評価することができるか，それぞれ比較しつつ，グループで分析・検討してみよう。

西成 典久

事例 19 広島：国際平和文化都市「ひろしま」を歩く

○川辺の空間のデザイン
○被爆建物の保存活用
○路面電車のはしるまち
○軍都廣島から広島平和記念都市への変遷

〈基礎情報〉
人口：約 119.4 万人
面積：約 906.68km²
特徴：戦災から復興した平和記念都市

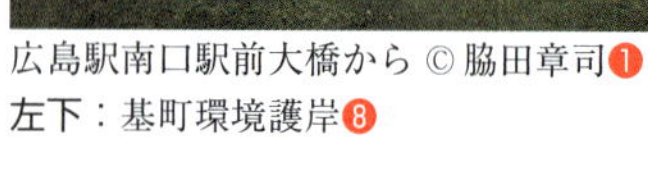

広島駅南口駅前大橋から © 脇田章司❶
左下：基町環境護岸❽

平和大通り《コース 2》スタート
基町住宅地区 © 脇田章司⓫

京橋川オープンカフェからの眺め⑨
横川駅前広場 © 脇田章司⓭

1. 広島市の紹介

広島市は，世界から原爆投下都市 HIROSHIMA として知られている。原子爆弾により壊滅した広島市の復興を促進するため「広島平和記念都市建設法（1949 年 8 月 6 日）」を施行し，「広島平和都市建設計画（1952 年）」が立案された。建物が全焼・全壊した区域である，市街地 2km の範囲の西を県知事が，東を市長が土地区画整理事業を施行し，今の広島の礎が築かれた。広島の都市像が広島平和都市から国際平和文化都市となったのは 1970 年に策定された基本構想からである。

その後は，周辺市町との広域合併や周辺の丘陵地での開発等か行われている。計画人口 10 万人の「広島西部丘陵都市」は第 12 回アジア競技大会（1994 年）のメイン会場となり，選手村も整備された。住・職・学とスポーツリクリエーション施設等も備えた副都心と位置付け「ひろしま西風新都」ととして都市づくりが進んでいる。

戦後広島の都市計画は（1）戦後復興期，（2）高度経済成長期から政令指定都市への移行期，（3）広島アジア競技大会に向けた開発期，（4）近年，の 4 つの時期に分けることができる。

この近年，広島大学跡地の活用「ひろしま『知の拠点』再生プロジェクト」が推進中，広島駅南口広場再整備計画も進められている。アストラムラインは西広島駅前への延伸が決定している。また，旧広島市民球状跡地の活用，広島西飛行場跡地など都市機能の充実に向けた課題も残る。被爆 100 周年（2045 年）を見据え，市町村マスタープランの目標年次 2030 年に向けた施策に取り組んでいる。

地形的な特徴から，広島は土砂災害危険区域が日本で一番多くあり，海に面し川が多いことから浸水想定区域も多い。2014 年 8 月に 77 名もの死者が発生した豪雨災害は記憶に新しい。

2. コースの特徴

広島駅周辺地区は，広島の陸の玄関口として様々な市街地再開発事業が行われてきた。また，平和記念公園と文化施設の集積する中央公園とその周辺は国際平和文化都市の象徴である。両コースとも「水の都ひろしま」構想（1990 年）の策定により河岸整備がなされており，歴史的な雁木保存箇所や，護岸緑地も創出され美しい景観となっている。

《コース 1》広島駅周辺を歩く

広島駅周辺は市街地再開発事業等が進められている。この地区を含む都心部では，ひろしま都心活性化プラン（2017 年）を策定し，広島駅周辺は，広島陸の玄関ゾーンとして整備を進めている。様々な市街地整備を知ることができるコースである。

《コース 2》平和記念都市ひろしまを歩く

平和記念公園の北端部には原爆ドーム❹（世界遺産登録：1996 年）がある。毎年 8 月 6 日には平和記念式典が開催されている。このコースは，平和記念資料館から原爆ドームを貫き基町住宅地区へと「平和の軸線」をたどるコースである。

3. 広島駅周辺を歩く（広島駅発，120 分）

広島駅は，西国街道の広島城下町への入口部に，山陽鉄道（現 JR）終着駅として建設（1894 年）された。戦後の広島駅周辺は土地が低利用で，木造建築物が密集しているなど都市の防災・環境上の問題を抱えており，都市機能の更新を図り高度利用を促すために市街地再開発事業が 4 地区で実施された。

広島駅北口（新幹線口）から北側には**二葉の里土地区画整理事業①**（2010-2019 年）が行われている。また，隣接して**若草地区第一種市街地再開発事業②**（2006-2010 年）により，市営若草住宅が取り壊され住宅ビルとホテル・ビジネスビルが建設された。二葉の里地区整備にあわせ北口駅前広場の改良工事（2017 年）によってペデストリアンデッキの整備や広場の機能再配置が行われた。北口から駅の南口へは南北自由通路が整備された。この歩行者空間から南口に出ると，駅前広場を取り囲むように正面西側が **A ブロック③**，その東に **B ブロック④**，マツダスタジアムの方向に **C ブロック⑤**と市街地再開発事業が行われた。A・B ブロックは駅からは地下広場で繋がっており，B ブロックには広島最高層のシティータワー（地下 2F，52F，197.5m）が，

Cブロックにはグランクロスタワー（地下1F，46F，166m）が建設されている。Cブロックを超えて東に向かうと**MAZDA Zoom-Zoomスタジアム広島⑥**（広島市民球場）（環境デザイン研究所・仙田満，2009年）が見える。貨物ヤードであったこの辺りは浸水エリアであった。そのため，スタジアムの地下には大洲雨水貯留池が整備されており，雨水を一旦貯留し段階的に放流することによって防災効果をあげている。また，雨水はスタジアム内のトイレ用水，グランド散水，スタジアム前のせせらぎに中水利用していることが評価され「循環のみち下水道賞」を受賞している。スタジアム周辺については，ヤード跡地集客施設など整備事業でプロポーザル（2008年）が行われ，超広域大型商業施設や大型スポーツクラブ，分譲住宅が建設された。スタジアムから猿猴（えんこう）川に架かる平和橋を渡るとその正面に，**段原西部土地区画整理事業⑦**（48ha/1972-2006年），と**段原東部土地区画整理事業⑦**（26.5ha/1995-2013年）が施行済みである。両地区は，比治山に遮られ原爆による被害がなく，戦前からの木造家屋が密集し道路幅員も十分でないことから，市街地整備が進められた。

猿猴川を川上に向かうと**駅前大橋⑧**が見える。路面電車が経路を変え，この橋から広島駅南口に建設される2階レベルの広場に乗り入れることが決定している（2023年頃完成予定）。京橋川沿いには**オープンカフェ⑨**が並ぶが，これは，河川利用の特殊措置に関する通達（2004年）を受け，京橋川両岸と本川・元安川地区を指定して河川緑地で水辺と市街地の一体化を目的に，オープンカフェ実施が可能となった例である。オープンカフェ背面の市街地には**平和記念聖堂⑩**（村野藤吾，1954年）がある。これは，戦後の建築で平和記念資料館と並んで国の重要文化財に指定された（2006年）。

4. 平和記念都市ひろしまを歩く（平和大通り発，160分）

日清戦争以降，戦争時の最高統帥機関である大本営が，**広島城❿**内に設置された。そのため，広島は軍都となり，陸軍の第5師団が置かれ，様々な軍需工場が建設された。広島を代表する企業のマツダ，三菱重工業広島などは，軍需目的で事業を開始し発展したのである。

このコースのスタート地点は，**平和大通り**白神社交差点である。この交差点は交通事故多発交差点で，左折導入路の設置（2008年）など改善が施されている。東西4kmに渡る平和大通り（広島市道比治山庚午線）は，戦争終盤の防火帯整備で建物疎開が行われ，復興事業で幅員100mの道路の整備に着手され，13年かけて完成（1965年）した。「フラワーフェスティバル」「ひろしまドリミネーション（ライトアップイベント）」，「ひろしま男子駅伝」の会場としても活用されている。

平和大通りを西に向かうと**平和大橋❶**（1952年）がある。この橋の欄干はイサム・ノグチの設計で，その先の**西平和大橋❷**と呼応するデザインとなっている。また，この橋の構造は西がリベット，東が溶接となっている。溶接の箱桁橋が登場した時期に両橋梁が施工されており，構造を違えての施工を試みたと考えられる。この平和大橋の北側に，歩道橋が整備中であるが，デザイン提案競技（2009年）採用案は，地元住民が反対し，着工見送りとなった。当初の計画を白紙に戻して計画を見直し，4年遅れの完成（2018年）となった。

平和大橋と平和西大橋の中間にある，**広島平和記念資料館❸**（丹下健三，1955年）は，市制70周年に開催された広島復興大博覧会にて開館した。資料館のピロティー下部から原爆死没者慰霊碑ごしに原爆ドームを正面に見ることができるよう景観軸を設定している。**原爆ドーム❹**＝旧広島県物産陳列館・産業奨励館（ヤン・レルツ，1915年）は，爆風がほぼ真上から襲ってきたためその姿を残すことができたと考えられている。崩壊を防ぐため，4回の保存工事が行われた。

原爆ドームの背面（正面は川に面している）には，**おりづる（ORIZURU）タワー❺**（三分一博志，2016年）が誕生した。14階からは広島市街地の鳥瞰が望める。おりづるタワー北側の相生通りをはさんで**旧市民球**

場跡地❻がある。市民球場移転決定時（2005年）より，跡地の活用について都市公園として利用することを前提に検討されてきた。現在「若者を中心としたにぎわいのための場」とする方向で決定しているが，具体的な活用策は今後の課題となっている。

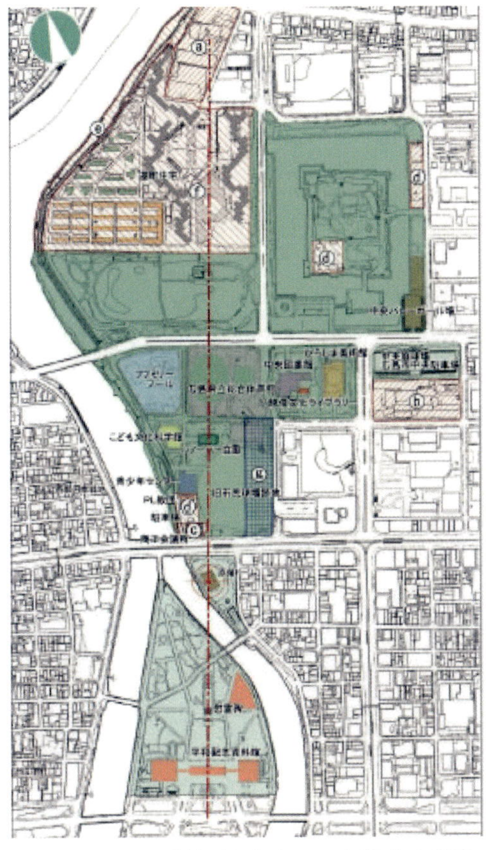

図19・1　平和の軸線（中央公園及び平和記念公園）

原爆ドームの北側には**相生橋❼**が地図で見るとT字型で紙屋町と本川町を結び，更に平和記念公園のある島を結んでいる。相生橋東詰の川岸親水テラスへ降りる階段がある。相生橋をくぐった先が**太田川基町護岸❽**（1983年）で，景観の美しさが評価されている。特徴的なのは，水際部の槍先のような「水はね」が水勢を弱め，人を水に近づける役割も果たす。上部は広い芝生の堤としている。堤から自由に**中央公園❾**へアクセスできる。空鞘（そらざや）橋からは城南通りに出ることができる。

中央公園は平和記念公園とともに「広島平和記念都市建設法」に基づき整備された。エリア内には復興のシンボルとして，**広島城❿**（1958年竣工）が広島復興大博覧会にあわせて再建された。中央公園には様々な文化施設と運動施設が集積している。

中央公園の北側の**基町住宅地区⓫**は，戦災復興の終焉事業である基町地区再開発事業（1968-1978年）で建設された。平和記念資料館から貫かれた「平和の軸線」北端部の両側に市営基町高層アパート（大高正人，1978年）が配されている。川沿いの南側に市営，北側に県営の中層住宅が並ぶ。4570戸の住宅群は，現在の中央公園から相生橋までの原爆スラムと呼ばれた基町不良住宅街の住民らの移住先であった。エリアを特定街区に指定し住宅を高層化することで河岸緑地を確保し，生活に必要な学校や商業施設なども整備している。建設後も様々な改修工事を続け，住民の高齢化と人工地盤下商店街のシャッター街化に対し，基町住宅地区活性化計画（2012年）を策定し，事業推進中である。

基町住宅地区北端の城北駅北交差点からアストラムラインの**白島新駅⓬**（シーラカンス，2015年）のコンコースが道路中央分離帯部に横たわるのが見える。さらに，県道84号を西に向かうと，**横川駅前広場⓭**（2004年）がある。ユニバーサルデザインに配慮した交通結節点の秀作とされている。

5. 歩き終わったら，こういうことを議論してみよう

《Q1》各都市で駅前再開発事業が行われています。都市の玄関口となる駅と都市の顔となる駅前は，どうあるべきなのか，何が必要なのか，他の都市の事例もふまえて考えてみよう。

《Q2》日本で唯一の「平和記念都市ひろしま」は，景観も空間構成から平和を感じさせる都市を実現できていると思いますか？平和をイメージする都市の要素とは何なのか，「平和記念都市」と呼ばれるにふさわしい都市の姿について考えてみよう。

《Q3》広島平和記念資料館のピロティーは建物を2層分持ち上げている。1層分をヒューマンスケール，2層分をアーバンスケールと呼ぶが，この空間ボリュームの差について考えてみよう。

今川 朱美

事例 20　福山市鞆の浦：瀬戸内の歴史的港湾都市

○港町の歴史的資源を活かしたまちづくり
○埋立架橋計画，中止へ
○市民主体の空き家再生・活用
○重要伝統的建造物群保存地区

〈基礎情報〉
人口：約 4000 人（旧鞆町，現鞆町鞆・鞆町後地の合計，2017.9 現在）
面積：5.4km^2
特徴：瀬戸内海の港町

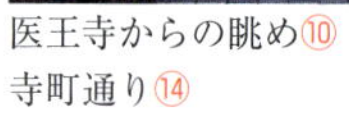

医王寺からの眺め⑩
寺町通り⑭

まちなかのメインストリート③
御舟宿いろは②

常夜灯前の広場⑦
江之浦の浜のまわり⑪

1. 鞆の浦の紹介

広島県福山市の沼隈半島に位置する鞆の浦は，瀬戸内に面した小さな港町である。眼前の瀬戸内海には数々の美しい島々が浮かび，鞆の浦から眺める一体は「鞆公園」として国の名勝に指定されている。この景勝は万葉の時代から知られていたが，一方で潮待ちの港としての好条件を備え，古来より海上交通の大動脈であった瀬戸内海の要地として栄えた。

この小さな港町は，1983年に広島県が提示した港の埋立て・架橋計画（図20・1）により大きく揺らぎ，賛否をめぐり地域社会は二分された。計画反対派が県を相手に埋め立て免許差し止めを求めた住民訴訟にまで発展した。2016年に広島高裁にて訴訟が終結し，計画は撤回され，30年以上にわたる問題には決着がついた。近年は，歴史的な町並みや風景が見直されてきたことで，鞆の観光客は徐々に増え，まちなかには市民主体で空き家を再生・活用したカフェや旅館等が生まれている。

2. コースの特徴

瀬戸内の港町は，風光明媚な多島海と海近くに迫る豊かな山との間に挟まれた僅かな低地に位置している。港町が共通して有する海，岸，街，寺社，山という構造を体感しながら歩く。さらに鞆には多様な歴史的資源があり，こうした資源の現状と活用について考えるコースである。

人口減少と少子高齢化が進み，町内には空き家や青空駐車場が増えている現状もあるが，一方で空き家再生・活用の取組みも積み重ねられており，こうした実践を訪ね歩く。

コース周辺の用途地域は，商業地域，近隣商業地域，第一種住居地域，容積率は200〜400％に指定されている。市街地の背後の地域は，自然環境と調和する地域として，鞆・熊野風致地区，瀬戸内海国立公園特別地域に指定されている。

2017年10月には重要伝統的建造物群保存地区に選定された。対象地区は，江戸時代の町人地のうち，廻船業の中核を成し，近代以降の地割の変化が

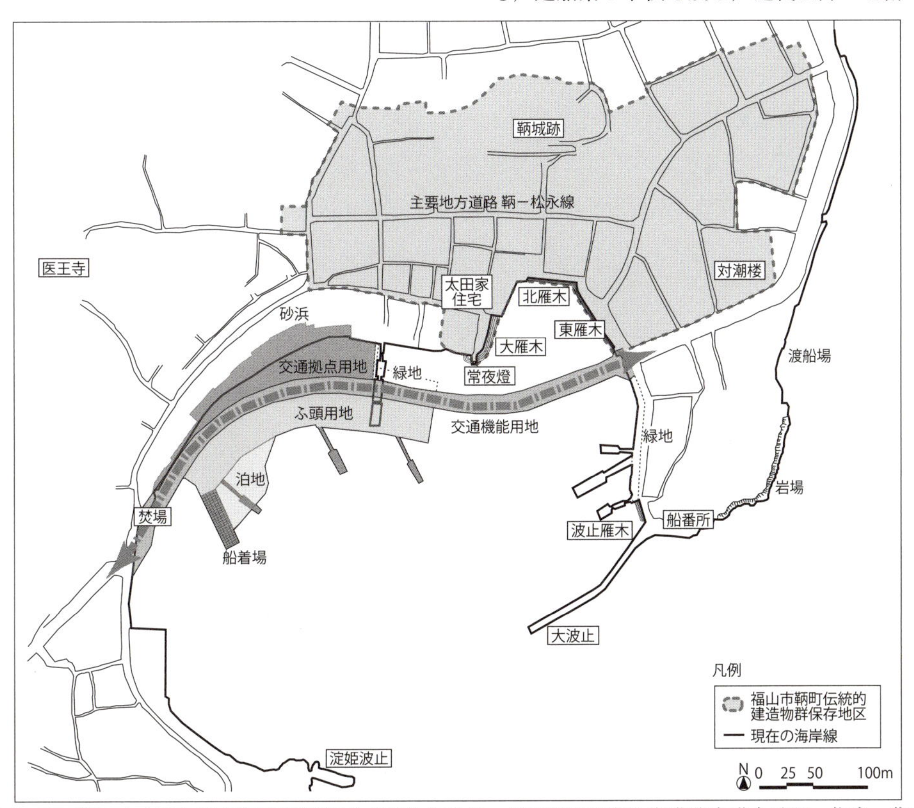

図20・1　鞆の中心部と埋立架橋事業計画（2000年2月，広島県福山港地方港湾審議会承認，作成＝著者）

少なく，江戸時代の町家主屋が良く残る約 8.6ha である。これに先立ち，9月に住民らにより「行政と住民がより連携して町並み保存整備を進めていくための組織」として，「鞆・暮らしと町並み研究会」が設立された。

3. 鞆の浦を歩く（「鞆港」バス停発，180 分）

JR 福山駅南口から鞆鉄バスに乗ること 30 分，終点「鞆港」でバスを降りると，潮の香りとともに，目の前には**鞆港の風景①**が広がる。この港湾には，波止，焚場，雁木，船番所，常夜灯という近世港湾の主要施設ないしその遺構が全て現存している。こうした港湾は北前船の寄港地で鞆だけであり，歴史的港湾としての価値は極めて高い。また，港に出入り停泊している大小様々な船や雁木付近で人々が談笑する姿など，海と生業，生活とが深く結びついた鞆らしい風景を見ることができる。

港を背にゆるやかなカーブに沿って少し歩くと**御舟宿いろは（旧魚屋萬蔵宅）②**がある。慶応 3 年（1867 年），現在の福山市宇治島沖で，坂本龍馬ら海援隊が乗る「いろは丸（160t）」と紀州藩の軍艦「明光丸（870t）」が衝突事故を起こした。この海難事故の賠償交渉が行われた場所である。数年空き家の状態で取り壊しという話も出たが，NPO 法人鞆まちづくり工房（以下，NPO）が貴重な歴史的資源を保存活用したいと考え，購入した。設計コンペを経て，助成金や募金も獲得し，町家を改修，2008 年に旅館・飲食店としてオープンした。運営も NPO が行っている。

次の角を左に曲がると，まちなかの**メインストリート（主要地方道路 鞆-松永線）③**に出る。数多くの歴史的建造物が建ち並ぶ。一方，車社会の到来以前の都市形態を継承しているため，現状で幅員 3 ～ 4m 程度と狭隘で自動車同士がすれ違うのもやっとである。こうした交通の不便さ等の課題解決のために「都市計画」が港湾部を埋立て，土地を造成し広幅員の街路を建設するという事業を推進していった。

細い街路を抜けて再び港に向かうと，大雁木に面して**茶屋蔵④**がある。この名称は，かつてこの地に旧福山藩御茶屋が存在していたことに由来して付けられた。参勤交代の休泊や朝鮮通信使の宿泊場所として利用された記録がある。長年空き蔵であったが，2003 年から NPO が借用・管理しており，調査，活用整備工事，再生ワークショップ等を経て，現在はカフェ・ギャラリーとして活用されている。なお NPO は，2004 年に「空き家バンク」を立ち上げ，茶屋蔵や先述の御舟宿いろはの他にも，まちなかにある空き家の再生・活用に取り組んでいる。

そして，**湧出町通り（県道と常夜灯を結ぶ通り）⑤**には，歴史的な建築物が連なり，空き家を再生・活用した店舗も並び特徴的な通りとなっている。通り沿いの**太田家住宅⑥**は，保命酒屋中村家が江戸時代より保命酒醸造業を営んでいた建物群で，主屋や醸造蔵など 9 棟から構成される。明治期に廻船業を営んでいた太田家が受け継いだ。1980 年代には物置と化した時期もあったが，「鞆を愛する会」の住民らが当主の太田氏に願い出て掃除を始めるようになった。こうした活動が実り，瀬戸内海の商家建築を代表するものとして 1991 年に国の重要文化財に指定され，約 6 年間の保存修理事業を経て 2001 年より一般公開されている。住民が管理運営を担当し，積極的に案内やイベント等も行っている。

常夜灯まわりは**小さな広場⑦**になっている。ベンチが置かれ，面する店舗はテラス席を出しており，住民が談笑したり観光客が風景を眺めたり写真を撮ったりしている。また太田家住宅周辺の**裏路地⑧**は蔵などに挟まれており，囲まれ感があって面白い。飾り気のない路地は，歩きやすい生活動線でもある。メインストリートに直交する路地からは海が垣間見える。

鞆の中心部は城下町としての町割りを受け継ぐため，多くが T 字路になっている。大正時代に建てられた洋風建築の面する角が唯一の**四つ角⑨**である。

まちの西側の山腹まで坂道を上ると，平安時代に空海が建立したとされる**医王寺⑩**に着く。ひときわ高い位置にあり，港の東側からでも非常に目立つ。

鞆の町と瀬戸内を一望に見渡すことができる。

医王寺を下ると，**江之浦元町あたり**⑪に出る。ここは古くから漁師町として栄えてきた。後継者不足で漁業を生業とする世帯は少なくなっているが，漁船や網などの漁具，新鮮な旬の魚介類が店先で売られている姿など，漁村的な風景を色濃く残す。海と山に挟まれた狭い当地区には，住宅が密集している。一方で，浜，海際の広場，路地，井戸や祠を中心とした小広場など，狭い空間ながら，海との関係を基本に生活を営むための多様な公共空間が形成されている。

さらに県道に沿って進むと右手に法界を示す**巨大な石碑**⑫がある。鞆の北側（県道沿いの鞆中学校への上がり口の三叉路付近）にもある。これはかつての町の境界を示したもので，この間に挟まれた部分が鞆と呼ばれた。この先の**淀姫神社**⑬からも鞆の町や瀬戸内を見渡せる。

県道を戻り，山裾に沿って寺社をつなぐ**寺町通り**⑭を進む。この通りは，歴史的地区環境整備街路事業（歴みち事業）によって，石張りの舗装になっている。道路沿いには伝説のあるささやき橋や井戸などもあり，寺社巡りを楽しめるようになっている。

沼名前神社⑮はまちの東西を貫く立派な参道を構えている。当社の始まりは1800年ほど前までさかのぼると言われている。御弓神事，御手火神事（いずれも福山市の無形民俗文化財）等，鞆で行われる多くの祭事の舞台となっている。

神社から参道へ進むと，旧街道との交差点に沼名前神社の碑がある。ここを右に曲がった旧街道筋は**商店街**⑯であるが，バス停の近くに位置するため，お客を呼び込もうと昭和に入りいち早く「近代化」して歴史的建造物を建て替えた例も少なくないと言われている。看板建築等，細部の意匠に凝った商店建築もあり面白い。

そして鞆町の中央部，かつて鞆城があった**城山**⑰に登ると公園になっており，眼下に港町を望むことができる。毛利氏が築いた城を，1600年に安芸・備後の領主となった福島正則が修築し，この鞆城を中心に城下町としての整備をした。ただし城自体は9年ほどで廃城となった。福山市鞆の浦歴史民俗資料館は，1970年代から始まった地元有志による調査・収集活動が原動力となり，建設された。鞆の住民が中心となった「鞆の浦歴史民俗資料館友の会」は，資料館の研究や活動の支援を行っている。

旧街道筋の三叉路には，洋風建築の**しまなみ信用金庫**⑱があり，印象的なまちかどを演出している。このようにまちなかには近代の洋風建築もあり，歴史的な町並みに厚みを加えている。

南に進むと，大規模な商家が目を引く。これは，江戸時代から酒造業，酢造業が営まれてきた建築物である。空き家の時期もあったが，改修され，2003年に**さくらホーム**⑲として開設，グループホームやデイサービス等の機能をもつ。地域の子どもたちが訪れることもあり，多世代の交流の場となっている。このように鞆ではNPO以外にも様々な市民が空き家再生・活用に取り組んでいる。

福禅寺対潮楼⑳は，岩の上に石垣を積み，その上にそそり立っている。現在の県道は昭和30年代に埋め立てて造られたものであり，この石垣にはかつては波が打ち寄せていた。江戸時代には朝鮮通信使の上官の常宿になっており，ここからの眺めは「日東第一形勝」と賞賛された。

最後に県道を渡り，江戸時代に遊郭地だった界隈の路地を抜けて**大波止**㉑まで行ってみたい。瀬戸内の風景とともに，釣りを楽しむ人の姿等も見られる。

4. 歩き終わったら，こういうことを議論してみよう

《Q1》鞆の魅力や個性について考えてみよう。

《Q2》鞆において都市計画が果たすべき役割は何か考えてみよう。

《Q3》鞆における歴史的建築物や空き家の再生・活用のあり方について考えてみよう。

後藤 智香子

事例 21　福岡都心部：福岡と博多をつなぐ

○超高層ビルのない都心
○歴史的な町割と戦後の区画整理の関係
○都心部の公園・広場のあり方
○鉄道駅と一体化した重層的な歩行者ネットワーク

〈基礎情報〉（福岡市）
人口：153.9 万人
面積：343.39km²
特徴：2 つの街をつなぐ都市デザイン

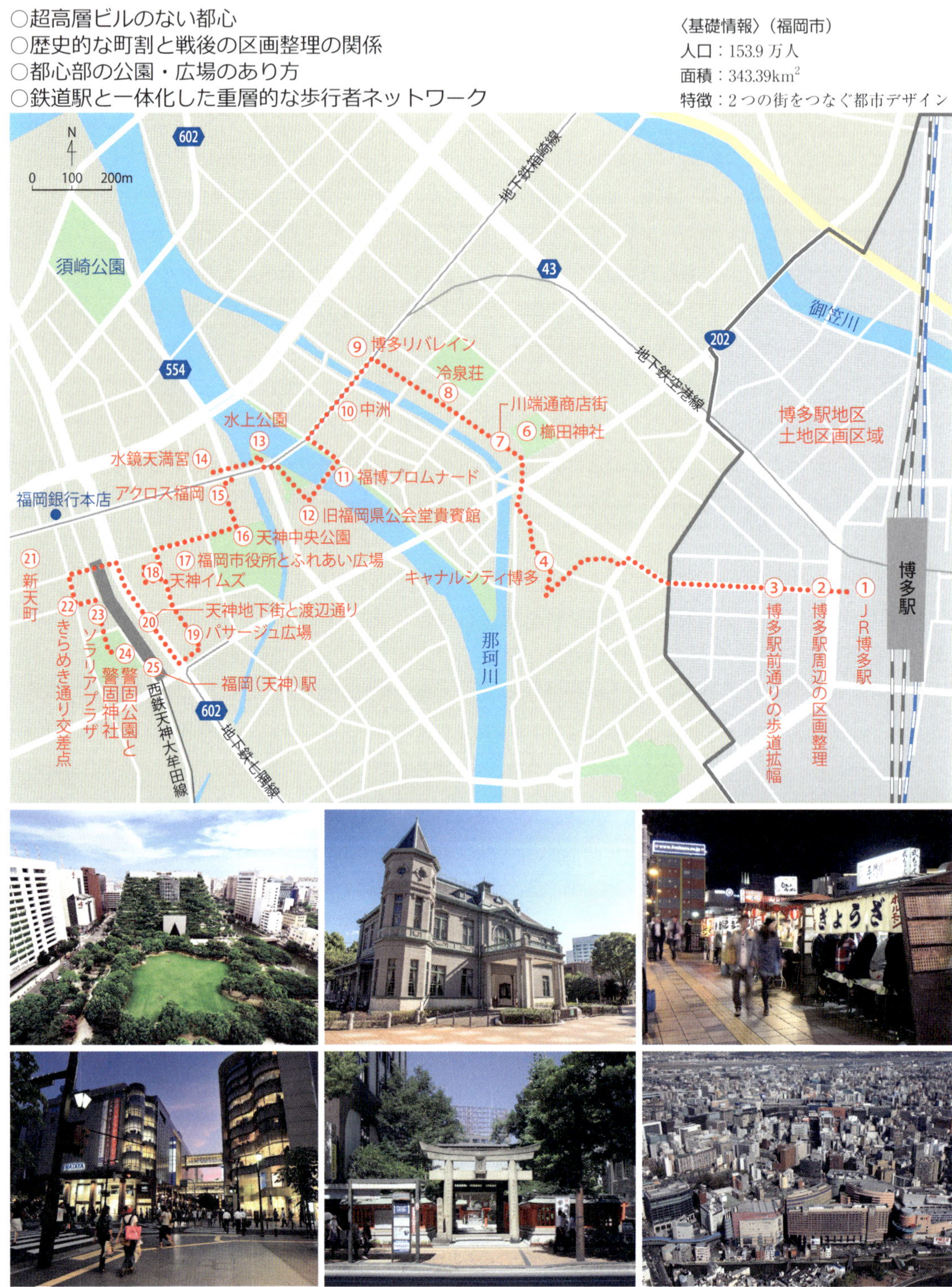

アクロス福岡⑮と天神中央公園⑯
きらめき通り交差点㉒
［写真提供：福岡市］

旧福岡県公会堂貴賓館⑫
水鏡天満宮⑭

中洲の屋台⑩
キャナルシティ博多④

1. 福岡市の紹介

福岡市都心は，港を中心に発達した町人地・博多と，福岡城の城下町を基盤とした天神という2つのまちを起源としている。現在は，JR駅を中心に博多地区にはオフィスが広がり，天神地区はデパートが軒を連ねる商業の中心である。福博をつなぐことが常にまちづくりのなかでも意識されてきた。

2. 福岡と博多をつなぐ（博多駅発，180分）

山陽新幹線の終点である**JR博多駅**①を起点に“まちあるき”を始めると，駅前広場は三方から放射状に幹線道路が集まっている。この町割は，戦後，博多駅の移設に併せて実施された**土地区画整理事業**②によるものである。駅前広場の正面に見える歩道拡幅中の西日本シティ銀行本店（磯崎新，1971年）を目印に，**はかた駅前通り**③を西に向かう。

キャナルシティ博多④（ジョン・ジャーディ，1996年）は紡績工場の跡地開発であり，街区内に大胆に水を取り込んだデザインが特徴である。

櫛田神社⑥の境内から**川端通商店街**⑦を進むと「川端ぜんざい」の跡地に広場があり，商店街のイベント広場として活用している。近隣には博多を代表する老舗やリノベーション文化の起点，**冷泉荘**⑧など個性的な建物や店舗も多い。**博多リバレイン**⑨は，再開発事業として建設された複合施設である。

ここから那珂川の分流である博多川を渡り，**中洲**⑩へ向かう。中洲は博多と福岡の中間にあたり，1889年に行われた共進会（博覧会）をきっかけに開発が進んで，現在は西日本を代表する歓楽街として知られている。

明治通りから少し南に外れて**福博プロムナード**⑪を渡ってみると，那珂川・薬院新川を渡る二つの橋があり，天神と中洲を結ぶ遊歩道として整備されている。**旧福岡県公会堂貴賓館**⑫は，天神を中心に行われた1910年の共進会の来賓接待所として建設された木造建築（重要文化財）である。

水上公園⑬は，天神地区の東の玄関口として，市が民間企業を起用して改修した公園となっている。

水鏡天満宮⑭は天神の地名の由来となった由緒ある神社であり，隣の横丁とあわせて訪れて欲しい。

天神に長く存在した県庁が移転し，跡地には音楽ホール・国際会議場を備えた複合施設**アクロス福岡**⑮（日本設計＋エミリオ・アンバース，1995年）と**天神中央公園**⑯が整備されている。公園西側には白いタイル張りの**福岡市役所本庁舎**⑰（菊竹清訓，1988年）が見え，庁舎西側の「ふれあい広場」は年間を通して様々なイベントが開催されている。なお，市庁舎の南半分は，肥前堀と呼ばれる福岡城と薬院新川を結ぶ堀の跡地となっており，煉瓦を用いた欧風の**天神地下街**⑳も見ると，堀があった部分のみ壁面が石垣を模した意匠となっている。市役所広場西側の**天神イズム**⑱のアトリウムも特徴的だ。

市庁舎の西側の通りを南に下るとデパートに挟まれた**パサージュ広場**⑲につながる。広場は，商業施設と一体の空間に見えるが，福岡市道であり，デパートと一体的に整備された公共空間である。

天神地区のメインストリート**渡辺通り**⑳を歩くと，航空法の高さ制限による商業ビルが立ち並ぶ特徴的な景観が見えてくる。渡辺通りの地下には**天神地下街**⑳と駐車場が設けられ，地区の歩行者ネットワークの要となっている。渡辺通りの西側の大半は天神を終着駅とする**西鉄福岡駅**㉕のターミナルビルであり，鉄道駅を含む巨大複合施設となっている。駅の表玄関である「大画面前（北口）」を横切り西に向かうと右側に天神地区を代表する**商店街新天町**㉑が広がる。大画面前から南に下ると，公開空地の広場に囲まれたきらめき通り交差点に到着する。

警固公園・警固神社㉔は「公園内の見通しと動線の確保」を意識して2012年に改修された。天神地区のまちの広場として多くの人に愛されている。

3. 歩き終わったら，こういうことを議論してみよう

《Q1》超高層ビルのない都心を持つ都市の事例を調べ，その利点と課題を考えてみよう。

《Q2》多層にわたる歩行者ネットワークを持つ天神地区について，初めて街を訪れる観光客の視点で，その課題を考えてみよう。

黒瀬 武史

事例 22　北九州市門司港：港湾都市の新旧を巡る

○ウォーターフロント空間のデザイン
○歴史的建造物の保存活用
○景観コントロール
○港湾の後背市街地の特徴

〈基礎情報〉（北九州市）
人口：96.1 万人
面積：73.67km^2
特徴：日本の近代化を支えた工業・港湾都市

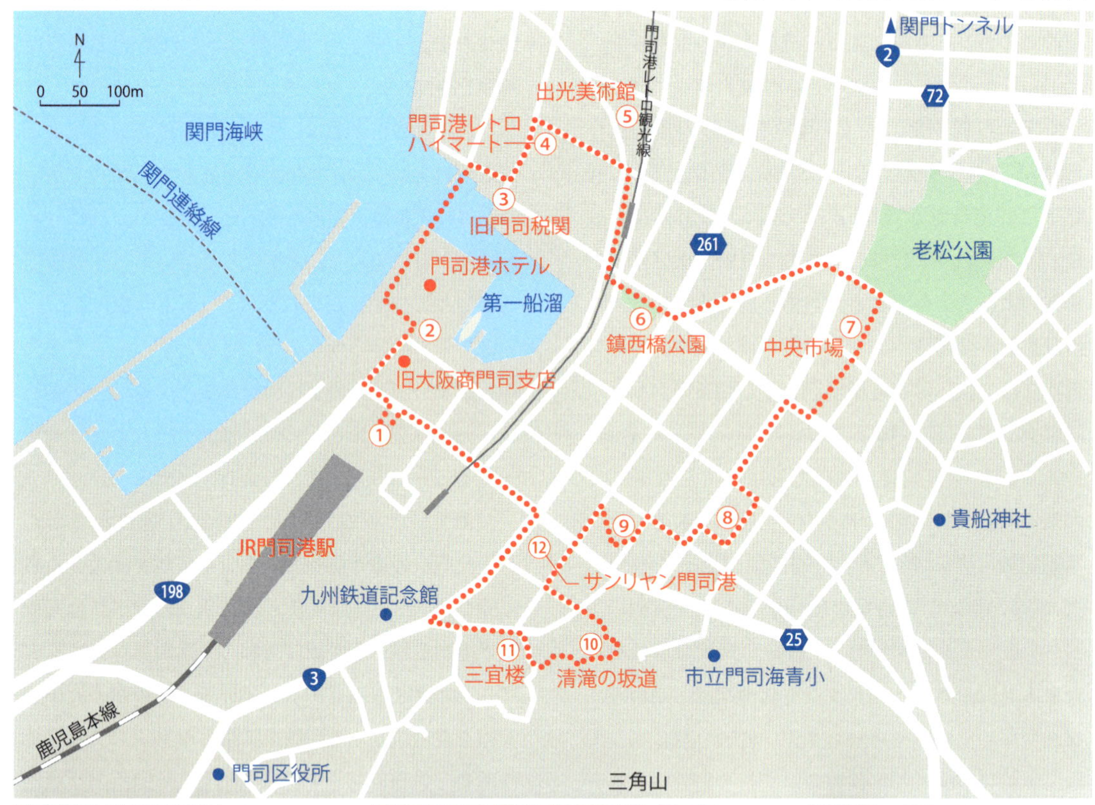

展望室からの門司港地区の眺め

レトロ広場からホテル側を望む

はね橋から旧門司税関③を望む

中央市場⑦

栄町商店街を抜けて三宜楼⑪へ

清滝の路地⑩

1. 北九州市の紹介

福岡県北九州市は九州の北東端に位置し，1963年の5市合併により発足した政令指定都市である。官営製鐵所の開設をはじめ日本の近代化とともに工業・港湾都市として発展したが，合併後は産業構造の転換によって基幹産業が後退し，都市活力の低下を招いた。人口は1980年をピークに減少に転じている。市では1988年に総合計画「北九州市ルネッサンス構想」を策定し，以降，都市再生への積極的・戦略的な取り組みを推進している。

2. 門司港を歩く（JR門司港駅発，120分）

門司港は1889年に国の特別輸出港として開港し，横浜や神戸と並ぶ貿易港に成長したが，戦後，交通体系や産業構造の変化によって拠点性は薄れた。

地区の活性化を目指し，点在する歴史的建造物や関門の景観を活かした官民連携の観光まちづくり，「門司港レトロ」事業を1988年より実施した。臨港部の整備は，中野恒明（アプル総合計画事務所）を中心にトータルな都市環境デザインがなされている。また，対岸の下関市と連携して関門景観条例を2001年に制定し，指定された建築行為等について配置や高さ，形態，色彩の制限を行っている。

コースは，整備されてきた臨港部と往時のたたずまいが残る後背の市街地を巡る。都市環境デザインや景観コントロールの実践例と，港湾都市の市街地形成の特徴を学ぶことができる。なお，コースの大部分は商業地域である。

起点の**JR門司港駅①**の駅舎は，1915年築のネオ・ルネッサンス調の木造建築である（国重要文化財）。駅前のレトロ広場はロータリーを移して整備したもので，北西に関門海峡を望める。広場を囲む門司郵船ビルと旧JR九州本社ビルは戦前のオフィスビルであり，郵船ビル1階のコンビニエンスストアは外観やサインを周囲と調和するよう改修している。北に進むと，復元改修された**旧大阪商船門司支店**や**門司港ホテル②**（アルド・ロッシ，1998年，現・プレミアホテル門司）が現れ，第一船溜へと繋がる。

第一船溜のまわりには歩行者専用のはね橋やプロムナードが整備されている。元の船溜入口に位置する**旧門司税関③**はファサードが復元され，内部を改装して休憩室やギャラリーとしている。その北に建つ超高層マンション**門司港レトロハイマート④**（黒川紀章設計）は，景観配慮を巡る建築主と行政・市民の攻防を経て大幅な設計変更を行い建設された。最上階は市が展望室を整備し，建設前に解体された旧三菱倉庫の煉瓦壁は，隣接する市営駐車場の外囲いに再利用されている。**出光美術館⑤**は，大正期の倉庫を改装・改築した建物である。

後背市街地に向かう。**鎮西橋公園⑥**から老松公園へ抜ける幹線道路（国道3号線）は，1932年まで第一船溜と第二船溜を結ぶ運河であった。この一帯は1901年の市区設計事業により最初の市街地整備がなされ，さらに戦災復興土地区画整理事業で現在の街区構成になった。戦前の公設市場を発祥とする**中央市場⑦**が，かつての賑わいを物語る。

錦町・清滝界隈は，趣のある木造建物や路地が残る。建築基準法に則して路地を見ると，**⑧の路線**は第42条2項道路，**⑨は3項道路**に指定されている。**清滝の坂道⑩**も2項道路だが，斜面地では建築時の敷地後退は容易でなく，風情のある路地景観とは裏腹に，空き家や空き地が増えつつある。

木造3階建の**三宜楼⑪**は1931年築の料亭建築で，かつては山手のランドマークであった。長年の市民運動により保存，再利用に至っている。老舗百貨店の跡地に建つ高層マンション**サンリヤン門司港⑫**は，1街区で地区計画を定めて用途制限や外壁後退を行い，優良建築物等整備事業の助成を受けて建設されている。

3. 歩き終わったら，こういうことを議論してみよう

《Q1》レトロ地区と後背市街地それぞれの歴史的建造物の保存再生とまちのデザインについて考えてみよう。

《Q2》門司港地区では高層の建築物の多くを分譲マンションが占める。その建築デザインと景観との調和について考えてみよう。

志賀　勉

事例 23　熊本市中心部：城下町熊本を歩く

○駅周辺の再開発
○歴史的建造物の保存活用
○中心市街地の再開発
○水辺の景観デザイン

〈基本情報〉
人口：74.1 万人
面積：390.32km²
特徴：熊本地震の復興に思いを馳せ，中心市街地の水辺を巡る

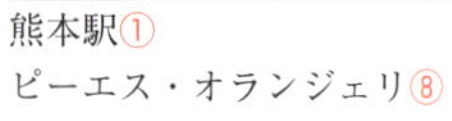

熊本駅①
ピーエス・オランジェリ⑧

坪井川の方へ抜ける小路⑪
熊本地震で被災した長塀と坪井川⑭

RC 打放しのパラペット⑲
白川河川公園の敷地⑳

1. 熊本市の紹介

熊本市は，九州のほぼ真ん中に位置する熊本県の県庁所在地であり，2012年に全国20番目の政令指定都市に移行した。阿蘇カルデラを源流とする白川の氾濫原である盆地には「井手」と呼ばれる農業用水路や湧水も多く，近世に加藤清正が築城した熊本城を中心とした城下町が現在の中心市街地となっている。近代以降，白川を越えて市街地が拡大し，1899年に市制がひかれ，1930年には，地方都市として初めて風致地区が7地区（水前寺，江津湖，八景水谷，立田山，本妙寺山，花岡山・万日山，千金甲）が選定されている。熊本市の中心市街地を流れる白川は，ヨナと呼ばれる阿蘇の火山灰土を多く含むことから，水害がよく起きた一級河川である。1953年の「6.26水害」や2012年に起きた「九州北部豪雨災害」などのように，度々水害が起きている。

2016年4月，震度7の地震が二度熊本市を襲い，熊本県下では死者50名，住宅の被災が19.7万棟，余震が激しく一時18万人もの人々が車中泊などを含む避難生活を送った。

2. 新町・古町を歩く（熊本駅発，40分）

《コース1》熊本駅から，古町，新町を通って，船場橋に至る約1.8kmの道のり，ゆっくり歩いて40分のコース。

2011年から九州新幹線の停車駅となり，熊本の陸の玄関口となった**熊本駅**①は，1891年九州鉄道の駅として，中心市街地の外れに開業した。現在，駅周辺では熊本県の合同庁舎やホテル，各種ビル群が建設され，熊本市の新都心として再開発が進んでいる。西口（新幹線口）を出ると風致地区にも指定されている花岡山・万日山に囲まれ，東口（白川口）を出ると，目の前に市電が止まる**サイドリザベーション**②を行っており，ペデストリアンデッキを渡ると，再開発によって建設されたくまもと森都心プラザビルやサンクンガーデンを通って白川へと至る。ここには，かつて白川と坪井川（元々は井芹川）との背割り堤に築造された**「石塘（いしども）堰」**③が現地保存されている。

図23・1　市電が止まるサイドリザベーション②

図23・2　背割り堤に築造された「石塘堰」③

白川橋を右手に見ながら背割り堤を歩く④と，**祇園橋**⑤に至る。ここが古町（ふるまち）の入り口である。碁盤目状の区画の中心には，それぞれ**お寺**⑥があり「一町一寺（いっちょういちじ）」と呼ばれ，かつては坪井川の舟運によって栄えた町人町が広がっている。職人町を北上すると，坪井川に架かる**明八橋**⑦に至る。

図23・3　一町一寺⑥

1875年に架橋されたこの石橋は，通潤橋や霊台橋を造った肥後の名石工橋本勘五郎が手掛けた。この橋を渡ると，かつての熊本城内，新町に至るが，ここを渡らずに坪井川に沿って町屋の並びを東へ歩くと，明十橋のたもとに，1919 年かつて第一銀行熊本支店として建設され，現在は（株）ピーエスのショールーム・オフィスとしてリノベーションされた，**ピーエス・オランジュリ⑧**が見えてくる。

1877 年に架橋された明十橋を渡ると，かつて城下町として栄え，町屋が多く残っていた新町に入る。しかし熊本地震によって，新町，古町に残っていたこれらの町屋も相当被害を受けた。古くから残る商店の立ち並ぶ通りの正面には**熊本中央郵便局⑨**が見えてくる。その右手が「あんたがた，どこさ，肥後さ」の手毬歌で有名な**船場橋⑩**である。橋の両親柱には，エビとタヌキが乗せられている。かつて坪井川舟運で賑わっていただろうこの橋からは，熊本城の天守閣が見える。

この船場橋近くの電停（市電の駅）「洗馬橋」からは熊本駅に行く A 路線と上熊本駅へ行く B 路線に分かれ，この B 路線は新町の中心部や蔚山町を通って，段山（だにやま）など西南戦争の激戦区を経て上熊本駅へと至る。

3. 坪井川から白川へ（船場橋発，40 分）

《コース 2》船場橋から，熊本城を左手に見ながら坪井川に沿って行幸橋に至り，長塀通りを通って，市電の走る水道町を抜け，白川に架かる大甲橋へ至る約 1.8km の道のり，ゆっくり歩いて 40 分のコース。

船場橋を渡ると桜町と呼ばれる，熊本市のもう一つの交通結節拠点「交通センター」やかつての岩田屋，熊本県民百貨店などのビルを含む商業地域である。「熊本都市計画桜町地区第一種市街地再開発事業」が進行中で，（仮称）熊本城ホールと呼ばれる MICE 施設やバスターミナルを含め，2019 年夏に大型複合施設が建設される予定である。現在は，（仮称）花畑広場において様々な社会実験が行われ，新しい熊本の中心市街地像が練られている。

辛島公園の方には行かず，坪井川沿いに北上すると，坪井川桜町緑地の少し先で，ビルの間を**坪井川の方へと抜ける小路⑪**が整備されている。ここを抜けると，坪井川に沿って河畔を歩くことのできる**坪井川遊歩道⑫**へと入る。旧盆には「精霊流し」なども行われる坪井川は，昼間は静かで猫が昼寝をしていたりする。桜橋の下を潜り抜け，行幸橋の橋詰熊本市民会館の裏で，地上レベルへと戻る。左手には，熊本城直下の城彩苑，ここから行幸坂を登れば加藤神社や熊本城を周遊できる。

国際交流会館を右手に，坪井川を左手に進むと，「長塀通り」に入る。石畳の道は常に観光客で賑わっている。現在は，熊本地震の影響で**熊本城の痛々しい姿⑬**が見えるが，20 年後には美しく復旧した熊本城を再見することができるだろう。5 分も歩けば，再び市電と合流し，振り返ると精霊流しの場ともなる坪井川の**代表景⑭**が眺められる。路面電車の向こうに 14 階建の熊本市役所が聳えている。

市役所を過ぎ，熊本城稲荷神社の手前を右の方向に曲がると，市電とともに通町（とおりちょう）筋に入る。この通町筋は，日本郵政や熊本パルコ，ホテル日航，熊本の老舗デパート鶴屋などが立ち並ぶ，熊本のメインストリートである。ここから北に**上通（かみとおり）商店街⑮**，南に**下通（しもとおり）商店街⑯**というアーケードが続き，夜遅くまで賑わっている。ちょうど，上通と下通の結節点辺りから，**熊本城を望む⑰**と市電なども入り込み，熊本の中心市街地らしい風景に出会える。

図 23・4　通町筋にて熊本城を望む⑰

上通の一本東は「上乃裏通り」と呼ばれ，町屋や古民家をリノベーションした飲食店，服飾店などが立ち並び，面白い界隈をつくっている。通町筋と 3 号線の交差点，水道町（すいどうちょう）を過ぎ，東に進むと大甲橋に至る。この大甲橋から市役所を

図 24・5　大甲橋の中央から上流方向を望む⑱

眺めると，熊本城側がだいぶ低くなっていることが分かる。おおよそ白川の堤防天端が，熊本市役所の3階の天井ぐらい，約10mも天井川になっていることが分かる。

今の大甲橋は，1924年，甲子（きのね）の年に，熊本市電の水前寺線建設に合わせて架橋された。熊本市民は，大甲橋を通るこの通りを，「電車通り」と呼ぶ。**大甲橋の中央から上流方向を望む⑱**と，正面に黒髪山があり，その手前に架かる明午橋までの左右岸にはたくさんの樹木が見え，白川のこの区間は「森の都」熊本を代表する「緑の区間」と呼ばれている。

4. 二つの水辺を歩く（白川大甲橋発，30分）

《コース3》白川大甲橋から，白川の右岸を上流方向に歩き，明午橋を渡って白川沿いを下り，新屋敷の中心部を流れる大井手（おおいで）の沿川を歩き，九品寺の白川との合流点を確かめ，白川の河川敷を大甲橋東詰めの広場まで歩く，約10kmの道のり，ゆっくり歩いて約30分のコース。

この白川緑の区間の改修計画は，1986年に検討され始め，治水，景観，環境など様々な議論が対立したが，15mの引き堤や継続的な市民との対話，「緑の保全」，「歴史の継承」，「親水性」の3つの柱を大切にした整備により，2015年4月に完成した。白川緑の区間は，同年のグッドデザイン賞を受賞している。

白川の右岸には大甲橋からずっと約90cmの高さの**コンクリート打ちっ放しのパラペット⑲**が造られている。かつては，木々が鬱蒼としており，容易に白川に近づけなかった河畔に，パラペットの横に白川に沿って歩ける遊歩道が設えられ，日中は通学する学生や，夕方になるとたくさんの人が散歩しているのを見かける。

仮設中の明午橋を渡ると，白川左岸の**白川河川公園の敷地⑳㉑**に入る。この左手は新屋敷と呼ばれる地区で，大きな敷地の邸宅とマンションが多い。この新屋敷の中心部を，白川の渡鹿堰にて取水した農業用水が流れる**大井手㉒**が流れている。井手（いで）とは農業用水路のことで，かつては都市近郊の農業地帯であった白川左岸の水田に水を配るために，一の井手，二の井手，三の井手と次々と分水し，最後は九品寺にて白川に合流する。

大井手と白川の合流点から，白川の高水敷に下り，大甲橋の下をくぐって，緑の区間に戻ることができる。この白川緑の区間では，ミズベリングなどの活動も盛んで，白川，大井手二つの大小の水辺は，熊本市中央区の新しい顔に育ちつつある。

図 23・6　農業用水が流れる大井手㉒

5. 歩き終わったら，こういうことを議論してみよう

《Q1》熊本城下町発展の歴史と白川，坪井川，江津湖などの多様な水辺，舟運との関係について考えてみよう。

《Q2》水害や地震など，災害若しくは防災・減災と熊本の中心市街地との関係について考えてみよう。

《Q3》熊本駅，交通センター，バス，市電など公共交通と，熊本の中心市街地の回遊性について考えてみよう。

田中 尚人

事例 24 鹿児島：戦災復興の都市空間を活かす

○都市におけるオープンスペースの創出
○街路からの都市づくり
○街区のかたちと住まい・街並みのデザイン

〈基本情報〉
人口：60.0 万人
面積：547.58km²
特徴：戦災復興の都市計画

戦災復興街路（みなと大通り公園③）

❸邸宅跡に建つ集合住宅

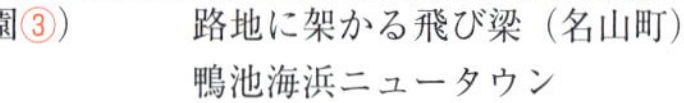

路地に架かる飛び梁（名山町）

鴨池海浜ニュータウン

中央駅から港へむかうナポリ通り

三和町の街並み

1. 鹿児島市の紹介

鹿児島市は錦江湾をはさんで東に活火山・桜島をのぞむ本土最南端の拠点都市である。市域は南北に細長く，シラス土壌の台地と湾との間の狭い平坦地を中心に市街地が広がっている。太平洋戦争で市街地の約9割を焼失したが，いち早く復興に取り組み，当初計画された街路や公園がほぼ実現した全国でも数少ない都市である。戦災復興土地区画整理の事業区域は焼失地域外を含む約1,044haに及ぶ。このときに整備された街路や公園が現在の中心市街地の骨格をかたちづくっている。

2. コースの特徴

鹿児島は薩摩藩の城下町として発展し，狭い平坦地を北から南へ市街化していった。上級武士の居住地であった上町（かんまち）周辺は，鹿児島駅や鹿児島港と一体となり近代以降も都市の拠点を形成した。戦後に本格的に市街化した甲突川以南では，九州新幹線の終点・鹿児島中央駅がもうひとつの拠点を形成している。3kmほど離れた両駅は約20分の路面電車（鹿児島市電）で結ばれ，その途中に南九州随一の繁華街・天文館地区がある。これら3つを拠点として中心市街地活性化基本計画区域（約381ha）がやや広めに設定されている。

《コース 1》戦災復興の都市空間とその活用

戦災復興を通じて実現された街路をたどりながら，都市の拠点や回遊性を創出する近年の取り組みを見て歩く。大規模な未利用地を活用した公共施設の移転やオープンスペースの創出事例などを通じて既存の都市空間における都市再生（本編第8章）のあり方を考える。

《コース 2》戦前・戦後の郊外と住まい

鹿児島における近現代の郊外をたどる。戦前からの御屋敷と近年建設が活発化する集合住宅，スプロールとニュータウン，平坦部から斜面地を経て埋立地にいたる，さまざまな街区と住まいを見て歩く。市街地の住環境（本編第4章，5章）について考えるコースである。

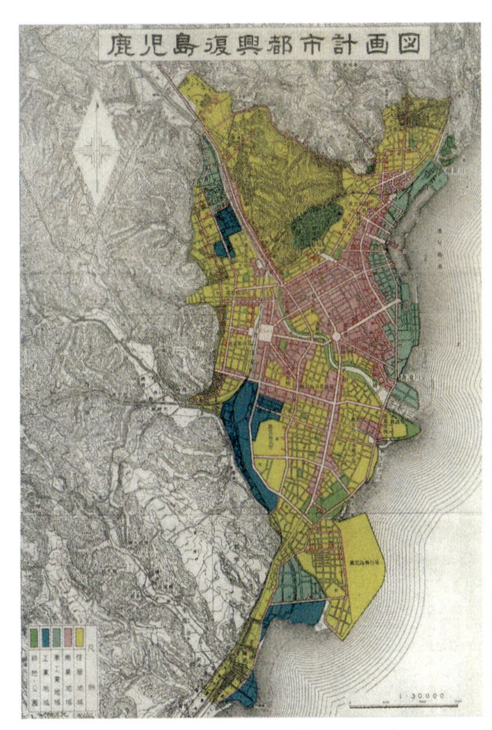

図24・1　鹿児島市戦災復興都市計画図（1957年）

3. 戦災復興の都市空間とその活用
（鹿児島駅発，90分）

《コース 1》鹿児島駅は戦後に本駅機能が西鹿児島駅（現在の鹿児島中央駅）に移るまで，鹿児島港とともに貨物と旅客の拠点だった。長らく貨物ヤードが遊休化していたが，その一部が2016年に公園と屋根付きイベント広場からなる愛称**「かんまちあ」**①として整備され，各種イベントに活用されている。

県農協連合会館の跡地を事業コンペで再開発した**アーバンポート21**②（1993年事業完了）へ向かう。このあたりは鹿児島港の後背地で，終戦直後は引揚者や物資でひしめき合い，密度の高い市街地を形成していた。

みなと大通り公園③は戦災復興事業で市役所本館（1937年竣工）から桜島方面へ新設された幅員50mの街路である。1992年に車線数を減らして歩行空間を拡充し，ウォーターフロントへ通じる遊歩道を兼ねた公園として再整備された。公園の脇には，間口1間の木造店舗が軒を連ねる街区がある。名山堀と呼ばれ，狭いながらも親密な飲食店などが営業する一角となっている。

産業会館（1967 年竣工）の前で西に城山，東に桜島を仰ぎ見ることができる。この街路は，西南戦争（1877 年）で焼けた市街地の復興を指揮した岩村通俊県令が整備した**朝日通り④**である。当時の県庁（現在の中央公園のあたり）から東へ一直線，その先に見える桜島は夕陽に照らされるとさらに美しい。朝日通りの交差点角に建つ南日本銀行本店（1937 年竣工・登録有形文化財）は桜島・城山への眺望とともに街路景観の重要な要素である。

電車通りと並行する**広馬場通り⑤**は現在，裏通りの様相があるが，明治から大正にかけては金融機関が立ち並ぶ目抜き通りだった。1914 年に鹿児島駅まで延伸した鹿児島電気軌道（現在の市電）の敷設は当初，この広馬場通りに予定されていた。しかし，沿道関係者が騒音などを懸念したため，代わって現在の電車通りのあたりで営業していた呉服商の山形屋が積極的に敷地を提供した。山形屋は軌道に面して本館を新築し，まちの賑わいが移動するきっかけをつくった。

鹿児島金生町ビルの 1 階通路を抜け，右手にその山形屋本館（1916 年竣工）を見つつ，市電通りを渡りアーケード街に入る。天文館と通称される地区である。なや通り，はいから通り，天文館通り，テンパーク通りと進む。街路の幅員や曲がる角度にも変化がある。**グルメ通り⑥**は，街区の背割線に相当する幅員 4m 弱ほどの路地に飲食店が軒を連ねている。

電車通りを再び横断し，夜の歓楽街として賑わう文化通りの先に**天文館公園⑦**がある。戦災復興事業で整備された公園のひとつで，以前はナイター設備を備えた野球グラウンドもあったが，2012 年に芝生広場やステージをもつ空間に再整備された。

天文館公園から西に向かって**清滝のこみち⑧**がつづく。1964 年に市営駐車場として利用するために暗渠化された清滝川が，2011 年に遊歩道として再整備された。冬季には天文館公園や文化通りなどの街路と連続したイルミネーションで彩られる。

甲突川の近くに**市立病院の跡地⑨**がある。民間の収益施設を含む Park-PFI を導入した緑地として 2020 年までに整備される予定である。病院は 2015 年に鹿児島大学に隣接する日本たばこ産業の工場（2005 年に閉鎖）跡地に移転した。市街地における低未利用地を活用した公共施設の移転・更新とオープンスペースの創出が連鎖的に進んでいる。

鹿児島中央駅⑩の商業施設の上に観覧車がみえる。戦災復興で駅を中心とした街路網が整備されたため，観覧車が駅に向かう街路のアイストップになっている。戦災復興計画では駅と港を将来的な交通の拠点と位置づけ，両者を広幅員の街路（ナポリ通り・パース通り）で結び，途中の新屋敷広場を囲む新しい官庁街が計画された。広場は現在，自動車中心の五叉路になっているが，戦災復興を通じて実現された象徴的な都市空間のひとつである。

4. 戦前・戦後の郊外と住まい
（武之橋電停発，180 分）

《コース 2》武之橋電停は鹿児島電気軌道（現在の市電）開通時の起点で，歴史的にみると近代鹿児島の郊外住宅地はここから南へ進展した。電停の西側一帯には 2015 年まで鹿児島市交通局の車庫や工場があったが，先述した市立病院と同様に鹿児島大学近くの工場跡地に移転した。**旧交通局❶**の敷地は民間事業者に売却され，商業・医療・宿泊・集合住宅などからなる複合再開発が進行中である。

旧谷山街道を南下する。このあたりも戦災復興区画整理の事業区域であるが，街道筋は継承されており，かつて商店を営んでいた併用住宅が街道の面影を伝えている。**中洲通り❷**を横断する際，桜島側とその反対側を見ると街路の幅員や並木に違いがある。ここは区画整理の事業工区の境界で，北東側の一帯は周囲に比べ不整形な街区となっている。

街道の途中で左折して東に行くと，鹿児島の溶結凝灰岩の門柱と石塀で囲まれた御屋敷が点在している。下見板張りの住宅や手入れの行き届いた庭木を石塀越しに見ることができる。戦前の郊外に展開した個人住宅の典型がいまも残る一方，外構のみ継承して集合住宅に建て替わった**邸宅跡❸**もある。

さらに南下し，鹿児島大学水産学部の角に出る。与次郎ヶ浜の埋立てが始まる前，水産学部は錦江湾に面していた。1960年代後半に公有水面埋立事業で造成された与次郎地区は，太陽国体（1972年）で競技場などが整備され，当初は特別用途地区の観光地区が指定されていた。現在は土地利用がやや混乱しており，現行の土地利用を許容する「交流・娯楽地区」と業務機能を中心とした土地利用を誘導する「交流・業務地区」の地区計画で建築物の用途と形態がコントロールされている。

八幡小学校に隣接して**八幡公園❹**が併設されている。鹿児島には市街地を縁取る斜面緑地があることから，大規模な公園計画よりも住居地域での小公園の配置が重視された。

市電通りを渡ると騎射場地区である。沿道は容積率400%・商業地域が指定されており，パチンコやスーパー，分譲マンションが立ち並ぶ。背後は飲食店や学生向けの賃貸アパートが多く，いわゆる学生街が広がる。この界隈には戦前の計画的な郊外住宅地として**住宅組合による街区❺**もあり，その一角には県の知事公舎がある。

鹿児島大学の郡元キャンパスに入る。キャンパスマスタープランではヤシの並木と直交する東西の軸を「ふれあい通り」と名付け，周辺地域との接点を創出しようとしている。卵型のホールをもつ**稲盛会館❻**（安藤忠雄，1994年）の前から市電を渡り，JRの陸橋を越えて**工場群❼**を見おろす。戦前の都市計画で線路と新川に沿って工業地域が指定された。鹿児島を代表する製菓工場や製綿工場が並んでいる。現在は準工業地域であるが，操車場の縮小や工場の移転に伴い，跡地で大型の集合住宅の建設が相次いでいる。

新川をはさんで対岸は，斜面地が市街化した**唐湊地区❽**である。大学キャンパスの東側とは対照的に等高線に沿った細い路地に学生向けの集合住宅が多くみられる住宅地である。川沿いを南下する途中で陸橋の下を通る。踏切渋滞を避けて台地上の住宅団地と中心部とを結ぶ幹線道路が都市計画道路として整備された。

再びJRと市電を渡って東へ向かうと，狭い街路と小さな街区に比較的低層の住宅が高密度に建つ**真砂地区❾**である。バス通りに沿って金融機関やコンビニ，個人商店が並び，路地に入れば温泉銭湯もある。このあたりは終戦の直前直後に木造の営団住宅や市営住宅が大規模に供給された。大火に見舞われて建築は更新が進んだが，街区の形は継承されている。

真砂地区の東側は対照的に，大きな街区に板状平行配置の高層住宅群や業務ビル，病院などが並ぶ鴨池海浜ニュータウンである。海軍飛行場として埋め立てられ，戦後も空港滑走路として利用されていたが，1970年代にニュータウンとして整備された。当初から建築の形態や色彩がコントロールされてきた実績があり，現在は業務地区に地区計画がある。

1996年に市役所近くから移転してきた**県庁❿**の18階展望ロビーから，これまで歩いた市街地を一望できる。時間があれば鴨池港やその近くの三和町にも足を延ばしてみよう。三和町は戦災復興事業を通じて鹿児島港周辺からの移住先として形成された。鹿児島の戦後の都市空間を理解するうえで実は重要な町である。

5. 歩き終わったら，こういうことを議論してみよう

《Q1》都市のなかのオープンスペースとして，公園や緑地，遊歩道はどのように使われているだろうか。公共的な空間に面する建築のデザインについても考えてみよう。

《Q2》人々の回遊性を高めるために市電の延伸が検討されている。鹿児島の魅力ある都市空間をネットワーク化する具体策を提案してみよう。

《Q3》今回見て歩いた市街地の30年後を想定して，持続可能な居住地や都市空間に必要な事柄について考えてみよう。

小山 雄資

参考文献

第1章
柳沢厚・野口和雄・日置雅晴：「自治体都市計画の最前線」学芸出版社，2007
佐藤圭二・杉野尚夫：「新都市計画総論」鹿島出版会，2003
三船康道＋まちづくりコラボレーション：「まちづくりキーワード事典」学芸出版社，2002
高見沢実：「初学者のための都市工学入門」鹿島出版社，2000
都市計画教育研究会編：「都市計画教科書（第2版）」彰国社，1995
日本建築学会編：「建築設計資料集成　地域・都市Ⅰプロジェクト編」丸善，2003
日本建築学会編：「建築設計資料集成　地域・都市Ⅱ設計データ編」丸善，2004
日本建築学会編：「まちづくりデザインのプロセス」丸善，2004
佐藤滋編著：「まちづくりの科学」鹿島出版会，1999
佐藤滋・田中滋夫・後藤春彦・山中知彦：「図説　都市デザインの進め方」鹿島出版会，2006
ジェーン・ジェイコブス：「アメリカ大都市の死と生」鹿島出版会，1977
藤田弘夫：「都市の論理　権力はなぜ都市を必要とするか」中央公論新社，1993
渡辺俊一：「都市計画の誕生－国際比較からみた日本近代都市計画」柏書房，1993
石田頼房：「日本近現代都市計画の展開－1868～2003」自治体研究社，2004
伊藤雅春・小林郁雄・澤田雅浩・野澤千絵・真野洋介：「都市計画とまちづくりがわかる本　第二版」彰国社，2017
日本建築学会：「コンパクト建築設計資料集成　都市再生」丸善出版，2014
薬袋奈美子・室田昌子・加藤仁美：「生活の視点でとく都市計画」彰国社，2016
佐々木晶二：「いちからわかる知識&雑学シリーズ　都市計画のキホン」ぎょうせい，2017
谷口守：「入門　都市計画－都市の機能とまちづくりの考え方」森北出版，2014
日端康雄：「都市計画の世界史（講談社現代新書）」講談社，2008
蓑原敬・藤村龍至・饗庭伸・姥浦道生・中島直人・野澤千絵・日埜直彦・村上暁信：「白熱講義　これからの日本に都市計画は必要ですか」学芸出版社，2014
饗庭伸：「都市をたたむ　人口減少時代をデザインする都市計画」花伝社，2015
佐々木晶二：「政策課題別　都市計画制度徹底活用法」ぎょうせい，2015
日本都市計画学会：「60プロジェクトによむ日本の都市づくり」朝倉書店，2011
都市計画用語研究会：「四訂　都市計画用語事典」ぎょうせい，2012
饗庭伸・山崎亮・小泉瑛一：「まちづくりの仕事ガイドブック：まちの未来をつくる63の働き方」学芸出版社，2016
小林重敬：「都市計画はどう変わるか」学芸出版社，2008
高見沢実：「都市計画の理論－系譜と課題」学芸出版社，2006

第2章
小嶋勝衛監修：「都市の計画と設計」共立出版，2002
日笠端：「都市計画（第3版）」共立出版，1993
三村浩史：「地域共生の都市計画」学芸出版社，1997
高橋伸夫，菅野峰明，村山祐司，伊藤悟：「新しい都市地理学」東洋書林，2005
L.ベネヴォロ（横山正訳）：「近代都市計画の起源」鹿島出版会，1976
L.ベネヴォロ（佐野敬彦，林寛治訳）：「図説都市の世界史1～4」相模書房，1983
E.ハワード（長素連訳）：「明日の田園都市」鹿島出版会，1968
ル.コルビュジェ（樋口清訳）：「ユルバニスム」鹿島出版会，1967
C.A.ペリー（倉田和四生訳）：「近隣住区論」鹿島出版会，1975
ガリオン・アイスナー（日笠端監訳，土井幸平・森村道美訳）：「アーバン・パターン」日本評論社，1975
パトリック・ゲデス（西村一朗他訳）：「進化する都市」鹿島出版会，1982
日本建築学会編：「建築学用語辞典」岩波書店，1993
都市史図集編集委員会編：「都市史図集」彰国社，1999
日本都市計画学会編：「都市計画図集」技報堂，1978

第3章
石田頼房：「スプロール市街地の性質と経済　建築雑誌」日本建築学会，1966.02

華山謙：「スプロールを止めろ」土地住宅総合研究，1979（通号 44）
金沢良雄 他編：「住宅問題講座 5 住宅経営」有斐閣
田中啓一編：「転換期の開発政策」ぎょうせい
石田頼房：「1968 年都市計画法の歴史的背景とその評価」都市計画，1982
石田頼房：「近代日本都市計画史研究」柏書房，1992
都市計画学会編：「新都市計画マニュアルⅠ土地利用編　都市計画区域・区域区分」丸善
福川裕一：「ゾーニングとマスタープラン－アメリカの土地利用計画・規制システム」学芸出版社，1997
水口俊典：「土地利用計画とまちづくり－規制・誘導から計画協議へ」学芸出版社，1997
浅野純一郎・海道清信・中西正彦・秋田典子・姥浦道生・苅谷智大・中出文平他：「都市縮小時代の土地利用計画：多様な都市空間創出へ向けた課題と対応策」学芸出版社，2017
日本建築学会：「建築・都市計画のための調査・分析方法」井上書院，2012
都市計画法制研究会：「コンパクトシティ実現のための都市計画制度　平成 26 年改正都市再生法・都市計画法の解説」ぎょうせい，2014
トマス・ジーバーツ（著）・蓑原敬他（訳）：「「間にある都市」の思想　拡散する生活域のデザイン」水曜社，2017

第 4 章

芦原義信：「街並みの美学」岩波現代文庫，2001
内山久雄・佐々木葉：「景観とデザイン（ゼロから学ぶ土木の基本）」オーム社，2015
遠藤浩・荒秀・中村博英（編）：「建築基準法 50 講」有斐閣双書，1976
大澤昭彦：「高さ制限とまちづくり」学芸出版社，2014
小林崇男（監修），建基法令実務研究会（編）：「実務者に役立つ　建築基準法令解説」オーム社，2011
彰国社（編）：「建築大辞典　第 2 版」彰国社，1993
高見沢実：「初学者のための都市工学入門」鹿島出版会，2000
福川裕一・岡部明子・矢作弘：「持続可能な都市：欧米の試みから何を学ぶか」岩波書店，2005

第 5 章

水口俊典：「土地利用計画とまちづくり」学芸出版社，1997
森村道美：「マスタープランと地区環境整備」学芸出版社，1998
河村茂：「建築からのまちづくり」清文社，2009
内海麻利：「まちづくり条例の実態と理論」第一法規，2010
日本建築学会編：「成熟社会における開発・建築規制のあり方」技報堂出版，2013
国土交通省国土技術政策総合研究所「密集市街地整備のための集団規定の運用ガイドブック～まちづくり誘導手法を用いた建替え促進のために～」，国土技術政策総合研究所資料 No. 368，2007

第 6 章

土木学会土木計画学ハンドブック編集委員会編「土木計画学ハンドブック」，コロナ社，2017
家田仁・岡並木編著：「都市再生－交通学からの解答」学芸出版社，2002
原田昇編著「交通まちづくり：地方都市からの挑戦」，鹿島出版会，2015
藤井聡・谷口綾子・松村暢彦編著「モビリティをマネジメントする」，学芸出版社，2015

第 7 章

E. HOWARD：『TO-MORROW A Peaceful Path to Real Reform』（SWAN）
SONNENSCHEIN&CO., LTD, LONDON，pp91
日本公園緑地協会：「公園緑地マニュアル」2012
「都市緑地の計画と設計」彰国社，1987
国土交通省都市地域整備局：「新編　緑の基本計画ハンドブック」2007
都市緑化技術開発機構：「防災公園技術ハンドブック」環境コミュニケーションズ，2005
阿部伸太：「臨海型都市における公園緑地系統計画とデザインに関する考察」都市計画 291 号 pp70-73，公益社団法人日本都市計画学会，2011
阿部伸太：「海外の造園動向　環境時代におけるパリ市民のための緑空間の整備　ランドスケープ研究第 81 巻第 2 号 pp154-155」公益社団法人日本造園学会，2017

阿部伸太：「海外における人が集まる空間～駅をはじめとする“人が集まるところ”の公園化～」公園緑地第 78 巻 pp10-13，一般社団法人日本公園緑地協会，2017
パリ・リブ・ゴーシュプロジェクト：ホームページ（http://www.parisrivegauche.com）ではプロジェクトの動画「Paris Rive Gauche Aménagement de Tolbiac Sud」も紹介している。
石川幹子：「都市と緑地」岩波書店（2001）

第 8 章

伊達美徳編著：「都市再開発　建築計画・設計シリーズ No. 32」市ヶ谷出版社，1992
五十嵐敬喜・小川明雄：「都市再生を問う　建築無制限時代の到来」岩波書店，2003
中出文平＋地方都市研究会編著：「中心市街地再生と持続可能なまちづくり」学芸出版社，2003
矢作　弘：「大型店とまちづくり」岩波書店，2005
安達正範・鈴木俊治・中野みどり：「中心市街地の再生　メインストリートプログラム」2006
矢作　弘・瀬田史彦：「中心市街地活性化　三法改正とまちづくり」学芸出版社，2006
再開発の歴史編集委員会：「日本の都市再開発史」全国市街地再開発協会，1991
遠藤哲人・区画整理　再開発対策全国連絡会議：「これならわかる再開発　そのしくみと問題点，低層・低容積再開発を考える」自治体研究社，2004
区画整理促進機構編：「小規模区画整理のすすめ－これからの街なか土地活用－」学芸出版社，2004
国土交通省都市・地域整備局市街地整備課・住宅局市街地建築課市街地住宅整備室監修：「防災街区整備事業ハンドブック」全国市街地再開発協会，2005
住環境整備研究会編：「住環境整備 2008」全国市街地再開発協会，2008
国土交通省住宅局市街地建築課市街地住宅整備室編：「住宅市街地整備ハンドブック 2008」全国市街地再開発協会，2008
馬場正尊・Open A・嶋田洋平・倉石智典・明石卓巳・豊田雅子・小山隆輝他：「エリアリノベーション：変化の構造とローカライズ」学芸出版社，2016
清水義次：「リノベーションまちづくり　不動産事業でまちを再生する方法」学芸出版社，2014
中野恒明：「まちの賑わいをとりもどす　ポスト近代都市計画としての「都市デザイン」」花伝社，2017
NPO 団地再生研究会，合人社計画研究所：「団地再生まちづくり－建て替えずによみがえる団地・マンション・コミュニティ」水曜社，2006
「都市・建築・不動産　企画開発マニュアル　入門版」エクスナレッジ，2016
東京大学 cSUR-SSD 研究会：「世界の SSD100－都市持続再生のツボ」彰国社，2007
国土交通省住宅局市街地建築課（監修），密集市街地法制研究会：「密集市街地整備法詳解」第一法規株式会社，2011
国土交通省都市局市街地整備課（監修）：「都市再開発実務ハンドブック〈2016〉」大成出版社，2016
松村秀一編著：「建築再生学－考え方・進め方・実践例」市ヶ谷出版社，2016
土地区画整理法制研究会：「よくわかる土地区画整理法　第二次改訂版」ぎょうせい，2013

第 9 章

梶秀樹，塚越功編著：「都市防災学：地震対策の理論と実践」学芸出版社，2007
佐々木晶二：「防災・復興法制－東日本大震災を踏まえた災害予防・応急・復旧・復興制度の解説」第一法規，2017
林春男：「いのちを守る地震防災学」岩波書店，2003
牧紀男：「復興の防災計画－巨大災害に備える－」鹿島出版会，2013
山本俊哉：「防犯まちづくり：子ども・住まい・地域を守る」ぎょうせい，2005

第 10 章

西村幸夫：『都市保全計画』東京大学出版会，2004
大野整ほか：『景観まちづくり最前線』学芸出版社，2009
日本建築学会編：『景観計画の実践』森北出版，2017

第 11 章

佐藤滋・饗庭伸 他：「地域協働の科学」成文堂，2005
佐藤滋・志村秀明・饗庭伸 他：「まちづくりデザインゲーム」学芸出版社，2005
日本建築学会：「まちづくりの方法　まちづくり教科書　第 1 巻」丸善，2004

羽貝正美 編著：「自治と参加・協働　ローカル・ガバナンスの再構築」学芸出版社，2007
木下勇：「ワークショップ　住民主体のまちづくりへの方法論」学芸出版社，2007
伊藤雅春：「参加するまちづくり－ワークショップがわかる本」OM 出版，2003
世田谷まちづくりセンター：「参加のデザイン道具箱（1～4）」世田谷まちづくりセンター
原科幸彦編著：「市民参加と合意形成」学芸出版社，2005
饗庭　伸・米野史健・真鍋陸太郎・桑田　仁・川原　晋・野澤千絵・内海麻利他：「住民主体の都市計画」学芸出版社，2009 年
小林重敬（著，編集）・青山公三・保井美樹他：「最新エリアマネジメント－街を運営する民間組織と活動財源」学芸出版社，2015

事例
〈基本情報〉
人口　総務省統計局『日本の統計 2017 年の人口』（2-3 都市別人口）
http://www.stat.go.jp/data/nihon/02.htm
面積　国土地理院『平成 28 年全国都道府県地区町村面積調（H29.10.1 時点）』
http://www.gsi.go.jp/KOKUJYOHO/MENCHO-title.htm

事例 2・1　函館：北の開港都市のシェアリングヘリテージ
越澤明（1989）『函館，札幌，帯広の都市計画－1930・40 年代の計画思想の発展』（第 9 回日本土木史研究発表会論文集）公益社団法人土木学会
函館市（2008 年策定，2012 年改定）『函館市景観計画』函館市
事例 2・2　小樽編：シェアリングヘリテージによる都市再生の模索
佐藤雄紀・越澤明・坂井文（2006）『小樽における明治期の火防線と小樽公園の計画について』（日本建築学会技術報告集　第 14 巻　第 27 号，p321-324）一般社団法人日本建築学会
小樽市（2009）『小樽市景観計画』小樽市

事例 3・1　弘前：あずましの城下町・弘前の都市計画を学ぶ
事例 3・2　黒石：「こみせ」が生み出すあずましの公共空間
北原啓司（2009）『まち育てのススメ』弘前大学出版会

事例 4　仙台：新旧の都市計画を巡る
八巻芳夫（1976）『杜の都仙台市の街路樹』針生印刷

事例編 6　多摩ニュータウン
住宅・都市整備公団南多摩開発局『TAMA NEW TOWN　事業概要』住宅・都市整備公団南多摩開発局
東京都 住宅・都市整備公団　東京都住宅供給公社（1982）『多摩ニュータウン』
独立行政法人都市再生機構（2006）『TAMA NEW TOWN SINCE 1965』（図 6・1）
宮城　俊作（監修）（1997）『オープンスペース　環境施設計画資料集』オーム社（図 6・2）

事例 7　世田谷：下北沢，梅ヶ丘，三軒茶屋
高橋ユリカ・小林正美・NPO 法人グリーンライン下北沢／編（2015）『シモキタらしさの DNA 「暮らしたい訪れたい」まちの未来をひらく』エクスナレッジ
世田谷区『下北沢駅周辺地区　地区計画』世田谷区
日本建築学会（2012）『まちづくりの方法』（まちづくりの教科書第 1 巻）丸善出版
斎藤啓子（1996）『ふれあいのあるまちづくりと梅丘中学校前歩道橋整備』（ランドスケープ研究 60（3），pp. 249-251）
世田谷区『太子堂二・三丁目地区・地区街づくり計画』世田谷区

事例編 9　高崎中心市街地：城下町の景観・都市計画
高崎市市史編さん委員会編（2000）『新編高崎市史　資料編 11（近代現代 3）』高崎市
高崎市市史編さん委員会編（2001）『新編高崎市史　資料編 12（近代現代 4）』高崎市

高崎市市史編さん委員会編（2004）『新編高崎市史　通史編 4（近代現代）』高崎市
高崎市（2011）『高崎市都市計画都市計画マスタープラン（平成 23 年改訂版）』高崎市
高崎市（2011）『高崎市景観計画（平成 23 年改訂版）』高崎市
高崎市（2016）『高崎の都市計画 2016』高崎市

事例 10　長岡：城下町・戦災復興都市のまちなか再生を巡る
長岡市史編集委員会 / 編（1990）『長岡市史双書　No.7　戦災都市の復興』長岡市
長岡市中心市街地活性化基本計画〈第 1 期（2008）〉〈第 2 期（2014）〉
隈研吾・藤井保・森本千絵（2013）『aore　アオーレで，会おうれ。“会えるところ”を建築する。―シティホールプラザアオーレ長岡―』丸善出版

事例 12　富山市中心部：最先端のコンパクトシティを歩く
富山市（2016）『富山市都市整備事業の概要』

事例 14　名古屋都心部：都市基盤の歴史を歩く
公益財団法人名古屋まちづくり公社（2010）『街園都市・名古屋』
都市名所図会・地図でみる江戸時代の名古屋ホームページ　http://network2010.org/edomap
錦二丁目まちづくり連絡協議会ホームページ　http://www.kin2machi.com/
名古屋市住宅都市局（2013）『都市計画概要 2013　第 2 編　第 6 章　市街地の開発整備』
名古屋市（1986）『「町並み保存地区」のあらまし～四間道町並み保存地区～』，（2017）『久屋大通のあり方（案）』，（2014）『名古屋駅周辺まちづくり構想』，（2012）『中川運河再生計画』

事例 17　神戸：都心ウォーターフロントと阪神・淡路大震災後の復興のまちを歩く
神戸都市問題研究所編（1981）『神戸海上文化都市への構図』勁草書房
神戸市（2011）『「港都　神戸」グランドデザイン～都心・ウォーターフロントの将来構想～』（市ホームページ）
旧居留地連絡協議会ホームページ　http://www.kyoryuchi-club.com/
中山久憲（2011）『神戸の震災復興事業　2 段階都市計画とまちづくり提案』学芸出版社
安藤元夫（2004）『阪神・淡路大震災　復興都市計画事業・まちづくり』学芸出版社
安藤元夫（2003）『阪神・淡路大震災　被災と住宅・生活復興』学芸出版社
神戸市（2011）『協働と参画のまちづくり』（市ホームページ）

事例 19　国際平和文化都市：「ひろしま」を歩く
広島市企画総務局調査部（2014）『広島の都市計画』広島市
広島市都市整備局都市整備調査課（2015）『広島市の市街地整備』広島市
広島市都市整備局都市計画課（2013）『広島市都市計画マスタープラン』

事例 20　福山市鞆の浦：瀬戸内の歴史的港湾都市
福山市鞆の浦歴史民俗資料館友の会（2016）『鞆の浦の自然と歴史』，福山市鞆の浦歴史民俗資料館活動推進協議会
東京大学都市デザイン研究室有志（2000）『鞆雑誌 2000　まちづくりってなんだろう？』
東京大学都市デザイン研究室有志（2006）『鞆雑誌 2006　まちづくりってなんだろう？』
東京大学都市デザイン研究室有志（2008）『鞆雑誌 2008　まちづくりってなんだろう？』
東京大学都市デザイン研究室有志（2011）『鞆雑誌 2011　まちづくりってなんだろう？』
鈴木智香子・中島直人（2006）『歴史的港湾都市・鞆の浦ー再生のまちづくりの生成ー』（『10＋1』，45 号，pp107-112）INAX 出版

事例 22　北九州市門司港：港湾都市の新旧を巡る
北九州市産業史・公害対策史・土木史編集委員会土木史部会編（1998）『北九州市土木史』北九州市
北九州地域史研究会（2006）『北九州の近代化遺産』弦書房

事例 24　鹿児島：戦災復興の都市空間を活かす
唐鎌祐祥（1992）『天文館の歴史：終戦までの歩み』春苑堂出版
豊増哲雄（1996）『古地図に見るかごしまの町』春苑堂出版

索　　引

と

な

に

は

ひ

ふ

へ

ほ

ま

み

め

も

ゆ

よ

ら

り

る

れ

ろ

わ

[編修・執筆主査]

饗庭　伸	1993年	早稲田大学　理工学部卒業
	現　在	首都大学東京　都市環境学部　教授
鈴木　伸治	1992年	京都大学　工学部卒業
	現　在	横浜市立大学　国際総合科学部　教授

[編修・執筆]

阿部　伸太	東京農業大学	地域環境科学部　准教授
大澤　昭彦	高崎経済大学	地域政策学部　准教授
清水　哲夫	首都大学東京	都市環境学部　教授
根上　彰生	日本大学	理工学部　教授
野澤　康	工学院大学	建築学部　教授
牧　紀男	京都大学	防災研究所　准教授

[旧著作者]　伊達美徳・加藤仁美・柳沢厚・瀬田史彦

[事例執筆]

星　卓志	工学院大学教授
池ノ上真一	北海道教育大学准教授
村上早紀子	弘前大学北原研
小地沢将之	国立高専機構　仙台高等専門学校准教授
中島　伸	東京都市大学講師
田中　暁子	公益財団法人　後藤・安田記念東京都市研究所　主任研究員
泉山　塁威	東京大学先端科学技術研究センター助教
鈴木　伸治	(編修・執筆)
大澤　昭彦	(編修・執筆)
樋口　秀	長岡技術科学大学大学院准教授
佐野　浩祥	東洋大学准教授
阿久井康平	富山大学助教
中野　茂夫	大阪市立大学教授
高取　千佳	名古屋大学助教
阿部　大輔	龍谷大学准教授
嘉名　光市	大阪市立大学大学院教授
栗山　尚子	神戸大学助教
西成　典久	香川大学准教授
今川　朱美	広島工業大学准教授
後藤智香子	東京大学特任助教
黒瀬　武史	九州大学准教授
志賀　勉	九州大学准教授
田中　尚人	熊本大学准教授
小山　雄資	鹿児島大学准教授

初めて学ぶ **都市計画（第二版）**

2008年3月13日　初版発行
2018年3月20日　第二版発行
2019年2月15日　第二版第3刷

編修・執筆代表　饗庭　伸
鈴木伸治
発行者　澤崎明治
印刷・製本　大日本法令印刷

発行所　株式会社市ケ谷出版社
東京都千代田区五番町5
電話　03-3265-3711
FAX　03-3265-4008
http://www.ichigayashuppan.co.jp

ISBN978-4-87071-009-2